高职高专机电类专业课改教材

PLC 与环境工程应用

主　编　莫成宁　张维威　林生佐
副主编　武交峰　许东霞
参　编　彭森第　刘　莹　罗瑜清　彭　莺
张　栖　董金华　钱　伟

西安电子科技大学出版社

内 容 简 介

本书以任务式教学的方式，系统地、创新地阐述了 PLC 与环境工程进行融合应用的相关原理和技术。

本书共 4 个项目，内容包括认识环境工程与 PLC，PLC 控制与环境工程应用，PLC 检测与环境工程应用，人机界面、PLC 通信与环境工程综合应用。每个项目下有若干个任务(共 18 个任务)，各个任务后都带有理论习题，大部分任务后附有技能训练题和实践训练题，以帮助读者巩固任务内容。

本书可作为高职院校机电类和环境工程类相关专业的教学用书，也可供环保设备行业技术人员参考。

图书在版编目(CIP)数据

PLC 与环境工程应用 / 莫成宁，张维威，林生佐主编. —西安：西安电子科技大学出版社，2023.5
ISBN 978-7-5606-6823-9

Ⅰ. ①P… Ⅱ. ①莫… ②张… ③林… Ⅲ. ①PLC 技术—应用—环境工程 Ⅳ. ①X5

中国国家版本馆 CIP 数据核字(2023)第 042209 号

策　　划　黄薇谚
责任编辑　阎　彬
出版发行　西安电子科技大学出版社(西安市太白南路 2 号)
电　　话　(029) 88202421　88201467　　邮　　编　710071
网　　址　www.xduph.com　　电子邮箱　xdupfxb001@163.com
经　　销　新华书店
印刷单位　咸阳华盛印务有限责任公司
版　　次　2023 年 5 月第 1 版　2023 年 5 月第 1 次印刷
开　　本　787 毫米×1092 毫米　1/16　印张 23
字　　数　548 千字
印　　数　1～1000 册
定　　价　59.00 元
ISBN　978-7-5606-6823-9 / X
XDUP 7125001-1

前　言

近年来，我国大力倡导节能环保、生态环保，政府工作报告中曾多次提到要持续用力推进生态文明建设和生态环境保护工作。党的二十大报告提出从二〇三五年到本世纪中叶把我国建成富强民主文明和谐美丽的社会主义现代化强国，并对推进美丽中国建设作出重大部署。建设美丽中国既是全面建设社会主义现代化国家的宏伟目标，又是人民群众对优美生态环境的热切期盼，也是生态文明建设成效的集中体现。

可见，生态文明建设是我国今后重点发展的一个方向。而在环境工程应用过程中融入机电一体化、PLC 控制、计算机网络等智能技术，将大大提高环保系统的自动化程度，从而达到高质、高效的环保目的。

随着我国“生态优先、绿色发展”理念的推进，人们对环境工程中的环保设备的自动化能力和智能应用能力的要求也越来越高，环保工程的设计也倾向于向机电控制一体化、自动化、人工智能化的方向发展。很多企业开始开展新旧转换，发展新型环保产业。这对高校机电类和环境工程类相关专业的人才培养提出了新的要求。课程体系的构建和教学内容的设置必须更新，以适应新形势下环保企业岗位对相关专业毕业生的要求，这也是提高相关专业毕业生就业竞争力、培养企业所需人才的必由之路。

为了响应国家生态文明建设的号召，进一步提高高职院校机电类和环境工程类相关专业学生的专业技术能力，并增强学生的就业竞争力，广东环境保护工程职业学院与多家企业合作，集合了教学经验丰富、实践能力强的众多教师和实践技能强的一线工程师们，一起编写了这本讲述“PLC＋环境工程”专业技能的高职高专教材。由于与“PLC＋环境工程”课程配套的正式教材目前在全国几乎没有，因此本书的编写可以说是一个创新。

本书具有“智能环保”特色，创新性强，特点突出，不仅融入了“课程思政”元素，还融入了“课赛结合”和“校企合作”元素。本书内容基于智能环保类、环境工程类、机电控制类、物联网相关专业的课程和实验，结合高职院校学生技能竞赛“水环境与处理”“大气环境监测与处理”的赛项技能要求，融入环保工程的实际应用案例，以项目式教学的方式，系统地、创新地阐述了PLC与环境工程进行融合应用的相关原理和技术。

本书共分为4个项目，每个项目下有若干个任务。项目一主要介绍了环境工程的概念，PLC的定义、特点、发展方向、常用品牌，以及PLC的工作原理与软元件；项目二主要介绍了PLC控制环境工程中常用的设备，如水泵、搅拌机、风机等执行元件；项目三主要介绍了PLC在常见环境工程工艺参数检测中的应用，这些环境工程工艺参数有位置、液位、流量、压力、温度、气体浓度、pH值、溶解氧、电导率、污泥浓度等；项目四介绍了在环境工程中加入人机界面和PLC的综合应用，并且使用了目前流行的串口通信。每个项目下有若干个任务(共18个任务)，各个任务后都带有理论习题，大部分任务后附有技能训练题和实践训练题，以帮助读者巩固任务内容。

广东环境保护工程职业学院的先进制造学院、实训中心、环境工程学院、环境监测学院的同事，顺德职业技术学院的轻化与材料学院的同行，以及广东致胜环保产业集团有限公司、东莞石鼓污水处理有限公司的领导和技术人员等在编者编写本书过程中给予了很多帮助与支持,编者在此一并表示衷心的感谢!

由于编者水平有限，书中难免存在不妥之处，敬请广大读者和同行专家批评指正。

我们将从党的百年奋斗历程中汲取奋进力量，深入学习贯彻习近平生态文明思想，全力推进生态环境保护工作，为建设天蓝地绿水清的美丽中国不懈奋斗！

编　者

2023年3月

目 录

项 目 一

认识环境工程与PLC

PLC

大到人类居住生活的地球，小到人类生活中的一花一草，每一个事物都构成着我们的环境。我们总会在分析环境问题时以“随着人类社会的发展”为开头，这是因为人类对生存环境的影响和改变是前所未有的。然而环境改变所带来的多数好处虽然使人们生活得更加舒适，但却让地球付出了重大代价——大气污染、水污染、土壤污染、固体废弃物污染、噪声污染、放射性污染、海洋污染等，这些已经影响到了人们的生活。

从所属关系来看，人是属于周围“环境”的，环境的质量直接影响着人类生活的质量。虽然环境的存在不因人的存在与否而改变，但人类却拥有着影响环境的力量，人也是环境质量好坏的承受者。环境与人的关系密不可分，环境中的各种资源与环境的主体(即人类)之间处于动态平衡之中。如果打破这个平衡，则必然会使环境质量下降或者使人类生活水平下降。所以，人类在改造环境过程中，必须使自身同环境保持动态平衡关系。

近几十年，世界各国都在致力改善环境。我国的环保事业约从20世纪70年代起步，伴随着我国经济文化的发展，人们保护环境的意识不断增强。在环保事业发展较快的大环境下，环境污染情况已经有了很大改善，污染呈现减速态势。

但是这些年，环保的需求不断转变。从水污染处理、生活用水供给、大气污染改善、固体废弃物处理等，到海水淡化、大气清洁、垃圾分类、废物回收、噪声污染控制、热污染控制、放射性污染和电磁辐射控制等新兴环保领域的逐渐崛起，新型环保设备有针对性地被创造和研发出来，环保业的自动化程度越来越高，主要体现在设备功能方面自动化控制和设备自身管理自动化。环保设备的自动化，加快了我国环保事业的发展速度，带动了环保行业其他产业的发展，促进了整个环保行业的不断前进与发展。

环保设备自动化，肯定需要在环保设备本身的基础上添加一种新的控制器(或者称为控制单元)，这种控制器就是PLC。

任务1.1　认识PLC与环境工程应用

【任务导入】

图1.1-1(a)为某型环保水处理设备的顶部结构外形。该环保水处理设备以PLC为控制系统进行自动化控制，其PLC部分如图1.1-1(b)所示。

(a) 顶部结构外形

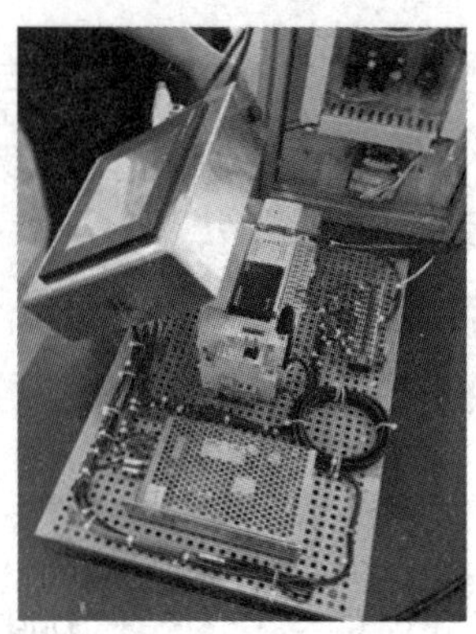

(b) PLC部分

图1.1-1　某型环保水处理设备

既然PLC能作为某些环保设备的控制系统，那么其必定具有较为强大的控制功能。PLC是什么？它有哪些特点？它又为什么能应用到环境工程设备上呢？通过本任务的学习，就能解决这些问题。

【学习目标】

◆ 知识目标

(1) 了解环境工程的概念；
(2) 熟悉PLC的定义、特点及发展方向；
(3) 熟悉PLC的常用品牌；
(4) 熟悉PLC在环境工程中的应用形式。

◆ 技能目标

(1) 知道PLC的定义；
(2) 认识PLC在环境工程中的应用形式。

【知识链接】

一、认识环境工程

1. 环境

环境(Environment)的概念有广义和狭义两种。广义的环境是指以人为中心，对人产生一定影响的外界事物的总和。这种定义强调了外界事物对人类的影响，这些影响包括间接影响和直接影响。随着人类社会的进步，人类对外界事物的影响也在逐渐加强，这些影响在环境的破坏和污染上表现得尤为明显。狭义的环境是指环境科学所研究的环境，它是以人类为主体的外部环境，即人类赖以生存和发展的物质条件综合体。

2. 工程

工程(Engineering)是指一种职业，它运用数学和自然科学知识，利用物质和能源的性质，创造有用的结构、机械、产品、系统及工艺。

这里举一个风力发电的例子。西北地区能源结构以火电为主，但风能资源也很充足，一些地方十分适合发展风力发电。通过科学研究了解风力发电的原理，即风推动风扇转动，切割磁感线产生电流，再将电流汇集、运输、利用，便可实现风能的利用。但如果遇到了实际的问题，例如“如何设计风扇的大小以及风力发电站底座大小?”“使用什么材料制作的风扇可以抵御当地的大风且质量又较小?”“用何种设计可以实现风能向电能的转换？”等，普通科学理论无法完全解决，就只能求助于一个更加具有实际用途，并将科学知识用于解决实际问题的技术——工程。所以也可以这样说，科学研究并发现事物，而工程是将这些事物变得更加有用。

3. 环境工程

环境工程学是一门专业性学科，它通过健全的工程理论和实践来解决环境卫生问题。

随着近现代工业革命后环境污染的日益严重，环境资源保护以及环境污染的治理等工作逐渐被人们重视。随后，人们将更多的人力、资源、研究成果等投入关于环境方面的工程研究中，促成了针对提高环境质量和减少污染产生的“环境工程”的诞生。

环境工程(Environmental Engineering)是环境科学的一个分支，主要研究自然资源的保护和合理利用、环境污染问题的改善和防治、环境质量的提高等方面的基本知识和技能，进行环境工程建设、环境监测、污染防治等，例如饮用水的过滤和消毒等水处理工程的规划，空气、水资源污染物的监测和分析，土壤污染、水污染问题的改善和防治等。

与环境科学相比，环境工程更侧重于工程设计和污染防治等方面。由于环境工程处在初创阶段，因此学科的研究领域还在发展，但其核心是环境污染源的治理。

环境工程同生物学中的生态学、医学中的环境卫生学和环境医学以及环境物理学和环境化学有关。随着环境工程技术的逐步发展，机电装备、自动化控制、人工智能等技术逐步应用于环境工程领域；可编程控制、单片机控制和人机界面等在环境监测、环境治理控制等多方面发挥了巨大作用。

4. 环境参数

环境参数又称为环境状态参数，是表征环境状态(状况)的基本变量。环境参数可分为环境质量参数和环境容量参数。

1) 环境质量参数

环境质量参数是表示环境质量优劣程度和变化趋势的各种环境要素和物质的测定值，它建立在环境指标体系上。环境质量参数较多，包括评价水质常用的 pH 值、生化需氧量，评价大气质量常用的硫化物、一氧化碳、氮氧化物的气体浓度，以及压力、流量、温度等。

2) 环境容量参数

环境容量参数建立在环境容量指标体系上，指某一环境所能容纳污染物的最大负荷值，例如某农田土壤镉的绝对环境容量为 0.9 ppm(GB 3101—1993 指出，不能使用 ppm，pphm 和 ppb 这类缩写。但本书为了便于描述污染物浓度，同时考虑大部分气体检测仪都采用 ppm 作为单位，因此本书使用了 ppm)。

二、认识 PLC

1. PLC 的产生

PLC(Programmable Logic Controller)是可编程控制器的简称。

PLC 产生于 1969 年，最初只是一种开关逻辑控制装置，只用于执行逻辑控制功能，故最初称为可编程逻辑控制器。随着技术的发展，PLC 的功能已不再局限于开关逻辑控制。因此，1980 年美国电气制造协会将其命名为可编程控制器(Programmable Controller，PC)，但为避免与个人计算机的简称 PC 混淆，习惯上仍将其称为 PLC。

☞**小知识**　1968 年，美国的汽车工业(通用汽车公司)首先提出了可编程控制器的概念。1969 年，美国数据设备公司(DEC)研制出世界上第一台 PLC，并成功应用于美国通用汽车生产线。

2. PLC 的定义

可编程控制器是把逻辑运算、顺序控制、定时、计数、算术运算等功能用特定的指令记忆在存储器中，并通过数字或模拟输入、输出装置对机械过程进行控制的数字式的电子装置。

1987 年，国际电工委员会(IEC)定义：可编程控制器是一种数字运算操作的电子系统，专为在工业环境中应用而设计。它采用可编程序的存储器，用来在其内部存储执行逻辑运算、顺序控制、定时、计数和算术运算等操作的指令，并通过数字式、模拟式的输入和输出，控制各种类型的机械或生产过程。可编程控制器及其有关设备，都应按易于使工业控制系统形成一个整体和易于扩充其功能的原则设计。

从上述定义可以看出，PLC 是一种用程序来改变控制功能的工业控制计算机，是一种具有编程能力的控制器。除了能完成各种控制功能，PLC 还能与其他计算机通信联网。

☞**提示**　可以说 PLC 是一台专门为工业环境应用而设计制造的计算机，但 PLC 却不等同于通用计算机(PC)。另外，单片机也是一种类似于 PLC 的常用控制器。PLC、单片机、PC 的结构、特点和用途不同。

PLC 在其内部结构和功能上都类似于通用计算机，然而 PLC 还具有很多通用计算机所不具备的功能和结构：

(1) PLC 有一套功能完善且简单的管理程序，能够完成故障检查，用户程序输入、修改、执行与监视等功能；

(2) PLC 有各种适用于不同工业控制系统的模块；

(3) PLC 采用以传统电气图为基础的梯形图语言编程，方法简单，易于学习和掌握；

(4) PLC 易于和自动控制系统相连接，可以方便灵活地构成不同要求、不同规模的控制系统；

(5) PLC 环境适应性和抗干扰能力极强。

3. PLC 的特点

PLC 的特点如下：

(1) 可靠性高、抗干扰能力强。一般 PLC 具有屏蔽、滤波、隔离、故障诊断和自动恢复等抗干扰的措施，能适应各种恶劣的运行环境，平均无故障时间达到 30 万小时以上。

(2) 适应性强、应用灵活、拓展方便。PLC 具有系列化产品，品种齐全，多数采用模块式的硬件结构，组合和扩展方便。

(3) 编程方便、易于使用、维护方便。

(4) 设计、施工、调试周期短。

(5) 功能强且完善。PLC 有定时、计数、数据处理、通信、自检、记录和显示等功能，可实现顺序控制、逻辑控制、位置控制和生产过程控制等。

(6) 体积小、重量轻、能耗低。

4. PLC 的发展方向

最初的 PLC 只有逻辑控制功能。后来随着微处理器、网络通信、人机界面技术的迅速发展，PLC 不仅可以用于代替继电器控制的开关量逻辑控制，也可以用于模拟量闭环过程控制、数据处理、通信联网和运动控制等场合，它在工业快速发展过程中起着越来越重要的作用。PLC 和机器人、CAD/CAM 一起被称为现代工业自动化的三大支柱。

工业自动化技术日新月异，未来 PLC 将朝着集成化、网络化、智能化、开放化、易用性的方向发展。PLC 已经从工业领域扩展到商业、农业、民用、智能建筑等领域。虽然 PLC 面临着来自其他自动化控制系统(比如单片机、工控机等)的挑战，但同时 PLC 也在吸收它们的优点，与它们互相融合并不断创新，在今后的自动化控制领域中发挥更为先进、更为强大、更为广泛的应用。

(1) 体积更小、速度更快。随着微电子技术及电子电路装配工艺的发展，PLC 的体积变得更小，便于嵌入任何小型的机器和设备中；同时 PLC 的执行速度也越来越快，从而保证了系统控制作用的实时性和准确性。

(2) 多功能及高可靠性，I/O 点多达 14 336 个，32 位微处理器，多 CPU 并行工作，大容量存储器，扫描速度高速化等。

(3) 与其他工业控制产品结合。PLC 与其他各种工业控制产品进行结合，以实现更为复杂化、多功能化、先进控制的要求。

(4) 集控化和网络化。早前的 PLC 仅进行单机控制。随着半导体、集成电路和网络通信的发展，现在的 PLC 不仅能处理逻辑，还能实现过程控制、数据采集、网络通信等功能。今后的时代是信息化的网络时代，PLC 将会向大型分布式、集控化、网络化的方向发展。

(5) 运动控制和分散控制。现在，PLC 走向运动控制和以工业总线技术为基础的分散控制，运动控制和分散控制是 PLC 技术发展的主要方向。

(6) 编程软件的“易用性”。目前，用户针对不同的控制系统厂商使用不同的软件套件，如 PLC、HMI(人机界面)、Servo(伺服系统)等，甚至同一品牌的 PLC 也有可能使用不同的编程软件。将来用户只用一个软件套件或软件框架，这样做的主要优势是能够一次性处理所有的变量和参数，不需要进行复杂的映射或协调工作。用户可以一次性定义相关变量，然后可以同时在 PLC、HMI 和 Servo 中应用该变量。另外，经验不足的技术人员可以利用 Windows 操作和运行预先定义好的功能块轻松完成编程(比如图形化编程)；而经验丰富的技术人员还可以利用 C 语言等高级语言来编程。

(7) 开放性。相比 PLC，工业 PC 控制系统具有缩短系统投放到市场的周期，降低系统投资费用，提高从工厂底层到企业办公自动化的数据信息流动效率等优点。PLC 制造商已经关注到工业 PC 控制系统所带来的强大冲击，可以相信，PLC 以后将向开放式控制系统方向发展。

5. PLC 的常用品牌

PLC 的品牌和型号很多。目前世界上有 200 多家 PLC 生产商，400 多个品种的 PLC 产品。

1) PLC 三大流派

通常认为，PLC 主要分为三大流派，如图 1.1-2 所示。

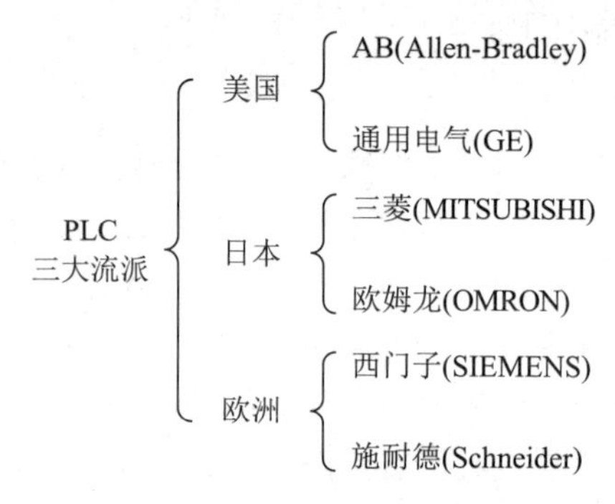

图 1.1-2　PLC 的三大流派

美国流派的典型 PLC 品牌主要有 AB(Allen-Bradley，艾伦-布莱德利)、通用电气(General Electric，GE)、罗克韦尔(Rockwell)、德州仪器(TI)。

日本流派的典型 PLC 品牌主要有三菱(MITSUBISHI)、欧姆龙(OMRON)、松下(Panasonic)、富士(Fuji)等。日本主要发展小、微型 PLC，在世界小型和微型 PLC 市场上占较大份额。

欧洲流派的典型 PLC 品牌主要有德国的西门子(SIEMENS)、奥地利的贝加莱(B&R)、法国的施耐德(Schneider)。欧洲流派的 PLC 以中、大型 PLC 闻名于世界 PLC 市场。

2) 国产 PLC 及其发展

20 世纪 70 年代末和 80 年代初以来，先后有一些国内企业与国外 PLC 制造商进行合资或者引进技术，进行 PLC 的研发和生产。之后，我国国产 PLC 得到快速发展。目前国内市场上已出现了系列化的国产 PLC，其价格相对低廉，性价比高，逐渐受到一些企业的青睐。常见的国产 PLC 有台湾的永宏 PLC、台达 PLC、台安 PLC、丰炜 PLC，北京的和利时 PLC、安控 PLC，江苏的信捷 PLC、南大傲拓 PLC，上海的正航 PLC，湖北的黄石科威 PLC，等等。

三、认识 PLC 在环境工程中的应用

1. PLC 的应用

PLC 具有顺序控制和时序控制、过程控制、数据处理、开关逻辑控制、运动控制、网络通信等功能。下面介绍顺序控制和时序控制、过程控制、数据处理功能。

1) 顺序控制和时序控制

顺序控制和时序控制包括各种生产、装配、包装流水线的控制，化工工艺过程的控制，印刷机械、组合机床的控制，交通运输及电梯的控制等。

2) 过程控制

过程控制指 PLC 可对温度、压力、流量、物位、成分等各种模拟量进行控制。通过模拟量的输入/输出单元，可以实现闭环的 PID 过程控制，还可以和计算机联网组成集散控制系统。

3) 数据处理

数据处理指 PLC 具有四则运算、数据传送、数据变换、数据比较等功能，可实现软件滤波、线性化处理、标度变换的功能。

正是由于功能强大，PLC 现在已被广泛应用于国防、机械、能源、化工、环保、纺织、印刷、食品、包装、港口、物流、交通、医疗、娱乐、建筑、家电等诸多领域。随着工业自动化技术的发展，今后将更加注重 PLC 与其他智能控制系统的兼容性，如 PLC 与工业控制计算机、集散控制系统、嵌入式计算机系统、现场总线等的相互渗透与结合，不断拓宽 PLC 的应用范围。

2. PLC 在环境工程中的应用形式

PLC 在环境工程应用中的数据流向为：环保仪表(含传感器、变送器)检测环境工程中的环境参数并将所得到的数据传送给 PLC，通过分析这些数据，PLC 发出指令控制水泵、风机、执行器等执行元件再作用于环境，使环境参数发生改变，如图 1.1-3 所示。

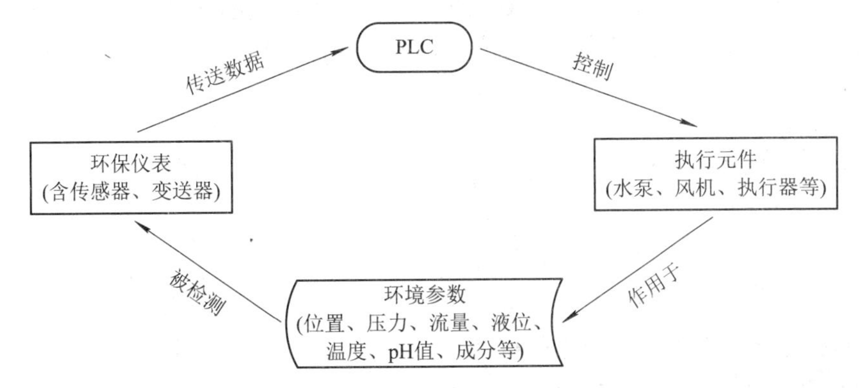

图 1.1-3　PLC 在环境工程应用中的数据流向

从图中可以看出 PLC 在环境工程中的两大应用形式为：检测与控制。

1) 检测

在该应用形式下，环保仪表检测环境工程中的环境参数，得到关于环境参数的数据，然后 PLC 读取这些数据。虽然可以在 PLC 上获得关于环境参数的数据，但其实 PLC 只是作为读取数据并进行处理的控制器，真正发挥检测功能的是环保仪表(环保仪表中可能含传感器或变送器)。

2) 控制

在该应用形式下，通过分析从环保仪表中读到的数据，PLC 控制执行元件(水泵、风机、执行器等)作用于环境，使环境参数发生改变，从而实现环境改善。

对于“控制”过程所产生的数据，可以使用与PLC联机的HMI来实现。

3. PLC在环境工程中的应用前景

十八届五中全会提出：加大环境治理力度，以提高环境质量为核心，实行最严格的环境保护制度，深入实施大气、水、土壤污染防治行动计划。

随着我国经济的高速发展，人们对环保处理方法的质量、效率要求越来越高。而且环保仪表常涉及光学、电气、化学、计算机、自动化、人工智能等技术。因此，PLC在环境工程应用方面的发展前景好，潜力巨大。

当前，PLC已经应用在污水处理、城市净水、智能供水、汽车尾气控制、电厂湿法脱硫、大气监测、固废处理(城市生活垃圾、工业垃圾、医院卫生废弃物、淤泥和废轮胎等的焚烧处理)等环境工程中。未来，工业自动化的发展越来越快、越来越全面，对环境工程、电气工程、节能工程等专业人员的要求也会越来越高。因此，需要熟练掌握PLC技能，将PLC应用到未来的环境工程、电气工程、节能工程中去，以满足未来高质、高效环保发展的需要。

【任务实施】

本任务为认知性任务，通过上面相关知识的学习，可以获得完成任务的答案。

由PLC的定义和特点，可知PLC具有强大的控制功能，它在环境工程设备中可以实现“检测”与“控制”这两大应用。在本任务的环保水处理设备中，PLC作为控制系统核心，接收各类仪表或传感器所采集到的环保数据，然后进行分析、比较与计算，最后发出命令控制执行元件。执行元件作用于环境，使环境参数发生改变，从而使环境得以改善。

【小结】

本任务主要介绍了环境工程和PLC的概念，PLC的特点和发展方向，以及PLC在环境工程中的应用形式。

【理论习题】

一、判断题(对的打“√”，错的打“×”)

1. PLC是一种电器，需要通电才能工作。　(　　)
2. 狭义的环境即人类赖以生存和发展的物质条件综合体。　(　　)
3. 通常PLC的三大流派指欧洲流派、日本流派、中国流派。　(　　)
4. 可以说PLC是一台特别的计算机。　(　　)
5. 环境工程与PLC毫无交集可言。　(　　)
6. PLC的抗干扰能力差，容易受干扰。　(　　)
7. 环境工程要解决的事情较多，比如饮用水的过滤、工业废水的处理、空气污染的检测等，但不包括土壤污染的研究。　(　　)
8. PLC是一种用程序来改变控制功能的工业控制计算机。　(　　)
9. 三菱PLC属于日韩流派的PLC。　(　　)

二、单选题

1. PLC 是(　　)的简称。

A. 逻辑控制器　　B. 工控机

C. 可编程控制器　　D. 变送器

2. S7-200 SMART 是哪个国家的 PLC？(　　)

A. 日本　　B. 美国　　C. 德国　　D. 中国

3. 世界上第一台 PLC 产生于(　　)。

A. 1968 年德国　　B. 1967 年日本

C. 1969 年美国　　D. 1970 年法国

4. 现代工业自动化三大支柱不包括(　　)。

A. PLC　　B. DSP　　C. 机器人　　D. CAD/CAM

三、简答题

1. PLC 是什么？它有哪些特点？PLC 有哪些常用品牌？

2. PLC 在环境工程中有哪些实际应用的案例？请课后上网查找资料。

3. 试谈一谈 PLC 以后在环境工程应用领域的发展方向。

任务 1.2　认识 PLC 的工作原理与软元件

【任务导入】

图 1.2-1 为以 PLC 作为主控系统的某型大气环保设备。该设备通过 PLC 对继电器和接触器等辅助电气元件的控制来完成设备的逻辑控制，以及各类传感器的数据采集。同时，PLC 控制系统还采用了变频控制来完成对大功率设备的控制，以实现节能环保的目标。

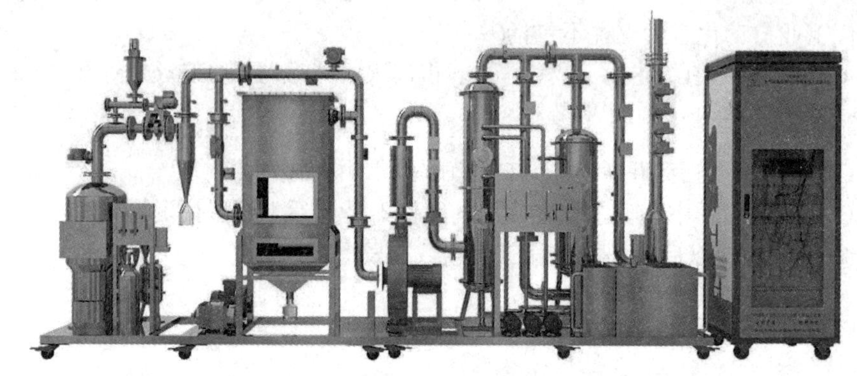

图 1.2-1　以 PLC 作为主控系统的某型大气环保设备

那么 PLC 是如何对这个设备实现主控功能的呢？PLC 的工作原理是什么？通过本任务的学习，就能解决上述问题。

【学习目标】

◆ **知识目标**

(1) 熟悉 PLC 的工作原理；

(2) 熟悉 PLC 的结构组成；

(3) 熟悉 PLC 的软元件。

◆ **技能目标**

学会 PLC 软元件与硬件 I/O 点对应的方法。

【知识链接】

一、PLC 的工作原理

PLC 程序的执行采用循环扫描的工作方式。在通电之后，PLC 有两种基本工作模式：运行(RUN)模式、停止(STOP)模式。

在 RUN 模式、STOP 模式下，PLC 循环扫描的工作过程如图 1.2-2 所示。从图中可以看出：当 PLC 处于 RUN

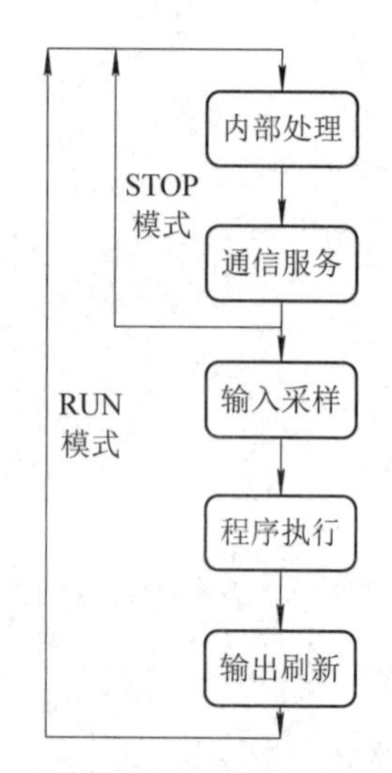

图 1.2-2　PLC 循环扫描的工作过程

模式时，PLC 将按顺序依次执行“内部处理”“通信服务”“输入采样”“程序执行”“输出刷新”这五个阶段，即依次做这五件“事情”；当 PLC 处于 STOP 模式时，PLC 只按顺序依次执行“内部处理”“通信服务”这两个阶段，不执行后面的三个阶段。

当 PLC 处于 RUN 模式时，PLC 所执行的这五个阶段称为一个扫描周期。PLC 完成一个扫描周期后，又重新执行上述五个阶段，扫描周而复始地进行。PLC 的输入采样、程序执行和输出刷新这三个阶段的原理如图 1.2-3 所示。

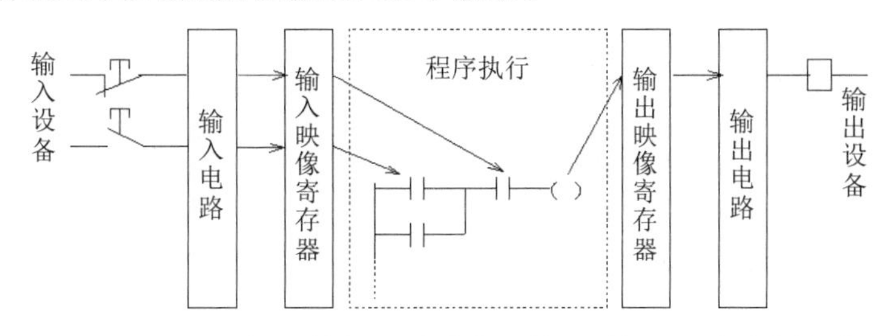

图 1.2-3　PLC 的输入采样、程序执行和输出刷新这三个阶段的原理

下面详细介绍 PLC 循环扫描的五个阶段。

(1) 内部处理。PLC 上电后，首先进入“内部处理”阶段。此时，PLC 将检查 CPU 等内部硬件是否正常。若正常，则进行下一阶段；若不正常，则进行报警并处理。

(2) 通信服务。处于“通信服务”阶段时，PLC 与其他智能装置(比如控制器、编程器、计算机等)进行通信。例如：响应编程器键入的命令，更新编程器的显示内容。

(3) 输入采样。输入采样也叫作输入处理。在这个阶段，PLC 以扫描方式、按顺序采样所有输入端的状态，并将其存入“输入映像寄存器”中，此时输入映像寄存器被刷新。

(4) 程序执行。处于“程序执行”阶段时，PLC 执行程序。PLC 梯形图程序扫描的原则为自上而下、从左到右，通过逐条读(扫描)用户程序并执行，对输入的数据进行处理并将结果存入“输出映像寄存器”中。

(5) 输出刷新。输出刷新也叫作输出处理。处于“输出刷新”阶段时，PLC 将“输出映像寄存器”的内容进行刷新并输出，驱动外部负载。

二、PLC 的结构组成

如图 1.2-4 所示，PLC 由硬件和软件两大部分组成，其中硬件部分主要包括 CPU、存储器、输入/输出(I/O)接口、电源和外设接口，软件部分包括系统程序和用户程序。其整体硬件结构如图 1.2-5 所示。

1. CPU

中央处理器(CPU)是 PLC 的核心，是整个 PLC 工作过程的统一“指挥官”，它包括了运算器和控制器，其功能主要有如下几点：

(1) 诊断电源、PLC 工作状态及编程的语法错误；

(2) 接收输入信号，送入数据寄存器并保存；

(3) 运行时顺序读取、解释、执行用户程序；

(4) 控制程序的各种操作；

(5) 将用户程序的执行结果送至输出端。

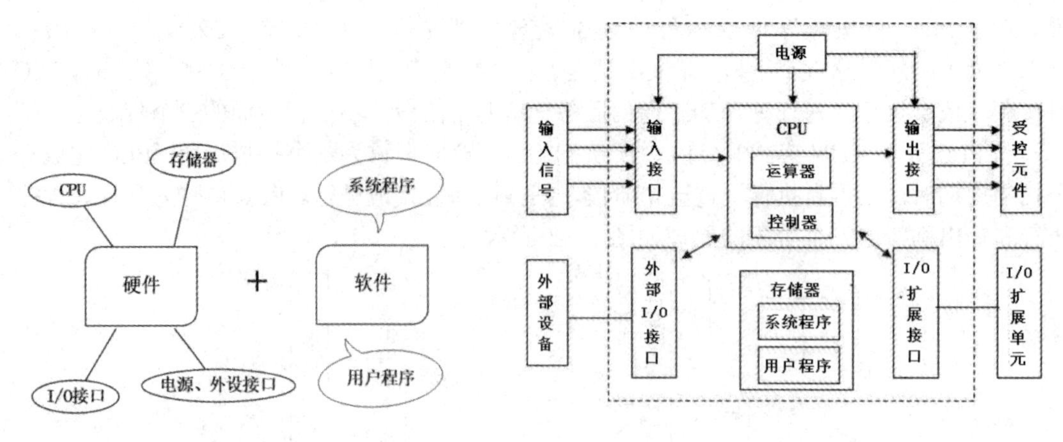

图 1.2-4 PLC 的结构组成　　图 1.2-5 PLC 的整体硬件结构

2. 存储器

存储器主要有只读存储器(ROM)和随机存储器(RAM)两大类。

(1) 只读存储器(ROM)。只读存储器(ROM)用于存放需要永久保存的程序和数据，如系统程序，其特点是在掉电情况下数据不丢失，但只能读取，不能擦除与写入。

(2) 随机存储器(RAM)。随机存储器(RAM)用于存放用户程序和工作数据。其特点为擦除与写入都方便，但在掉电情况下所存储的数据会丢失。

为了让用户程序和某些 RAM 数据中的信息在 PLC 断电时不丢失，RAM 有专门的后备电池或电容等掉电保持装置，也可以使用 EPROM 或 EEPROM 来存放程序和数据。

☞**知识拓展**　关于 EPROM 和 EEPROM：

EPROM——可擦除可编程只读存储器(Erasable Programmable Read Only Memory)，可重复擦除和编程写入，其内容在掉电时不会丢失，即 EPROM 为一种在紫外线照射下，具有可擦除功能，擦除后也可以进行再编程的 ROM 内存。EPROM 属于一种特殊的 ROM，它在平常情况下是只读的；但在强紫外线照射下，也可擦除或写入。

EEPROM——电可擦除可编程只读存储器(Electrically Erasable Programmable Read Only Memory)，可重复擦除和写入，其内容在掉电时也不会丢失，即 EEPROM 为一种在带电情况下，具有可擦除功能，擦除后也可以进行再编程的 ROM 内存。EEPROM 属于一种特殊的 ROM，它在平常情况下是只读的；但在指定的引脚加上一个高电压后，也可进行高速擦除或写入。

3. I/O 接口

与外部生产设备相连接的接口即输入/输出接口(Input/Output Interface)，简称 I/O 接口、I/O 端子或 I/O 点。输入接口将外部的输入信号传送给 PLC，输出接口将 PLC 的输出信号传到外部负载。

PLC 的 I/O 接口主要有开关量 I/O 接口、模拟量 I/O 接口、特殊功能 I/O 接口等类型。开关量 I/O 接口处理开关量(逻辑)信号，其取值范围为 0 或 1。模拟量 I/O 接口处理模拟量数据，当与 PLC 连接时，需要进行 A/D 转换或 D/A 转换。特殊功能 I/O 接口指高速计数器模块、位置控制模块、PID 模块、温度控制模块等特殊功能模块的 I/O 接口。

按连接电源和负载的形式不同，PLC 的开关量 I/O 接口分类如表 1.2-1 所列。

表 1.2-1　PLC 的开关量 I/O 接口分类

接口类型	连接形式	说　明
开关量输入接口	直流输入	使用 DC24 V 电源
	交流输入	使用外部 AC220 V 电源
开关量输出接口	晶体管输出	只接直流负载，响应速度快
	双向晶闸管输出	只接交流负载，较少使用
	继电器输出	接直流或交流负载，响应速度一般，使用较多

☞**电工常识**　在电路图或电学书籍中，经常出现 DC、AC、V 等缩写。其中，DC 为直流电(Direct Current)的简称；AC 为交流电(Alternating Current)的简称；V 为电压单位“伏特”的简称。DC24 V 表示直流 24 伏，AC220 V 表示交流 220 伏。

☞**提示**　本书涉及的各类缩略语，可参看本书末“附录 B　缩略语一览表”。

1) 输入接口

输入接口接收现场的输入信号(开关状态或传感器信号等)，通过接口电路转换成 PLC 的数字信号。

根据输入电源的形式不同，输入接口通常有 24V 直流输入、交流输入等形式，实际应用中较多使用直流 24V(DC24V)输入。

由于 I/O 接口与外部生产设备相连接，为防止各种干扰信号和高电压信号串入 PLC，I/O 接口除了满足性能要求，也要具有良好的抗干扰能力。I/O 接口电路一般包含光电隔离电路和 *RC* 滤波电路，以防止由外部干扰脉冲和输入触点抖动引起错误的输入信号。

2) 输出接口

PLC 执行了程序，经过运算之后，通过输出接口将输出信号传给负载。负载可能是继电器、接触器、电磁阀、电磁离合器、信号灯、电铃等。

输出接口有晶体管输出、双向晶闸管输出、继电器输出三种类型，一般较少使用双向晶闸管输出，使用最多的是继电器输出。在环境工程的应用中，输出接口使用较多的为继电器输出类型。

当主机上的 I/O 点数或类型不能满足用户需要时，可通过 I/O 扩展口连接 I/O 扩展单元来增加 I/O 点数。

4. 电源

PLC 属于一种电子设备，因此 PLC 需要外部电源进行供电才能工作，这个电源称为 PLC 的供电电源或外部电源。

PLC 的供电电源需要根据 PLC 机型来选择，常用的为 AC220 V/110 V 或 DC24 V。

另外，供电电源为 AC220 V/110 V 的 PLC 还提供一个 DC24 V 的内部输出电源。

5. 外设接口

外设接口为外围设备接口的简称。PLC 配有多种外设接口，通过外设接口，PLC 可与手持编程器、PC、监视器、编程设备、打印机、EPROM/EEPROM 写入器等相连，组成多机系统或连成网络，实现更大规模的控制。

6. 系统程序

PLC 的系统程序由 PLC 生产厂家提供并固化于内部 EPROM 中，它不能被用户直接更改，因此用户无需干预。

系统程序包括监控程序、编译程序、诊断程序、存储空间分配等。监控程序又称为管理程序，主要用于管理全机。编译程序用来把程序语言翻译成机器语言。诊断程序用来自诊断 PLC 故障，即系统自检。

7. 用户程序

PLC 的用户程序是用户根据现场设备的控制要求，用编程语言编写的程序。用户程序由用户下载到 PLC 内存中。

三、PLC 的分类

1. 按硬件的结构类型分类

按硬件的结构类型不同，PLC 通常可以分为单元式和模块式两种。这种分类是为了方便工程现场安装或者方便进行扩展。

1) 单元式 PLC

单元式 PLC 又称为整体式 PLC。它是将 CPU、存储器、I/O 点、电源等都放在一个箱体机壳(单元)内的 PLC，如图 1.2-6(a)所示。其特点为结构紧凑、体积小、成本低、便于安装。

当单元式 PLC 的 I/O 点不够用时，需要另外再加入有若干数量 I/O 点的装置。这种加入的 I/O 装置，常称为扩展单元；而本来的单元式 PLC，则常称为基本单元或主机单元。

单元式 PLC 一般多为微型机或小型机。

2) 模块式 PLC

模块式 PLC 又称为积木式 PLC。它由多个单独的模块组成，如将电源模块、CPU 模块、I/O 模块、通信模块等灵活地组装在一起，如图 1.2-6(b)所示。

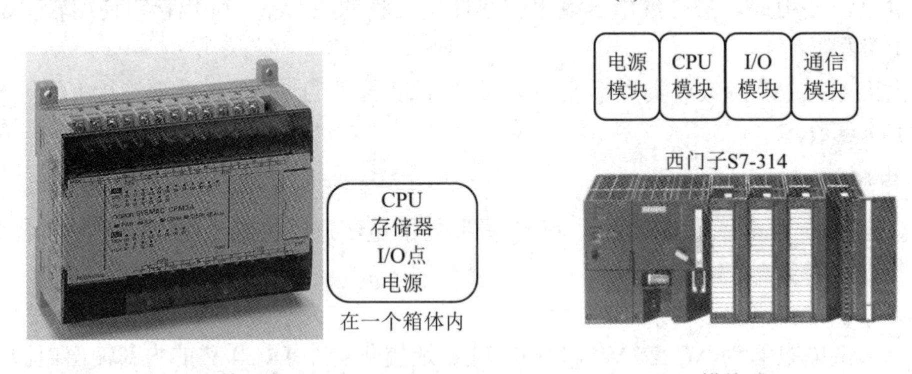

(a) 单元式 PLC　　(b) 模块式 PLC

图 1.2-6　PLC 按硬件的结构类型分类

模块式 PLC 一般多为中大型 PLC，其特点为结构灵活、体积较大、便于安装和扩展。

2. 按控制规模分类

PLC 可控制的最大 I/O 点数与 PLC 存储器的存储单元大小、程序存储容量、扫描速度等有关，因此可以依据 PLC 的最大 I/O 点数的多少来划分 PLC 的控制规模。

按控制规模的不同，或者说按照 PLC 的最大 I/O 点数的多少，可以将 PLC 分为微型机、小型机、中型机、大型机、超大型机。PLC 按控制规模分类情况如表 1.2-2 所列。

表 1.2-2　PLC 按控制规模分类情况

类型	I/O 点数
微型	64 以下
小型	64～256
中型	256～1024
大型	1024～8192
超大型	8192 以上

四、PLC 的主要性能指标

PLC 的主要性能指标有 I/O 点数、存储容量、扫描速度、编程语言及指令功能、内部继电器的类型及点数、可扩展性、工作环境等。

1. I/O 点数

I/O 点数又称为输入/输出点数，指 PLC 的外部输入端子和输出端子的数量总和。它是衡量 PLC 性能的重要指标，是描述 PLC 的控制规模大小的技术指标。I/O 点数越多，外部可接的输入设备和可控制的输出设备就越多，控制规模就越大。

2. 存储容量

存储容量是指用户程序存储器的容量，通常用千字或千字节来表示。用户程序存储器的容量越大，可以编制出的程序越复杂。一般来说，小型 PLC 的用户程序存储器的容量为几千字，而大型 PLC 的用户程序存储器的容量为几万字。

3. 扫描速度

扫描速度是指 PLC 执行用户程序的速度，是衡量 PLC 性能的重要指标。扫描速度一般以每扫描 1 千字用户程序所需的时间来衡量(这个时间也称为扫描时间)。

扫描时间是指 PLC 执行一次解读用户逻辑程序所需的时间，可用每执行 1000 条指令所需时间来估算，通常为 10 ms 左右，小型机可能大于 20 ms。

扫描速度与扫描时间属于类似的衡量指标。

4. 编程语言及指令功能

PLC 常用的语言有梯形图语言、助记符语言、流程图语言及某些高级语言等。功能强大的 PLC 可以使用多种编程语言进行程序编写。

指令功能的强弱与数量的多少也是衡量 PLC 性能的重要指标。编程指令的功能越强、数量越多，PLC 的处理能力和控制能力也就越强，PLC 越易于完成复杂的控制任务。PLC

的指令可分为基本指令和应用指令。基本指令主要是逻辑指令，它是各种类型的 PLC 都有的指令；而对于应用指令，不同厂家的不同型号的 PLC 的指令扩展的深度是不同的。

5. 内部继电器的类型及点数

PLC 内部的辅助继电器包括辅助继电器、特殊辅助继电器、定时器、计数器、状态继电器等。它们的点数决定了 PLC 编程时可使用的地址单元数量。

6. 可扩展性

小型 PLC 的基本单元(主机)多为开关量 I/O 接口，各个生产厂家在 PLC 基本单元的基础上，发展了各种智能扩展模块，如模拟量处理、高速处理、温度控制、通信等模块。智能扩展模块的多少可以作为反映 PLC 产品功能的指标。

7. 工作环境

PLC 的一般工作温度为 0～55℃，最高工作温度为 60℃，储藏温度为 -20℃～+85℃，相对湿度为 5%～95%，且 PLC 的周围不能混有可燃性、易爆性和腐蚀性气体。

五、PLC 系列产品

PLC 的品牌众多，一些大品牌的 PLC 可能会分为若干系列，而每个系列又可能包括多种不同型号的 PLC。例如：西门子公司的 PLC，有 S7-200 SMART、S7-300、S7-1200、S7-1500 等系列；三菱电机公司的 PLC，有 FX_{2N}、FX_{3U}、FX_{5U}、Q 等系列。这些 PLC 系列又都包括多种 CPU 型号的 PLC。

这里主要介绍目前市场上较为常见的两种 PLC 系列——西门子的 S7-200 SMART 系列和三菱的 FX_{3U} 系列。这两种 PLC 系列的机型丰富多样，性价比高，广泛应用于各行业。

(一) 西门子 S7-200 SMART 系列 PLC

1. 西门子 PLC 产品

德国西门子(SIEMENS)公司生产的 PLC 产品在全世界应用广泛，已经应用于能源、冶金、化工、环保、机械、印刷、包装等各种行业。

目前西门子 PLC 产品主要有 S7、M7 和 C7 这几种大系列，其中 S7 系列应用最为广泛。S7 系列的 PLC 又分为多个小系列，每个小系列下又有多种机型的 PLC 产品，如表 1.2-3 所列。

表 1.2-3　西门子 PLC 产品(S7 系列)

类型	系列	典型 PLC 型号
小型机	S7-200	CPU224、CPU224XP、CPU226
	S7-200 SMART	CPU SR30、CPU SR40、CPU ST30
	S7-1200	CPU1212C、CPU1215
中型机	S7-300	CPU315-2DP、CPU317、CPU318
	S7-1500	CPU1500SP、CPU1512C
大型机	S7-400	CPU-414-3PN/DP、CPU-417-4DP

2. S7-200 SMART 系列 PLC

S7-200 SMART 系列 PLC 是西门子小型 PLC，该系列 PLC 产品的机型丰富，各机型的基本参数如表 1.2-4 所列。

表 1.2-4　S7-200 SMART 系列 PLC 的基本参数

PLC 的 CPU 型号	供电电源/输入接口电源/输出类型	I/O 点数
CPU SR20	AC/DC/Relay	12 输入/8 输出
CPU ST20	DC/DC/DC	
CPU SR30	AC/DC/Relay	18 输入/12 输出
CPU ST30	DC/DC/DC	
CPU SR40	AC/DC/Relay	24 输入/16 输出
CPU ST40	DC/DC/DC	
CPU CR40	AC/DC/Relay	
CPU SR60	AC/DC/Relay	36 输入/24 输出
CPU ST60	DC/DC/DC	
CPU CR60	AC/DC/Relay	

S7-200 SMART 系列 PLC 有如下亮点：

(1) 性能卓越，使用高速芯片，基本指令的运算处理速度可达 0.15 μs/指令，在同级小型 PLC 中遥遥领先；

(2) 标配以太网接口，继承了强大的以太网通信功能；

(3) 本体最多集成 3 路高速脉冲输出，频率高达 100 kHz；

(4) 使用通用 SD 卡，方便下载；

(5) 编程软件新颖，编程高效。

3. CPU SR40

S7-200 SMART 系列 PLC 的各机型命名方式如图 1.2-7 所示。

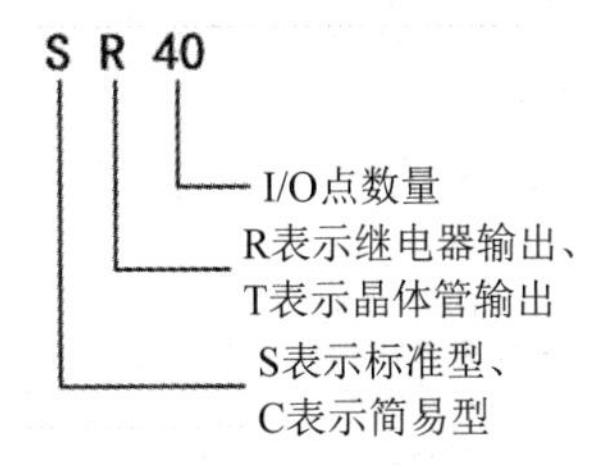

图 1.2-7　S7-200 SMART 系列 PLC 的各机型命名方式

S7-200 SMART 系列 PLC 的机型多样，不可能一一详细介绍，这里重点介绍常用的机型 CPU SR40(有时也简称 SR40)。而该系列下的其他 PLC 机型，与 CPU SR40 在参数性能上虽有差异，但在控制功能上都大同小异。

CPU SR40 的外形及主要硬件结构如图 1.2-8 所示。它是 40 个 I/O 点的继电器输出型 PLC，其中输入点为 24 个、输出点为 16 个，其程序寄存器、数据寄存器大小分别为 4 KB、16 KB。

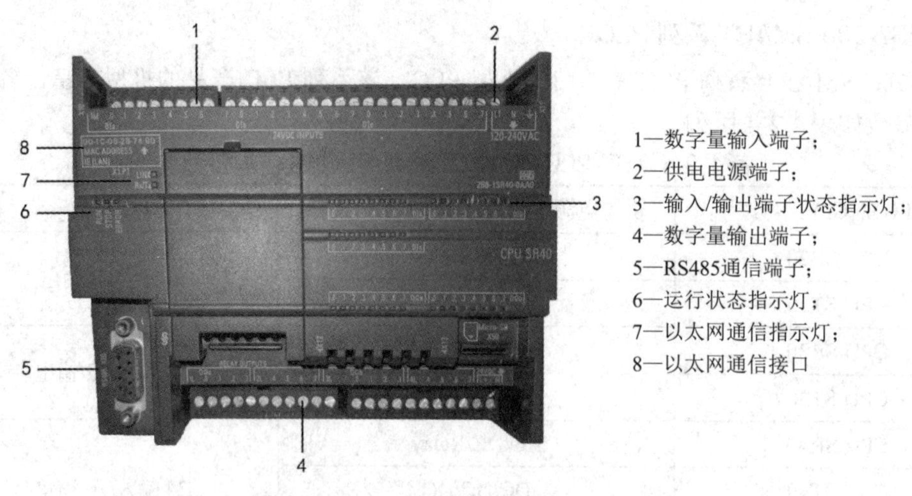

图 1.2-8　CPU SR40 的外形及主要硬件结构

(二) 三菱 FX_{3U} 系列 PLC

1. 三菱 PLC

对于三菱 PLC，在中国市场最常见的为 FX 系列和 Q 系列。它们在全世界应用广泛，已经应用于能源、冶金、化工、环保、机械、印刷、包装、物流等各种行业。

FX 系列 PLC 又分为 FX_{1N}、FX_{1S}、FX_{2N}、FX_{2NC}、FX_{3U}、FX_{3G} 等子系列，这些子系列又各自包含若干种型号的 PLC。这里重点介绍应用广泛的 FX_{3U} 系列 PLC。FX_{3U} 系列中的 FX_{3U}-16MR 型号 PLC 的外形如图 1.2-9 所示。

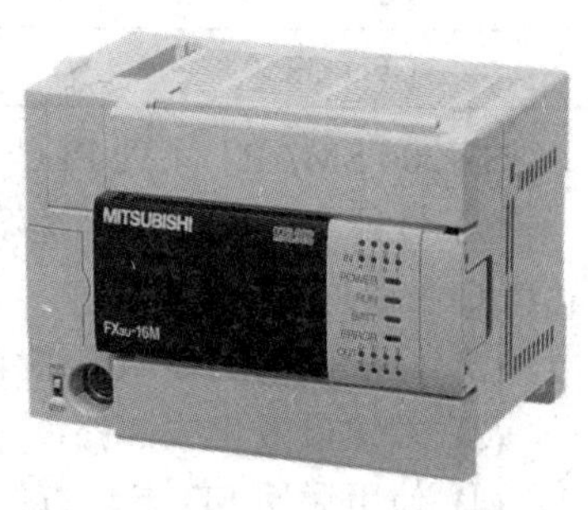

图 1.2-9　FX_{3U}-16MR PLC 的外形

2. FX_{3U} 系列 PLC

三菱 FX_{3U} 系列 PLC 为第三代微型可编程控制器，是三菱电机公司生产的主打 PLC 产品系列之一。该系列 PLC 功能强大，应用广泛，其整体外观结构和型号命名方式分别如图 1.2-10 和图 1.2-11 所示。

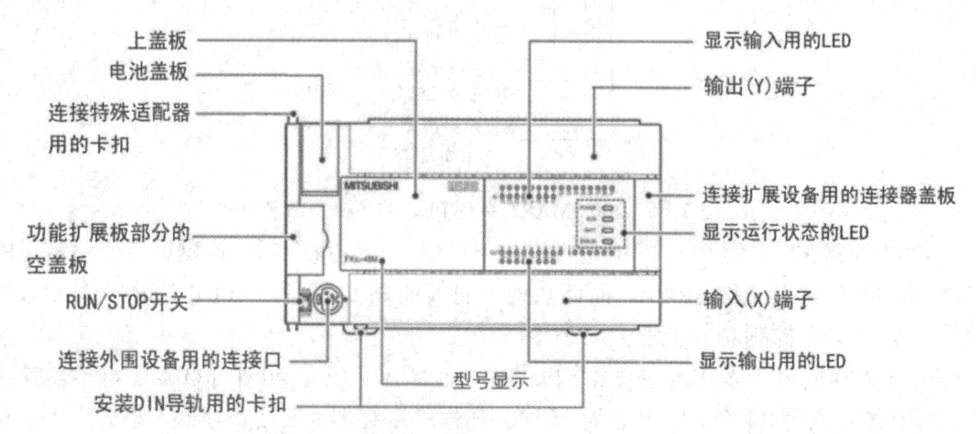

图 1.2-10　FX_{3U} 系列 PLC 的整体外观结构

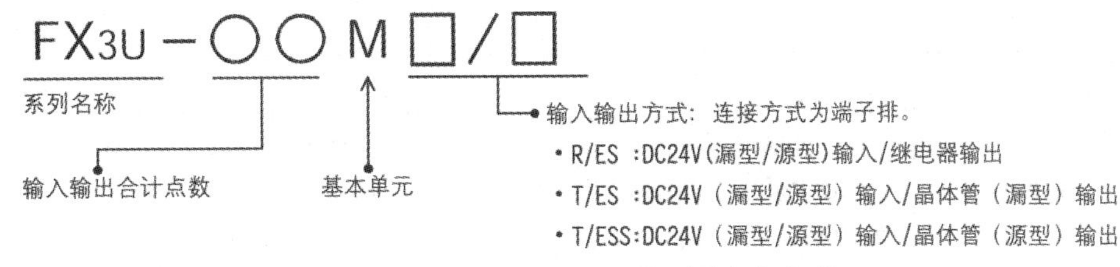

图 1.2-11　FX_{3U} 系列 PLC 的型号命名方式

三菱 FX_{3U} 系列 PLC 有如下特点：

(1) 内置高达 64 K 的大容量 RAM 存储器，也可通过使用存储器盒将程序内存变为快闪存储器。

(2) I/O 点数最大可达 384(普通 I/O 点数最大为 256、网络 CC-Link 上的远程 I/O 点数最大为 256)。

(3) 三菱 FX_{3U} 系列 PLC 输入输出的扩展设备可以连接 FX_{2N} 系列 PLC 的输入输出扩展单元/模块。其基本单元左侧可以连接最多 8 台功能强大的各类适配器(特殊功能单元/模块)。

(4) 可以通过内置开关进行 RUN/STOP 的操作，也可以从通用的输入端子或外围设备上发出 RUN/STOP 的指令。

(5) 可高速处理 0.065 μs/基本指令，而且功能指令丰富。除了具备浮点数运算、字符串处理等功能指令，还具备高速计数、中断、脉冲输出等功能指令。

① FX_{3U} 高速计数的基本单元的输入端子的功能：开集电极型晶体管输出的输入、单相 100 kHz × 6 点 + 10 kHz × 2 点、双相 50 kHz × 2 点。

② 高速输入特殊适配器 FX_{3U}-4HSX-ADP 的输入端子的功能：差动输入、单相 200 kHz × 8 点(连接 2 台时)、双相 100 kHz × 2 点(连接 2 台时)。

③ 通过 ON 宽度或 OFF 宽度最小 5 μs(X000～X005)的外部信号可以优先处理中断子程序。

④ 晶体管输出型的 FX_{3U} 具有独立 3 轴 100 kHz 定位功能，其基本单元的输出端子 Y000、Y001、Y002 可同时输出最高为 100 kHz 的脉冲(开集电极输出)。如果使用 2 台高速脉冲输出的特殊适配器 FX_{3U}-2HSY-ADP，4 轴可同时输出最高为 200 kHz 的脉冲(差动线性驱动输出)。

FX_{3U} 系列 PLC 的规格参数如表 1.2-5 所列。

表 1.2-5　FX_{3U} 系列 PLC 的规格参数

条项	规 格	参　　数
电源	供电电源	AC 电源型(AC100～240 V 50/60 Hz)： (1) 耗电量：30 W(16 M)，35 W(32 M)，40 W(48 M)，45 W(64 M)，50 W(80 M)，65 W(128 M)； (2) 冲击电流：最大 30 A(5 ms 以下/AC100 V)，最大 45 A(5 ms 以下/AC200 V)
		DC 电源型(DC24 V)： (1) 耗电量：25 W(16 M)，30 W(32 M)，35 W(48 M)，40 W(64 M)，45 W(80 M)； (2) 24 V 供电电流：400 mA 以下(16 M，32 M)、600 mA 以下(48 M，64 M，80 M，128 M)
	输入电源	DC24 V，5～7 mA(无电压触点或者漏型输入时：NPN 开集电极晶体管输入，源型输入时：PNP 开集电极输入)

续表

条项	规 格	参 数
	输出电源	继电器输出型：2 A/1 点 COM、8 A/4 点 COM、8 A/8 点 COM，DC 30 V 以下、AC 240 V 以下(不对应 CE，UL，cUL 规格时，AC 250 V 以下)；晶体管输出型：0.5 A/1 点 COM、0.8 A/4 点 COM、1.6 A/8 点 COM、DC 5～30 V
	输入/输出扩展	可连接 FX_{2N} 系列用的扩展设备
性能	程序存储器	内置 64 K 步 RAM(电池支持)；选件：64 K 步闪存存储盒(带程序传送功能/没有程序传送功能)、16 K 步闪存存储盒
	时钟功能	内置实时时钟(有闰年修正功能)月差：±45 s/25℃
	指令	基本指令 27 个、步进梯形圈指令 2 个、应用指令 209 种
	运算处理速度	基本指令：0.065 μs/指令，应用指令：0.642～100 μs/指令
	高速处理	有输入输出刷新指令、输入滤波调整指令、输入中断功能、定时中断功能、高速计数中断功能、脉冲捕捉功能
	最大 I/O 点数	384(基本单元、扩展设备的 I/O 点数以及远程 I/O 点数的总和)
	辅助续电器、定时器	辅助续电器：7680 点，定时器：512 点
	计数器	普通计数器：16 位计数器 200 点、32 位计数器 35 点； 高速用 32 位计数器：单相 100 kHz/6 点、10 kHz/2 点，双相 50 kHz/2 点(可设定 4 倍)，使用高速输入适配器时为单相 200 kHz、双相 100 kHz
	数据寄存器	一般用 8000 点、扩展寄存器 32 768 点、扩展文件寄存器(要安装存储盒)32 768 点、变址用 16 点
其他	功能扩展板	可以安装 FX_{3U}-□□□-BD 型功能扩展板
	特殊适配器	模拟量用(最多 4 台)、通信用(包括通信用板最多 2 台，都需功能扩展板)、高速输入输出用(输入用：最多 2 台，输出用：最多 2 台，同时使用模拟量或者通信特殊适配器时需要功能扩展板)
	特殊扩展	可连接 FX_{0N}、FX_{2N}、FX_{3U} 系列的特殊单元以及特殊模块
	显示模块	可内置 FX_{3U}-7DM：STN 单色液晶、带背光灯、全角 8 个字符/半角 16 个字符 × 4 行、JIS 第 1/第 2 级字符
	支持数据通信和数据链路	数据通信：RS-232C、RS-485、RS-422、N∶N 网络； 数据链接：并联链接、计算机链接、CC-Link、CC-Link/LT、MELSEC-I/O 链接
	外围设备的机型选择	选择 $FX_{3U(C)}$、$FX_{2N(C)}$、$FX_{2(C)}$，但是选择 $FX_{2N(C)}$，$FX_{2(C)}$时有使用限制

FX_{3U} 系列 PLC 的型号产品及其基本参数如表 1.2-6 所列。

表 1.2-6 FX_{3U} 系列 PLC 的型号产品及其基本参数

FX_{3U} 的型号	输出类型	I/O 点数
FX_{3U}-16MR-ES-A	继电器输出(Relay)	8 输入/8 输出
FX_{3U}-16MT-ES-A	晶体管输出(Transistor)	
FX_{3U}-16MR-DS	继电器输出(Relay)(DC)	
FX_{3U}-32MR-ES-A	继电器输出(Relay)	16 输入/16 输出
FX_{3U}-32MT-ES-A	晶体管输出(Transistor)	
FX_{3U}-32MR-DS	继电器输出(Relay)(DC)	
FX_{3U}-32MT-DS	继电器输出(Relay)(DC)	
FX_{3U}-48MR-ES-A	继电器输出(Relay)	24 输入/24 输出
FX_{3U}-48MT-ES-A	晶体管输出(Transistor)	
FX_{3U}-48MR-DS	继电器输出(Relay)(DC)	
FX_{3U}-64MR-ES-A	继电器输出(Relay)	32 输入/32 输出
FX_{3U}-64MT-ES-A	晶体管输出(Transistor)	
FX_{3U}-64MR-DS	继电器输出(Relay)(DC)	
FX_{3U}-64MT-DS	继电器输出(Relay)(DC)	
FX_{3U}-80MR-ES-A	继电器输出(Relay)	40 输入/40 输出
FX_{3U}-80MT-ES-A	晶体管输出(Transistor)	
FX_{3U}-80MR-DS	继电器输出(Relay)(DC)	
FX_{3U}-80MT-DS	继电器输出(Relay)(DC)	
FX_{3U}-128MR-ES-A	继电器输出(Relay)	64 输入/64 输出
FX_{3U}-128MT-ES-A	晶体管输出(Transistor)	
FX_{3U}-128MR-DS	继电器输出(Relay)(DC)	
FX_{3U}-128MT-DS	继电器输出(Relay)(DC)	

六、PLC 的软元件

继电器有实际的硬件元器件；PLC 内部也有类似的器件，但这些器件是以软件的形式存在的，而且为了跟实际的硬件继电器区别，就称之为软元件。在 PLC 程序中，这些 PLC 的软元件就是编程元件，即编程对象。可以使用这些软元件进行 PLC 编程，以实现控制目标。

☞提示 PLC 有硬件形式的继电器，如输入继电器、输出继电器等；也有软件形式的继电器，即软元件。

软元件分为字元件和位元件。处理数据的元件称为字元件；只处理 ON/OFF 状态的元件称为位元件。PLC 位元件的值称为逻辑值或位逻辑，它只有两种取值：ON(1 或得电)、OFF(0 或失电)。

(一) 西门子 S7-200 SMART 系列 PLC 的软元件

西门子 S7-200 SMART 系列 PLC 的软元件主要有输入继电器(I)、输出继电器(Q)、辅助继电器(M)、状态存储器(S)、定时器(T)、计数器(C)、数据存储器(V)，如表1.2-7所示。

表1.2-7　S7-200 SMART 系列 PLC 的软元件

软元件	符 号	类 型
输入继电器	I	位元件
输出继电器	Q	位元件
辅助继电器	M	位元件
状态存储器	S	位元件
定时器	T	位元件、字元件
计数器	C	位元件、字元件
数据存储器	V	字元件

1. 输入继电器(I)和输出继电器(Q)

输入继电器(I)用来接收外部输入信号，输出继电器(Q)用来将PLC内部的信号输出给外部负载，它们都属于PLC程序里最常用的软元件。

1) 软继电器

软继电器是应用在PLC程序中的“软件形式的继电器”。PLC程序中的软继电器与电路图中的继电器相比较，二者的工作原理类似，但图形不同，它们的图形如图1.2-12所示。此外，PLC程序中的软继电器与电路图中的继电器的触点可被引用的次数也不同，PLC程序中的软继电器的触点可以被引用无限次。

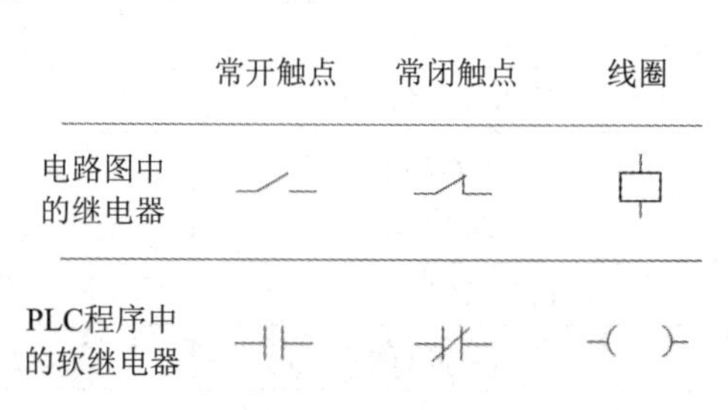

图1.2-12　PLC程序中的软继电器与电路图中的继电器的图形

2) 输入继电器和输出继电器的编号

PLC 程序里的输入继电器(I)和输出继电器(Q)都用八进制编号来表示。技巧是以“.0”～“.7”的8个点作为一个组，以符号“.”之前的数字为组别。

例如：I的第0组——I0.0、I0.1、I0.2、I0.3、I0.4、I0.5、I0.6、I0.7；

I的第1组——I1.0、I1.1、I1.2、I1.3、I1.4、I1.5、I1.6、I1.7；

……

Q的第0组——Q0.0、Q0.1、Q0.2、Q0.3、Q0.4、Q0.5、Q0.6、Q0.7；

Q的第1组——Q1.0、Q1.1、Q1.2、Q1.3、Q1.4、Q1.5、Q1.6、Q1.7；

……

这些软件形式的输入继电器(I)、输出继电器(Q)，分别对应PLC硬件I/O接口上有相同编号的输入点、输出点。

☞**说明**　西门子S7-200 SMART系列PLC的I和Q，其地址编码中符号“.”之前的数字为字节地址；而符号“.”之后的数字为该字节的位地址。

例1.2-1　请列举出西门子CPU SR40 PLC所有的输入继电器(I)和输出继电器(Q)。

答　CPU SR40为40个I/O点的继电器输出型PLC，其中输入点(输入继电器)为24个、输出点(输出继电器)为 16 个。

按照编号规则，列出 CPU SR40 所有的输入继电器(I)和输出继电器(Q)如下。

输入继电器(I)：I0.0、I0.1、I0.2、I0.3、I0.4、I0.5、I0.6、I0.7；
I1.0、I1.1、I1.2、I1.3、I1.4、I1.5、I1.6、I1.7；
I2.0、I2.1、I2.2、I2.3、I2.4、I2.5、I2.6、I2.7。

输出继电器(Q)：Q0.0、Q0.1、Q0.2、Q0.3、Q0.4、Q0.5、Q0.6、Q0.7；
Q1.0、Q1.1、Q1.2、Q1.3、Q1.4、Q1.5、Q1.6、Q1.7。

例 1.2-2 请列举出西门子 CPU SR30 PLC 所有的输入继电器(I)和输出继电器(Q)。

答 CPU SR30 为 30 个 I/O 点的继电器输出型 PLC，其中输入点(输入继电器)为 18 个、输出点(输出继电器)为 12 个。

按照编号规则，列出 CPU SR30 的所有输入继电器(I)和输出继电器(Q)如下。

输入继电器(I)：I0.0、I0.1、I0.2、I0.3、I0.4、I0.5、I0.6、I0.7；
I1.0、I1.1、I1.2、I1.3、I1.4、I1.5、I1.6、I1.7；
I2.0、I2.1。

输出继电器(Q)：Q0.0、Q0.1、Q0.2、Q0.3、Q0.4、Q0.5、Q0.6、Q0.7；
Q1.0、Q1.1、Q1.2、Q1.3。

☞**注意** CPU SR30 硬件上没有 I2.2、I2.3、I2.4、I2.5、I2.6、I2.7 这些输入点，也没有 Q1.4、Q1.5、Q1.6、Q1.7 这些输出点。

3) 软元件与硬件 I/O 相对应

PLC 程序中的软元件“输入继电器”和“输出继电器”与 PLC 硬件的输入/输出点(I/O 点)是一一对应的，两者的位逻辑相等。

对于西门子 S7-200 SMART 系列 PLC，PLC 程序中的输入继电器(软元件 I)与 PLC 硬件上的输入接口(I 点)是一一对应的，两者的位逻辑相等；PLC 程序中的输出继电器(软元件 Q)与 PLC 硬件的输出接口(Q 点)也是一一对应的，两者的位逻辑也相等。软元件 I/Q 与硬件 I/Q 的对应关系如图 1.2-13 所示。

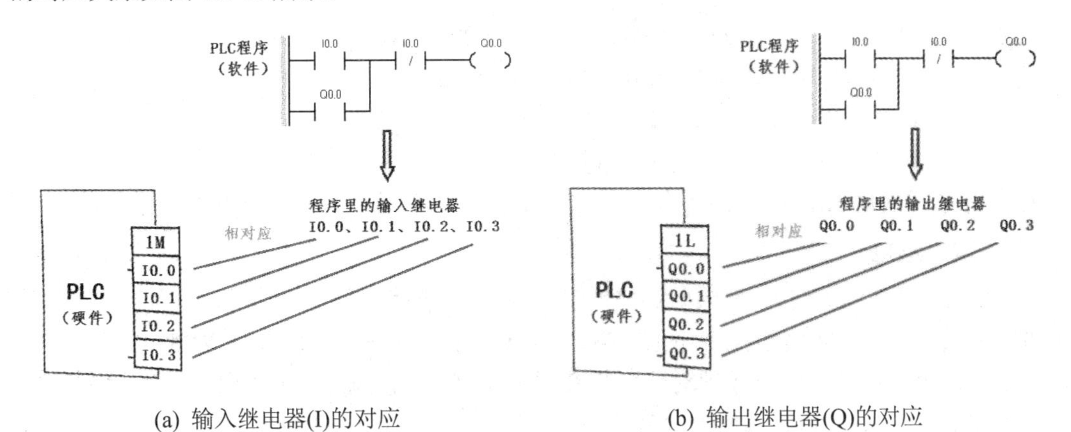

(a) 输入继电器(I)的对应 (b) 输出继电器(Q)的对应

图 1.2-13 软元件 I/Q 与硬件 I/Q 的对应关系

在图 1.2-13 的 PLC 程序中，软元件 I0.0 与 PLC 硬件的 I0.0 一一对应，两者的位逻辑相同；软元件 I0.1 与 PLC 硬件的 I0.1 一一对应，两者的位逻辑相同；软元件 Q0.0 与 PLC

硬件的 Q0.0 一一对应，两者的位逻辑相同。也就是说，当软元件 I0.0 为 ON(1 或得电)时，PLC 硬件的 I0.0 也为 ON(1 或得电)；当 PLC 硬件的 I0.0 为 ON(1 或得电)时，软元件 I0.0 也为 ON(1 或得电)；当软元件 I0.0 为 OFF(0 或失电)时，PLC 硬件的 I0.0 也为 OFF(0 或失电)；当 PLC 硬件的 I0.0 为 OFF(0 或失电)时，软元件 I0.0 也为 OFF(0 或失电)。另外的 I0.1、Q0.0 也类似。

2. 其他的软元件

其他的软元件，即辅助继电器(M)、状态存储器(S)、定时器(T)、计数器(C)，以及数据存储器(V)，将在后续的任务中逐一进行介绍。

(二) 三菱 FX_{3U} 系列 PLC 的软元件

三菱 FX_{3U} 系列 PLC 的软元件如表 1.2-8 所列。

表 1.2-8　FX_{3U} 系列 PLC 的软元件

软元件	符号
输入继电器	X
输出继电器	Y
辅助继电器	M
定时器	T
计数器	C
状态存储器	S
数据存储器	D

1. 输入继电器(X)

输入继电器(X)与 PLC 的输入端相连，是 PLC 接收外部开关的信号接口，只能由外部信号驱动。输入继电器编址区域标号为 X，采用八进制编址并从 X000 开始，最多 128 点。输入继电器有无数对常开触点和常闭触点供编程时使用。

例如：X000、X001、X002、X003、X004、X005、X006、X007；
　　　X010、X011、X012、X013、X014、X015、X016、X017；
　　　X020、X021、X022、X023、X024、X025、X026、X027；
　　　……

这些软件形式的输入继电器(X)，分别对应 PLC 硬件 I/O 接口上有相同编号的输入点。

2. 输出继电器(Y)

输出继电器(Y)是向外部传送信号的接口。它无法直接由外部信号驱动，而只能在程序内部由指令驱动。输出继电器编址区域标号为 Y，采用八进制编址并从 Y000 开始，最多 128 点。每个输出继电器有无数对常开和常闭触点(称为内部触点)供编程使用。

例如：Y000、Y001、Y002、Y003、Y004、Y005、Y006、Y007；
　　　Y010、Y011、Y012、Y013、Y014、Y015、Y016、Y017；
　　　Y020、Y021、Y022、Y023、Y024、Y025、Y026、Y027；
　　　……

这些软件形式的输出继电器(Y)，分别对应 PLC 硬件 I/O 接口上有相同编号的输出点。

例 1.2-3　请列举出三菱 FX_{3U}-32MR PLC 所有的输入继电器(X)和输出继电器(Y)。

答　三菱 FX_{3U}-32MR PLC 为 32 个 I/O 点的继电器输出型 PLC，其中输入点(输入继电器)为 16 个、输出点(输出继电器)为 16 个。

按照编号规则，列出 FX_{3U}-32MR PLC 所有的输入继电器(X)和输出继电器(Y)如下：

输入继电器(X)：X000、X001、X002、X003、X004、X005、X006、X007；
X010、X011、X012、X013、X014、X015、X016、X017。

输出继电器(Y)：Y000、Y001、Y002、Y003、Y004、Y005、Y006、Y007；
Y010、Y011、Y012、Y013、Y014、Y015、Y016、Y017。

例 1.2-4　请列举出三菱 FX_{3U}-48MR PLC 所有的输入继电器(X)和输出继电器(Y)。

答　三菱 FX_{3U}-48MR PLC 为 48 个 I/O 点的继电器输出型 PLC，其中输入点(输入继电器)为 24 个、输出点(输出继电器)为 24 个。

按照编号规则，列出 FX_{3U}-48MR PLC 所有的输入继电器(X)和输出继电器(Y)如下：

输入继电器(X)：X000、X001、X002、X003、X004、X005、X006、X007；
X010、X011、X012、X013、X014、X015、X016、X017；
X020、X021、X022、X023、X024、X025、X026、X027。

输出继电器(Y)：Y000、Y001、Y002、Y003、Y004、Y005、Y006、Y007；
Y010、Y011、Y012、Y013、Y014、Y015、Y016、Y017；
Y020、Y021、Y022、Y023、Y024、Y025、Y026、Y027。

3. 软元件与硬件 I/O 相对应

PLC 程序中的软元件“输入继电器”和“输出继电器”与 PLC 硬件的输入/输出点(I/O 点)是一一对应的，两者的位逻辑相等。

对于三菱 FX_{3U} 系列 PLC，PLC 程序中的输入继电器(软元件 X)与 PLC 硬件的输入接口(X 点)是一一对应的，两者的位逻辑相等；PLC 程序中的输出继电器(软元件 Y)与 PLC 硬件的输出接口(Y 点)也是一一对应的，两者的位逻辑也相等。

软元件 X/Y 与硬件 I/O 是一一对应的关系，如图 1.2-14 所示。

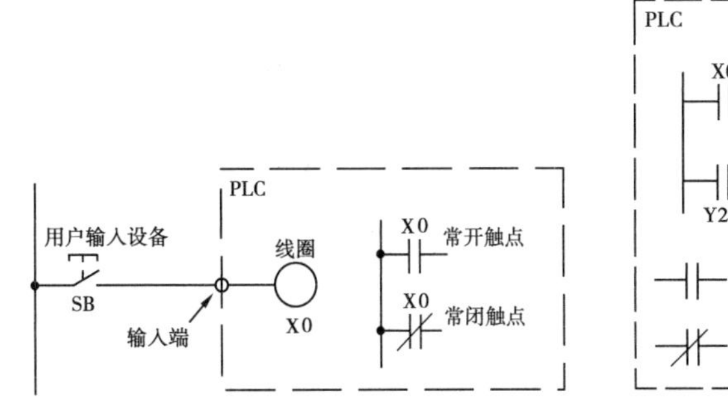

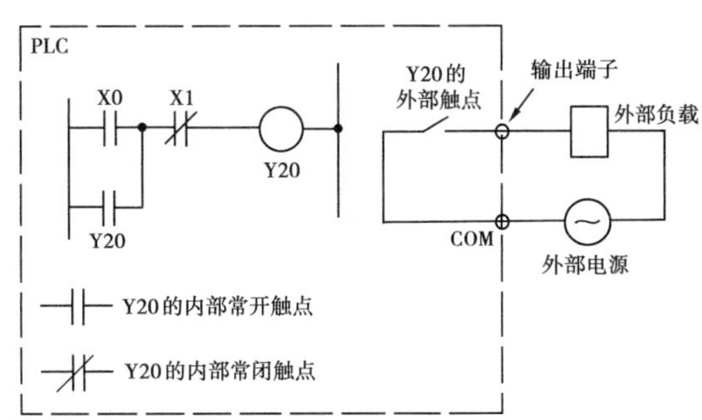

图 1.2-14　软元件 X/Y 与硬件 I/O 的对应

从图中可以看出，PLC 程序中的 X0 点与 PLC 硬件的输入接口 X0 是一一对应的，软元件 Y20 与 PLC 硬件的输出点 Y20 是一一对应的，它们的逻辑值相等。同理推出，PLC 程序中的软元件 X 与 PLC 硬件的输入点 X 是一一对应的，软元件 Y 与 PLC 硬件的输出点

Y 是一一对应的，它们的逻辑值相等。

也就是说，当软元件 X0 为 ON(1 或得电)时，PLC 硬件的 X0 也为 ON(1 或得电)；当 PLC 硬件的 X0 为 ON(1 或得电)时，软元件 X0 也为 ON(1 或得电)；当软元件 Y20 为 OFF(0 或失电)时，PLC 硬件的 Y20 也为 OFF(0 或失电)；当 PLC 硬件的 Y20 为 OFF(0 或失电)时，软元件 Y20 也为 OFF(0 或失电)。

4. 其他的软元件

其他的软元件，即辅助继电器(M)、定时器(T)、计数器(C)、状态存储器(S)，以及数据存储器(D)，将在后续的任务中逐一进行介绍。

七、PLC 编程语言及其选用

PLC 的用户程序是设计人员按照 PLC 编程语言的编制规范，根据控制系统的实际工艺控制要求(即要实现的实际功能)来设计的。只有掌握了 PLC 编程语言，才能在各种控制系统中实现 PLC 的自动化控制功能。

根据国际电工委员会(IEC)制定的工业控制编程语言标准(IEC 61131-3)，PLC 有五种标准编程语言，分别为梯形图(LD)、指令表(IL)、功能块图(FBD)、顺序功能图(SFC)、结构化文本(ST)。

1. 梯形图(LD)

梯形图(Ladder Diagram，LD)语言，是一种图形编程语言，是目前 PLC 程序设计中最流行、使用最多的 PLC 编程语言，被称为 PLC 的第一编程语言。

梯形图(LD)是与继电器电路类似的一种编程语言。梯形图语言沿袭了继电器控制电路的形式，是在常用的继电器与接触器逻辑控制基础上简化了图形符号而演变来的，具有形象、直观、实用等特点，电气技术人员容易接受。由于电气设计人员一般对继电器控制较为熟悉，因此，梯形图(LD)编程语言得到了广泛应用。

如图 1.2-15(a)所示为三菱 PLC 的一个梯形图示例。

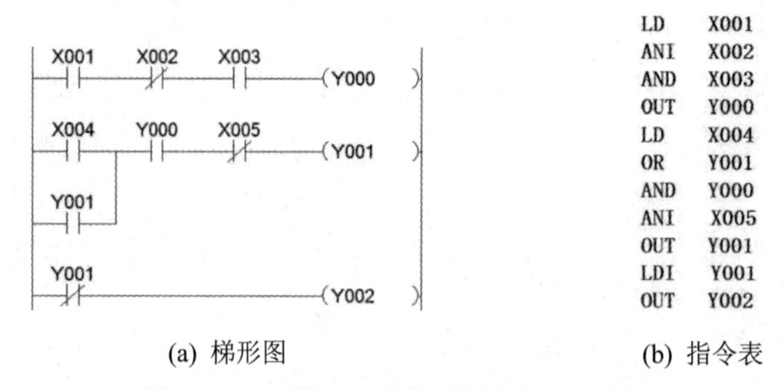

(a) 梯形图　　(b) 指令表

图 1.2-15　三菱 PLC 的梯形图和指令表示例

梯形图(LD)语言的编程特点、原则、注意事项等将在后面的任务中具体讲述。

2. 指令表(IL)

指令表(Instruction List，IL)有时也称指令语句表或指令列表，是基于文本的语言，类似于汇编语言。如图 1.2-15(b)所示为三菱 PLC 的一个指令表示例。

使用指令表语言编程时，可利用助记符(也称助记代码)，如 LD(加载)、AND(逻辑和)、OR(逻辑或)、OUT(线圈输出)等来进行语句编写。如果对指令表很熟悉，那么应用指令表语言进行 PLC 编程，程序紧凑且编程时间快。指令表编程语言的缺点之一是在有多个错误时，可能比较难以找出错误并将其处理掉。

3. 功能块图(FBD)

功能块图(Function Block Diagram，FBD)也是一种图形类型的语言，有时也称为功能模块图。

功能块图程序设计语言是采用逻辑门电路的编程语言，对有数字电路基础的人来说很容易掌握。功能块图指令由输入、输出段及逻辑关系函数组成。功能块图适用于运动控制并且对于一些用户来说，视觉方法更容易。功能块图的优点之一是可以采取多行编程并将其放入一个或多个功能块中。

另外，功能块图语言使用方便，它采用块的模式来表达系统中的功能，逻辑直观、清晰明了，被普遍应用于电气控制的闭环系统中，这些系统通常拥有很多的控制信号、线交叉和道口，可以保证操作安全。一些 PLC 联锁系统都用功能块图语言来编程，并且功能块图可以十分简单地表示复杂联锁系统的内部逻辑变量操作，减少 PLC 程序设计复杂度和设计时间。

功能块图采用功能块和连线代表数据的信号流，类似电子线路图。图形化符号代表函数或功能块，通过图形化的 I/O 连接线段来给它分配输入输出信号的布尔变量值。图 1.2-16 为西门子 S7-200 SMART 系列 PLC 的一个功能块图程序示例。方框的左侧为逻辑运算的输入变量，右侧为输出变量，输入输出端的小圆圈表示“非”运算，信号自左向右流动。

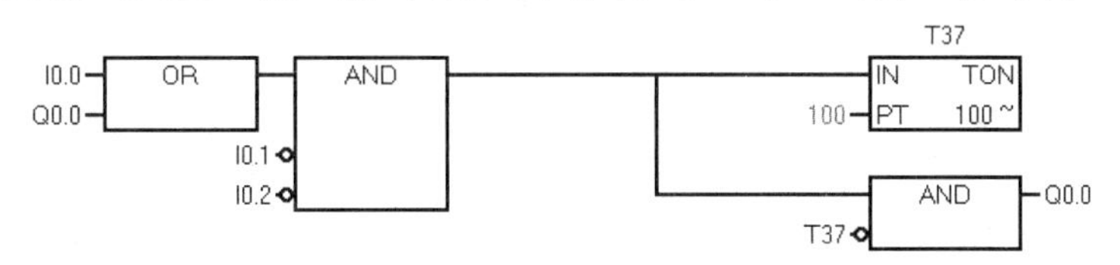

图 1.2-16　功能块图程序示例

4. 顺序功能图(SFC)

顺序功能图(Sequential Function Chart，SFC)也称为状态转移图或顺序功能流程图，它是描述控制过程的一种图形语言，也是设计顺序控制程序的一种编程工具。

顺序功能图将一个完整的控制过程分为若干阶段，各阶段具有不同的动作，阶段间有一定的转换条件，转换条件满足就实现阶段转移，上一阶段动作结束，下一阶段动作开始。顺序功能图主要用来描述开关量顺序控制系统，根据功能(流程)可以很容易画出顺序控制梯形图，即使是初学者也能很容易编出复杂的顺序控制程序，大大提高了工作效率。

另外，这种编程方法也为系统的调试、试运行带来方便。由于整个控制过程可以分为若干阶段，因此故障排除更容易、更快捷。

5. 结构化文本(ST)

结构化文本(Structured Text，ST)编程语言是一种类似于 Pascal 语言及 C 语言的高级语言。它是一个非常强大的工具，可以利用运算和函数等功能(比如使用 IF、ELSE、ELSEIF、FOR、WHILE 和 CASE 等函数)，执行复杂的算法，完成复杂的任务。如果有使用过 Pascal

或 C 语言的经验，那么使用结构化文本这种 PLC 编程语言编写复杂程序，有时候将变得事半功倍。

结构化文本的优点为函数功能强大，擅长复杂数学计算；缺点是语法较难，如果掌握得不够熟练，调试将变得困难，而且较难进行在线编辑。

图 1.2-17 为 PLC 的一个结构化文本程序示例。

```
VAR_EXTERNAL
Start_Stop   : BOOL;
ON_OFF       : BOOL;
END_VAR
VAR
// Temporary variables for logic handling
ONS_Trig     : BOOL;
Rising_ONS   : BOOL;
END_VAR
// Start of Logic
// Catch the Rising Edge One Shot of the Start_Stop input
ONS_Trig     := Start_Stop AND NOT Rising_ONS;
// Main Logic for Run_Contact -- Toggle ON / Toggle OFF ---
ON_OFF := (ONS_Trig AND NOT ON_OFF) OR (ON_OFF AND NOT ONS_Trig);
// Rising One Shot logic
Rising_ONS := Start_Stop;END_PROGRAM
```

图 1.2-17　结构化文本程序示例

6. PLC 编程语言的选用

虽然 IEC 61131-3 标准中 PLC 有五种标准编程语言，但由于每个编程者的编程风格及工作环境可能不同，或对某些语言的熟悉程度乃至偏爱程度不同，在实际的 PLC 编程应用中一般不会同时在一个任务内用到所有的五种编程语言。而且，PLC 本机硬件和所提供的 PLC 软件也不是所有都与 IEC 61131-3 完全兼容的。尤其是那些小型或微型的 PLC，由于其内存不大或 CPU 速度不够快，不能运行全部 IEC 语言。目前，很多微型和中小型的 PLC，其硬件本机具有梯形图(LD)、指令表(IL)、功能块图(FBD)和顺序功能图(SFC)语言编程功能，但一般不具备结构化文本(ST)语言编程功能。但在加入一些特殊扩展模块的情况下，PLC 可能会具有结构化文本(ST)语言编程功能。

尽管受到限制，但是编程者还是应该确定哪种或者哪些语言是最适合自己项目的，然后选择支持这种语言的硬件和软件。因为有多种编程语言，所以在确定采用哪一种语言之前有必要了解一些细节。当然，如果编程者对某种语言很熟悉，就很可能坚持使用这种语言。然而，在做决定之前，还是应该看一看这些语言各自的优势。不同的 PLC 语言各自的优缺点和适用的领域如下：

(1) 梯形图(LD)为通用接受度最高的编程语言，新手一般多倾向于先使用梯形图(LD)语言进行编程。

(2) 美国的工业领域倾向于用梯形图(LD)，欧洲的工业领域更喜欢用功能块图(FBD)，计算机编程人员喜欢用结构化文本(ST)(类似于高级语言，比如 C 语言)。

(3) 对于主要使用逻辑 I/O 的程序，比如控制传送带的程序，用梯形图(LD)编程，显然会比用结构化文本(ST)编程更好些，这样逻辑会更清晰。

(4) 做内存管理方面的工作或对内存地址进行频繁读写，用指令表(IL)和结构化文本(ST)编程会比用梯形图(LD)编程更加合适，这样编出来的程序，PLC 的执行速度也快。

(5) 对于顺序控制系统或重复过程，以及需要互锁和并行操作的过程，用顺序功能图

(SFC)无疑是个好选择。

(6) 在分析计算复杂的算法或运行复杂的数学模型时，用结构化文本(ST)进行编程是有优势的。

(7) 对于某些复杂的 PLC 程序，运用 1～3 种组合式的编程语言可能更加高效且更具有针对性。比如一个复杂的程序任务里既包含复杂的逻辑，也包含复杂的算法，那么要解决这个任务，对于任务中的复杂逻辑，可以使用梯形图(LD)或功能块图(FBD)进行编程；而对于任务中的复杂算法，可以使用结构化文本(ST)进行编程。如果此时任务中也有多个顺序控制，也可以再加上顺序功能图(SFC)。

【任务实施】

本任务为认知性任务，通过上面相关知识的学习，可以获得完成任务的答案。

由 PLC 的工作原理及其软元件，可知 PLC 以循环扫描的工作方式来执行程序，以软元件编程来实现对外部的设备进行控制。在本任务的大气环保设备中，PLC 作为主控系统，接收各类仪表及传感器采集到的大气数据，然后对数据进行分析、比较、计算，最后发出信号控制执行元件作用于环境。

【小结】

本任务主要介绍了 PLC 的工作原理、结构组成、分类、主要性能指标和系列产品，还重点介绍了 PLC 的软元件以及 PLC 的编程语言。

【理论习题】

一、判断题(对的打“√”，错的打“×”)

1. PLC 程序的执行采用循环扫描工作方式。　(　　)

2. 系统程序是由 PLC 生产厂家编写的，固化到 RAM 中。　(　　)

3. PLC 的系统程序是永久保存在 PLC 中的，用户不能改变。　(　　)

4. S7-200 SMART 系列 PLC 的软元件中，输出继电器用字母 I 来表示，输入继电器用字母 Q 来表示。　(　　)

二、单选题

1. 当 PLC 处于 STOP 模式时，会执行下列哪个阶段的工作？(　　)

A. 输入采样　B. 通信服务　C. 程序执行　D. 输出刷新

2. PLC 最主要的性能指标是(　　)。

A. CPU 类型　B. 扫描速度　C. I/O 点数　D. 存储器容量

3. 按结构分类，PLC 可分为(　　)。

A. 高档机、中档机、低档机　B. 整体式、模块式

C. 大型、中型、小型　D. 普通型、高档型

4. 按 I/O 点数分类，PLC 可分为(　　)。

A. 高档机、中档机、低档机　B. 整体式、模块式

C. 大型、中型、小型　D. 普通型、高档型

5. 关于西门子CPU SR40 PLC，下列说法错误的是(　　)。

A. 属于继电器输出类型的PLC　　B. 属于S7-200系列PLC中的一种机型

C. 有24个I点和16个O点　　D. 可以控制直流水泵，也可以控制交流水泵

6. 关于三菱FX_{3U}-48MR PLC，下列说法正确的是(　　)。

A. 硬件I/O点对应软元件Y/X　　B. 输入点与输出点的数量一样多

C. 属于晶体管型输出的PLC　　D. 可以控制交流电灯，但不能控制直流电灯

7. (　　)为PLC最基础的编程语言。

A. LD　　B. IL　　C. FBD　　D. SFC

8. PLC的梯形图语言是在(　　)的基础上产生的一种直观、形象的逻辑编程语言。

A. 继电器控制原理图　　B. 语句表

C. 逻辑符号图　　D. 高级语言

9. 根据IEC的规定，PLC的五种标准编程语言中，不包含(　　)语言。

A. TC　　B. LD　　C. FBD　　D. SFC

10. PLC的结构组成中不包括(　　)。

A. CPU　　B. I/O接口　　C. 触摸屏　　D. 系统程序

三、简答题

1. 简述PLC的工作原理。
2. 请说出PLC的结构组成。
3. 西门子S7-200 SMART系列PLC有哪些常用的软元件？分别用什么符号表示？
4. 三菱FX_{3U}系列PLC有哪些主要的软元件？分别用什么符号表示？
5. 试列举出西门子CPU SR60 PLC的I/O点。
6. 试列举出三菱FX_{3U}-64MR PLC的I/O点。
7. PLC程序里的输入继电器和输出继电器是怎样与PLC硬件上的I/O接口进行联系的？

项 目 二

PLC 控制与环境工程应用

PLC

在环境工程应用中，经常需要控制水泵、搅拌机、风机、加药泵、气泵、压滤机、电动调节阀、控制阀、执行阀和阀门定位器等执行元件，以实现对环境工程工艺参数(如液位、压力、流量、温度、pH 值、溶解氧、电导率、COD、浊度、成分、气体浓度等)的改变，使生产过程按预定要求正常运行。在这些控制中，如果使用 PLC 作为控制系统，无疑能使环境工程中各设备的运行更为自动化，更为高速、高效、环保。

本项目在介绍环境工程中常用的水泵、搅拌机、风机等执行元件的基础上，重点介绍 PLC 如何对这些执行元件进行控制。

任务 2.1 PLC 控制水泵点动运行

【任务导入】

水泵是污水处理厂的重要设备之一。水泵高效运行，对污水的处理有着至关重要的作用，那么如何利用 PLC 来实现水泵的点动控制呢？本任务将进行一个简易 PLC 控制系统的设计。

在一个由 PLC 控制水泵运行和停止的简易系统中，当按下按钮 SB1 时，水泵运行；放开按钮 SB1 后，水泵停止。要求进行 PLC 的硬件 I/O 点接线、PLC 软件编程，并将程序下载到 PLC。

本设计虽然是一个简易的 PLC 控制系统，但却是 PLC 入门的基础。任务要求进行 PLC 控制系统电路设计及安装联调。其中，PLC 控制系统电路设计分为 PLC 的 I/O 点分配、画出 PLC 控制电路图、PLC 控制电路接线；安装联调即联机控制，包括编程软件的使用、PLC 程序编写、通信联机、程序下载等。

【学习目标】

◆ 知识目标

(1) 熟悉水泵的分类、结构组成；
(2) 了解水泵(电机)点动的概念；
(3) 熟悉 PLC 的硬件 I/O 点分配及控制电路接线；
(4) 熟悉 PLC 编程软件的使用(编程、程序上传与下载等)。

◆ 技能目标

(1) 学会 PLC 的硬件 I/O 点接线；
(2) 学会使用 PLC 编程软件；
(3) 学会使用 PLC 控制水泵(电机)点动；
(4) 学会简单的 PLC 编程。

【知识链接】

一、水泵简介

水泵是输送液体或使液体增压的机械。它将原动机的机械能或其他外部能量传送给液体，使液体能量(压能或势能)增加。水泵主要用来输送水、油、酸碱液、乳化液、悬乳液和液态金属等液体，也可输送液体、气体混合物以及含悬浮固体物的液体。

水泵的种类较多，被广泛应用于各种领域的工程中。在环保行业，水泵是污水处理厂的重要设备之一，它对污水处理有着十分重要的作用。污水处理系统是由多个单元过程(阶段)组成的复杂系统，各个单元过程所使用的水泵类型可能不相同。

(1) 按原理分类。按原理来分，水泵分为叶片式泵、容积式泵及其他类型泵，如图 2.1-1 所示。

- 水泵
  - 叶片式泵
    - 离心泵
      - 单吸泵、双吸泵
      - 单级泵、多级泵
      - 蜗壳式泵、分段式泵
      - 立式泵、卧式泵
      - 屏蔽泵、磁力驱动泵
      - 高速泵
    - 旋涡泵
      - 单吸泵、双吸泵
      - 离心旋涡泵
    - 混流泵
    - 轴流泵
  - 容积式泵
    - 往复泵
      - 电动泵
        - 柱塞泵、活塞泵、隔膜泵
        - 计量泵
      - 蒸汽泵
    - 转子泵——齿轮泵、螺杆泵、滑片泵、挠性叶轮泵、软管泵、旋转活塞泵等
  - 其他类型泵——喷射泵、空气升液泵、电磁泵等

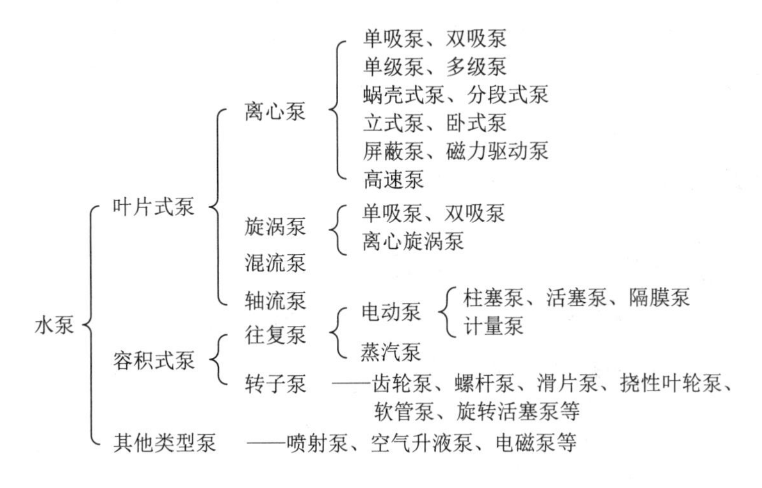

图 2.1-1　水泵按原理分类

叶片式泵利用叶片和液体相互作用来输送液体。它的特点为：传递的能量是连续的；流量随压力的变化而变化；一般不具备自吸功能(在启动时需提前充满液体)；适用于低压力和大流量的场所。

容积式泵利用工作容积周期变化来输送液体。它的特点为：传递的能量是非连续的；在一定转速或泵速(往复次数)下的流量是一定的，几乎不随压力而改变；具有自吸能力(泵启动后即能抽除管路中的空气吸入液体)；适用于高压力和小流量。一般来说，容积式泵的效率会高于叶片式泵。

其他类型泵指既不属于叶片式泵，也不属于容积式泵的泵，如喷射泵(射流泵)、空气升液泵、电磁泵、水锤泵等。

(2) 按用途分类。按用途来分，水泵可分为输送泵、消防泵、排污泵、给水泵、卫生泵、计量泵等。

(3) 按介质分类。按介质来分，水泵分为清水泵、污水泵、油泵和化工泵等。

(4) 按材质分类。按材质来分，水泵有铸造铁泵，不锈钢 304、316 泵，青铜泵，塑料泵等。

(5) 按级数分类。按级数来分，水泵有多级泵、单级泵。

(6) 按形式分类。按形式来分，水泵分为立式泵和卧式泵。立式泵整体竖立，占地面积小，噪声略高于卧式泵，重心不太稳；卧式泵整体卧式，占地面积大，重心稳，震动小。

下面详细介绍几种常用的水泵。

(一) 离心泵

离心泵(Centrifugal Pump)是在叶轮高速旋转所产生的离心力作用下，将水提向高处的一种叶片式水泵。离心泵应用广泛。图 2.1-2 为一台卧式离心泵的外观。

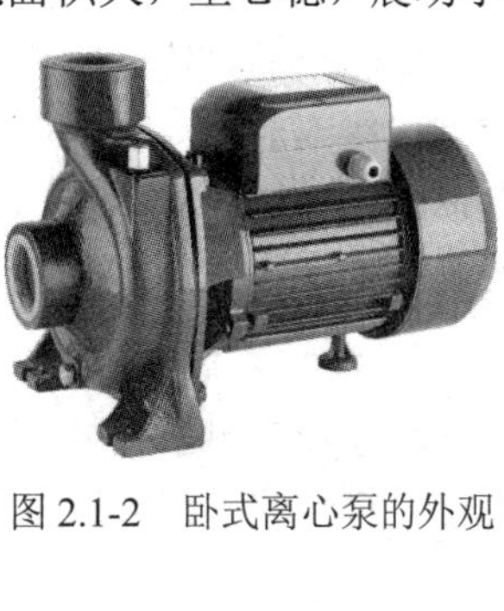

图 2.1-2　卧式离心泵的外观

1. 结构组成

离心泵的结构如图 2.1-3 所示，其主要构件包括转动部件、固定部件和交接部件。其中，转动部件包括叶轮、泵轴；固定部件包括轴承、泵体；交接部件包括密封环、填料函(主要有填料环、填料压盖以及填料)等。

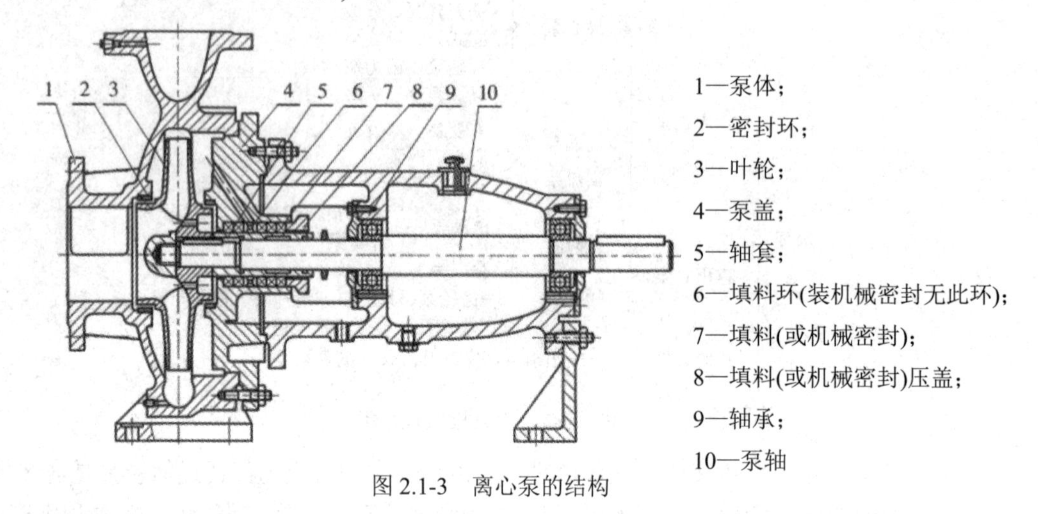

图 2.1-3　离心泵的结构

1) 叶轮

叶轮是离心泵的核心组成部分，它是把电动机输入的机械功直接传给液体，使液体获得动能、势能及压力能的部件，是泵最重要的工作元件。

叶轮由叶片、盖板和轮毂组成，叶轮上的叶片起主要作用。目前多数叶轮采用铸铁、铸钢和青铜制成，若用于输送特殊液体，则需采用 SUS304 或更高要求的材料。叶轮上的内外表面要求光滑，以减少水流的摩擦损失。

2) 泵轴

泵轴是传递扭矩的主要部件，它把叶轮、平衡盘、轴套、键、联轴器组合到一起。泵轴应有足够的抗扭强度和足够的刚度，其挠度不超过允许值。泵轴的材料一般为碳素钢、不锈钢，高压、大功率泵轴采用合金钢。

3) 轴承

轴承用以支持转动部分的重量并承受运行时的轴向力及径向力。有的大型泵为了降低轴承温度，在轴承上安装了轴承降温水套，用循环的净水冷却轴承。

4) 泵体

泵体又叫泵壳，起到支撑固定作用，其内腔形成叶轮工作室、吸水室和压水室。

离心泵的泵体通常铸成蜗壳形。蜗壳形流道沿流出的方向不断增大，可使其中水流的速度保持不变，以减少由于流速的变化而产生的能量损失。泵的出水口处有一段扩散形的锥形管，随着断面的增大，水流速度逐渐减小，而压力逐渐增大，水的动能转化为势能。一般泵体顶部设有放气或加水的螺孔，以便在水泵启动前用来充水和排走泵体内的空气。

5) 密封装置

在泵轴穿出泵盖处，为了防止高压水通过转动间隙流出及空气流入泵内，须设置密封装置。常用的密封装置有填料密封和机械密封两种。

6) 平衡装置

单侧进水的离心泵，由于进出口存在压力差，因此转子受到一个从压出端指向吸入端的力，叫作轴向推力。轴向推力必须采用不同的方法平衡，否则将会导致泵体震动，严重时可能会造成机件过度摩擦、机器损坏。平衡装置主要有平衡孔和平衡盘等。通常单级离心泵用平衡孔平衡轴向力；大容量多级的离心泵用平衡盘平衡轴向力。平衡盘装在泵的出口端最末一级叶轮的后面。动盘用键连接在轴上，与轴一同旋转。

7) 联轴器

联轴器连接电动机和水泵，用来把电动机的转矩(机械能)传递给水泵的叶轮。

联轴器有刚性和挠性两种。刚性联轴器实际上就是用两个圆法兰盘连接，在连接中无调节余地，因此，要求安装精度高，常用于小型水泵机组和立式泵机组的连接。挠性联轴器一般用于大、中型卧式泵机组安装中。常用的圆盘形挠性联轴器实际上是钢柱销带有弹性橡胶圈的联轴器，它包括两个圆盘，用平键分别将泵轴和电机轴连接在泵房机组的运行中，应注意定期检查橡胶圈的完好情况，以免发生由于弹性橡胶圈磨损后未能及时换上，致使钢枢轴与圆盘孔直接发生摩擦而把孔磨成椭圆或失圆等现象。

2. 工作原理

离心泵其实就是通过泵轴将电动机的转矩(机械能)传递给叶轮，然后利用叶轮高速旋转产生离心力，将水提向高处的一种叶片式水泵。

(1) 启动前，先在泵和进水管里灌满水；

(2) 离心泵运转后，在叶轮高速旋转而产生的离心力作用下，叶轮流道里的水被甩向四周，压入蜗壳；

(3) 叶轮入口形成真空，水池的水在外界大气压力下沿吸水管被吸到叶轮入口。

离心泵的叶轮不断旋转，则可连续吸水、压水，水便可源源不断地从低处抽到高处或远方。

3. 特点

离心泵的特点如下：

(1) 液体由离心泵的轴向吸入叶轮，垂直于轴向流出(径向流出)，即进出水流方向互成90°。

(2) 离心泵靠叶轮进口形成真空来进行吸水，因此在启动前必须向泵内和吸水管内灌注引水，或用真空泵抽气，以排出空气形成真空。而且泵壳和吸水管路必须严格密封，不得漏气，否则形不成真空，也就吸不上水来。

(3) 由于叶轮进口不可能形成绝对真空，因此离心泵吸水高度不能超过10 m。

(4) 按工作压力来分类，离心泵分为低压泵(压力低于 100 米水柱)、中压泵(压力在100～650米水柱)、高压泵(压力高于650米水柱)。按叶轮数目来分类，离心泵分为单级泵(即在泵轴上只有一个叶轮)、多级泵(即在泵轴上有两个或两个以上的叶轮，这时泵的总扬程为 n 个叶轮产生的扬程之和)。

(二) 轴流泵

轴流泵是靠旋转叶轮的叶片对液体产生的作用力使液体沿轴线方向输送的泵。

1. 结构组成

轴流泵有立式、卧式、斜式，即可以进行立式安装、卧式安装或倾斜安装。图 2.1-4 为立式轴流泵的外观。轴流泵的外形像一根吸水管，泵体直径与吸水口的直径差不多。

轴流泵的结构组成主要包括吸入管、叶轮、导叶、泵轴、弯管、外壳等部件，如图 2.1-5 所示。

图 2.1-4　立式轴流泵的外观

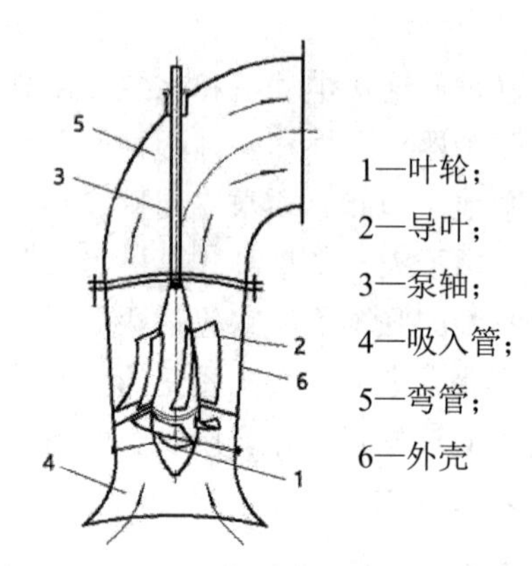

图 2.1-5　轴流泵的结构组成

1) 吸入管

吸入管有时也称吸水管，为了改善入水处的水力条件，常采用流线型喇叭管形式或流道形式。

2) 叶轮

叶轮将电动机输入的机械能直接传给液体，使液体获得旋转动能，它是轴流泵的最主要工作部件，其性能影响到轴流泵的性能。叶轮由叶片、轮毂、导水锥组成。

3) 导叶

导叶的作用是把叶轮中流出液体的旋转运动变为轴向运动，即把液体的旋转动能转换为压力能。

在轴流泵中，液体的运动像沿螺旋面的运动，除了轴向前进，还有旋转运动。导叶是固定在泵壳上不动的，一般有 6～12 片。当水流经过导叶时，导叶就把旋转的动能转换为压力能。

4) 泵轴和轴承

泵轴用于传动电动机的转矩，轴承用于泵轴定位。

5) 密封装置

在轴流泵的出水弯管和轴孔的交接处，需要进行密封。一般使用压盖填料的密封装置。

2. 工作原理

轴流泵利用叶轮的高速旋转所产生的推力提水。

轴流泵的叶片一般浸没在液体中，叶轮高速旋转，在叶片产生的升力作用下，连续不断地将水向上推压，使水沿出水管流出。叶轮不断地旋转，水也就被连续压送到高处。

3. 特点

轴流泵的特点如下：

(1) 液体从轴流泵叶轮的轴向吸入、轴向流出；

(2) 轴流泵的扬程低、流量大、效益高，适用于平原、湖区、河区的排灌以及船坞排水、运河船闸的水位调节；

(3) 轴流泵启动前不需灌水，操作简单。

(三) 污水提升泵、污水泵

在整个污水处理工艺过程中，从进水口到出水口，其间使用较多的水泵有污水提升泵、污水泵、污泥泵、加药泵等。

1. 污水提升泵

在污水处理过程中，使用污水提升泵的情况比较多。图 2.1-6 为一台污水提升泵。

图 2.1-6　污水提升泵

污水提升泵放在污水处理厂进水口，污水管网输送过来的污水水位较低，需要用污水提升泵将水位较低的污水抽送到后续的处理工艺设备中。很多污水处理设施按高程设置，通过水位差，使污水实现自流，自动流向后续设施中，从而减少能耗。污水提升泵的另一个作用是把上一个水池处理过的污水输送到下一个水池，即把污水从一个处理环节输送到下一个处理环节。

工业污水提升泵一般为自吸泵或潜水泵。自吸泵属于自吸式离心泵，具有结构紧凑、操作方便、运行平稳、维护容易、效率高、寿命长，以及自吸能力较强等特点。自吸式离心泵不需“引水”，而利用泵工作时形成的负压(真空)，在大气压作用下将低于抽水口的水压上来，再从水泵的排水端排出。这里的潜水泵指潜水污水提升泵，它潜入液下工作。

另外，污水提升泵还具有扬程高、流量大等特点，可以满足快速输送水体的要求，提高污水处理的效率。它采用独特的单片或双片叶轮结构，大大提高了污物通过能力，能有效地通过较大的纤维物质和固体颗粒。

2. 污水泵

污水泵有时也称排污泵，它属于一种离心杂质泵。

☞**提示**　在矿山、冶金、化工、电力等部门中，经常需要输送带有杂质液体的水泵，如泥浆泵、灰渣泵、混凝土泵等，这类泵称为杂质泵。

1) 污水泵的分类

按结构形式不同，污水泵分为卧式和立式两种；按用途不同，污水泵可分为液下污水泵、管道污水泵、潜水污水泵、耐腐蚀污水泵、耐酸污水泵、自吸污水泵。

污水泵有潜水式和干式两种工作形式。最常用的潜水式污水泵为 QW 型潜水污水泵，最常见的干式污水泵为 W 型卧式污水泵和 WL 型立式污水泵。

QW 型潜水污水泵简称潜污泵，为单级、单吸、立式、无堵塞离心式潜水污水泵，如

图 2.1-7(a)所示。其具有整体结构紧凑、体积小、安装方便、维修方便等特点。又由于 QW 型潜水污水泵是泵体和电机连成一体潜入水中工作的，因此它的噪声低、电机温升低、密封较好。在密封方面，QW 型潜水污水泵有机械密封和橡胶密封圈。在泵体与电机之间，设有油隔离室，在油隔离室中安装了机械密封以防止水进入电机，避免造成电机短路烧坏。

WL 型立式污水泵为单级、单吸的立式排污泵，如图 2.1-7(b)所示。它适用于输送温度低于 80℃的生活废水、粪便或其他含少量纤维、纸屑等块状悬浮物的液体。

(a) QW 型潜水污水泵

(b) WL 型立式污水泵

图 2.1-7　污水泵

2) *污水泵的结构组成*

和其他泵一样，污水泵的叶轮、压水室是泵内的两大核心部件。这两大核心部件的性能优劣代表了泵整体性能的优劣。也可以这样说，污水泵的抗堵塞性能和其工作效率的高低，以及汽蚀性能、抗磨蚀性能，主要是由叶泵和压水室这两大部件来保证的。

由于污水泵属于一种离心杂质泵，因此污水泵的结构与离心清水泵的类似，但也有不同。污水泵输送带有纤维或其他悬浮杂质的污水，在结构上它与一般清水泵的不同之处在于其叶轮的叶片数少、流道宽。另外，为了避免堵塞，在泵体的外壳上开设有检查、清扫孔，便于在停机后及时清除泵体内部的杂质。

3) *污水泵的特点*

污水泵主要用于输送工业污水或城市废水，污水液体中可能含有化学物质、粪便、纤维、纸屑等固体颗粒的介质。由于被输送的介质中含有易缠绕或聚束的纤维物，因此污水泵的流道易于堵塞。流道一旦堵塞，污水泵就不能正常工作，甚至烧毁污水泵的电动机，从而造成排污不畅，给工业生产、城市生活和环保带来严重的影响。因此，抗堵性和可靠性是决定污水泵优劣的重要因素。

图 2.1-8　污水泵堵塞故障处理现场照片

图 2.1-8 为某污水处理厂的污水泵发生堵塞故障后，技术维修人员进行拆机并清除杂质的现场照片。

在处理城市污水时，一般都会在污水处理池前加一个过滤网，将纤维缠绕物等拦在泵的吸入口之前，使其不能进入泵腔，从而使得泵能够更好地工作，寿命更长。

污水泵的特点主要有如下几点：

(1) 排污能力强、无堵塞，能有效地通过直径 30～80 mm 的固体颗粒物；
(2) 撕裂机构能把纤维块状物质撕裂、切断，然后顺利排放，无需在泵上加滤网；
(3) 结构紧凑、移动方便、安装简单、可减少工程造价，无需建造泵房；
(4) 使用双导轨自动安装系统，给泵的安装与维修带来很大方便(人可不必进出污水坑)；
(5) 配套电机功率小，节能效果显著；
(6) 能够在全扬程范围内使用而电机不过载。

4) 污水提升泵与污水泵的区别

首先，两者的定义不同。从广义上讲，污水提升泵是污水泵的一种，或者说污水泵包含了污水提升泵。工业上的污水提升泵，一般为自吸离心泵或潜水污水提升泵。一般把使用在污水中的水泵都称为污水泵，污水泵是一种离心杂质泵，也称为排污泵。

然后，两者的用途不同。污水提升泵适用于化工、石油、制药、采矿、造纸、水泥、炼钢、电力，以及城市污水处理厂排水系统、市政工程、建筑工地等行业输送带颗粒的污水，也可用于输送清水及带腐蚀性介质。污水泵主要用于输送污水，污水液体中含有纤维、纸屑等固体颗粒介质，通常被输送介质的温度不大于 80℃。

最后，两者的特点不同。比如污水提升泵采用独特单片或双片叶轮结构，大大提高了污物通过能力，能有效地通过泵口径 5 倍纤维物质与直径为泵口径约 50%的固体颗粒。污水泵排污能力较强，无堵塞，能有效地通过直径 30～80 mm 的固体颗粒。

(四) 螺杆泵

螺杆泵也称螺旋泵、阿基米德螺旋泵、螺旋扬水机，是一种利用螺杆轴(也称螺旋轴或转子)上叶片的旋转运动来增加液体压力能，从而使液体沿轴向流动的容积式泵。

1. 螺杆泵的结构组成

螺杆泵由橡胶定子、万向节、进口段、填料压盖、主轴、轴承、螺杆轴、连杆轴、填料密封、轴承箱、联轴器、电机等组成。图 2.1-9 为一台卧式螺杆泵的外形与结构。

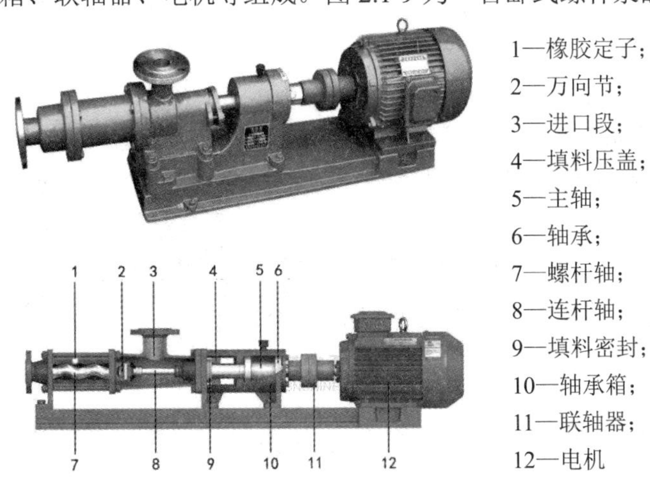

1—橡胶定子；
2—万向节；
3—进口段；
4—填料压盖；
5—主轴；
6—轴承；
7—螺杆轴；
8—连杆轴；
9—填料密封；
10—轴承箱；
11—联轴器；
12—电机

图 2.1-9　卧式螺杆泵的外形与结构

2. 螺杆泵的特点

螺杆泵有如下特点：

(1) 结构简单，但转速低，需要设变速装置；

(2) 流量较大，效率较高；

(3) 便于维修和保养；

(4) 尺寸较大，但受机械加工条件限制，泵轴不能太长，因而扬程较低(3～8 m，一般不超过 10 m)；

(5) 吸水面、出水面高度变化不能太大，否则会影响工作效率并增加能耗。

3. 螺杆泵的应用

螺杆泵适用于扬程较低、流量较大的场合，被广泛用于水利、雨水、给水、灌溉、排涝，以及污水、污泥的提升，尤其适用于活性污泥和回流污泥的提升。具体的应用方面，比如螺杆泵用于制糖厂的糖汁和蔗渣输送、酿造酒厂的发酵液投料配料和粮食废渣输送、鱼类加工厂的鱼油和鱼渣输送、果品加工厂果汁和果渣的输送、制药厂的药渣输送、造纸厂的纸浆输送、石油化工厂的油脂和废液输送、建筑业的砂浆和水泥浆输送、工业和生活的污水和污泥处理等。

4. 污泥泵

污泥泵为螺杆泵中一个较大方面的应用。污泥泵是一种用于排放黏度较高介质的输送泵。它一般用于脱水处理前污泥的输送，即把污水处理后产生的污泥从水池底部抽取出来，再做进一步的处理。对于经压滤机脱水的污泥，一般采用转子泵进行输送，这时污泥泵也称污泥转子泵。

转子泵属于一种容积式泵，它可分为齿轮泵、螺杆泵、滑片泵、挠性叶轮泵、软管泵、旋转活塞泵(凸轮泵、罗茨泵)等。由于污泥含杂质较大，黏度也大，常选用螺杆泵(单螺杆泵)进行污泥输送，因此污泥泵有时也称为污泥螺杆泵。

污泥螺杆泵利用偏心单螺旋的螺杆在双螺旋衬套内的转动，使污泥污水沿螺旋槽由吸入口推移至排出口，很适于吸排黏稠性液体。

污泥螺杆泵(单螺杆泵)具有螺杆泵的优点，它既适合输送低黏度介质，比如水，又适合输送含有固体颗粒或短小纤维的悬浮液，以及黏度非常高的介质。

☞**注意**　污泥泵与污水泵是不同的：两者的概念不同、所输送介质的特点也不同。首先，污泥和污水的概念不同，污泥中泥沙等块状杂质含量较大，黏度大。污水泵一般是指潜水式安装的离心杂质泵(潜污泵)，它用于输送城市污水、粪便或液体中含有纤维、纸屑等固体颗粒的介质。污泥泵可以输送各种黏度的液体，特别是黏稠度较大的介质，如污泥、料渣等，它可用于沉淀池、污泥池、生化池、过滤池，把产生的污泥抽送给压滤机，压滤机把污泥中的水分去除，实现污泥处理。在同样的扬程下，与污水泵相比较，一般污泥泵需要更大一些的功率。

(五) 计量泵、加药泵

1. 计量泵

1) 概述

计量泵(Metering Pump)也称定量泵、比例泵或可控容积泵，它是一种可以满足各种严格的工艺流程需要，同时能够实现液体输送、流量调节、压力控制等多功能控制的特殊容积式泵。计量泵的外形如图 2.1-10 所示。

图 2.1-10　计量泵的外形

首先，计量泵是输送液体的一种泵，特别适用于腐蚀性液体的输送。另外，使用计量泵可以同时完成输送、计量和调节(流量可在 0%～100%范围内无级调节)的多项功能控制，从而简化生产工艺流程。比如使用多台计量泵时，可以将多种不同的介质按准确比例输入工艺流程中进行混合。

2) 分类

(1) 根据过流结构不同，计量泵分为柱塞式(活塞式)、机械隔膜式、液压隔膜式；

(2) 根据驱动方式不同，计量泵分为电机驱动、电磁驱动；

(3) 根据工作方式不同，计量泵分为往复式、回转式、齿轮式。

3) 结构组成

计量泵由电机、蜗杆、蜗轮、曲轴连杆、偏心轮、偏心轮销、柱塞、填料、进口阀、出口阀、缸体等结构组成，如图 2.1-11 所示。

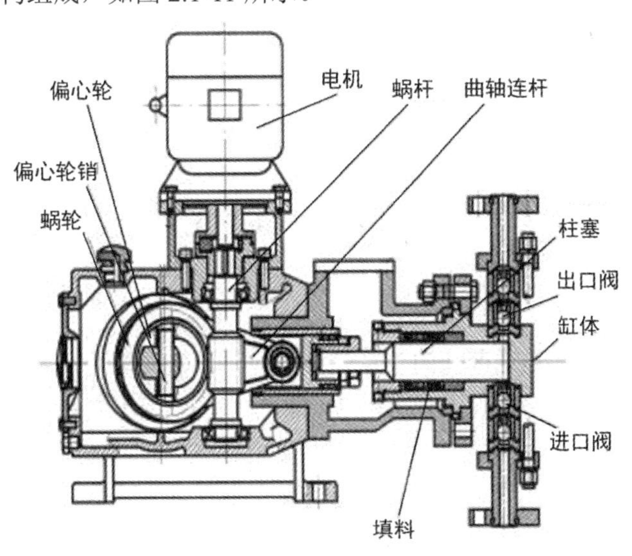

图 2.1-11　计量泵的结构组成

4) 工作原理

在送液量改变时，计量泵可以方便而准确地借助调节偏心轮的偏心距离来改变栓塞的冲程而实现液体输送。电机经联轴器带动蜗杆并通过蜗轮减速使偏心轮做回转运动，由偏心轮带动弓形连杆的滑动调节座做往复运动。当柱塞向后死点移动时，泵腔内逐渐形成真空，吸入阀打开，吸入液体；当柱塞向前死点移动时，吸入阀关闭，排出阀打开，液体在柱塞向前进一步运动时排出。泵的往复循环工作形成连续有压力、定量的液体排放。这就是计量泵的工作原理。

5) 安装注意事项

在安装计量泵时，需要注意：出口高于进口，避免虹吸现象；泵头与注射阀要竖直安装；所附管件用手旋紧即可，请勿使用工具；螺纹处不使用生料带。

6) 特点与应用

计量泵的特点如下：

(1) 性能优越、计量输送精确，流量可以在零到最大定额值范围内进行任意调节，压力可从常压到最大允许范围内任意选择。流量可以保持与排出压力无关的恒定流量。

(2) 安全性能高。当介质为易燃易爆、有毒或贵重液体时，常选用隔膜计量泵。隔膜计量泵能达到安全无泄露。为防止隔膜破裂时液体介质与液压油混合发生事故，可选用双隔膜式计量泵并带隔膜破裂报警装置。

(3) 调节直观清晰、平稳，无噪声、体积小、重量轻、维护方便，可并联使用。

(4) 品种多、性能全，适用于输送-30℃～450℃、黏度为 0.3～800 mm/s 及不含固状颗粒物的介质，最高排出压力可达 64 MPa，流量范围在 0.1～20 000 L/h，计量精度在 ±1% 以内。

(5) 流量调节一般为手动，也可根据工艺要求对流量进行气动调节或电动调节，亦可使用 PLC 和计算机来实现自动化控制或远程控制。计量泵在运行或停止时，流量都可以任意调节，也可以定量输出。

☞**知识拓展** 计量泵的流量调节方式有手动调节、气动调节、电动调节、变频调节等。计量泵的手动流量调节一般靠旋转调节手轮，带动调节螺杆转动，从而改变弓形连杆间的距离，改变柱塞(活塞)在泵腔内的移动行程，以确定流量的大小。调节手轮的刻度决定柱塞行程，精确率较高(在 95%以上)。

由于优点较多且性价比高，计量泵被广泛应用于石油、化工、天然气、食品、制药、印染、造纸、热电、锅炉、环保(比如压力要求不高的水处理)等行业中。

2. 加药泵

加药泵是可以计量所输送药液的计量泵，常被用于各类型药剂添加成套设备上，主要应用于污水处理、畜禽药物治疗、清洗消毒、农业施肥、卫生处理、车辆清洗等。

1) 加药泵的分类

跟计量泵一样，根据过流结构不同，加药泵也主要分为柱塞式、机械隔膜式、液压隔膜式三种类型。另外，根据动力来源不同，加药泵可分为电动力式、水动力式两类。

2) 柱塞式加药泵的工作原理

柱塞式加药泵的工作原理为：电机经联轴器带动蜗杆并通过蜗轮减速使偏心轮做回转运动，由偏心轮带动弓形连杆的滑动调节座做往复运动。当柱塞向后死点移动时，泵腔内逐渐形成真空，吸入阀打开，吸入液体；当柱塞向前死点移动时，吸入阀关闭，排出阀打开，液体在柱塞向前进一步运动时排出。泵的往复循环工作形成连续有压力、定量的液体排放。

3) 加药过程

在污水处理工艺中，加药泵主要是添加污水处理药剂到污水池，使药剂与污水中的某些污染物发生中和反应，从而去除污染物并净化水体。污水处理药剂在加药箱内配制好，经搅拌器搅拌均匀后，投入药液罐(箱)。加药泵将药液罐中的药液与工作介质的水混合，输送到污水中，实现加药的目的。

二、点动的概念

“启、保、停”控制和调速控制为最常见的两种水泵控制。其中，“启、保、停”控制即控制水泵的启动、自保持运行(连续运行)、停止。

如果水泵转动方向反了，水泵将泵不起水。因此，在安装好水泵之后，需要先判断水泵的转动方向是否正确，然后才敢放心让水泵连续地运行。这就是经常说的点动试泵。

从动作上来看，水泵的点动控制即按下按钮后，水泵就转动运行；松开按钮后，水泵就停止。相当于按一下按钮，水泵就转动一下；松开按钮，水泵就停下来。

☞**说明**　(1) 从水泵的结构组成可以看出，水泵是由电动机旋转泵轴，带动泵轴上的叶轮来工作的。因此，控制水泵，其实就是控制电动机。水泵、搅拌机、风机都属于电动机类的设备。

(2) 电机包括电动机与发电机。由于本书涉及电动机类设备而不涉及发电机的发电，因此如无特殊说明，后文的电机指的都是电动机。

(3) 点动是电机控制方式的一种，一般用于测试、检查设备，其动作可以简记为：按下按钮，电机运行；松开按钮，电机停止。由于在控制回路中没有自保或自动装置，按下启动按钮后，电机就得电运行；松开按钮之后，电机就失电而停止。

三、PLC 控制系统的设计步骤

PLC 控制系统的设计步骤如图 2.1-12 所示。

1. 分析控制要求

根据工艺流程，分析出设备(或系统)所要实现什么样的控制功能(或动作、工艺)。

这是进行 PLC 控制系统设计的第一个步骤。如果跳过这一步骤，没有对系统进行控制要求的分析，就直接进行后面步骤的话，则很有可能会导致后面的几个步骤都发生错误。

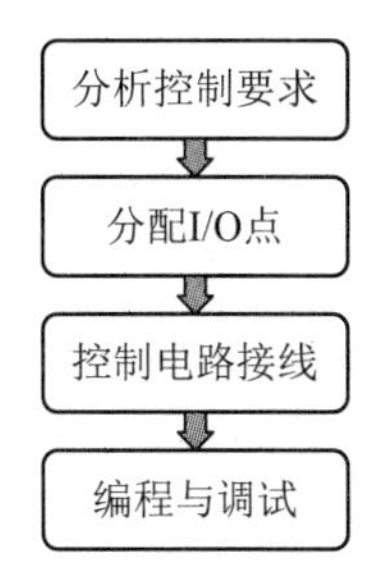

图 2.1-12　PLC 控制系统的设计步骤

2. 分配 I/O 点

分析了系统的控制要求后，接着给系统中的各个输入设备和输出设备分配 PLC 的 I/O 点。如果 I/O 点较多的话，建议列出一个 I/O 点分配表。

☞提示　分配 PLC 的 I/O 点，指确定各个功能分别由 PLC 的哪些 I/O 点来实现。

3. 控制电路接线

由分配的 I/O 点画出 PLC 的控制电路图，然后进行控制电路的接线(即 PLC 的硬件 I/O 点接线)。

4. 编程与调试

在编程软件中编写 PLC 程序，然后将程序下载到 PLC 中，最后联机 PLC，进行监控与调试。

☞提示　“编程与调试”是 PLC 控制系统设计的最后一个步骤，而不是第一个步骤。有些人在设计 PLC 控制系统时，容易犯“一上来就编程”的错误。在 PLC 编程经验不足的情况下，如果没有先进行前面的步骤 1～3，而直接编程，那么可能会导致编程错误乃至失败。比如，编程编得很快很好，但所编写的内容却非系统所要的控制功能，那么这是徒劳且没有意义的。

四、PLC 的控制电路接线

下面分别介绍西门子 CPU SR40 和三菱 FX_{3U}-48MR 两种不同 PLC 的控制电路接线。

(一) 西门子 CPU SR40 的硬件及其控制电路接线

西门子 CPU SR40 的 I/O 端子排列及其接线如图 2.1-13 所示。

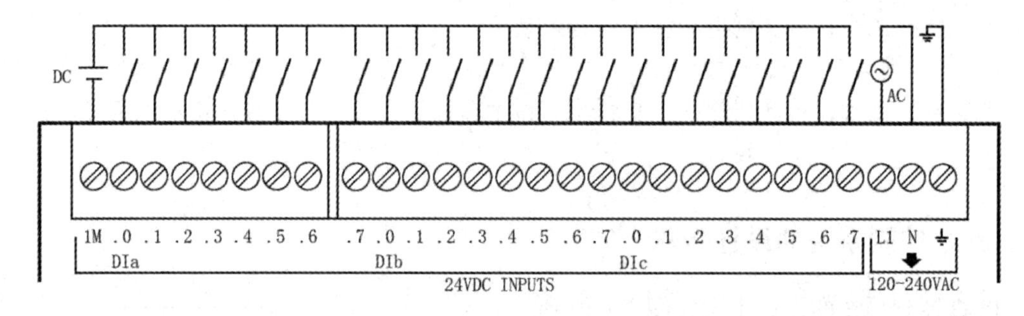

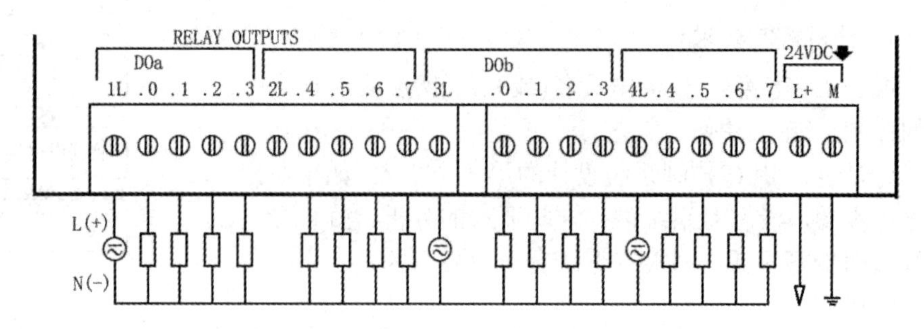

图 2.1-13　西门子 CPU SR40 的 I/O 端子排列及其接线

1. 输入(I)点

CPU SR40 的 I 点分布于 PLC 的上端位置。I 点用于连接输入信号(高电位有效)，如开关、按钮、传感器信号等。

CPU SR40 的 I 点分为 3 组：DIa、DIb、DIc。DIa 组中标识为“.0”～“.7”的 8 个端子即 I0.0～I0.7；DIb 组中标识为“.0”～“.7”的 8 个端子即 I1.0～I1.7；DIc 组中标识为“.0”～“.7”的 8 个端子即 I2.0～I2.7。所有 I 点的公共端皆为 1M。

2. 输出(Q)点

CPU SR40 的 Q 点排列于 PLC 的下端位置。Q 点用于连接 PLC 的输出设备，如指示灯、电机、水泵、风机、接触器、电磁阀等。

Q 点可按 2 种方式分组。

(1) 按 8 个 Q 点(1 个字节)分。

以 8 个 Q 点为一组，CPU SR40 的 Q 点可分为 2 组：DOa 和 DOb。DOa 组中标识为“.0”～“.7”的 8 个端子即 Q0.0～Q0.7；DOb 组中标识为“.0”～“.7”的 8 个端子即 Q1.0～Q1.7。

(2) 按公共端的不同来分。

按公共端的不同，CPU SR40 的 Q 点也可以分作 4 个小组(可称为“公共端小组”或“输出小组”)。每个小组里面包括 1 个公共端和 4 个 Q 点，分组情况如表 2.1-1 所列。

表 2.1-1 CPU SR40 输出点的分组情况

小组	输出点的公共端	输出(Q)点
DOa	1L	Q0.0、Q0.1、Q0.2、Q0.3
	2L	Q0.4、Q0.5、Q0.6、Q0.7
DOb	3L	Q1.0、Q1.1、Q1.2、Q1.3
	4L	Q1.4、Q1.5、Q1.6、Q1.7

☞**注意** 不同小组的 Q 点，可以连接相同电压的负载，也可连接不同电压的负载；但同一小组内的 Q 点，只能连接相同电压的负载。这是由于负载需要电源供电才能运行，而每个小组的 Q 点使用一个电源。如果将不同电压的负载放在一个小组内使用，那么相当于不同电压的负载都使用同一个电源，此时可能会造成部分负载烧坏或不能正常工作。

例 2.1-1 设计一个西门子 PLC(CPU SR40)控制系统。系统中有 4 个负载，分别是额定电压为 AC220 V 的水泵、额定电压为 AC380 V 的电机、额定电压为 DC24 V 的水泵运行指示灯、额定电压为 DC24 V 的电机运行指示灯，还有 1 个启动按钮和 1 个停止按钮(用于启动和停止这 4 个负载)。试分配 CPU SR40 的 I/O 点。

答 由于系统中有 3 种不同电压类型(AC220 V、AC380 V、DC24 V)的负载，因此至少需要 3 个不同的公共端来分别连接这 3 种不同电压的电源。

由于 AC220 V 的水泵和 AC380 V 的电机的电压不一样，因此它们只能放在 2 个不同的公共端小组。这里将 AC220 V 的水泵放在公共端 1L 的小组，此小组有 4 个 Q 点(Q0.0、Q0.1、Q0.2、Q0.3)，任选小组内的一个 Q 点，如 Q0.0 作为其输出点；将 AC380 V 的电机放在公共端 2L 的小组，此小组有 4 个 Q 点(Q0.4、Q0.5、Q0.6、Q0.7)，任选小组内的一个 Q 点，如 Q0.4 作为其输出点。

DC24 V 的 2 个指示灯可以放在同一个公共端小组内，也可以分别放到 2 个不同的公共端小组。这里将两者都放于公共端 3L 的小组内，此小组有 4 个 Q 点(Q1.0、Q1.1、Q1.2、Q1.3)，任选其中的 2 个 Q 点，如 Q1.0 和 Q1.1 作为 2 个指示灯的输出点。

由此，例 2.1-1 的 I/O 点分配如表 2.1-2 所列。

表 2.1-2　例 2.1-1 的 I/O 点分配

信号类型	电气元件	PLC 地址
输入信号	按钮 SB1(启动按钮)	I0.0
	按钮 SB2(停止按钮)	I0.1
输出信号	水泵 KM1(AC220 V)	Q0.0
	电机 KM2(AC380 V)	Q0.4
	水泵运行指示灯 HL1(DC24 V)	Q1.0
	电机运行指示灯 HL2(DC24 V)	Q1.1

☞**注意**　表 2.1-2 中的 KM1 和 KM2 分别指控制水泵和电机的交流接触器，而非指水泵和电机二者负载本身，本书以下皆同。

3. PLC 控制电路接线

CPU SR40 的控制电路接线(即硬件 I/O 点接线)规则可以简记为以下两点：

(1) 按钮一端接 I 点，另一端接 24 V，1M 接 0 V(I—按钮—24 V，0V—1M)。

(2) 负载一端接 Q 点，另一端和 *n*L 接负载电源(Q—负载—负载电源—*n*L)。

其中，公共端 *n*L 中“*n*”的取值范围为 1～4。对于 Q 点的接线，要根据负载的额定电压来选择负载电源。

例如，负载的额定电压为 AC220 V，则负载需要 AC220 V 的负载电源进行供电。此时负载的一端连接 Q 点，另一端和公共端 1L 分别连接负载电源的零线 N、火线 L。

又如，负载的额定电压为 DC24 V，则负载需要 DC24 V 的负载电源进行供电。此时负载的一端接 Q 点，另一端接负载电源的 0 V 端子，而公共端 1L 接电源的 24 V 端子。

例 2.1-2　当按下按钮时，西门子 CPU SR40 PLC 输出控制，使 AC220 V 的绿色指示灯亮。试分配 PLC 的 I/O 点，然后画出控制电路图。

答　I/O 点分配：按钮 SB1——PLC 的输入点 I0.0；绿色指示灯 HL1——PLC 的输出点 Q0.0。控制电路图如图 2.1-14 所示。

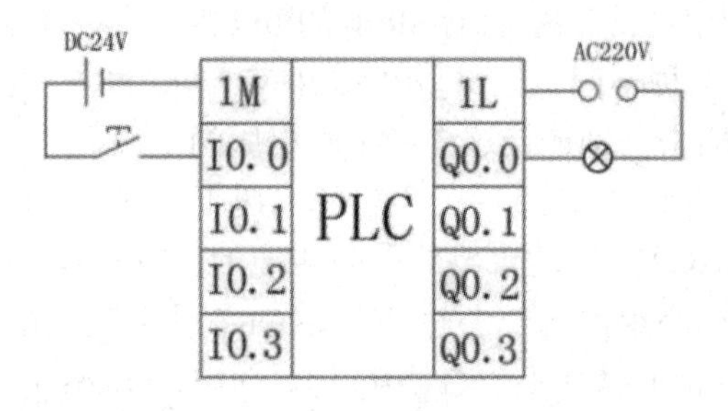

图 2.1-14　例 2.1-2 的控制电路图

例 2.1-3　画出例 2.1-1 的控制电路图。

答　根据例 2.1-1 的 I/O 点分配，画出控制电路图，如图 2.1-15 所示。

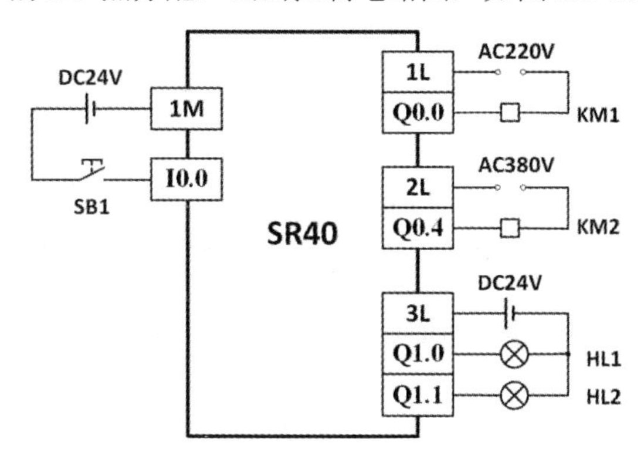

图 2.1-15　例 2.1-1 的控制电路图

☞知识拓展　西门子 S7-200 SMART 系列 PLC 的源型输入和漏型输入：

PLC 的 DC24 V 型直流输入电路分为源型输入和漏型输入两种接线方式。直流输入回路中，如果电流流入输入端子(I 点)，则为源型输入；如果电流从输入端子(I 点)流出，则为漏型输入。在接线上，源型输入时，输入端的公共端 1M 与 0 V 端子连接；漏型输入时，输入端的公共端 1M 与 24 V 端子连接。

西门子 S7-200 SMART 系列 PLC 一般较多使用源型输入(此时使用的传感器为 PNP 型)，但在某些情况下，也可能会用漏型输入的接线方式(比如接 NPN 传感器时)。在源型输入时，PLC 控制电路接线为“I—按钮—24 V，0 V—1M”；在漏型输入时，PLC 控制电路接线为“I—按钮—0 V，24 V—1M”。

4. I/O 状态指示灯

PLC 端面位置有 I/O 状态指示灯，可以根据 I/O 状态指示灯的亮、灭来判断对应 I 点和 Q 点的通断(ON/OFF)。例如：I0.0 指示灯亮绿灯，说明此时 PLC 的 I0.0 为 ON；PLC 的 I0.1 为 ON 时，I/O 指示灯区域中的 I0.1 状态指示灯应该会亮绿灯。

5. PLC 的输入电源

CPU SR40 的输入电源端子在右上角位置。输入电源可能是 AC220 V 或 DC24 V，这由 PLC 的硬件决定。

6. 通信接口

CPU SR40 前端面的左下角有一个 9 针串口，其上端面有一个网线接口。它们均可用于电脑与 PLC 的联机下载通信、PLC 连接到 TCP/IP 网络。

7. PLC 状态指示灯

PLC 端面左边位置有“RUN”“STOP”“ERROR”3 个状态指示灯，用于显示 PLC 的当前状态。

“RUN”指示灯绿色常亮，表示 PLC 正处于运行(RUN)状态；“STOP”指示灯黄色常亮，表示 PLC 正处于停止(STOP)状态；“ERROR”指示灯红色亮起，表示 PLC 正处于故障状态，可能是 PLC 硬件发生故障或软件程序有错误。

(二) 三菱 FX_{3U}-48MR PLC 的硬件及其控制电路接线

1. 输入(X)点、输出(Y)点

FX_{3U}-48MR PLC 的 X 点分布于 PLC 的上部位置，它用于接收外部的输入信号(低电位有效)，只能由外部信号驱动。X 点连接的输入信号有开关、按钮、传感器信号等。

FX_{3U}-48MR PLC 的 Y 点分布于 PLC 的下部位置，它是向外部传送信号的接口。输出继电器(Y)无法由外部信号直接驱动，它只能在程序内部由指令驱动。

这些软件形式的输入继电器(X)、输出继电器(Y)分别对应 PLC 硬件 I/O 接口上有相同编号的输入端子(X)、输出端子(Y)。FX_{3U}-48MR PLC 的输入、输出端子排列及其接线(漏型输入)如图 2.1-16 所示。

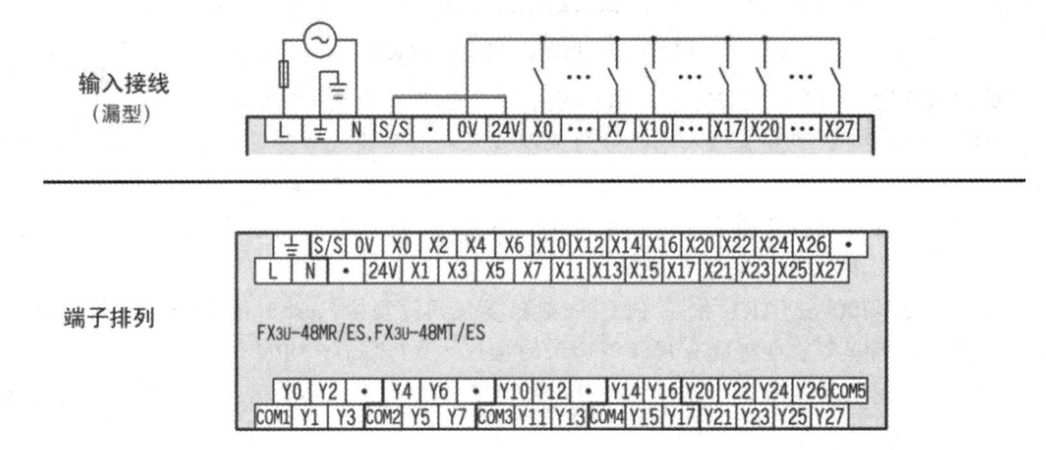

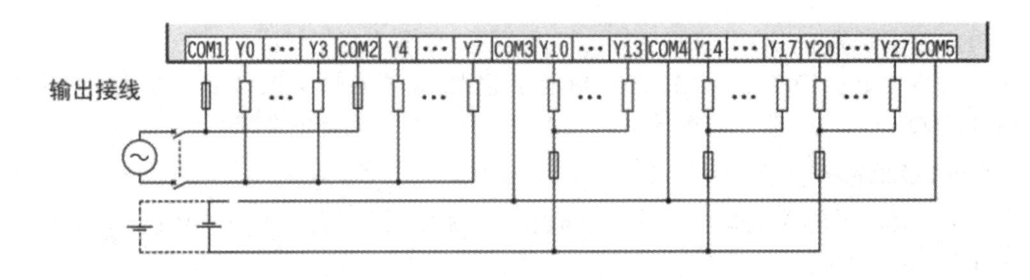

图 2.1-16　FX_{3U}-48MR PLC 的输入、输出端子排列及其接线

按公共端的不同来分，FX_{3U}-48MR PLC 的 Y 点可以分为 5 个小组(可称为“公共端小组”或“输出小组”)，每个小组包括 1 个公共端、4 个或 8 个 Y 点，分组情况如表 2.1-3 所列。

☞**注意**　在不同“公共端小组”的 Y 点，可以连接相同电压的负载，也可以连接不同电压的负载；但在同一小组之内的 Y 点，只能连接相同电压的负载，不允许连接不同电压的负载。这是由于负载都需要连接电源，由电源供电启动或运行。如果将不同电压的负载放在一个公共端小组内使用，那么相当于不同电压的负载使用同一种电源，此时可能会造成部分负载烧坏或不能正常工作。

表 2.1-3　FX_{3U}-48MR PLC 输出点的分组情况

公共端 COM*n*	输出(Y)点
COM1	Y0、Y1、Y2、Y3
COM2	Y4、Y5、Y6、Y7
COM3	Y10、Y11、Y12、Y13
COM4	Y14、Y15、Y16、Y17
COM5	Y20、Y21、Y22、Y23、Y24、Y25、Y26、Y27

例 2.1-4　设计一个三菱 PLC(FX_{3U}-48MR)控制系统。系统中有 4 个负载，分别为 AC220 V 的水泵、AC220 V 的加热器、AC380 V 的电机、DC24 V 的水泵运行指示灯，还有 1 个启动按钮和 1 个停止按钮(用于启动和停止这 4 个负载)。请分配 FX_{3U}-48MR 的 I/O 点。

答　由于系统中有 3 种不同电压(AC220 V、AC380 V、DC24 V)的负载，因此至少需要 3 个不同的公共端来分别连接 3 种不同电压的电源。

AC220 V 的水泵和加热器可以放在同一个公共端小组内，也可以放在不同的公共端小组。这里将两者都放在 COM1 公共端小组，此小组有 4 个 Y 点(Y0、Y1、Y2、Y3)，任选其中的 2 个 Y 点，如 Y0 和 Y1 作为它们的输出点。

AC380 V 的电机为系统中唯一的 AC380 V 负载，因此单独放在一个公共端小组(公共端 COM2)，此小组有 4 个 Y 点(Y4、Y5、Y6、Y7)，任选小组内一个 Y 点，如 Y4 作为其输出点。

DC24 V 的水泵运行指示灯也是系统中唯一的 DC24 V 负载，因此单独放在另一个公共端小组(公共端 COM3)，此小组有 4 个 Y 点(Y10、Y11、Y12、Y13)，任选其中的一个 Y 点，如 Y10 作为其输出点。

由此，例 2.1-4 的 I/O 点分配如表 2.1-4 所列。

表 2.1-4　例 2.1-4 的 I/O 点分配

信号类型	电气元件	PLC 地址
输入信号	按钮 SB1(启动按钮)	X0
	按钮 SB2(停止按钮)	X1
输出信号	水泵 KM1(AC220V)	Y0
	加热器 KM2(AC220V)	Y1
	电机 KM3(AC380V)	Y4
	水泵运行指示灯 HL1(DC24V)	Y10

2. PLC 控制电路接线

FX_{3U}-48MR PLC 的控制电路接线(即硬件 I/O 点接线)如图 2.1-17 所示。由图可简记其控制电路接线规则为以下两点。

(1) 按钮一端接 X 点，另一端接 0 V，S/S 接 24 V(可简记为“X—按钮—0 V，24 V—S/S”)。

(2) 负载一端接 Y 点，另一端和 COM*n* 接负载电源(可简记为“Y—负载—负载电源—COM*n*”)。

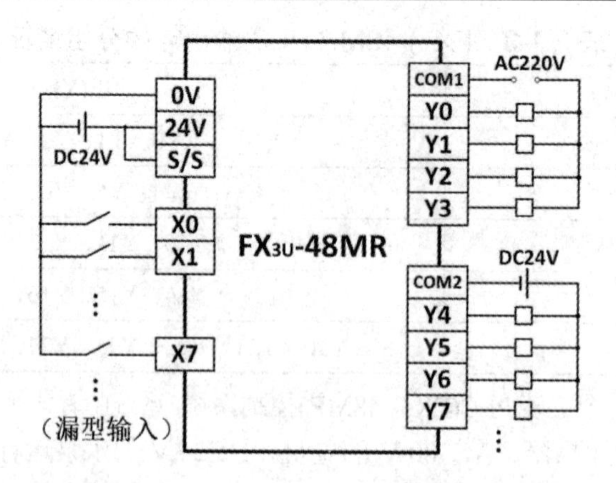

图 2.1-17　FX_{3U}-48MR PLC 的控制电路接线

其中，公共端 COM*n* 中“*n*”的取值范围为 1～5。对于 Y 点的接线，要根据负载的额定电压来选择负载电源。

例如，负载的额定电压为 AC380 V，则负载需要 AC380 V 的负载电源进行供电。此时负载的一端连接 Q 点，另一端和公共端 COM1 分别连接负载电源(AC380 V)的两端。

又如，负载的额定电压为 DC24 V，则负载需要 DC24 V 的负载电源进行供电。此时负载的一端接 Y 点，另一端接负载电源的 24 V 端子，而公共端 COM1 接负载电源的 0 V 端子。

例 2.1-5　当按下按钮时，三菱 FX_{3U}-48MR PLC 输出控制，使 AC220 V 的绿色指示灯亮起来。试分配 PLC 的 I/O 点，然后画出控制电路图。

解　I/O 点分配：按钮 SB1——输入点 X0；绿色指示灯 HL1——输出点 Y0。控制电路图如图 2.1-18 所示。

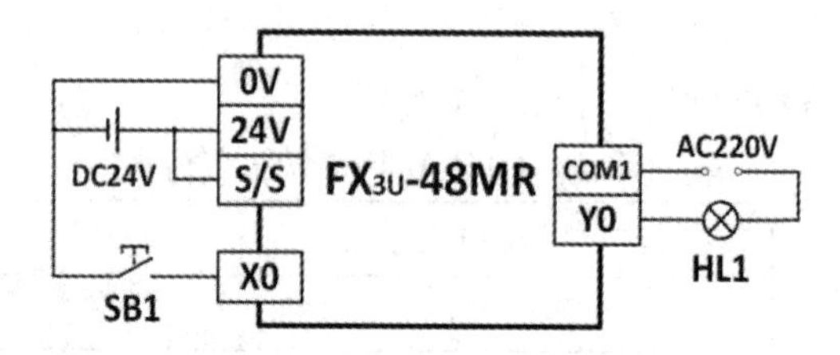

图 2.1-18　例 2.1-5 的控制电路图

例 2.1-6　画出例 2.1-4 的控制电路图。

解　根据例 2.1-4 的 I/O 点分配，画出控制电路图，如图 2.1-19 所示。

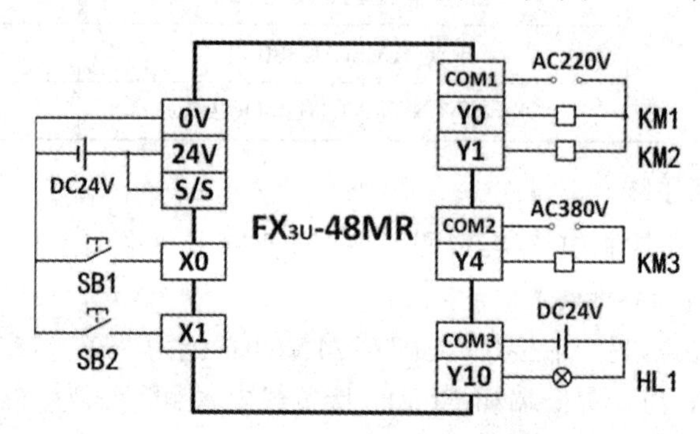

图 2.1-19　例 2.1-4 的控制电路图

☞**知识拓展** FX_{3U}-48MR PLC的漏型输入和源型输入：

PLC的DC24 V直流输入回路分为源型输入和漏型输入两种接线方式。直流输入回路中，如果电流从输入端子(X点)流出，则为漏型输入；如果电流流入输入端子(X点)，则为源型输入。在接线上，漏型输入时，输入端的公共端S/S与24 V端子连接；源型输入时，输入端的公共端S/S与0 V端子连接。

三菱PLC一般使用漏型输入较多(此时使用的传感器为NPN型)，但在某些情况下，也可能会用源型输入的接线方式(比如接入PNP传感器时)。在漏型输入时，PLC控制电路接线为“X—按钮—0 V, 24 V—S/S”；在源型输入时，PLC控制电路接线为“X—按钮—24 V, 0 V—S/S”。

3. I/O状态指示灯

可以根据PLC硬件端面上I/O状态指示灯的亮、灭来判断对应X点和Y点的通断(ON/OFF)。例如：X0指示灯亮绿灯，说明此时PLC的X0为ON；PLC的Y1为ON时，I/O指示灯区域中的Y1状态指示灯应该会亮绿灯。

4. PLC的输入电源

FX_{3U}-48MR PLC输入电源的端子在左上角位置，其输入电源可能是AC220 V、AC110 V或DC24 V，这由PLC的硬件决定。

5. PLC状态指示灯

PLC硬件端面上有“POWER”“RUN”“BATT”“ERROR”4个状态指示灯，用于显示PLC的当前状态。PLC在通电状态下，“POWER”指示灯为绿色常亮；“RUN”指示灯绿色常亮，表示PLC正处于运行(RUN)状态；当电池的电压降低时，“BATT”红灯常亮；“ERROR”指示灯为红色，闪烁时表示PLC程序有错误，常亮时表示PLC正处于故障状态(比如硬件故障)。

五、PLC编程软件的使用

PLC是以其程序的执行来达到自动化控制的。而熟练地使用PLC的编程软件，无疑是编写PLC程序的基础，同时也是掌握PLC技能的一个重要方面。

(一) 西门子PLC编程软件的使用

1. 西门子PLC编程软件简介

目前，常用的西门子PLC编程软件主要有STEP 7-Micro/WIN、STEP 7-Micro/WIN SMART、SIMATIC STEP 7和TIA Portal(博途)等。这些编程软件所应用的PLC系列与PLC机型如表2.1-5所列。

S7-200 SMART PLC使用STEP 7-Micro/WIN SMART编程软件进行PLC程序编写，该编程软件比S7-200 PLC的编程软件STEP 7-Micro/WIN更加人性化，且具有硬件组态功能。

表 2.1-5　西门子 PLC 编程软件所应用的 PLC 系列与 PLC 机型

西门子 PLC 编程软件	PLC 系列	PLC 机型
STEP 7-Micro/WIN	S7-200	CPU224、CPU224XP、CPU226 等
STEP 7-Micro/WIN SMART	S7-200 SMART	CPU SR30、CPU ST30、CPU SR40 等
SIMATIC STEP 7	S7-300、S7-400	CPU315-2DP、CPU317、CPU318 等
TIA Portal	S7-300、S7-400、S7-1200、S7-1500	CPU1212C、CPU1215、CPU1512C、CPU315-2DP、CPU317、CPU318 等

2. 软件安装

安装 STEP 7-Micro/WIN SMART 软件对计算机操作系统的要求：Windows XP SP3(仅32 位)、Windows 7(支持 32 位和 64 位)至少有 350MB 的空闲硬盘空间。

安装方法：打开编程软件安装包，找到安装程序 SETUP.exe，双击运行直接安装。

3. 软件编程窗口

双击软件 STEP 7-Micro/WIN SMART 的图标，进入软件编程窗口。

软件编程窗口包括快速访问工具栏、项目树、导航栏、菜单、程序编辑器、符号表、变量表、状态栏、数据块、状态图表、输出窗口、交叉引用等部分，如图 2.1-20 所示。

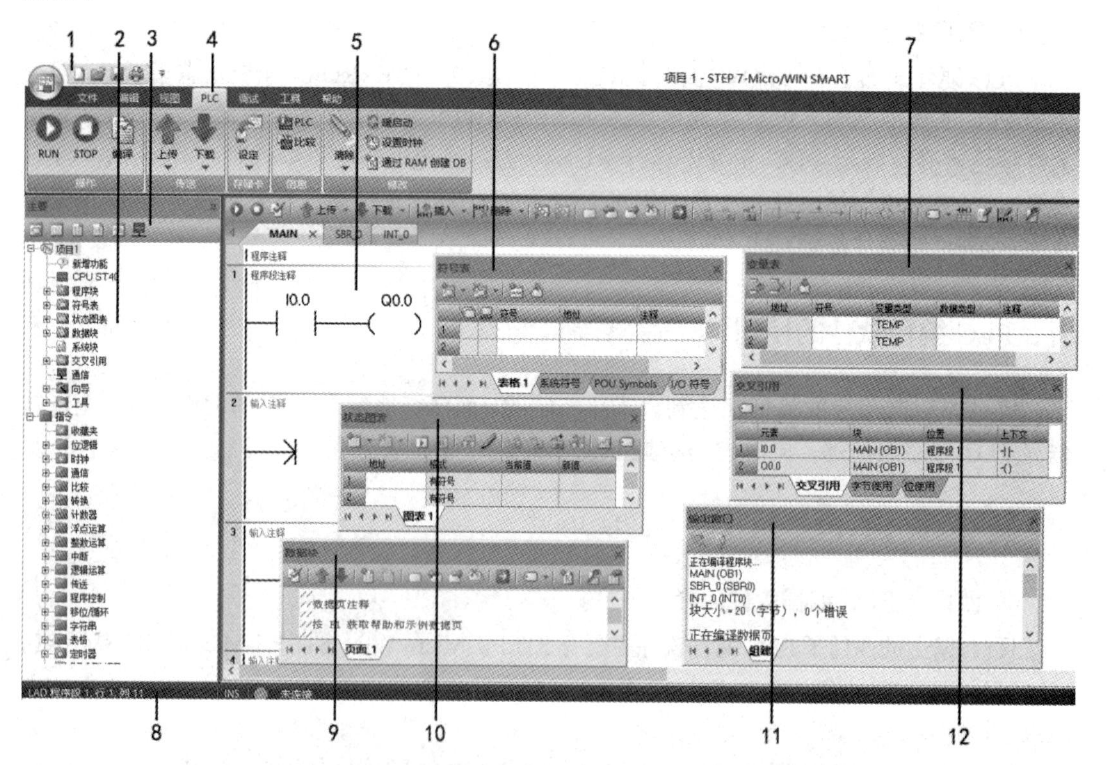

1—快速访问工具栏；2—项目树；3—导航栏；4—菜单；5—程序编辑器；6—符号表；7—变量表；8—状态栏；9—数据块；10—状态图表；11—输出窗口；12—交叉引用

图 2.1-20　西门子 PLC 编程软件 STEP 7-Micro/WIN SMART 的编程窗口

软件编程窗口的左侧位置有一个“项目树”，它的下面有两大文件夹：“项目 1”(Project1)和“指令”(Instructions)。“项目树”用于对项目进行整体组织，它给用户提供了一个全面设计和访问项目的入口，是一个方便、实用的工具。

“项目 1”文件夹包含了当前项目(PLC 程序)的各个组成部分：“程序块”(Program Block)、“符号表”(Symbol Table)、“状态图表”(Status Chart)、“数据块”(Data Block)、“系统块”(System Block)、“交叉引用”(Cross Reference)、“通信”(Communication)、“向导”(Wizards)、“工具”(Tools)。“指令”文件夹下的各类指令可以帮助用户创建 PLC 程序。

这里着重介绍项目树的各个组成部分，并简要介绍菜单中比较实用的“帮助”菜单。

1) 项目树

“程序块”中列出了 PLC 程序的各组成部分，包括主程序 MAIN、子程序(子例程)和中断程序(中断例程)。鼠标右键单击“程序块”文件夹可插入新的子程序和中断程序。

“符号表”可以给 PLC 地址分配符号，在 PLC 编程时可以用符号代替 PLC 地址，鼠标右键单击可插入新表。

“状态图表”可以监控 PLC 地址的状态值，鼠标右键单击可插入新图表。

“数据块”包含可向存储器(V)地址分配数据值的数据页。

“系统块”用于设置(组态)项目中的系统内容，包含硬件组态(CPU 及其模块)、通信组态(以太网端口、背景时间和 RS485 端口参数)、输入输出点组态(数字量输入滤波器和脉冲捕捉位、数字量输出选项)、保持范围组态(断电保持的存储器范围)、安全组态(CPU 密码及安全设置)、“启动”组态(PLC 的启动选项)。

“交叉引用”以表格形式显示，利用它可以查看整个编译项目所用元素及其字节使用和位使用(需要在编译之后)。

“通信”可建立与 PLC 的连接。

“向导”提供所有 STEP 7-Micro/WIN SMART 向导的便捷链接，这些向导包括“运动”“高速计数器”“PID”“PWM”“文本显示”“GET/PUT”“数据日志”等。

“工具”包括一些常用的工具，如“运动控制面板”“PID 整定控制面板”“SMART 驱动器组态”。

☞**注意**　使用“交叉引用”前，需要先编译项目。

2) 菜单

STEP 7-Micro/WIN SMART 软件窗口上有“文件”“编辑”“视图”“PLC”“调试”“工具”“帮助”等菜单。单击某一个菜单后，工具栏上会显示该菜单的各项功能。其中，“帮助”菜单提供了快速定位的帮助方法，这种方法也称为“快速访问帮助”。在使用 STEP 7-Micro/WIN SMART 过程中，如果选中某个编程指令并单击“帮助”菜单的“帮助”按钮或按下快捷键 F1，就会直接弹出该编程指令的帮助信息。它对使用软件的新手和 PLC 编程新手来说比较实用。

4. 软件语言的更改

英文版的 STEP 7-Micro/WIN SMART 软件默认的显示语言为英文(English)，如果需要更改软件语言为简体中文，可以在软件的“选项”中进行语言更改，具体流程为：“Tools”(工具)→“Options”(选项)→“General”(常规)→“Language”(语言)→在下拉列表栏中选择

“Chinese Simplified”(简体中文)，如图 2.1-21 所示。

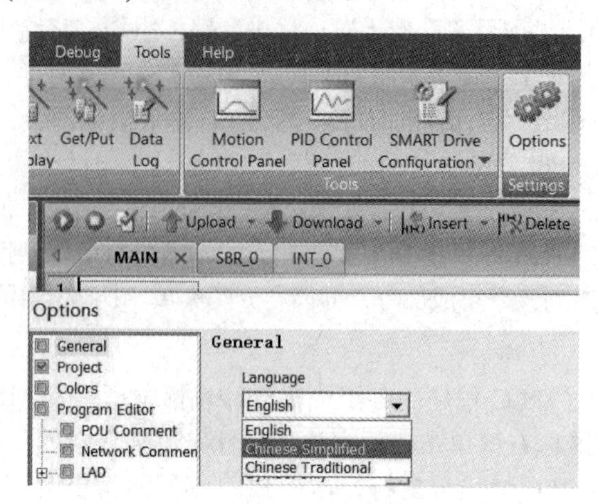

图 2.1-21　更改软件语言

5. 硬件组态

在 STEP 7-Micro/WIN SMART 软件中新建项目(工程)后，需要先配置 PLC 的 CPU 模块及扩展模块，然后编程。这个硬件配置过程也称为硬件组态、硬件设置或硬件选定。

双击项目树中的图标 CPU ST40 或双击节点“系统块”，进入“系统块”编辑窗口，如图 2.1-22 所示。

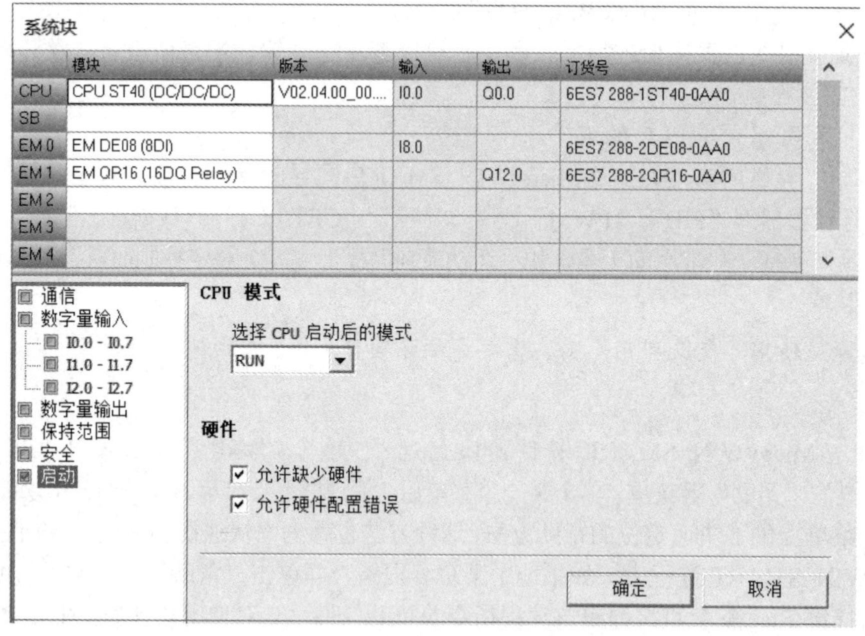

图 2.1-22 “系统块”编辑窗口

“系统块”编辑窗口的顶部显示已经组态的模块，并允许添加或删除模块。在 CPU 栏、SB 栏、EM0～4 栏，分别使用下拉列表可以更改、添加或删除 CPU 型号、信号板和扩展模块。添加模块之后，输入列和输出列会显示已分配的输入地址和输出地址。

选中 CPU 模块，单击左下位置的“启动”选项，然后将 CPU 启动后的模式设为 RUN，则 CPU 上电启动后会自动进入 RUN 状态。

☞**提示**　默认状态下，PLC 型号为 CPU ST40。如果需要使用其他型号的 PLC，则需要更换 PLC 型号。默认状态下，CPU 启动后的模式为 STOP。如果没有将 CPU 启动后的模式改为 RUN，则在 PLC 编程结束并下载程序(含系统块)之后，PLC 再重新上电启动后将处于 STOP 模式，此时 PLC 不会执行程序。

6. 程序编写、编译、保存

1) 编写程序

从项目树中的指令选项中选中要插入的指令，例如插入常开触点指令，如图 2.1-23 所示，然后将指令放置到程序编辑区中。

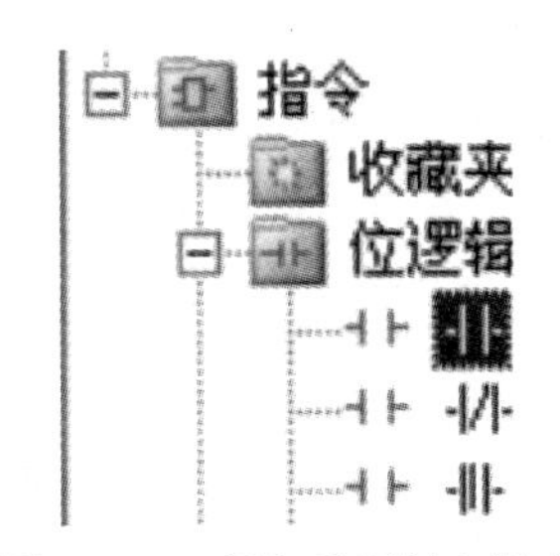

图 2.1-23　插入常开触点指令

2) 编译项目

可任选以下方法之一对项目进行编译：

方法 1：在程序编辑器工具栏或数据块工具栏上，单击“编译”按钮。

方法 2：在“PLC”菜单的“操作”功能区中，单击“编译”按钮。

方法 3：在项目树中，右键单击项目名称下的“程序块”“数据块”或“系统块”，然后从上下文菜单中选择“全部编译”命令。

3) 保存项目

单击“文件”菜单的“保存”按钮，或者按快捷键“Ctrl + S”，或者单击“保存”按钮下的向下箭头并从下拉菜单中选择“另存为”，均可保存项目。项目文件的扩展名为“.smart”。

7. 程序下载与上传

首先进行电脑与 PLC 的通信连接，然后才能将电脑上的 PLC 程序下载到 PLC，或将 PLC 内部存储器中的程序上传到电脑。

1) 连接通信线

S7-200 SMART 系列 PLC 可以通过以太网电缆与安装有 STEP 7-Micro/WIN SMART 软件的电脑(PC)进行通信连接。将 PLC 安装到固定位置后，先在 PLC 上端以太网接口插入以太网电缆，然后将以太网电缆连接到编程设备的以太网接口上。

☞**注意**　一对一通信不需要交换机，如果网络中存在两台以上设备，则需要交换机。

2) 设置电脑 IP 地址

步骤 1：打开电脑“网络连接”中的“网络和共享中心”，点击“以太网”，然后在“常规”框中点击“属性”按钮，如图 2.1-24(a)所示。

步骤 2：设定 IP 地址。在“属性”对话框的“此连接使用下列项目”区域中，滑动右侧滚动条，找到“Internet 协议版本 4(TCP/IPv4)”并选中该项，单击“属性”按钮(如图 2.1-24(b)所示)，打开“Internet 协议版本 4(TCP/IPv4)属性”对话框(如图 2.1-24(c)所示)，选中“使用下面的 IP 地址”前面的单选按钮，然后进行如下操作：

(1) 输入电脑的 IP 地址；

(2) 输入网络的“子网掩码”(电脑的“子网掩码”必须与 PLC 的一致)；

(3) 输入默认网关(电脑与 PLC 的网关必须一样)；

(4) 单击“确定”按钮，完成设置。

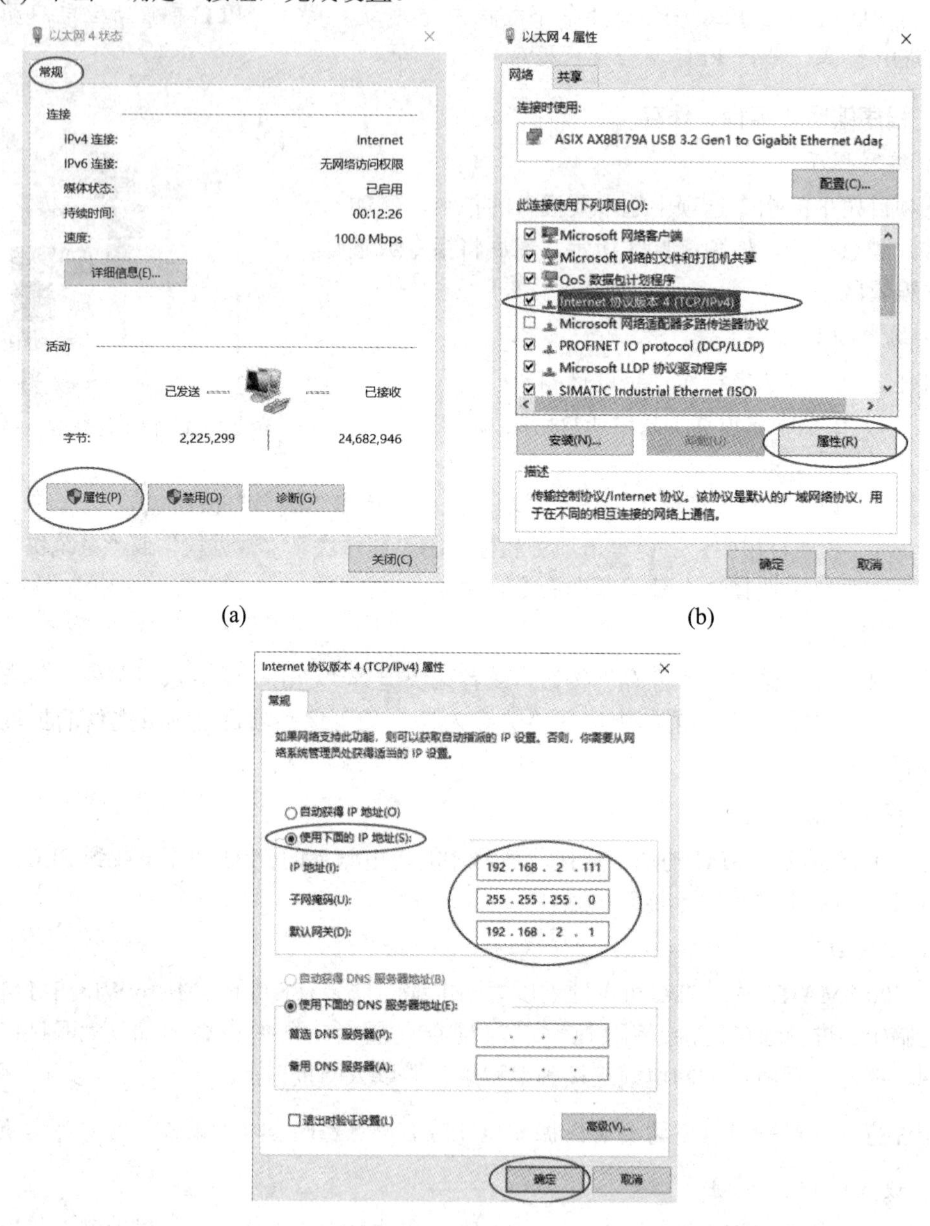

(a)　　(b)

(c)

图 2.1-24　设置电脑 IP 地址

☞注意　电脑 IP 地址与 PLC IP 地址的前三个字节必须一致，最后一个字节应在 1～254 范围内取值且不能相同(避免 0 和 255)，避免与网络中其他设备的 IP 地址重复。例如：若 PLC 默认 IP 地址为 192.168.2.1，子网掩码为 255.255.255.0，则可以设置电脑 IP 地址的最后一个字节在 2～254 范围内(避开 0、1、255)，如 192.168.2.10。

3) 连接电脑与 PLC

连接电脑与 PLC 的操作步骤如图 2.1-25 所示，具体如下。

步骤 1：在 STEP 7-Micro/WIN SMART 软件中，双击项目树中的“通信”节点或单击导航栏中的“通信”按钮，打开“通信”对话框。

步骤 2：单击“网络接口卡”下拉列表，选择电脑的“网络接口卡”。

步骤 3：单击“找到 CPU”，当出现 PLC 的 CPU 地址后点确认。

☞提示　这里的 CPU 指 PLC 的 CPU 模块，软件上仅显示“CPU”而无“PLC”字样。

步骤 4：在设备列表中，根据 PLC 的 IP 地址选择已连接的 PLC，然后单击“确定”按钮，建立连接。

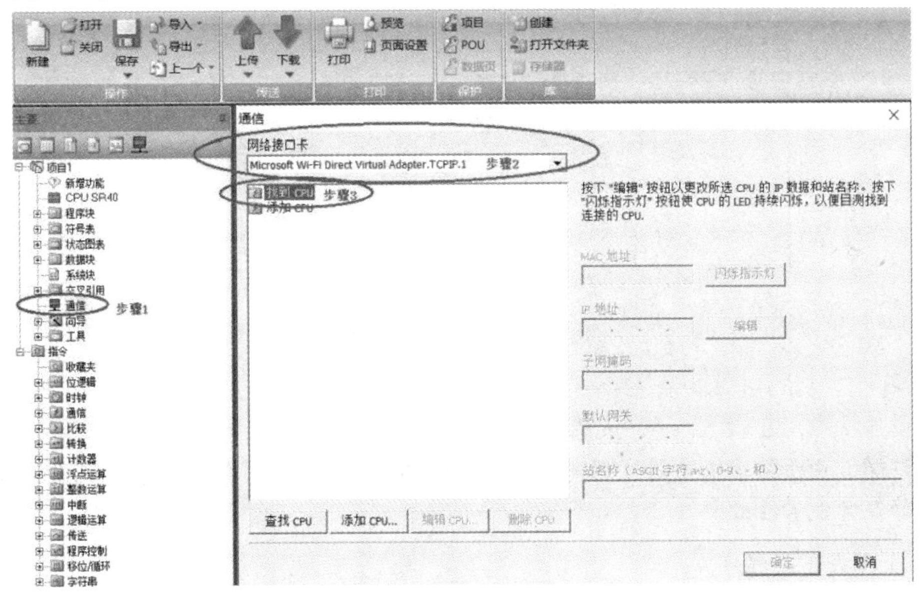

图 2.1-25　连接电脑与 PLC 的操作步骤

☞注意　每次只能选择一台 PLC 与 STEP 7-Micro/WIN SMART 软件进行通信。如果网络中存在不止一台设备，用户可以在“通信”对话框中左侧的设备列表中选中某台设备，然后点击“Flash Lights”按钮，轮流闪烁点亮 CPU 本体上的 RUN 灯、STOP 灯和 ERROR 灯来辨识该 CPU；也可以通过“MAC 地址”来确定网络中的 CPU，MAC 地址在 CPU 本体上“LINK”指示灯的上方。

4) 修改 PLC 的 IP 地址(可选)

如果仅是让电脑连接 PLC 进行程序的下载或上传，那么只需要在电脑上找到 PLC，然后进行连接，无需特别地修改 PLC 的 IP 地址。若有特别需要，则需专门修改 PLC 的 IP 地址。

对西门子 PLC 而言，修改 PLC 的 IP 地址即修改 CPU 的 IP 地址。可以在系统块修改 CPU 的 IP 地址。在项目树中双击“系统块”或图标 CPU ST40，打开“系统块”对话框，然后按图 2.1-26 所示步骤操作：

步骤 1：选 CPU 类型(与需要下载的 CPU 类型一致)；

步骤 2：选“通信”选项；

步骤 3：勾选“IP 地址数据固定为下面的值，不能通过其它方式更改”；

步骤 4：设置 PLC 的 IP 地址、子网掩码和默认网关；

步骤 5：单击“确定”按钮，完成设置。

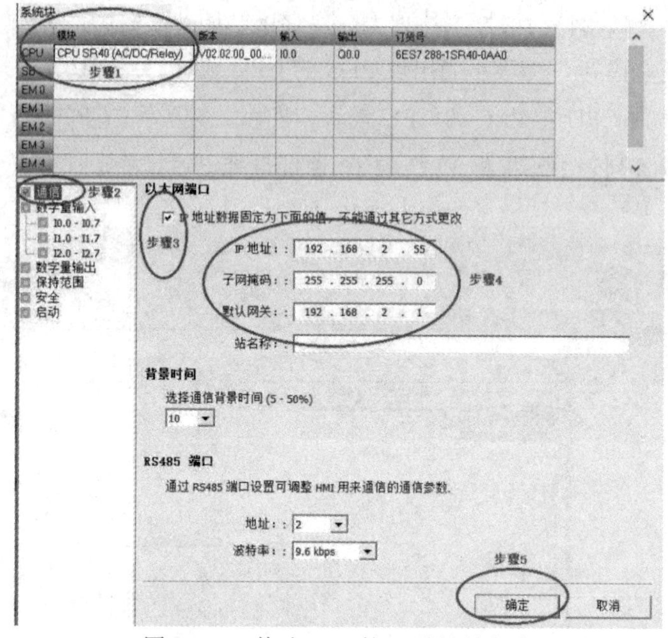

图 2.1-26　修改 CPU 的 IP 地址的步骤

☞**注意**　由于系统块是用户创建的项目的一部分，所以只有将系统块下载至 CPU，IP 地址的修改才能够生效。

5) 上传或下载程序

上传时，在软件中点击“上传”按钮，PLC 的程序将从 PLC 硬件的存储器中上传到电脑中。下载时，在软件中点击“下载”按钮，打开“下载”对话框，如图 2.1-27 所示，选择需要下载的块，然后单击“下载”按钮进行下载。

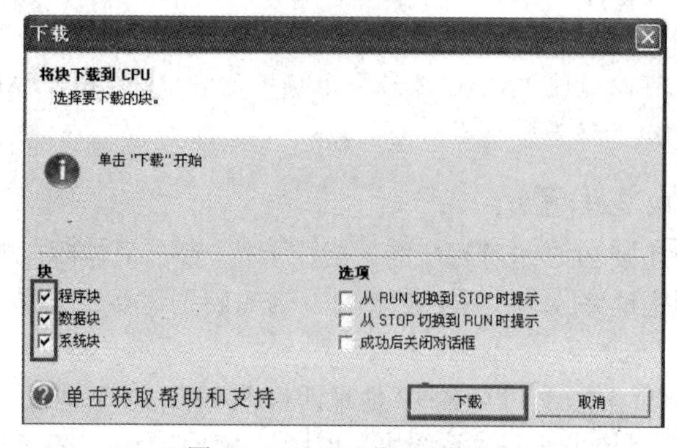

图 2.1-27　“下载”对话框

☞**提示**　如果修改了 PLC 的 IP 地址，则必须下载系统块才能生效。如果 PLC 在运行状态，则软件会弹出提示对话框，提示将 PLC CPU 切换到 STOP 模式，点击“YES”即可。

下载成功后，“下载”对话框会显示“下载成功”，点击“关闭”按钮，完成下载。

6) PLC 与电脑通信连接失败的几种常见应对方法

(1) 检查硬件连接。检查网络电缆线是否连接好，在 PLC 左上角以太网接口处有“以太网状态”指示灯“LINK”，此灯常亮表示以太网连接成功。

(2) 检查电脑的 IP 地址是否与 PLC 的 IP 地址在同一网段中。PLC 预置的 IP 地址为：192.168.2.1。

(3) 检查通信参数是否匹配。若下载系统块，注意用户项目系统块中 PLC 的 CPU 类型是否与实际 CPU 类型相符合，若不符合则会报错。

(4) 确认在控制面板里面的设置 PC/PG 接口处的应用访问程序是否设置为“MWSMART…”。

(5) 在设置 PC/PG 接口处的 LLDP/DCP 中，确认当前的 PC 网卡是否勾选。

(6) 在电脑的任务管理器的进程中，看看是否有 S7oiehsx.exe 这个进程，如果没有，可能是一些杀毒软件的阻止等造成的没有启动。如发现没有启动，则需要通过路径如 C:\Program Files\Common Files\Siemens\S7IEPG 手动把它启动起来。

(7) 检测当前系统的启动项中是否禁止了 PNIOMGR，如果禁用了，则使能该启动项。

(8) 如果采用上述方法还是不能访问到 PLC 设备，建议重装操作系统。

8. 程序监控与调试

在“调试”菜单区的“状态”区域单击“程序状态”按钮 程序状态，在弹出的“时间戳不匹配”对话框(如图 2.1-28 所示)中，点击“比较”按钮，在出现“通过”提示后，点击“继续”按钮进入程序状态监控界面。

如图 2.1-29 所示，右键单击指令地址，然后单击写入 ON 或强制 ON，再检查指令地址所对应的硬件触点是否正确动作。

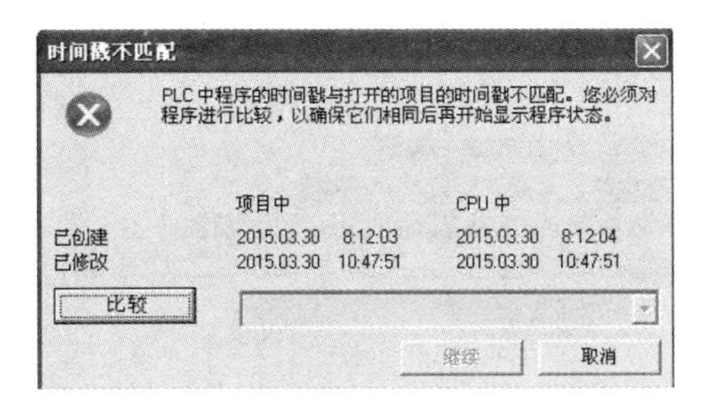

图 2.1-28　“时间戳不匹配”对话框

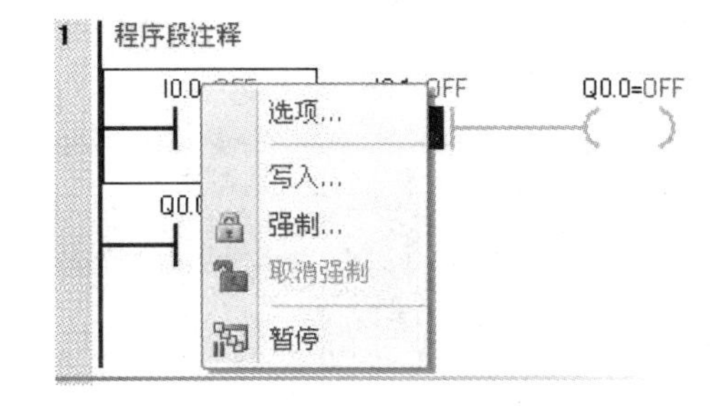

图 2.1-29　指令地址写入 ON 或强制 ON

☞**提示**　在调试中，如果有强制动作，在结束调试时，要全部取消强制。

(二) 三菱 PLC 编程软件的使用

1. 三菱 PLC 编程软件简介

三菱 FX_{3U} 系列 PLC 可以使用编程软件 GX Developer 或 GX Works2 来进行程序编写，可以通过连接在 RS-232C 功能扩展板以及 RS-232C 通信特殊适配器上的调制解调器执行远距离的程序传送以及可编程控制器的运行监控，即程序的远程调试。另外，通过编程软件，

FX_{3U} 系列 PLC 支持在 RUN 状态中更改程序和写入数值。

1) 编程软件 GX Developer

GX Developer 软件发布于 2005 年，它适用于三菱 Q、FX 系列 PLC，支持梯形图、指令表、SFC、ST、FB 等编程语言，具有参数设定、在线编程、监控、打印等功能。

编程软件 GX Developer 有一个配套的仿真软件 GX Simulator。安装了 GX Developer 软件后，如果再安装仿真软件 GX Simulator，那么 GX Simulator 将作为一个插件被集成到 GX Developer 中。仿真软件 GX Simulator 在电脑上提供了一个虚拟环境，在编程软件 GX Developer 上编写程序后，可在电脑上的此虚拟环境中进行虚拟运行。它方便了程序的查错与修改，缩短了程序调试的时间，提高了编程效率。特别是在没有 PLC 实体硬件的时候，仿真软件 GX Simulator 是一个好工具。

2) 编程软件 GX Works2

在 2011 年之后，三菱公司推出了编程软件 GX Works2。该软件有简单工程和结构工程两种编程方式，它支持梯形图、指令表、SFC、ST、结构化梯形图等编程语言，集成了程序仿真软件 GX Simulator2。GX Works2 具备程序编辑、参数设定、网络设定、监控、仿真调试、在线更改、智能功能模块设置等功能，适用于三菱 Q、FX 系列 PLC，可实现 PLC 与 HMI、运动控制器的数据共享。

本书使用的三菱 PLC 编程软件主要为 GX Works2。在 GX Works2 软件安装文件的 Disk1 文件夹里，双击 setup 执行安装。安装过程中，选择安装路径并输入序列号，然后按照指引点击下一步即可。

2. GX Works2 软件编程窗口

GX Works2 软件编程窗口主要由菜单栏、工具栏、导航窗口、状态栏、程序编辑窗口等部分组成，如图 2.1-30 所示。用户可根据自己的使用习惯来改变 GX Works2 软件编程窗口中的栏目和窗口的数量、排列方式、颜色、字体、显示方式、显示比例等。

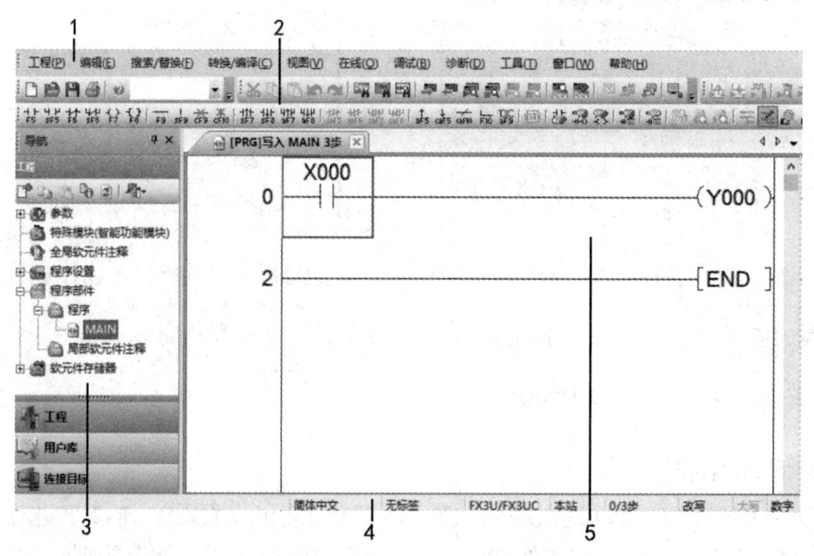

1—菜单栏；2—工具栏；3—导航窗口；4—状态栏；5—程序编辑窗口

图 2.1-30　三菱 GX Works2 软件的编程窗口

3. 新建工程

启动 GX Works2 后，点击“工程”菜单的“新建”命令，系统弹出“新建”对话框。在对话框中选择 PLC 的系列、机型、工程类型和程序语言。例如，在“新建”对话框中选择 PLC 的系列为 FX CPU，机型为 FX3U/FX3UC，工程类型为“简单工程”，程序语言为梯形图，如图 2.1-31 所示。

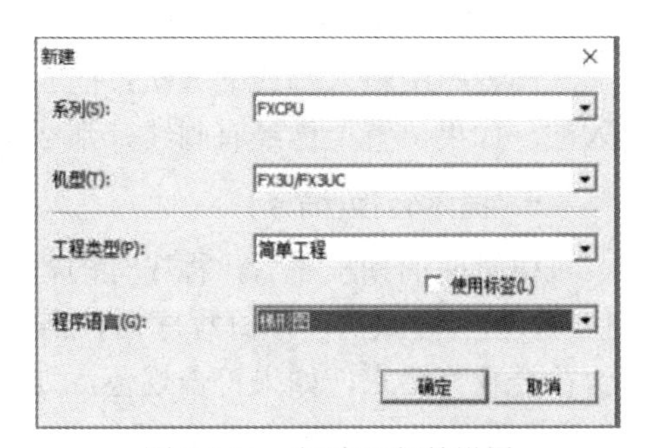

图 2.1-31 新建工程并设置

☞**提示** 编程方式分为简单工程和结构工程两种。简单工程使用触点、线圈和功能指令进行编程，支持 FX 系列 PLC 使用梯形图和 SFC 两种编程语言，支持使用标签(限于梯形图)，支持 Q 系列 PLC 使用梯形图、SFC 和 ST 三种编程语言。结构工程将控制细分化，将程序的通用执行部分部件化，使得程序易于阅读、引用，支持 FX 系列 PLC 使用结构化梯形图、FBD 和 ST 编程语言，支持 Q 系列 PLC 使用梯形图、FBD 和 ST 等编程语言。

☞**注意** 如果要使用 ST 语言，则需要勾选“使用标签”。

4. 程序编写

新建工程并设置后，可以对新建的程序或者已有的程序进行编辑。

使用梯形图工具栏中的触头、线圈、功能指令及画线工具，可以在程序编辑窗口区域内编写梯形图程序。编写程序时，鼠标左键选中要放置指令的位置，然后输入指令。指令及画线等对象的输入方法主要有如下几种。

1) 指令、参数的输入

方法 1：通过“梯形图输入”对话框输入。在双击鼠标左键或按下 Enter 键后显示的“梯形图输入”对话框中输入指令和参数。可以在“梯形图输入”对话框的下列框中选择指令类型，然后在编辑框中输入操作地址或指令代码，如图 2.1-32(a)所示；也可直接在编辑框中输入指令操作符和指令代码，如图 2.1-32(b)所示。

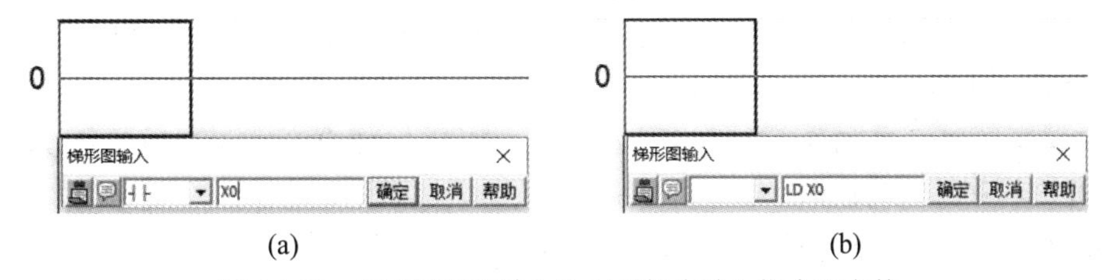

(a) (b)

图 2.1-32 在“梯形图输入”对话框中输入指令和参数

方法 2：通过快捷图标输入。在单击快捷图标后显示的梯形图输入画面中输入指令和参数。

方法 3：通过部件选择窗口插入。将部件选择窗口中的指令拖放到梯形图编辑器上，插入后编辑参数。

方法 4：通过直接输入编辑参数。进入编辑状态，选择单元格后，直接键盘输入指令和参数。

☞**提示** 如果不知道某个功能指令的正确用法，可以按“帮助”按钮调用帮助信息。

2) 画线的输入

向程序中输入画线的方法：拖放法、键盘输入法(Ctrl + 键盘上下左右键)、快捷图标输入法。如果位置上已经有画线，那么再次输入时画线会被删除。

5. 程序转换(编译)

编辑梯形图程序后，程序行的背景显示为灰色状态，这是由于梯形图程序没有被“转换(编译)”导致的。编好程序后，需要执行“转换”操作。“转换”的功能是检查程序是否符合规范要求，如果符合规范，则将梯形图转换为PLC的CPU可执行的代码。

☞**提示**　梯形图是一种图形，PLC并不能直接识别与执行梯形图，所以要将梯形图转换为PLC能执行的代码。

程序进行转换，可以点击菜单“转换/编译”→“转换”，也可以直接按工具栏上的“转换”按钮或直接按快捷键F4。

程序转换后，程序行的背景会变为默认的白色状态。

☞**提示**　如果程序有错误，软件将不允许进行程序转换。此时将弹出对话框，提示“存在无法转换的梯形图。请修改光标位置的梯形图。”

6. PLC 程序写入与读取

首先需要建立电脑与PLC的联机通信，即建立GX Works2与PLC的通信，然后才能实现PLC程序的写入、读取、监控和调试等操作(PLC程序的写入、读取有时也称下载、上传)。

1) 连接硬件通信线 USB-SC-09

电脑与PLC的通信连接，使用USB-SC-09专用数据线(有时也称PLC下载线或PLC通信下载线)。使用该数据线前，需要先安装驱动程序，连接后打开设备管理器，查看端口号。

☞**提示**　如原先旧版的驱动程序不支持Win7及Win7以上的操作系统，可借助驱动大师安装。

USB-SC-09数据线将电脑的USB口模拟成串口(常为COM3或COM4)，属于RS422转RS232的连接方式。每台电脑只能接一根数据线与PLC通信，通信时PLC要接通电源。

2) 设置通信参数

在连接了数据线USB-SC-09之后，需要在GX Works2软件中设置通信参数，然后才能进行PLC程序写入与读取。

如图2.1-33所示，在软件GX Works2的导航窗口中点击“连接目标”选项，然后双击“Connection1”，打开“连接目标设置 Connection1”对话框。在该对话框中，首先双击“Serial USB”图标，设置对应的COM端口的通信传输参数，然后点击“通信测试(T)”按钮进行通信测试。测试成功后，单击“确定”按钮，即完成通信参数的设置。

3) PLC 程序写入与读取

打开“在线”菜单，执行“PLC写入”(或“PLC读取”)命令，也可通过工具栏上的相应按钮，启动PLC程序写入与读取。写入成功后，就可以进行监控与调试了。

☞**拓展**　设置了通信参数之后，也可进行“PLC存储器清除”操作(可选)。进行清除操作的方法为：打开“在线”菜单，执行“PLC存储器操作”的“PLC存储器清除”命令。

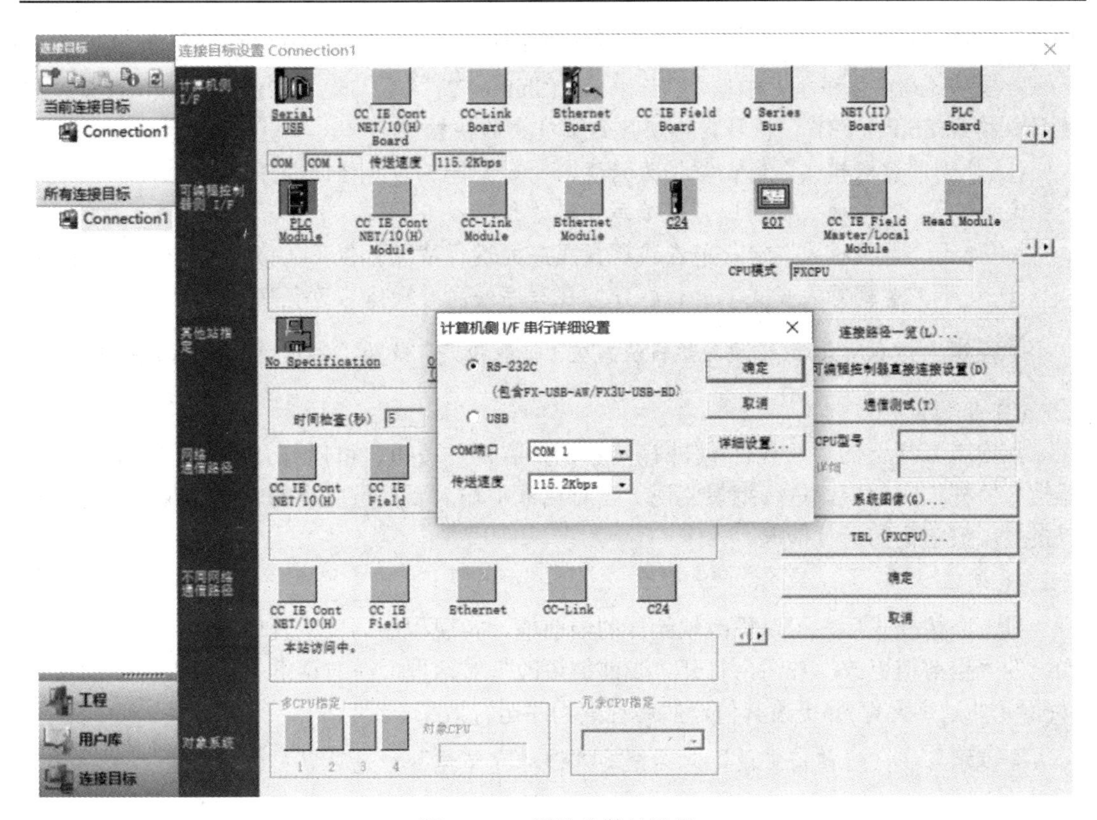

图 2.1-33　通信参数的设置

7. 程序监控与调试

1) 选择状态

程序监控与调试可以在仿真、联机两种不同的状态下进行。

(1) 仿真状态。

由于 GX Works2 软件中集成了 GX Simulator2 仿真器，因此可以在脱机(没有 PLC 联机)情况下使用 GX Simulator2 进行程序仿真调试。

单击工具栏中的“模拟开始/停止”按钮(或调用“调试”菜单下的“模拟开始/停止”命令)，即可启动 GX Simulator2 仿真器(如图 2.1-34 所示)，进入仿真状态。

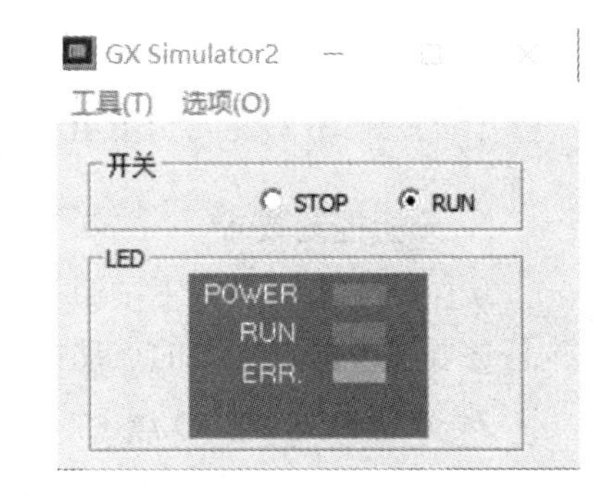

图 2.1-34　GX Simulator2 仿真器

(2) 联机状态。

不使用 GX Simulator2 仿真器，而直接执行“PLC 写入”的状态，即为联机状态。

2) 监控

不管是在仿真状态还是联机状态，都可进行程序监控与调试。

(1) 监视模式。

进入仿真状态后，系统自动将 PLC 程序写入 GX Simulator2 仿真器并自动进入“监视模式”。而在联机状态下，需手动按快捷键 F3(或调用“在线”菜单下的“监视”→“监视模式”命令，或单击工具栏中的“模拟开始/停止”按钮)才能进入“监视模式”。

☞提示　PLC程序的4种模式：“读取模式(Shift＋F2)”“写入模式(F2)”“监视模式(F3)”“监视写入模式(Shift＋F3)”，括号内为切换到该模式的快捷键。

① 处于“读取模式”时，程序为只读，此时不能编写和修改程序；

② 处于“写入模式”时，可以编写和修改程序；

③ 处于“监视模式”时，能在线监视程序的运行情况，但不能修改程序(程序只读)；

④ 处于“监视写入模式”时，在线监视程序的同时也能修改程序。

☞注意　仿真结束后，需要把编辑状态从“读取模式”改为“写入模式”，才能修改程序。

(2) 批量监视。

点击工具栏上的“软元件/缓冲存储器批量监视”按钮，可以打开“软元件/缓冲存储器批量监视”对话框，进行批量监视。在对话框中输入要批量监视的软元件或模拟量，可以批量观察它们的运行情况。

3) 调试

进入监控模式后，可以更改软元件的当前值，实现程序调试，具体方法为：点击工具栏上的“当前值更改”按钮，打开“当前值更改”对话框，在对话框中输入要改变的软元件(位元件、字元件)并更改其值，然后观察程序运行效果。

☞提示　在“当前值更改”对话框的“缓冲存储器”中也可以更改模拟量。

【任务实施】

在一个由PLC控制水泵运行和停止的简易系统中，当按下按钮SB1时，水泵运行；放开按钮SB1后，水泵停止。要求：进行PLC的硬件I/O点接线；进行PLC软件编程；下载程序到PLC，并进行调试。

下面分别使用西门子SR40和三菱FX_{3U}-48MR这两种不同的PLC进行任务实施。

(一) 使用西门子SR40进行任务实施

1. 分析控制要求

从控制要求“当按下按钮SB1时，水泵运行；放开按钮SB1后，水泵停止”可以看出，本任务要实现的是水泵的点动控制。

2. 分配PLC的I/O点

输入设备只有一个，即按钮SB1，分配PLC的输入点I0.0；输出设备也只有一个，即水泵，分配PLC的输出点Q0.0。由此，列出PLC的I/O点分配表，如表2.1-6所示。

表2.1-6　SR40控制水泵点动的I/O点分配

信号类型	元件	PLC地址
输入信号	按钮SB1	I0.0
输出信号	水泵KM1(AC220V)	Q0.0

3. 控制电路接线

画出控制电路图，如图 2.1-35 所示，然后进行控制电路接线。

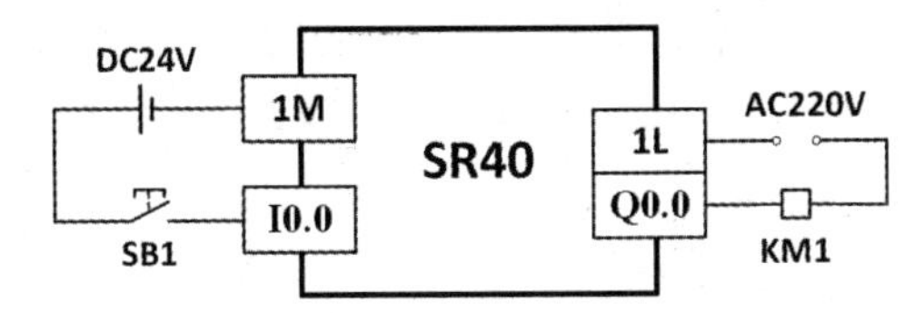

图 2.1-35　SR40 控制水泵点动的控制电路图

4. 编写 PLC 程序

编写 PLC 程序如图 2.1-36 所示，并下载程序到 PLC。

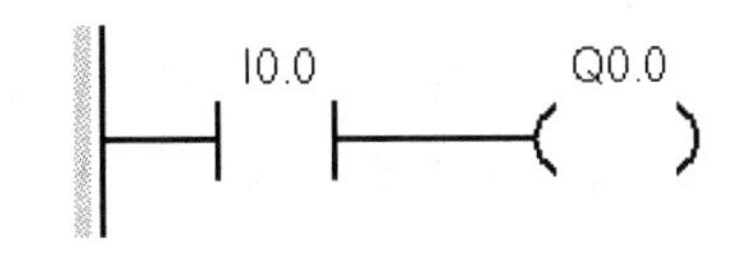

图 2.1-36　SR40 控制水泵点动的 PLC 程序

(二) 使用三菱 FX_{3U}-48MR 进行任务实施

1. 分析控制要求

从控制要求“当按下按钮 SB1 时，水泵运行；放开按钮 SB1 后，水泵停止”可以看出，本任务要实现的是水泵的点动控制。

2. 分配 PLC 的 I/O 点

输入设备只有按钮 SB1，分配 PLC 的输入点 X0；输出设备只有水泵，分配 PLC 的输出点 Y0。由此，列出 PLC 的 I/O 点分配表，如表 2.1-7 所示。

表 2.1-7　FX_{3U}-48MR 控制水泵点动的 I/O 点分配

信号类型	元件	PLC 地址
输入信号	按钮 SB1	X0
输出信号	水泵 KM1(AC220V)	Y0

3. 控制电路接线

画出控制电路图，如图 2.1-37 所示，并进行控制电路接线。

4. 编写 PLC 程序

编程 PLC 程序如图 2.1-38 所示，然后将程序写入 PLC，并进行调试。

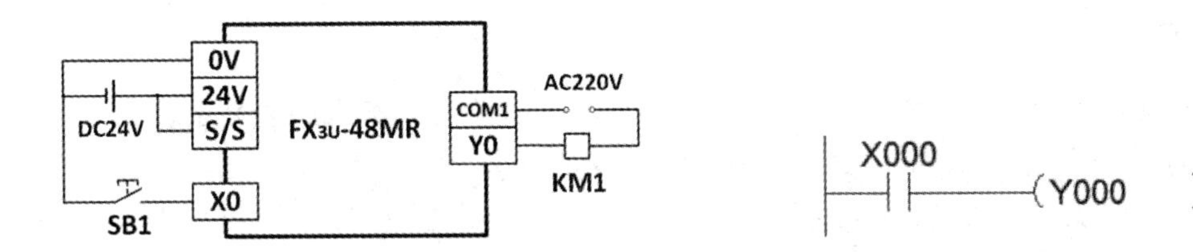

图 2.1-37　FX_{3U}-48MR 控制水泵点动的控制电路图　　图 2.1-38　FX_{3U}-48MR 控制水泵点动的 PLC 程序

【小结】

本任务的主要内容有：① 水泵简介；② 点动的概念；③ PLC控制系统的设计步骤；④ PLC的控制电路接线；⑤ PLC编程软件的使用。其中③④⑤为重点。

【理论习题】

一、判断题(对的打"√"，错的打"×")

1. 点动运行也称为自保持运行。 (　　)
2. FX_{3U}-48MR输入点的公共端为COM1。 (　　)
3. SR40所有I点的公共端皆为1M。 (　　)
4. 有些PLC的供电电源为直流电24 V，有些为交流电110 V。 (　　)
5. FX_{3U}-48MR的"BATT"指示灯为红灯常亮，表示PLC供电电源的电压低。 (　　)

二、单选题

1. 三菱FX_{3U}-48MR的输出点(　　)，其公共端为COM2。

A. Y2　　B. Y12　　C. Y7　　D. Y17

2. 关于离心泵和轴流泵，以下说法错误的是(　　)。

A. 离心泵为轴向流入，径向流出

B. 轴流泵为轴向流入，轴向流出

C. 轴流泵适用于江湖和平原的排灌

D. 离心泵和轴流泵都是叶片式泵

3. 西门子CPU SR40的Q1.3，其公共端为(　　)。

A. 1L　　B. 2L　　C. 3L　　D. 4L

4. 关于水泵，以下选项正确的是(　　)。

A. 污水泵即污水提升泵，污水提升泵是一种污水泵

B. 污泥泵与污水泵是同一种泵，两者都用于输送高黏度介质

C. 计量泵是一种容积式泵，可以将不同的介质按准确比例输入液体中进行混合

D. 加药泵是一种离心泵，用于畜禽药物治疗、清洗消毒、农业施肥、卫生处理等

三、简答题

1. 在编辑PLC程序时，为了使编程人员更好地理解程序，有时会给程序加上注释信息，请在安装了PLC软件之后，熟悉编程软件界面，然后学会使用程序注释功能。

2. 请简述电机进行点动运行的控制动作。

【技能训练题】

1. 在一个由PLC控制两盏指示灯(皆为直流24 V)"亮"与"灭"的简易系统中，一开始两盏指示灯都处于灭的状态，当按下按钮SB1时，两盏指示灯都亮起；当放开按钮SB1后，两盏指示灯都熄灭。试设计该系统，要求：① 选用PLC型号，并分配PLC的I/O点；② 画出PLC的控制电路图，并进行PLC的控制电路接线；③ 编写PLC程序；④ 下载PLC程序并调试运行。

2. 一台以 PLC 作为控制器的自动化设备有两个按钮(SB1 和 SB2)、一台水泵和运行指示灯。按下按钮 SB1 或是按下按钮 SB2，水泵运行且指示灯亮起；放开被按下的按钮后，水泵停止且指示灯熄灭。请进行该设备的系统设计，要求：① 选用 PLC 型号，并分配 PLC 的 I/O 点；② 画出 PLC 的控制电路图，并进行 PLC 的控制电路接线；③ 进行 PLC 软件编程；④ 下载 PLC 程序并调试运行。

【实践训练题】实践：PLC 控制水泵点动运行

一、实践目的

(1) 理解水泵点动运行的工作原理；

(2) 理解 PLC 的软元件与硬件 I/O 点的对应关系；

(3) 学会 PLC 的电源接线和 I/O 接线；

(4) 学会使用编程软件，并能编写 PLC 控制水泵点动运行的程序。

二、实践器材

按钮 1 个、交流水泵 1 台、PLC 1 台、绿色指示灯(DC24 V)1 个、红色指示灯(DC24 V) 1 个、电脑 1 台、PLC 程序下载线 1 条、万用表 1 个、导线若干。

三、安全注意事项

穿戴必须符合电工实践操作要求；各种电工工具必须按规定操作，防止被工具或器材误伤和损坏工具；确保在断电状态下进行电路接线；接线前先检查电路，确保电路无故障后才能通电；接通电源后，手不能碰到系统中的任何金属部分。实验过程中防止任何水滴与电接触！注意液体不要散落到电路上或桌面上，以防止触电危险发生！

四、实践内容与操作步骤

(1) 以 PLC 控制水泵(AC380 V)，实现以下功能要求：

① 按下按钮 SB1(点动按钮)，水泵点动运行；

② 水泵运行时，绿色指示灯(DC24 V)亮，红色指示灯(DC24 V)灭；

③ 水泵停止时，红色指示灯(DC24 V)亮，绿色指示灯(DC24 V)灭。

(2) 分配 PLC 的 I/O 点。

(3) 画出控制电路图，进行 PLC 的电源、控制电路接线，并完成思考题 2。

(4) 进行 PLC 编程，下载 PLC 程序，进行联机调试，并完成思考题 3。

五、思考题

1. 简述水泵点动运行的工作原理。

2. 画出 PLC 的电气接线图。

3. 编写 PLC 程序。

任务 2.2　PLC 控制水泵连续运行

【任务导入】

上个任务中用 PLC 控制水泵点动运行，即按下按钮之后，水泵运行；放开按钮之后，水泵停止。但在实际应用中，点动试泵使用较少，一般多是启动水泵后，让水泵连续运行。那么如何利用 PLC 来实现水泵的连续运行呢？本任务主要讲如何实现 PLC 控制水泵连续运行的设计，也是 PLC 入门的基础。

PLC 控制水泵的点动和连续运行，可以分为三种不同的情形：点动、连续运行、点动 + 连续运行(系统既能实现点动，也能实现连续运行)，要求对这三种情形分别进行 PLC 的控制电路接线，然后进行 PLC 软件编程，并下载程序到 PLC。

【学习目标】

◆ 知识目标

(1) 熟悉梯形图的位逻辑、母线和能流；
(2) 熟练掌握梯形图中位元件与其常开/常闭触点的逻辑关系；
(3) 熟练掌握 PLC 常用位逻辑指令及其编程；
(4) 掌握 PLC 控制水泵连续运行的方法。

◆ 技能目标

(1) 学会使用 PLC 常用位逻辑指令进行编程；
(2) 学会使用 PLC 控制水泵进行连续运行；
(3) 学会使用 PLC 控制水泵实现既能点动运行，也能连续运行。

【知识链接】

一、梯形图编程基础

(一) 梯形图中的逻辑相关概念

1. 位逻辑

位元件属于软元件中的一种。位元件的逻辑又称位逻辑，是指位元件的逻辑状态，可以用逻辑值来表示。位逻辑的取值(逻辑值)只有两种：1(也称为 ON、通电、真)、0(也称为 OFF、失电、假)。

西门子 PLC 典型的位元件有 I、Q、M、S 等，如 I0.0 为 1，I0.1 为 0，Q0.0 为 1。

三菱 PLC 典型的位元件有 X、Y、M、S 等，如 X0 为 0，Y1 为 1，M0 为 1。

2. 母线

梯形图左右两侧的垂直公共线(长竖线)称为母线(Bus Bar)。左母线一般都会画出来，右母线有时可以不画出来。

梯形图程序是按照从上到下、从左到右的原则来顺序执行的。PLC 逐行扫描梯形图中的每一行程序，如果满足逻辑条件，便执行该行程序；如果不满足逻辑条件，则跳到下一行程序，再继续扫描与执行。

3. 能流

能流(Power Flow)是能量流的简称，它是一种虚拟的“概念电流”，用于描述 PLC 梯形图程序中的能量流动。利用能流可以更好地理解和分析梯形图。在分析梯形图的逻辑关系时，可以想象为左母线和右母线之间有一个左正右负的直流电压，两条母线之间有从左向右流动的能流。

能流的流动方向与梯形图的执行逻辑顺序是一致的。能流逐行地流过梯形图的每一行程序。在流动过程中，能流只能从左到右流动(即从左母线开始，流向右母线)。当能流遇到位元件(比如触点)时，该位元件的逻辑状态将决定能流是否能通过：

(1) 如果该位元件的逻辑为 1(ON)，则能流可通过该位元件，并继续向右流动。

(2) 如果该位元件的逻辑为 0(OFF)，则能流不能通过该位元件，而直接跳到下一行程序，又从下一行程序的左母线开始，继续向下一行程序的右母线方向流动。

如果能流从左母线流到了右母线，完成了一行的流动“旅程”，那么它将会从下一行程序的左母线开始，继续下一行程序的流动“旅程”……直到流完所有行。

根据梯形图中各触点的状态和逻辑关系，可以分析出图中各个线圈的状态。

例 2.2-1　风淋室为进入无尘车间的通道，它可以减少进入无尘车间的细菌和灰尘。现有一个风淋 PLC 控制系统，在系统正常且风淋室的安全门 1 和安全门 2 都已关闭的前提下，如果检测到风淋室里有人，则启动风淋泵；如果按下测试按钮，则不论风淋室里是否有人，风淋泵都会启动。风淋泵运行时，风淋指示灯会亮。试分析表 2.2-1 中两种情形下，PLC 梯形图的能流流动情况。

表 2.2-1　两 种 情 形

情形	触点(位)名称	位逻辑	说　明
情形 1	“风淋室有人”	1	检测到风淋室里有人
	“安全门 1”	1	安全门 1 已关闭
	“安全门 2”	0	安全门 2 未关闭
	“系统正常”	1	系统运行正常
情形 2	“风淋室有人”	1	检测到风淋室里有人
	“安全门 1”	1	安全门 1 已关闭
	“安全门 2”	1	安全门 2 已关闭
	“系统正常”	1	系统运行正常

答　情形 1 下的能流示意图如图 2.2-1(a)所示，虽然此时触点“系统正常” = 1(即系统运行正常)，但由于触点“安全门 2” = 0(安全门 2 未关闭)，因此能流只能到达触点“安全门 2”的左边而不能通过触点“安全门 2”，也就不能到达线圈“风淋泵”，故“风淋泵” = 0。

能流在触点“安全门2”的左边急刹车后，就直接跳到下一个程序段，即程序段2。由于“风淋泵”= 0，因此能流在程序段2中刚离开左母线，向右就卡在触点“风淋泵”的左边而不能通过，故“风淋灯”= 0。

情形2下的能流示意图如图2.2-1(b)所示，由于所有触点的位逻辑都为1，因此能流可以通过包括触点“安全门 2”在内的各触点，并流到线圈“风淋泵”，此时风淋泵得电，线圈“风淋泵”= 1。完成程序段1后，能流再在程序段2流动，由于触点“风淋泵”= 1，因此能流到达线圈“风淋灯”，使线圈“风淋灯”= 1。

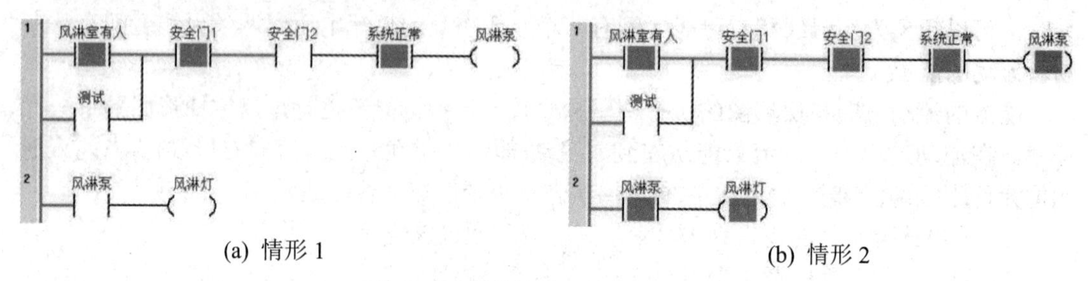

(a) 情形1　　(b) 情形2

图2.2-1　两种情形下的能流示意图

4. 常开/常闭触点

常开(Normal Open，NO)，指平常是断开的；常闭(Normal Close，NC)，指平常是闭合的。

1) 常开按钮、常闭按钮

硬件按钮也称开关。常开按钮指按钮平常是断开的，手动按下按钮后，按钮闭合；常闭按钮指按钮平常是闭合的，手动按下按钮后，按钮断开。

2) 梯形图中的常开/常闭触点与位逻辑的逻辑关系

硬件触点也称触头，不仅手动按钮有触点，一些电器元件也有触点。但不同的是，按钮的触点是由手动来操作的；而电器元件的触点可以是手动操作，也可以是电动控制。

PLC梯形图中的触点其实是一种软件形式的位(bit)元件，属于电控的触点，它分为常开触点、常闭触点，如图2.2-2所示。

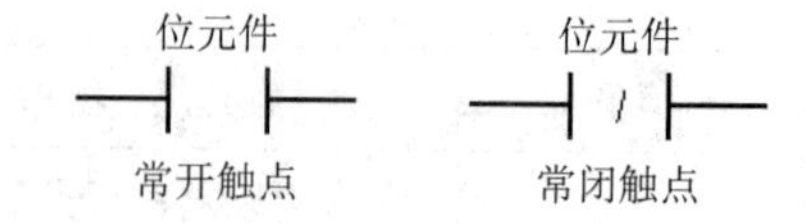

图2.2-2　PLC的常开触点和常闭触点

常开触点指平常是断开的，通电后变成闭合的触点；常闭触点指平常是闭合的，通电后变成断开的触点。PLC梯形图中画出的触点是指在没有通电状态下(即在位元件的逻辑值为0的状态下)的触点。也就是说，当位元件的逻辑值为0时，位元件的常开触点的逻辑值为0，位元件的常闭触点的逻辑值为1；当位元件的逻辑值为1时，位元件的常开触点的逻辑值为1，位元件的常闭触点的逻辑值为0。位元件及其常开/常闭触点的逻辑值如表2.2-2所列。

表2.2-2　位元件及其常开/常闭触点的逻辑值

位元件	位元件的常开触点	位元件的常闭触点
0	0	1
1	1	0

由表2.2-2可见，位元件的常开触点的逻辑值与位元件的逻辑值一致；而位元件的常

闭触点的逻辑值与位元件的逻辑值正好相反。从这点来说，位元件的常闭触点相当于对位元件的逻辑取反。

☞**说明**　有时为了方便，在说到“某位元件的逻辑值为 1(ON)或 0(OFF)”时，常省略掉“的逻辑值”这几个字，直接简说为“某位元件为 1(ON)或 0(OFF)”；在说到“某位元件的常开(或常闭)触点的逻辑值为 1(ON)或 0(OFF)”时，常省略掉“的”和“的逻辑值”，直接简说为“某位元件常开(或常闭)触点为 1(ON)或 0(OFF)”。例如，对于西门子 PLC，有 Q0.0 为 1，I0.0 常闭触点为 0，Q0.0 常开触点为 1；对于三菱 PLC，有 X0 为 0，X1 常闭触点为 1，Y0 常开触点为 0。本书下文中将采用此种简说法。

(二) 梯形图编程基本原则

梯形图是一种标准编程语言，是一种表示程序的形式。在画梯形图时，应该遵循一定的原则。

利用梯形图编程的基本原则有如下几点。

(1) 梯形图程序应该符合顺序执行的原则，即从左到右、从上到下地顺序执行，不符合顺序执行原则的梯形图程序是无法输入编程软件的。

(2) 梯形图的每一行都是从左母线开始的，线圈不能直接与左母线相连，而要接在最右边。触点不能放在线圈的右边。

☞**注意**　在继电接触器控制电路中，触点可以加在线圈的右边，这在 PLC 的梯形图中是不允许的。

(3) 外部输入/输出继电器(I/O)、内部继电器(M)、定时器(T)、计数器(C)等软元件的开关触点可以多次重复使用。

(4) 梯形图中串联、并联触点使用的次数没有限制，可无限次地使用；同一程序中两个或两个以上不同编号的线圈可以并联输出。

(5) 在梯形图程序中，一般应尽量避免“同名双线圈”输出，因为这样会造成输出结果的不确定。PLC 编程软件认为同名双线圈输出是一种错误，是不允许的。梯形图同名双线圈输出的错误例子如图 2.2-3(a)所示，应该修改为如图 2.2-3(b)所示的程序。

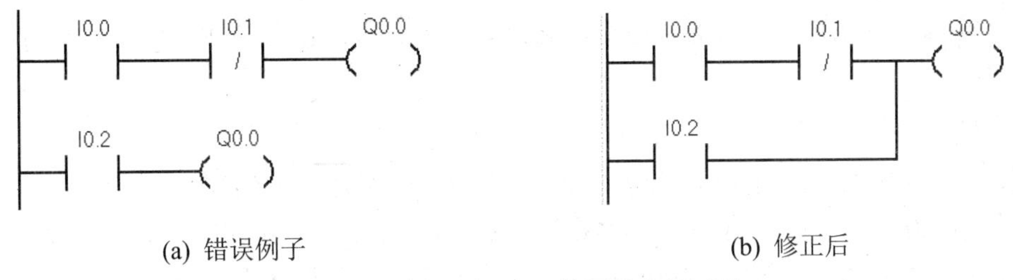

(a) 错误例子　　(b) 修正后

图 2.2-3　梯形图同名双线圈输出的例子

☞ **注意**　梯形图程序要避免出现“同名双线圈”输出错误，SFC 程序可以忽略这种错误。

(6) 串联触点组(多个触点串联的组合)与单个触点相并联时，一般将串联触点组放在上面、单个触点放在下面，如图 2.2-4 所示；并联触点组(多个触点并联的组合)与单个触点相串联时，一般将并联触点组放在左边、单个触点放在右边，如图 2.2-5 所示。

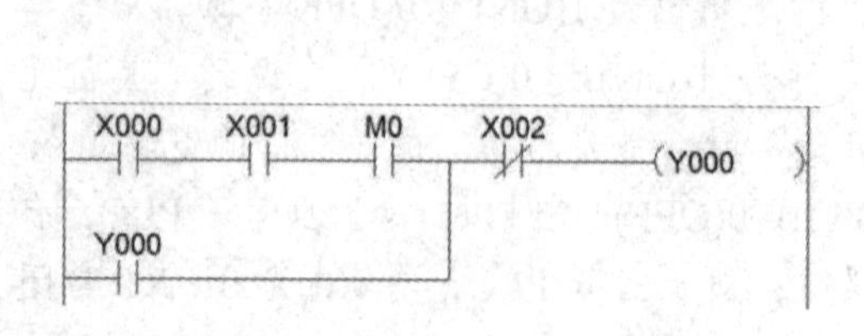

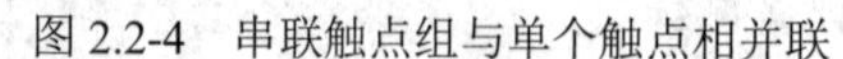

图 2.2-4　串联触点组与单个触点相并联

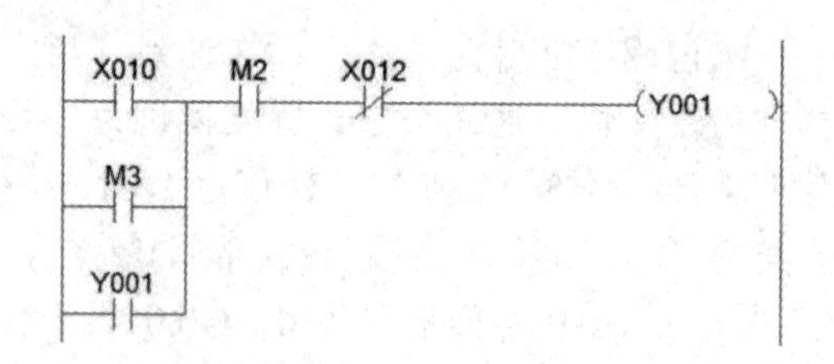

图 2.2-5　并联触点组与单个触点相串联

(三) PLC 常用位逻辑指令

PLC 基本逻辑指令中最常用的位逻辑指令有：常开/常闭触点指令、线圈输出指令、上升沿指令、下降沿指令、置位指令、复位指令。

1. 常开/常闭触点指令

常开/常闭触点指令包括常开输入触点指令、常闭输入触点指令、常开输出触点指令、常闭输出触点指令。

如果 PLC 程序的能流位于左侧且触点闭合，则能流将通过触点流向右侧的连接器，即流至下一连接元件。常开触点的位逻辑为 1(ON)时，触点闭合(1、ON)；常闭触点的位逻辑为 0(OFF)时，触点闭合(1、ON)。

2. 线圈输出指令

线圈输出指令简称 OUT 指令，它的操作数可以是 PLC 的输出点(如西门子 PLC 的 Q 点、三菱 PLC 的 Y 点)，也可以是 PLC 的辅助继电器(M)、状态继电器(S)，但是不能为 PLC 的输入点(如西门子 PLC 的 I 点、三菱 PLC 的 X 点)。当线圈输出指令的操作数是 PLC 的输出点时，该指令一般用于控制外部设备运行或停止。当该指令执行时，操作数为 1(ON)。

3. 上升沿指令、下降沿指令

上升沿指令也称正跳变触点指令，它允许能量在每次断开到接通转换后流动一个扫描周期。下降沿指令也称负跳变触点指令，它允许能量在每次接通到断开转换后流动一个扫描周期。

4. 置位、复位指令

置位指令的功能为：使位元件为 1(ON、接通)，且保持为 1(ON、接通)的状态；

复位指令的功能为：使位元件为 0(OFF、断开)，且保持为 0(OFF、断开)的状态。

置位指令与线圈输出指令的区别在于：线圈输出指令左边的能流消失后，位元件会由 1 变为 0；而位元件被置位后，即使置位指令左边的能流消失，位元件仍然保持为 1，不会变为 0。

每种类型 PLC 的置位指令和复位指令可能不尽相同。对于西门子 S7-200 SMART 系列 PLC 和三菱 FX_{3U} 系列 PLC 的置位指令和复位指令，将在下面例子中详细讲解。

二、常用位逻辑指令的编程例子

(一) 西门子 S7-200 SMART 系列 PLC

如图 2.2-6 所示，STEP 7-Micro/WIN SMART 软件项目树“指令”节点下的“位逻辑”有 PLC 的基本逻辑控制指令。

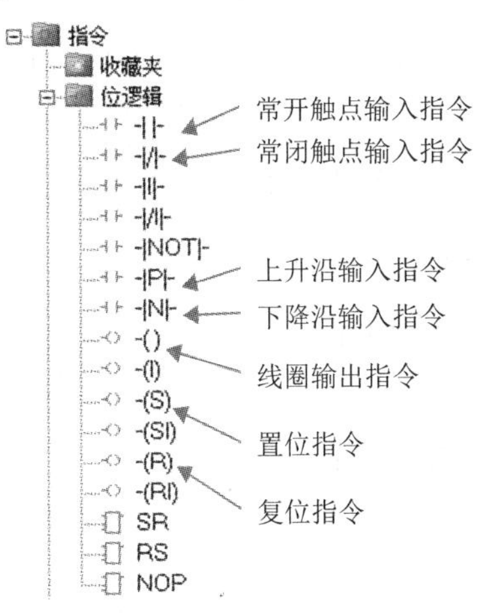

图 2.2-6　PLC 的基本逻辑控制指令

1. 置位指令(S)和复位指令(R)

西门子 S7-200 SMART 系列 PLC 的置位指令(S)和复位指令(R)用于置位(接通)或复位(断开)从指定地址(位)开始的连续 N 个位的一组位元件。例如，置位时，位元件为 Q0.0、N 为 2，则从 Q0.0 开始的连续 2 个位，即 Q0.0、Q0.1 被置位；复位时，位元件为 Q1.1、N 为 6，则从 Q1.1 开始的连续 6 个位，即 Q1.1、Q1.2、Q1.3、Q1.4、Q1.5、Q1.6 都被复位。

一个位元件被置位指令(S)置为 ON 后，可以再用复位指令(R)对该位元件进行复位操作。在一个程序中，可以对某个位元件多次使用置位指令(S)和复位指令(R)，该位元件最后是 ON 还是 OFF，由该位元件最后是被置位还是复位来确定。

2. 常用位逻辑指令的编程例子

例 2.2-2　西门子 PLC 常用位逻辑指令的编程例子如图 2.2-7 所示。其中 I0.0、I0.1 分别为 2 个按钮的输入信号，Q0.0、Q0.1、Q0.2、Q0.3 分别为 4 个指示灯的输出信号。试分析：

(1) PLC 刚通电时，各个 Q 点的值；

(2) 按下按钮 I0.0 后再放开，所有 Q 点的值。

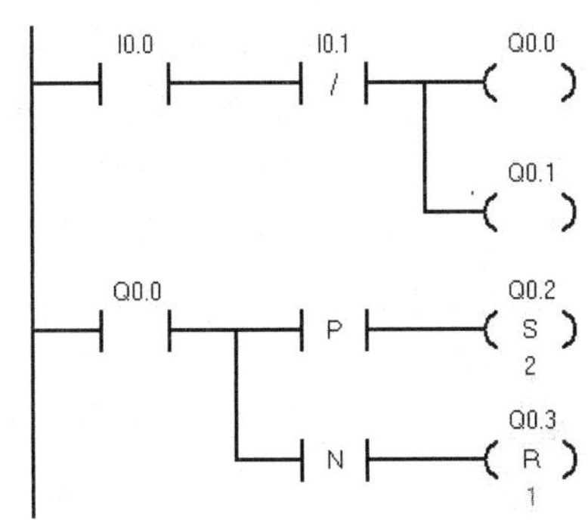

图 2.2-7　西门子 PLC 常用位逻辑指令的编程例子

答　(1) PLC 刚通电时，所有 I 点和 Q 点的初始值均为 0。此时 I0.0 常开触点为 0，I0.1 常闭触点为 1，能流从左母线流出，不能通过 I0.0 常开触点，故 Q0.0 和 Q0.1 都为 0 不变。由于 Q0.0 没有发生上升沿和下降沿事件(既没有发生 0 到 1 的变化，也没有发生 1 到 0 的变化)，因此置位指令和复位指令都没有被执行，

Q0.2 和 Q0.3 都为 0 不变。

(2) 当按下按钮 I0.0 后，I0.0 常开触点为 1，I0.1 常闭触点为 1，此时能流可以通过 I0.0 常开触点和 I0.1 常闭触点，并到达线圈 Q0.0 和 Q0.1，使 Q0.0 和 Q0.1 为 1。由于 Q0.0 发生了上升沿事件(即发生了 0 到 1 的变化)，因此能流通过 Q0.0 的上升沿触点并达到置位指令(S)，执行置位指令后，Q0.2 和 Q0.3 被置位为 1。

放开按钮 I0.0 后，I0.0 常开触点变为 0，能流过不了 I0.0 常开触点，此时 Q0.0 和 Q0.1 变为 0。由于 Q0.0 发生了下降沿事件(即发生了 1 到 0 的变化)，因此能流通过 Q0.0 的下降沿触点并达到复位指令(R)，执行复位指令后，Q0.3 被复位为 0。

最后，Q0.0、Q0.1、Q0.3 三者为 0，Q0.2 为 1。

(二) 三菱 FX_{3U} 系列 PLC

1. 置位指令(SET)和复位指令(RST)

位元件的置位指令(SET)是当指令输入为 ON 时，使位元件为 1 并保持为 1 的操作。此后，即使置位指令输入为 OFF，位元件依然保持为 ON。位元件的复位指令(RST)是当指令输入为 ON 时，使位元件为 0 并保持为 0 的操作。位元件可以是输出继电器(Y)、辅助继电器(M)、状态继电器(S)等。

一个位元件被置位指令(SET)置为 1 之后，可以再用复位指令(RST)对该位元件进行复位操作，复位后变为 0。在一个程序中，可以多次使用置位指令(SET)和复位指令(RST)对某个位元件进行置位和复位，该位元件最后为 1 还是为 0，由该位元件最后是被置位还是复位来确定。

2. 常用位逻辑指令的编程例子

例 2.2-3　三菱 PLC 常用位逻辑指令的编程例子如图 2.2-8 所示。其中 X0、X1 分别为 2 个按钮的输入信号，Y0、Y1、Y2 分别为 3 个指示灯的输出信号。试分析以下 3 种情况下，各个 Y 点的值：

(1) 当 PLC 刚通电时；

(2) 当按下按钮 X0 时；

(3) 按下按钮 X0 后，过一会再按下按钮 X1。

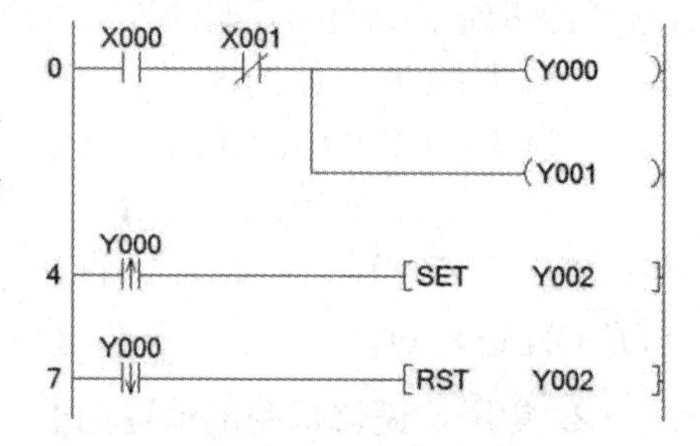

图 2.2-8　三菱 PLC 常用位逻辑指令的编程例子

答　(1) 当 PLC 刚通电时，所有 X 点和 Y 点均初始化为 0。此时 X0 常开触点为 0，X1 常闭触点为 1，能流不能通过 X0 常开触点，因此 Y0、Y1 皆为 0 不变。由于 Y0 没有发生上升沿和下降沿事件(既没有发生 0 到 1 的变化，也没发生 1 到 0 的变化)，因此置位指令和复位指令都没有被执行，Y2 为 0 不变。

(2) 当按下按钮 X0 时，能流可以通过 X0 常开触点和 X1 常闭触点，并到达线圈 Y0 和 Y1，故 Y0 和 Y1 都为 1。由于 Y0 发生了上升沿事件(从 0 到 1 的变化)，因此 Y0 的上升沿触点为 1，能流通过 Y0 的上升沿触点并执行置位指令(SET)，于是 Y2 被置位为 1。

(3) 由(2)可知，按下按钮 X0 后，Y0、Y1 都为 1，Y2 被置位为 1。过一会再按下按钮 X1，则 X1 为 1，X1 常闭触点变为 0，此时能流在 X1 常闭触点处断开，不能到达 Y0 和 Y1 线圈，Y0 和 Y1 都变为 0。由于 Y0 发生了下降沿事件(从 1 到 0 的变化)，因此能流通过 Y0 的下降沿触点并执行复位指令(RST)，Y2 被复位为 0。

三、PLC 控制水泵进行连续运行

1. 水泵连续运行的概念

水泵的连续运行是指在按下启动按钮后，水泵启动并一直运行(即使松开启动按钮)，直到按下停止按钮，水泵才停下来。

☞**拓展**　电机的连续运行也称自保持运行、自锁运行、长动或连动，是电机控制方式的一种，一般用于电机启动后持续运行或长时间运行的情况。其动作可以简记为：按下启动按钮，电机运行；松开启动按钮，电机依然运行；按下停止按钮，电机停止。由于在控制回路中有自保装置，按下启动按钮后，电机就得电运行；放开按钮后，电机不会失电停止，而是一直持续运行；按下停止按钮，控制回路中的自保解除，电机才停止。

2. 水泵连续运行的 PLC 控制

图 2.2-9(a)为 PLC 控制水泵连续运行的程序，图 2.2-9(b)～(d)为其控制过程。

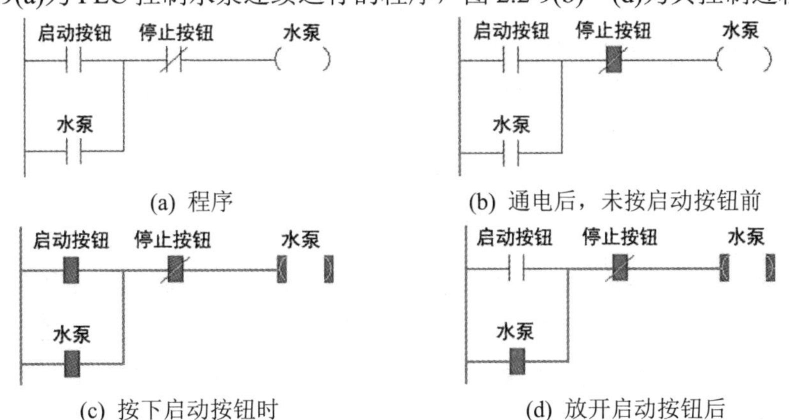

(a) 程序　(b) 通电后，未按启动按钮前

(c) 按下启动按钮时　(d) 放开启动按钮后

图 2.2-9　PLC 控制水泵连续运行的程序及其控制过程

程序中有 3 个位元件，分别为“启动按钮”“停止按钮”“水泵”，前 2 个为输入点，第 3 个为输出点。

通电后，未按启动按钮前，如图 2.2-9(b)所示，3 个位元件都为 0，此时“停止按钮”的常闭触点为 1。

按下启动按钮时，如图 2.2-9(c)所示，“启动按钮”变为 1，能流通过“启动按钮”常开触点和“停止按钮”常闭触点，使“水泵”线圈为 1，此时水泵启动运行。因“水泵”线圈为 1，故“水泵”常开触点也为 1。此时，能流从左母线流出后，先分并联两路走，然后汇总并流到“水泵”线圈。

放开启动按钮后，如图 2.2-9(d)所示，“启动按钮”常开触点变为 0，但是“水泵”常开触点依然为 1，因此“水泵”线圈也为 1，即水泵不断电。在这里，位元件“水泵”用自己的触点锁住了自己的线圈，使线圈不断电。这种用自己的触点来锁住自己的线圈，使线圈不断电的方式，称为自锁。

之后，如果需要停止水泵，可以按下停止按钮。此时位元件“停止按钮”为 1，“停止按钮”常闭触点为0，导致能流断开不能到达“水泵”线圈，水泵会断电而停止。

【任务实施】

PLC控制水泵的点动和连续运行，可分为三种不同的情形：点动、连续运行、点动＋连续运行(既能点动运行，也能连续运行)。下面分别使用西门子SR40和三菱FX_{3U}-48MR进行任务实施。

(一) 使用西门子SR40进行任务实施

1. 点动

单独实现PLC控制水泵点动。

(1) 分析功能要求。PLC控制水泵点动，实现功能要求为：按下点动按钮SB1，水泵进入点动状态；松开点动按钮SB1，水泵停止。水泵运行时，绿色指示灯亮，红色指示灯灭；水泵停止时，红色指示灯亮，绿色指示灯灭。

(2) 分配PLC的I/O点，如表2.2-3所列。

表2.2-3　SR40控制水泵点动的I/O点分配

信号类型	元　件	PLC地址
输入信号	点动按钮SB1	I0.0
输出信号	水泵KM(AC220 V)	Q0.0
	绿色指示灯HL1(DC24 V)	Q0.4
	红色指示灯HL2(DC24 V)	Q0.5

(3) 画出PLC控制电路图，如图2.2-10所示，然后进行控制电路接线。

(4) 编写PLC程序，如图2.2-11所示，然后进行调试。

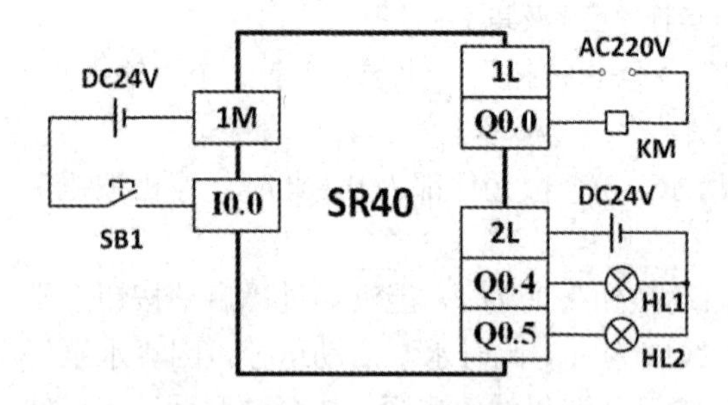

图2.2-10　SR40控制水泵点动的控制电路图

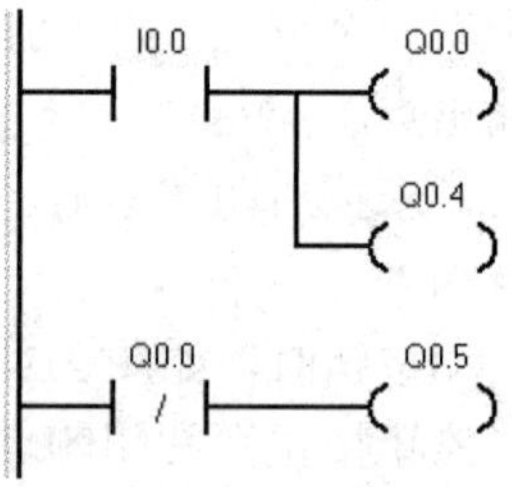

I0.0　Q0.0
Q0.4
Q0.0　Q0.5

图2.2-11　SR40控制水泵点动的PLC程序

2. 连续运行

单独实现PLC控制水泵连续运行。

(1) 分析功能要求。PLC控制水泵连续运行，实现功能要求为：按下启动按钮SB1，水泵启动并连续运行；按下停止按钮SB2，水泵停止。水泵运行时，绿色指示灯亮，红色指示灯灭；水泵停止时，红色指示灯亮，绿色指示灯灭。

(2) 分配PLC的I/O点，如表2.2-4所列。

表 2.2-4　SR40 控制水泵连续运行的 I/O 点分配

信号类型	元　件	PLC 地址
输入信号	启动按钮 SB1	I0.0
	停止按钮 SB2	I0.1
输出信号	水泵 KM(AC220 V)	Q0.0
	绿色指示灯 HL1(DC24 V)	Q0.4
	红色指示灯 HL2(DC24 V)	Q0.5

(3) 画出 PLC 控制电路图，如图 2.2-12 所示，然后进行控制电路接线。

(4) 编写 PLC 程序，如图 2.2-13 所示，然后进行调试。

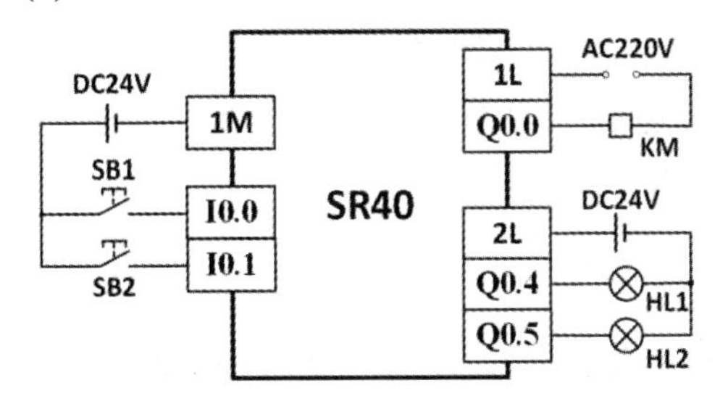

图 2.2-12　SR40 控制水泵连续运行的控制电路图

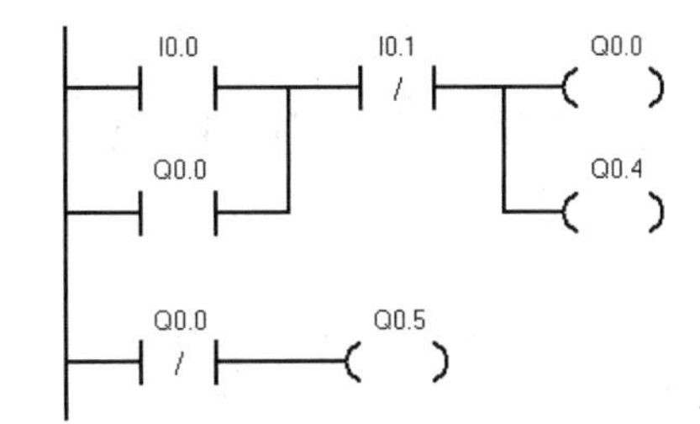

图 2.2-13　SR40 控制水泵连续运行的 PLC 程序

☞注意　要实现连续运行，需要加入自锁环节。

3. 点动 + 连续运行

实现 PLC 控制水泵既能点动运行，也能连续运行。

(1) 分析功能要求。PLC 控制水泵既能点动也能连续运行，实现功能要求如下：

① 按下点动按钮 SB1，水泵进入点动状态；松开点动按钮 SB1，水泵停止。

② 按下启动按钮 SB2，水泵启动并连续运行；按下停止按钮 SB3，水泵停止。

③ 水泵运行时，绿色指示灯亮，红色指示灯灭；水泵停止时，红色指示灯亮，绿色指示灯灭。

(2) 分配 PLC 的 I/O 点，如表 2.2-5 所列。

表 2.2-5　SR40 控制水泵“点动 + 连续运行”的 I/O 点分配

信号类型	元　件	PLC 地址
输入信号	点动按钮 SB1	I0.0
	启动按钮 SB2	I0.1
	停止按钮 SB3	I0.2
输出信号	水泵 KM(AC220 V)	Q0.0
	绿色指示灯 HL1(DC24 V)	Q0.4
	红色指示灯 HL2(DC24 V)	Q0.5

(3) 画出 PLC 控制电路图，如图 2.2-14 所示，然后进行控制电路接线。

(4) 编写 PLC 程序，如图 2.2-15 所示，然后进行调试。

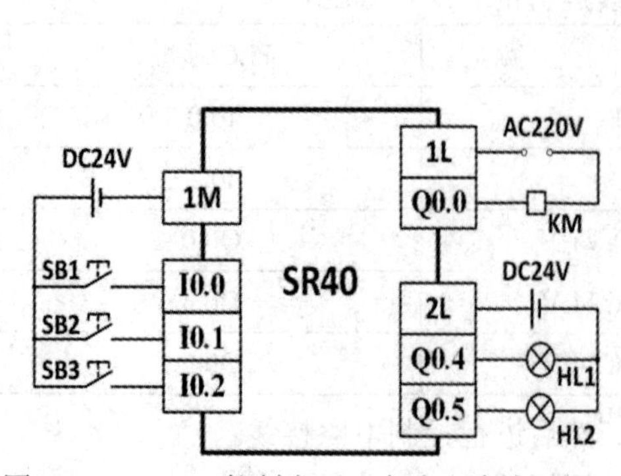

图 2.2-14　SR40 控制水泵“点动 + 连续运行”的控制电路图

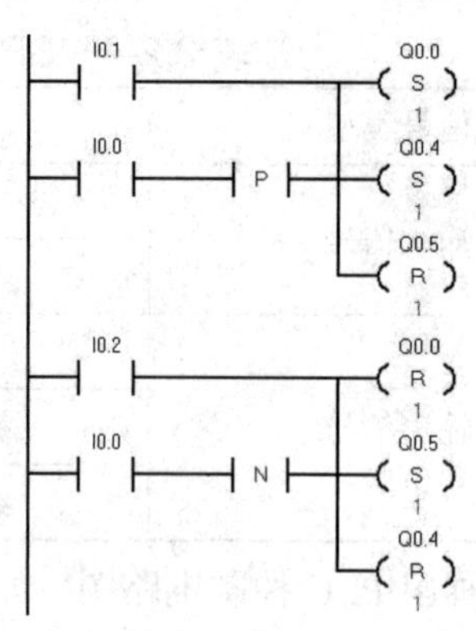

图 2.2-15　SR40 控制水泵“点动 + 连续运行”的 PLC 程序

(二) 使用三菱 FX_{3U}-48MR 进行任务实施

1. 点动

单独实现 PLC 控制水泵点动。

(1)分析功能要求。PLC 控制水泵点动，实现功能要求为：按下点动按钮 SB1，水泵进入点动状态；松开点动按钮 SB1，水泵停止。水泵运行时，绿色指示灯亮，红色指示灯灭；水泵停止时，红色指示灯亮，绿色指示灯灭。

(2) 分配 PLC 的 I/O 点，如表 2.2-6 所列。

表 2.2-6　FX_{3U}-48MR 控制水泵点动的 I/O 点分配

信号类型	元　件	PLC 地址
输入信号	点动按钮 SB1	X0
输出信号	水泵 KM(AC220 V)	Y0
	绿色指示灯 HL1(DC24 V)	Y4
	红色指示灯 HL2(DC24 V)	Y5

(3) 画出控制电路图，如图 2.2-16 所示，然后进行控制电路接线。

(4) 编写 PLC 程序，如图 2.2-17 所示，然后进行调试。

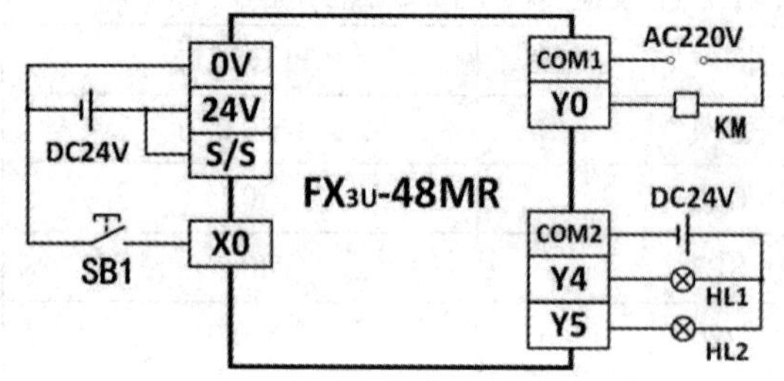

图 2.2-16　FX_{3U}-48MR 控制水泵点动的控制电路图

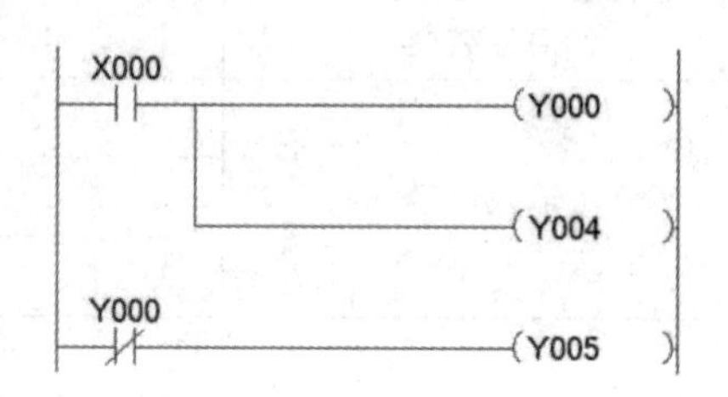

图 2.2-17　FX_{3U}-48MR 控制水泵点动的 PLC 程序

2. 连续运行

单独实现 PLC 控制水泵连续运行。

(1) 分析功能要求。PLC 控制水泵连续运行，实现功能要求为：按下启动按钮 SB1，水泵启动运转；松开启动按钮 SB1，水泵依然在运转；按下停止按钮 SB2，水泵停止。水泵运行时，绿色指示灯亮，红色指示灯灭；水泵停止时，红色指示灯亮，绿色指示灯灭。

(2) 分配 PLC 的 I/O 点，如表 2.2-7 所列。

表 2.2-7　FX_{3U}-48MR 控制水泵连续运行的 I/O 点分配

信号类型	元　件	PLC 地址
输入信号	启动按钮 SB1	X0
	停止按钮 SB2	X1
输出信号	水泵 KM(AC220 V)	Y0
	绿色指示灯 HL1(DC24 V)	Y4
	红色指示灯 HL2(DC24 V)	Y5

(3) 画出控制电路图，如图 2.2-18 所示，然后进行控制电路接线。

(4) 编写 PLC 程序，如图 2.2-19 所示，然后进行调试。

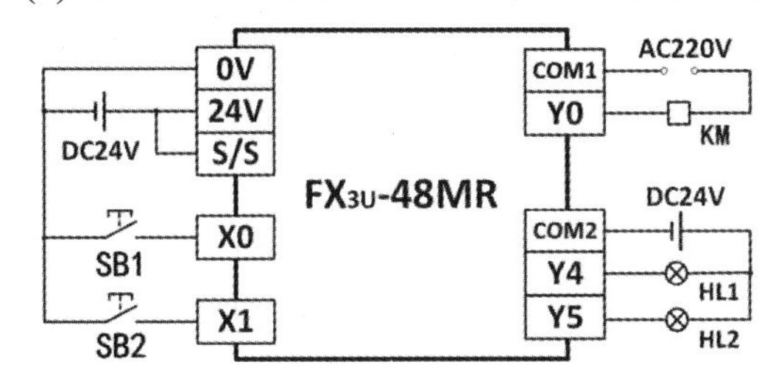

图 2.2-18　FX_{3U}-48MR 控制水泵连续运行的控制电路图

图 2.2-19　FX_{3U}-48MR 控制水泵连续运行的 PLC 程序

3. 点动 + 连续运行

实现 PLC 控制水泵既能点动运行，也能连续运行。

(1) 分析功能要求。PLC 控制水泵既能点动也能连续运行，实现功能要求如下：

① 按下点动按钮 SB1，水泵进入点动状态；松开点动按钮 SB1，水泵停止。

② 按下启动按钮 SB2，水泵启动并连续运行；按下停止按钮 SB3，水泵停止。

③ 水泵运行时，绿色指示灯亮，红色指示灯灭；水泵停止时，红色指示灯亮，绿色指示灯灭。

(2) 分配 PLC 的 I/O 点，如表 2.2-8 所列。

表 2.2-8　FX_{3U}-48MR 控制水泵“点动 + 连续运行”的 I/O 点分配

信号类型	元　件	PLC 地址
输入信号	点动按钮 SB1	X0
	启动按钮 SB2	X1
	停止按钮 SB3	X2
输出信号	水泵 KM(AC220 V)	Y0
	绿色指示灯 HL1(DC24 V)	Y4
	红色指示灯 HL2(DC24 V)	Y5

(3) 画出 PLC 控制电路图，如图 2.2-20 所示，然后进行控制电路接线。

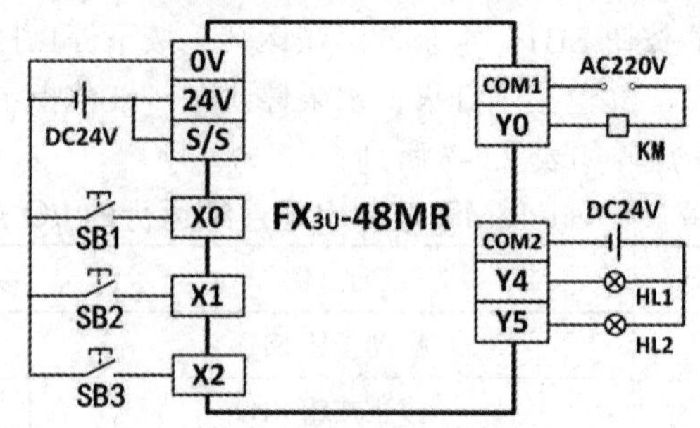

图 2.2-20　FX_{3U}-48MR 控制水泵“点动 + 连续运行”的控制电路图

(4) 编写 PLC 程序，如图 2.2-21 所示，然后进行调试。

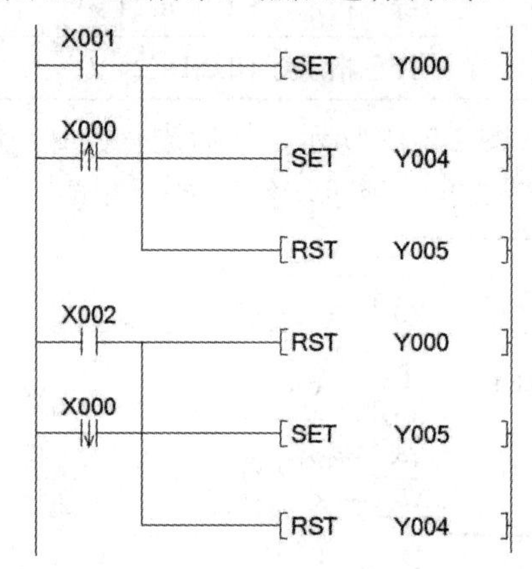

图 2.2-21　FX_{3U}-48MR 控制水泵“点动 + 连续运行”的 PLC 程序

【小结】

本任务介绍了梯形图的位逻辑、母线和能流，讲述了 PLC 常用位逻辑指令及其编程，并讲述了 PLC 控制水泵进行点动、连续运行、点动 + 连续运行的方法和步骤。

【理论习题】

一、判断题(对的打“√”，错的打“×”)

1. 连续运行也称为自保持运行。（　）
2. 能流是一种实际存在的能量流动。（　）
3. 理论上梯形图中的线圈可以带无数多个常开触点以及无数多个常闭触点。（　）
4. 三菱 Y0 为 ON 时，Y0 常闭触点为 OFF。（　）
5. 继电器的触头在电气原理图中可以画在线圈右边，而在梯形图中是不允许的。（　）
6. 在 PLC 程序中，允许使用同名双线圈输出操作，但不能放在同一程序行。（　）

二、单选题

1. 关于三菱 FX_{3U}-48MR PLC 的位元件 X0 和 Y0，以下说法正确的是(　　)。

A. X0 为 0 时，X0 常开触点为 1　　B. Y0 为 0 时，Y0 常开触点为 1

C. X0为1时，Y0常闭触点为0　　D. Y0为1时，Y0常闭触点为0

2. 关于西门子CPU SR40 PLC的位元件I0.0和Q0.0，以下说法正确的是(　　)。

A. Q0.0为0时，Q0.0常开触点为1　　B. I0.0为0时，Q0.0常闭触点为1

C. I0.0为1时，I0.0常闭触点为0　　D. Q0.0为1时，Q0.0常开触点为0

3. 以下选项中，说法错误的是(　　)。

A. 一个位元件在被置位为1后，如果需要再变为0，则可以使用复位指令

B. 某位元件发生接通到断开的转换，即该位元件发生了上升沿事件

C. PLC控制水泵连续运行的程序中不一定使用自锁

D. OUT指令虽然将输出位设为1，但与置位指令的功能不一样

三、简答题

1. 在实际的连续运行过程中，如果PLC的某个输入端口损坏了，无法接收信号，那么PLC控制水泵点动运行系统的硬件连接和软件编程应该如何改动？

2. PLC从实现对水泵的点动控制变为实现对水泵的连续运行控制，硬件电气连线要做哪些改动？如果要求系统既能实现点动控制，又能实现连续运行控制，应该做哪些改进？

【技能训练题】

如果不使用普通线圈(即不使用自锁)，而用置位、复位指令，那么如何来实现PLC控制单台水泵的连续运行？请写出I/O点分配，并编写PLC程序。

【实践训练题】实践：PLC控制水泵连续运行

一、实践目的

(1) 理解水泵连续运行的工作原理；

(2) 学会使用PLC自锁的编程方法；

(3) 能使用PLC来控制水泵的连续运行。

二、实践器材

按钮3个、交流水泵(电动机)1台、PLC 1台、绿色指示灯(DC24 V)1个、红色指示灯(DC24 V)1个、电脑1台、PLC程序下载线1条、万用表1个、导线若干。

三、安全注意事项

穿戴必须符合电工实践操作要求；各种电工工具必须按规定操作，防止被工具或器材误伤和损坏工具；确保在断电状态下进行电路接线；接线前先检查电路，确保电路无故障后才能通电；接通电源后，手不能碰到系统中的任何金属部分。实验过程中防止任何水滴与电接触！注意液体不要散落到电路上或桌面上，以防止触电危险发生！

四、实践内容与操作步骤

分别进行以下两种情况的实践操作。

1. 单独连续运行

(1) 以PLC控制水泵(AC380 V)，实现以下功能要求：

① 按下按钮 SB2(启动按钮)，水泵启动并连续运行，绿色指示灯(DC24 V)亮；

② 按下按钮 SB3(停止按钮)，水泵停止，红色指示灯(DC24 V)亮。

(2) 分配 PLC 的 I/O 点。

(3) 画出控制电路图，进行控制电路接线，并完成思考题 2。

(4) 进行 PLC 编程，下载 PLC 程序，进行联机调试，并完成思考题 3。

2. 既能点动运行，也能连续运行

(1) 功能要求。以 PLC 控制水泵(AC380 V)，实现以下功能要求：

① 按下按钮 SB1(点动按钮)，水泵点动运行；

② 按下按钮 SB2(启动按钮)，水泵启动并连续运行；

③ 按下按钮 SB3(停止按钮)，水泵停止；

④ 水泵运行时，绿色指示灯(DC24 V)亮，红色指示灯(DC24 V)灭；

⑤ 水泵停止时，红色指示灯(DC24 V)亮，绿色指示灯(DC24 V)灭。

(2) 分配 PLC 的 I/O 点。

(3) 画出控制电路图，进行控制电路接线。

(4) 进行 PLC 编程，下载 PLC 程序，进行联机调试，并完成思考题 4。

五、思考题

1. 简述水泵连续运行的工作原理。

2. 画出 PLC 控制水泵单独连续运行的控制电路图。

3. 编写 PLC 控制水泵单独连续运行的程序。

4. PLC 控制水泵既能实现点动运行，也能实现连续运行时，画出电气接线图，并编写 PLC 程序。

任务 2.3 PLC 控制搅拌机正反转

【任务导入】

搅拌机是工业应用中常见的一种机电设备，它在自动化控制、药业、化工、能源、环保等行业的工程应用中发挥着重要作用。如图 2.3-1 所示为一台搅拌机的外观。在环保工程应用中也用到了搅拌机，如污水处理中常用的潜水搅拌机。

有些搅拌机只能单向旋转(顺时针)，而有些搅拌机是可以实现双向旋转的(正转和反转，简称正反转)，因此需要分析搅拌机能正反转的情况，并使用 PLC 实现对搅拌机的正反转控制。

图 2.3-1 一台搅拌机的外观

某公司的烟气脱硫处理工艺中，需要在浆液罐内对石灰石和水进行正反转搅拌，以制备脱硫剂：$Ca(OH)_2$(氢氧化钙)溶液。搅拌机的正反转由 PLC 进行自动化控制。

那么在系统运行过程中，如何利用 PLC 来实现搅拌机的正反转呢？其实控制搅拌机的正反转，相当于控制电机的正反转。本任务将介绍用 PLC 来控制搅拌机正反转的方法与实践操作。

【学习目标】

◆ 知识目标

(1) 熟悉常见搅拌机的类型和特点；

(2) 熟练掌握互锁概念及其实现方法；

(3) 熟练掌握 PLC 控制搅拌机正反转的编程方法。

◆ 技能目标

(1) 学会互锁的应用；

(2) 学会用 PLC 控制搅拌机正反转。

【知识链接】

一、搅拌机简介

1. 搅拌机与搅拌器的概念

搅拌机是利用一种带有叶片的轴在圆筒或槽中进行旋转与搅拌，将多种原料进行混合，使之成为一种混合物或具有适宜黏度的机械设备。

搅拌器是使液体、气体介质强迫对流并均匀混合的器件。

搅拌机与搅拌器的概念容易混淆，其实搅拌机指更广意义上的搅拌设备。因此可以这样说，广义上的搅拌机包括了搅拌器，搅拌器相当于狭义上的搅拌机。搅拌机与搅拌器为包含与从属的关系。

2. 搅拌机的基本参数

轴功率 P、桨叶排液量 Q、压头 H、桨叶直径 D 及搅拌转速 N 为搅拌机的五个基本参数。桨叶排液量与桨叶本身的流量准数、桨叶转速的一次方及桨叶直径的三次方成正比。而搅拌消耗的轴功率则与流体比重、桨叶本身的功率准数、桨叶转速的三次方、桨叶直径的五次方成正比。在一定的功率及桨叶形式下，桨叶排液量 Q 和压头 H 可以通过改变桨叶直径 D 和搅拌转速 N 的匹配来调节——大直径桨叶配以低转速的搅拌机产生较强的流动作用和较低的压头，而小直径桨叶配以高转速的搅拌机产生较高的压头和较弱的流动作用。

3. 搅拌器的分类

常用的搅拌器主要分为下面几类。

1) 旋桨式搅拌器

旋桨式搅拌器是一种有 2～3 片推进式螺旋桨叶的轴流型、高速、高性能搅拌器。图 2.3-2 为旋桨式搅拌器的叶片外形，看起来像家用吊扇的扇叶。

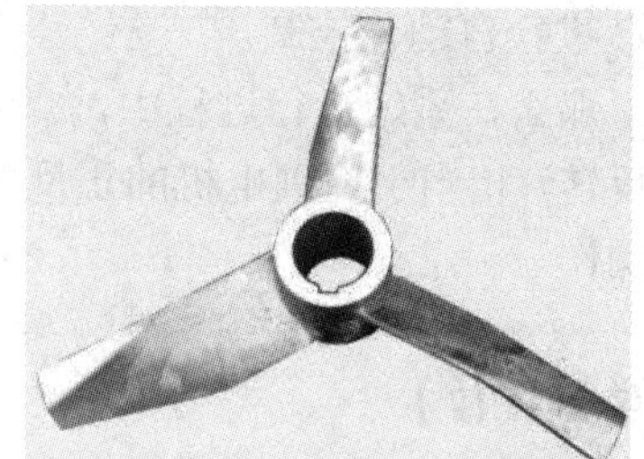

图 2.3-2　旋桨式搅拌器的叶片外形

旋桨式搅拌器在搅拌时具有较高的旋转速度，其叶片外缘的圆周速度一般为 5～15 m/s。高度旋转能迫使物料沿轴向运动，使物料充分循环(即产生较大的循环量)和混合。旋桨式搅拌器应用广泛，多用于搅拌黏度较低(＜2Pa・s)的液体、乳浊液、固体悬浮液(固体微粒含量低于 10%)等物料，适用于低黏度的混合、溶解、固体悬浮、传热、反应传质、萃取、结晶操作。

旋桨式搅拌器在低速旋转时呈对流循环状态，在高速旋转时呈湍流状态。较大的叶片倾角和叶片扭曲度使旋桨式搅拌器在过渡流甚至湍流时也能达到较高的流动场，其排液能力比传统的推进式搅拌器提高 30%。

2) 涡轮式搅拌器

涡轮式搅拌器也称透平式叶轮，是应用较广的一种搅拌器。它在水平圆盘上安装 2～4 片平直或弯曲的叶片，桨叶外径、宽度与高度的比例一般为 20∶5∶4，圆周速度一般为 3～8 m/s。图 2.3-3 为涡轮式搅拌器的叶片外形。

图 2.3-3　涡轮式搅拌器的叶片外形

涡轮式搅拌器具有较大的剪切力，可使流体微团分散得很细，适用于搅拌混合低黏度到中等黏度流体、乳浊液、液-固悬浮液，促进良好的传热、传质和化学反应。

涡轮式搅拌器旋转速度较大(300～600 r/min)，搅拌效率较高。它在旋转搅拌时，会造成很强湍动的径向流动，适用于气体及不互溶液体的分散和液液相反应过程。涡轮式搅拌器在旋转时产生离心力，可在液体中产生辐射液流与切线液流，可搅拌黏度范围很广(黏度一般不超过25 Pa·s)的流体。

3) 桨式搅拌器

桨式搅拌器结构简单，常用于低黏度液体的混合以及固体微粒的溶解和悬浮。图2.3-4为桨式搅拌器的叶片外形。叶片用扁钢制成，焊接或用螺栓固定在轮毂上，数量是2～4片，有平桨式和斜桨式(折页式)2种。平桨式搅拌器由2片平直桨叶构成，桨叶直径与高度之比为4～10，圆周速度为1.5～3 m/s，所产生的径向液流速度较小。斜桨式搅拌器的两叶相反折转45°或60°，因而产生轴向液流。

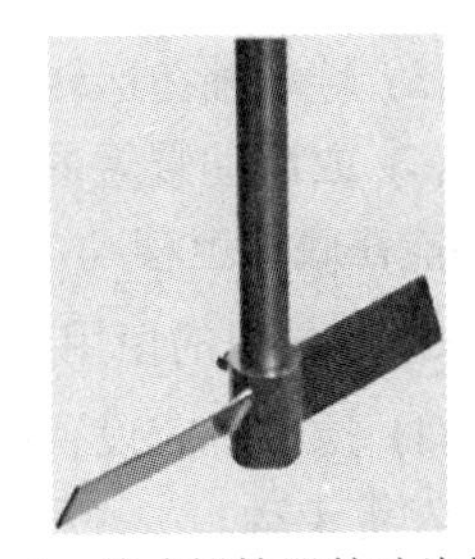

图2.3-4　桨式搅拌器的叶片外形

4) 锚式搅拌器

锚式搅拌器为慢速型搅拌器，常用于中高黏度液体混合、传热反应等过程。它的结构简单，适用于黏度在100 Pa·s以下的流体搅拌。当流体黏度在10～100 Pa·s时，可在锚式桨中间加一横桨叶，构成框式搅拌器，以增加容器中的液体混合。框式搅拌器的桨叶如图2.3-5所示。

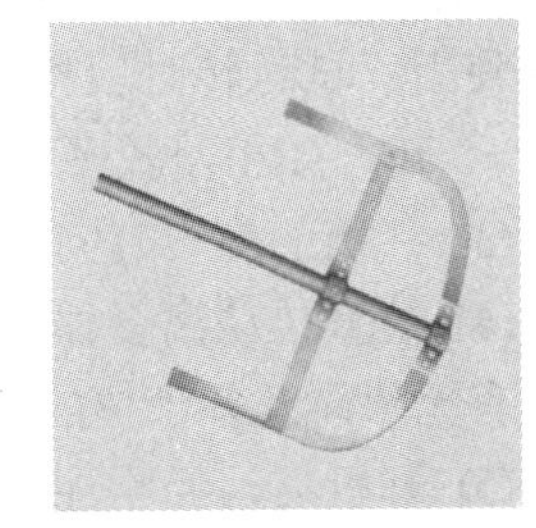

图2.3-5　框式搅拌器的桨叶

5) 螺带式搅拌器

螺带式搅拌器专门用于搅拌高黏度(200～500 Pa·s)液体及拟塑性流体，通常在层流状态下操作。它的叶片为螺带状，螺带的数量为2～3根，被安装在搅拌器中央的螺杆上，如图2.3-6所示。螺带式搅拌器螺带的外径与螺距相等，螺距决定了螺带的外径。

图2.3-6　螺带式搅拌器的叶片

搅拌器的类型、尺寸及转速对搅拌功率在总体流动和湍流脉动之间的分配都有影响。一般来说，涡轮式搅拌器的功率分配对湍流脉动有利，而旋桨式搅拌器的功率分配对总体流动有利。对于同一类型的搅拌器来说，在功率消耗相同的条件下，大直径、低转速的搅拌器的功率主要消耗于总体流动，有利于宏观混合；小直径、高转速的搅拌器的功率主要消耗于湍流脉动，有利于微观混合。

4. 搅拌机的安装与调试

(1) 安装时应注意主机体与水平面垂直；

(2) 安装后应确认各部位螺栓有无松动及主机仓门是否紧固；

(3) 按搅拌机的动力来配置电源线和控制开关；

(4) 检查完毕后先进行空载试运行，试运行正常才可进行正式负荷运行。

5. 搅拌机的维护保养

搅拌机的维护保养应由专职人员进行，具体包括以下几个方面。

(1) 润滑对轴承寿命影响较大，它直接影响到机器的使用寿命和运转率，因此润滑油必须清洁，密封必须良好。主要注油处有转动轴承、轧辊轴承、所有齿轮、活动轴承、滑动平面等。

(2) 新安装的轮箍易发生松动，需要经常检查。

(3) 注意检查易磨损件的磨损程度，随时注意更换磨损件。

(4) 在轴承油温升高时，应立即停机检查原因并处理。

(5) 转动轴在运转时若有冲击声，应立即停机检查并处理。

(6) 放活动装置的底架平面应除去灰尘等物，以免机器遇到不能破碎的物料时活动轴承不能在底架上移动，以致发生严重事故。

6. 搅拌机的使用注意事项

(1) 搅拌机应设置在平坦的位置，用方木垫起前后轮轴，使轮胎搁高架空，以免在开动时发生走动。

(2) 搅拌机应实施二级漏电保护，电源接通后，必须仔细检查，经空载试转认为合格，方可使用。试运转时应检验拌筒转速是否合适，一般情况下，空载速度比重载(装料后)稍快2～3转，如相差较多，应调整动轮与传动轮的比例。

(3) 拌筒的旋转方向应符合箭头指示方向，如不符合，应更正电机接线。

(4) 检查传动离合器和制动器是否灵活可靠，钢丝绳有无损坏，轨道滑轮是否良好，周围有无障碍及各部位的润滑情况等。

(5) 开机后，经常注意搅拌机各部件的运转是否正常。停机时，经常检查搅拌机叶片是否打弯，螺丝有无打落或松动。

(6) 当混凝土搅拌完毕或预计停歇1 h以上时，除将余料出净外，应将石子和清水倒入抖筒内，开机转动，把粘在料筒上的砂浆冲洗干净后全部卸出。料筒内不得有积水，以免料筒和叶片生锈。同时还应清理搅拌筒外积灰，使机械保持清洁完好。

(7) 停机不用时，应拉闸断电，并锁好开关箱，以确保安全。

7. 污水处理过程中使用的搅拌机

污水处理过程中使用的搅拌设备主要是潜水搅拌机。

潜水搅拌机是一种除污搅拌机，是众多除污作业中常见的一种设备。它是由电机直联减速机构驱动叶轮旋转的潜水装置，转速低、直径大，主要应用于污水处理厂的曝气池，有时也用于环形厌氧池、缺氧池。

潜水搅拌机具有搅拌污水、混合污泥、推动水体介质流动、防止污泥沉降、增加池底流动等功能。它可以提高曝气池的传氧效率，从而节省污水处理的能耗与运行费用，也可以进行水力循环、改善水体水质。

二、PLC控制搅拌机正反转

1. 电机正反转

电机正反转包括电机顺时针转动和逆时针转动。一般电机顺时针转动为正转，电机逆时针转动为反转。根据电机的工作原理分析可知，要实现单相电动机的正反转，可以使用倒顺开关来切换线路；要实现三相电动机的正反转，只要将接至电动机三相电源进线中的任意两相对调接线，即可达到正反转的目的。电机的正反转使用广泛，例如行车、木工用的电刨床、甩干机和车床等。

2. 搅拌机正反转

搅拌机正反转是由电机驱动轴承，轴承带到叶片来实现的。控制搅拌机的正反转，相当于控制电机的正反转。有些搅拌机只能单方向旋转，它们大部分是按顺时针方向旋转的。有些搅拌机是可以实现正反转的，这里主要讲可以实现正反转的搅拌机。

搅拌机分为单相搅拌机、三相搅拌机。单相搅拌机的正反转，可以使用倒顺开关或PLC控制(可以使用PLC和两个中间继电器)；三相搅拌机的正反转，可以通过使用两个接触器来调换三相中的任意两相来实现。因此，在用PLC控制搅拌机的正反转时，可以使用两个PLC的输出点来分别驱动正转和反转。

3. 互锁

电机的正反转由正转按钮和反转按钮来实现。按下正转按钮后，电机正转；按下反转按钮后，电机反转。那么同时按下正转按钮和反转按钮，会有什么现象？此时电机会既做正转也做反转吗？

首先可以肯定的是，电机不能同时进行正转与反转，每次只能进行其一，两者是逻辑相反的关系。再者，如果同时按下正转按钮和反转按钮，如果没有电路保护，将会发生短路现象。要避免发生短路，可以采用互锁。互锁是指在正反转控制电路中，为防止同时启动造成电路短路，而将一条控制线路中的继电器的常闭触点串联在另一条控制线路中，当这条控制线路接通时自动切断另一条控制线路，从而避免短路事故的发生。

图2.3-7为互锁示意图。当位元件“正转”=1时，“正转”常闭触点=0，此时由于“正转”常闭触点串联在“反转”线圈前面，能流不可能到达“反转”线圈，因此“反转”=0；当位元件“反转”=1时，“反转”常闭触点=0，此时能流不能到达“正转”线圈，“正转”=0。这样，“正转”与“反转”就不能同时为1。互锁可以保证正转线圈和反转线圈不会同时接通，能够有效防止电源短路故障的发生。

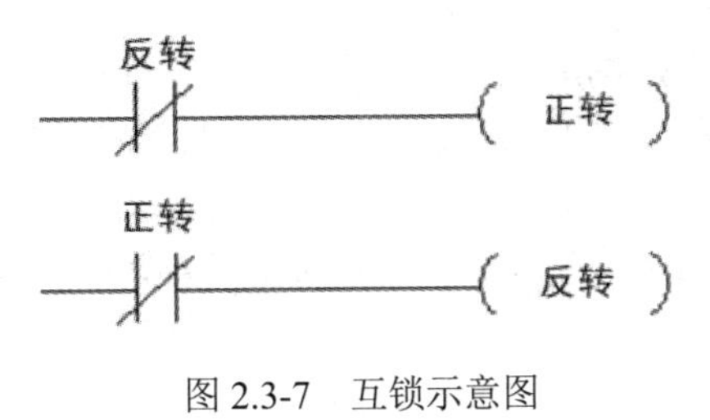

图2.3-7　互锁示意图

☞**提示**　两个输出点要实现互锁，可以在各自线圈前面串联对方的常闭触点，即进行输出点的互锁。

4. PLC控制搅拌机正反转的方式

1) “正—停—反”控制

“正—停—反”控制指在正转与反转的互相切换之前，需要先停止搅拌机(电机)，即“正转→停止→反转→停止→正转→……”。按下正转按钮，搅拌机(电机)正转；按下停止按钮，搅拌机(电机)停止；按下反转按钮，搅拌机(电机)反转。使用该控制方式时，一般在 PLC 编程中使用输出点的互锁。

2) “正—反—停”控制

“正—反—停”控制指正转与反转的互相切换可以直接进行而不需要经过停止，即“正转→反转→正转→……→停止”。最后的“停止”是指当最后正转和反转都不需要时，按下停止按钮，搅拌机(电机)停止。

如果工艺要求在正转的情况下能够直接切换到反转，就使用“正—反—停”控制。“正—反—停”控制为双重互锁，除了输出点的互锁，还有按钮互锁。

图 2.3-8 为双重互锁示意图，图中除了“正转”和“反转”这两个输出点的互锁，还有“正转按钮”和“反转按钮”这两个按钮的互锁，即将自己的常闭按钮与对方串联。当“正转按钮” = 1 时，“正转按钮”常闭触点 = 0。由于“正转按钮”常闭触点与“反转按钮”常开触点串联，因此即使“反转按钮” = 1，能流也不能到达“反转”线圈，搅拌机(电机)进行不了反转。这样就实现了正转与反转不能同时进行。

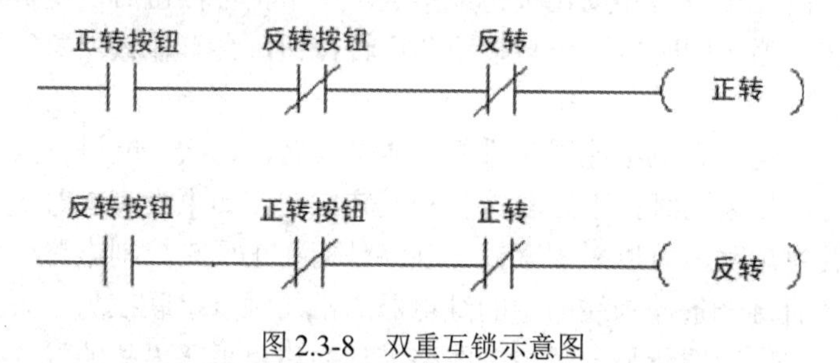

图 2.3-8　双重互锁示意图

另外，也可以不使用这种在线圈前串联常闭触点的互锁，而使用置位指令和复位指令进行编程。

【任务实施】

某公司的烟气脱硫处理工艺中，需要在浆液罐内对石灰石和水进行正反转搅拌，以制备脱硫剂：$Ca(OH)_2$(氢氧化钙)溶液。搅拌机的正反转由 PLC 进行控制。设计一个用 PLC 控制搅拌机(AC380 V)正转和反转的系统。系统中的 3 个按钮：SB1、SB2 和 SB3，分别用于搅拌机的正转启动、反转启动和停止。

下面分别用西门子 SR40 和三菱 FX_{3U}-48MR 这两种不同的 PLC 进行任务实施。

(一) 使用西门子 SR40 进行任务实施

1. 互锁

(1) 分析功能要求。以“正—停—反”控制的方式实现 PLC 控制搅拌机正反转，功能要求为：按下正转按钮 SB1，搅拌机进入正转运行状态；按下停止按钮 SB3，搅拌机停止；按下反转按钮 SB2，搅拌机进入反转运行状态。搅拌机的正转接触器 KM1 和反转接触器 KM2 分别由 PLC 的两个输出点来控制。

(2) 分配 PLC 的 I/O 点，如表 2.3-1 所列。

表 2.3-1　SR40 控制搅拌机正反转的 I/O 点分配

信号类型	电气元件	PLC 地址
输入信号	按钮 SB1(正转按钮)	I0.0
	按钮 SB2(反转按钮)	I0.1
	按钮 SB3(停止按钮)	I0.2
输出信号	搅拌机正转接触器 KM1(AC380 V)	Q0.0
	搅拌机反转接触器 KM2(AC380 V)	Q0.1

(3) 画出 PLC 控制电路图，如图 2.3-9 所示，然后进行控制电路接线。

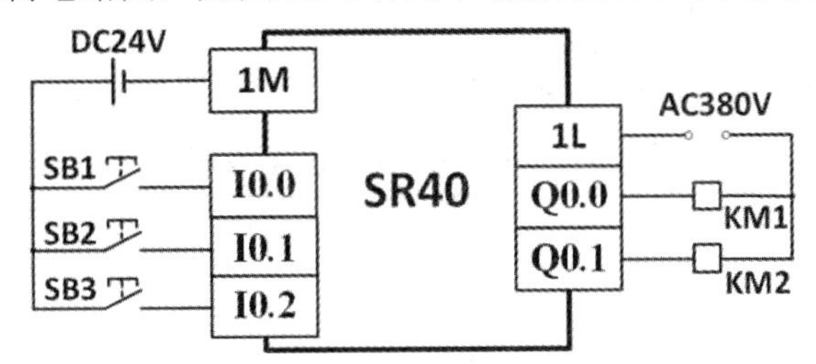

图 2.3-9　SR40 控制搅拌机正反转的控制电路图

(4) 编写 PLC 程序，如图 2.3-10 所示，然后进行调试。

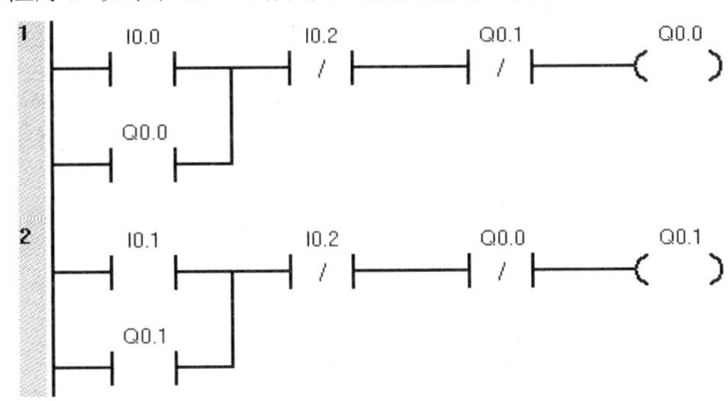

图 2.3-10　SR40 控制搅拌机正反转的 PLC 程序

2. 双重互锁

如果工艺上要求正转与反转能够直接切换而不经过停止(即采用“正—反—停”控制方式)，则需要使用双重互锁，即在输出点(Q 点)互锁的前提下，再加上按钮互锁，这种情况下的 PLC 程序如图 2.3-11 所示。双重互锁时的 PLC 控制电路图与互锁时的一样。

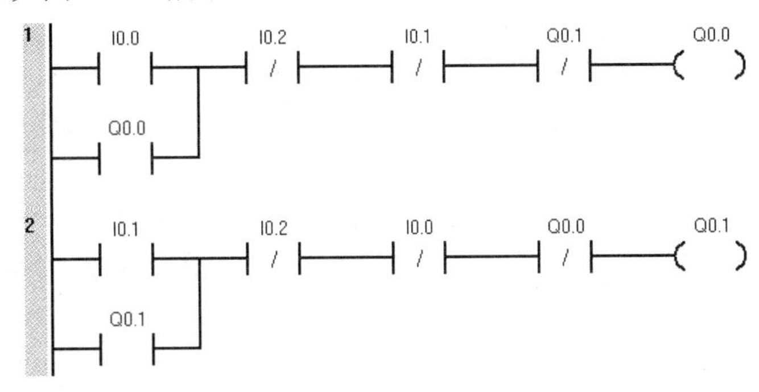

图 2.3-11　SR40 控制搅拌机正反转的 PLC 程序(双重互锁)

在程序中，添加了正转按钮的常闭触点和反转按钮的常闭触点。正转按钮的常闭触点与反转按钮串联、反转按钮的常闭触点与正转按钮串联。

(二) 使用三菱 FX_{3U}-48MR 进行任务实施

1. 互锁

(1) 分析功能要求。以“正—停—反”控制的方式实现 PLC 控制搅拌机正反转，功能要求为：按下正转按钮 SB1，搅拌机进入正转运行状态；按下停止按钮 SB3，搅拌机停止；按下反转按钮 SB2，搅拌机进入反转运行状态。搅拌机的正转接触器 KM1 和反转接触器 KM2 分别由 PLC 的两个 Y 点来控制。

(2) 分配 PLC 的 I/O 点，如表 2.3-2 所列。

表 2.3-2　FX_{3U}-48MR 控制搅拌机正反转的 I/O 点分配

信号类型	电气元件	PLC 地址
输入信号	按钮 SB1(正转按钮)	X0
	按钮 SB2(反转按钮)	X1
	按钮 SB3(停止按钮)	X2
输出信号	搅拌机正转接触器 KM1(AC380 V)	Y0
	搅拌机反转接触器 KM2(AC380 V)	Y1

(3) 画出 PLC 控制电路图，如图 2.3-12 所示，然后进行控制电路接线。

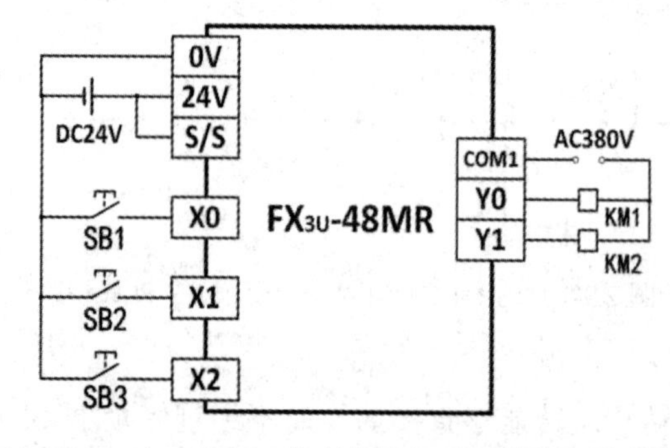

图 2.3-12　FX_{3U}-48MR 控制搅拌机正反转的控制电路图

(4) 编写 PLC 程序，如图 2.3-13 所示，然后进行调试。

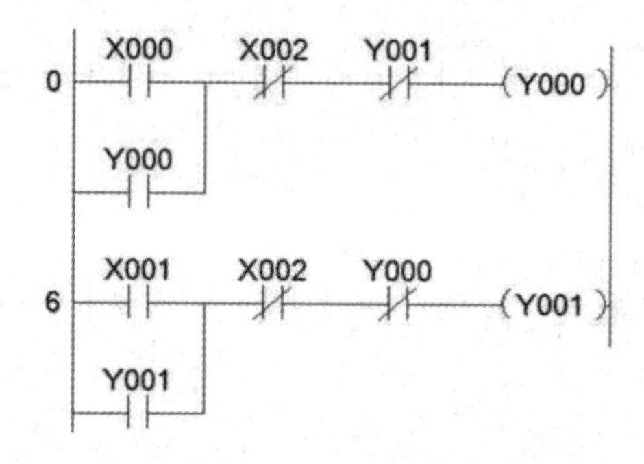

图 2.3-13　FX_{3U}-48MR 控制搅拌机正反转的 PLC 程序

2. 双重互锁

如果工艺上要求正转与反转能够直接切换而不经过停止，即要求采用“正—反—停”控制方式，则需要在 Y 点互锁的前提下，再加上按钮的互锁，构成双重互锁。此时的 PLC 程序如图 2.3-14 所示。

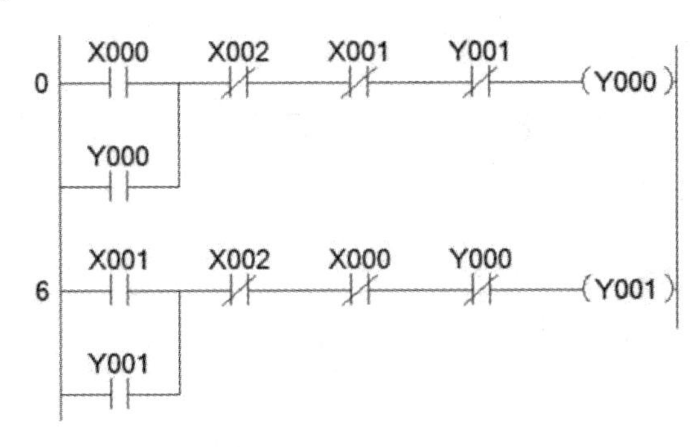

图 2.3-14　FX_{3U}-48MR 控制搅拌机正反转的 PLC 程序(双重互锁)

在程序中，添加了 1 个正转按钮的常闭触点和 1 个反转按钮的常闭触点。正转按钮的常闭触点与反转按钮串联、反转按钮的常闭触点与正转按钮串联。

双重互锁时的 PLC 控制电路图与 Y 点互锁时的相同。

【小结】

本任务主要介绍搅拌机的类型和特点，正反转、互锁的概念，以及用 PLC 来控制搅拌机正反转的方法与实践操作。

【理论习题】

一、单选题

1. 关于搅拌机的说法，下列选项中错误的是(　　)。

A. 螺带式搅拌器多用于搅拌高黏度液体

B. 有一些搅拌机不能做正反转双向旋转

C. 旋桨式搅拌器适于搅拌黏度较高的液体

D. 污水处理中使用的潜水搅拌机是一种除污搅拌机

2. 关于 PLC 控制搅拌机的过程，下列说法错误的是(　　)。

A. 互锁非自锁，自锁非互锁，互锁与自锁不是一个概念

B. 使用 PLC 控制搅拌机正反转运行，PLC 编程时必须使用互锁

C. 搅拌机的“正—停—反”控制指在搅拌机正转与反转切换前需先停下来

D. 使用 PLC 控制搅拌机正反转运行，PLC 编程时可以不用自锁

二、简答题

1. 你都在哪些工作场合见到过搅拌机的使用？请查找资料列举一下。

2. 在 PLC 控制搅拌机正反转的控制电路图中，在输出端接入了交流接触器的常闭触点，有什么作用？

3. 如果需要在输出端接两个指示灯，绿灯代表运行中，红灯代表停止，请设计电气接

线图并编写程序实现控制。

【技能训练题】

实现 PLC 控制搅拌机正反转。要求使用置位指令和复位指令来进行 PLC 编程(不使用“触点-线圈”的互锁)。

【实践训练题】实践：PLC 控制搅拌机正反转运行

一、实践目的

(1) 理解搅拌机正转和反转运行的工作原理；

(2) 能使用 PLC 来控制搅拌机正转和反转连续运行。

二、实践器材

按钮 3 个、交流搅拌机(AC380 V)1 台、PLC 1 台、绿色指示灯(DC24 V)1 个、黄色指示灯(DC24 V)1 个、红色指示灯(DC24 V)1 个、电脑 1 台、PLC 程序下载线 1 条、万用表 1 个、导线若干。

三、安全注意事项

穿戴必须符合电工实践操作要求；各种电工工具必须按规定操作，防止被工具或器材误伤和损坏工具；确保在断电状态下进行电路接线；接线前先检查电路，确保电路无故障后才能通电；接通电源后，手不能碰到系统中的任何金属部分和搅拌机的旋转轴、叶片。

四、实践内容与操作步骤

(1) 以 PLC 控制搅拌机(AC380 V)正转和反转连续运行的系统，实现以下功能要求：

① 按下按钮 SB1(正转按钮)，搅拌机正转运行，绿色指示灯(DC24 V)亮。

② 按下按钮 SB2(反转按钮)，搅拌机反转运行，黄色指示灯(DC24 V)亮。

③ 按下按钮 SB3(停止按钮)，搅拌机停止，红色指示灯(DC24 V)亮。

④ 搅拌机的正转与反转运行，可以通过按下按钮 SB1 和 SB2 直接进行切换，无需先停下搅拌机。要求正转按钮与反转按钮也要互锁。

(2) 分配 PLC 的 I/O 点。

(3) 画出控制电路图，进行 PLC 的电源、控制电路接线，并完成思考题 1。

(4) 进行 PLC 编程，下载 PLC 程序，进行联机调试，并完成思考题 2。

五、思考题

1. 画出 PLC 的电气接线图。

2. 编写 PLC 程序。

任务 2.4　PLC 控制风机延时启停

【任务导入】

风机是工程应用中常见的机电设备。图 2.4-1 为一台鼓风机的外形。环境工程应用中经常用到风机，如在水处理曝气系统中会用到用来曝气的环保风机。

图 2.4-1　一台鼓风机的外形

工程应用过程中，根据生产工艺，有时需要延时启动或停止风机，那么如何用 PLC 来实现风机的延时启停？

另外，工厂里常见一套环保设备或机电设备配备了多台电机，由于工艺任务的不同，每台电机的启动顺序和启动运行时间也可能不同，那么又如何利用 PLC 实现多台电机的顺序启停？

通过本任务的相关知识学习及实践操作训练，读者将能解决上述两个问题。

【学习目标】

◆ 知识目标

(1) 了解风机的分类和应用领域；
(2) 熟练掌握 PLC 的辅助继电器和定时器的使用；
(3) 熟悉 PLC 控制单台风机延时启停的方法；
(4) 熟悉 PLC 控制多台风机顺序启停的方法。

◆ 技能目标

(1) 学会 PLC 定时器的编程；
(2) 学会利用 PLC 控制单台风机延时启停和多台风机顺序启停。

【知识链接】

一、风机简介

风机是一种用于压缩和输送气体的机械，从能量观点来看，它是把原动机的机械能量转变为气体能量(压力)的一种机械装置。通常所说的风机包括通风机、鼓风机、风力发电机。

风机的工作原理与透平压缩机基本相同，只是由于气体流速较低，压力变化不大，一般不需要考虑气体比容的变化，即把气体作为不可压缩流体处理。

风机应用广泛，主要包括：工厂、矿井、隧道、冷却塔、车辆、船舶、建筑的通风、排尘和冷却；锅炉和工业炉窑的通风和引风；空气设备和家电的冷却和通风；谷物的烘干和选送；风洞风源，等等。

1. 风机的分类

1) 按原理分类

按原理(结构)分，风机分为透平式风机和容积式风机。透平式风机也称叶片式风机，它是通过旋转叶片压缩和输送气体的风机，包括离心式风机、轴流式风机、混流式风机、横流式风机。容积式风机用改变气体容积的方法压缩和输送气体，包括定容式风机和非定容式风机。其中定容式风机最常见的为罗茨风机；非定容式风机常见的有往复式风机、螺杆式风机和滑片式风机等。

2) 按气流运动方向分类

按气流运动方向分，风机分为离心式风机、轴流式风机、混流式风机和横流式风机。

离心式风机：气流轴向驶入风机叶轮后，在离心力作用下被压缩，主要沿径向流动。

轴流式风机：气流轴向驶入旋转叶片通道，由于叶片与气体相互作用，气体被压缩后近似在圆柱形表面上沿轴线方向流动。

混流式风机：气体从与主轴成某一角度的方向进入旋转叶道，近似沿锥面流动。

横流式风机：气体横贯旋转叶道流动。

离心式风机和轴流式风机的主要区别在于：

(1) 离心式风机改变风管内介质的流向，而轴流式风机不改变风管内介质的流向；

(2) 离心式风机的安装比较复杂；

(3) 离心式风机的电机与风机一般是通过轴连接的，而轴流式风机的电机一般在风机内；

(4) 离心式风机常安装在设备进、出口处。轴流式风机常安装在风管当中或风管出口前端。

3) 按排气压力分类

按排气压力分，风机分为风扇、通风机、鼓风机、压缩机。

风扇为在标准状态下，排气压力小于 98 Pa 的风机。由于这种风机没有机壳，因此又称自由风扇，常用于建筑的通风换气。

通风机为排气压力大于 98 Pa 且小于 14 710 Pa 的风机。通风机应用较为广泛，废气治理、通风、空调等大多采用此类风机。

鼓风机为排气压力大于 14 710 Pa 且小于 196 120 Pa 的风机，它靠汽缸内偏置的转子偏心运转，并通过转子槽中的叶片之间的容积变化将空气吸入、压缩、吐出。

排气压力大于 196 120 Pa 或气体压缩比大于 3.5 的风机称为压缩机，如常用的空气压缩机(即空压机)。压缩机是一种将低压气体提升为高压气体的设备。压缩机是制冷系统的心脏，它从吸气管吸入低温低压的制冷剂气体，通过电机旋转带动活塞对其进行压缩后，向排气管排出高温高压的制冷剂气体，为制冷循环提供动力。压缩机分为活塞压缩机、螺杆压缩机、离心压缩机、直线压缩机等。

☞**小知识** 制冷循环过程：压缩→冷凝(放热)→膨胀→蒸发(吸热)。

4) 按使用材质分类

按使用材质分，风机可以分为铁壳风机(普通风机)、玻璃钢风机、塑料风机、铝风机、不锈钢风机等。

5) 按安装位置或安装形式分类

按安装位置或安装形式分，风机可分为屋顶风机、边墙风机、管道风机等。

2. 风机的应用领域

风机广泛应用于各行各业。一般来说，离心式风机适用于小流量、高压力的场所，而轴流式风机则常用于大流量、低压力的情况，应根据不同情况选用不同类型的风机。

1) 锅炉用风机

锅炉用风机根据锅炉的规格可分为离心式或轴流式，按风机的作用可分为锅炉风机和锅炉引风机。锅炉风机向锅炉内输送空气，锅炉引风机把锅炉内的烟气抽走。

2) 通风换气用风机

通风换气用风机一般供工厂及各种建筑物通风换气及采暖通风用，要求压力不高，但噪声要低，可采用离心式风机或轴流式风机。

3) 工业炉用风机

工业炉用风机有化铁炉、锻工炉、冶金炉等，此种风机要求压力较高，一般为2940～14 700 N/m^2。因此种风机压力高、叶轮圆周速度大，故在设计时叶轮要有足够的强度。

4) 矿井用风机

矿井用风机有两种：一种是主风机(又称主扇)，用来向井下输送新鲜空气，其流量较大，采用轴流式风机较合适，也有用离心式风机的；另一种是局部风机(又称局扇)，用于矿井工作面的通风，其流量、压力均小，多采用防爆轴流式风机。

5) 煤粉风机

输送热电站锅炉燃烧系统的煤粉，多采用离心式风机。煤粉风机根据用途不同可分为两种：一种是储仓式煤粉风机，它是将储仓内的煤粉由其侧面吹到炉膛内，煤粉不直接通过风机，要求风机的排气压力高；另一种是直吹式煤粉风机，它直接把煤粉送给炉膛。因煤粉对叶轮及体壳的磨损严重，故应采用耐磨材料。

6) 环保风机

环保风机一般指用于污水处理、废气处理、除尘处理等环保方面的，且具备节能、低噪声、不产生二次环境污染特点的风机。

环保风机的主要产品有大型工业鼓风机、通风机、煤气鼓风机、焦炉鼓风机、多级高压离心鼓风机、单级高速离心鼓风机等，广泛应用于冶炼、火力发电、新型干法水泥、石油化工、污水处理、余热回收、煤气回收及核电等领域。环保风机也可分为离心式风机(单级和多级)、罗茨风机、回转式风机、滑片式风机、水环式风机等。

在污水处理设备中，鼓风机常以曝气风机的关键身份出现在曝气系统中，它是不可或缺的。尤其是在活性污泥法、生物接触氧化法等好氧生物处理工艺中，选择合适风量和压力的曝气鼓风机，向污水中持续通入空气，使池内污水、活性污泥与空气充分接触，同时防止池内悬浮体下沉，加强池内有机物及微生物与溶解氧的接触，对污水中有机物进行氧化分解，从而达到污水处理的目的。鼓风机的能耗有时能占污水厂总能耗的50%以上。

在废气处理系统中，风机是收集废气不可缺少的动力配置。除尘风机用于收集、吸取在生产、操作、运输过程中产生的废弃介质颗粒物、粉尘等。车间除尘风机是用于改善车间空气，提高空气对流的设备。

此外，风机在电厂脱硫系统中可起到氧化作用，在电厂除灰系统中可输送气力等。

3. 风机的传动方式

风机的传动方式主要有3种：电动机直联传动(A型)、皮带传动(B、C、E型)、联轴器传动(D、F型)。

电动机直联传动一般适用于风量、风压较小的风机，可选转速少，此时风机性能可靠，传递功率大。采用皮带传动的风机，可选转速范围大，安装位置较灵活，但带传动需要张紧力，因此要经常维护。采用联轴器传动的风机，传动效率高，安全可靠，对安装、检修要求高，但可能存在密封性差和转子不平衡问题。目前，风机多采用联轴器传动。

二、PLC的辅助继电器

辅助继电器又称为辅助存储器，用字母M表示，它是一种用于辅助运算、状态暂存的软元件，在编程时每个辅助继电器的常开与常闭触点的使用次数不限。

☞小知识　辅助继电器(M)与输出继电器(Q或Y)的相同点在于它们的常开/常闭触点使用次数不限、不能双线圈输出；不同点在于辅助继电器(M)不能直接驱动外部负载，只供内部编程使用，而输出继电器(Q或Y)可直接驱动外部负载。

(一) 西门子S7-200 SMART系列PLC的辅助继电器

1. 辅助继电器的地址

西门子S7-200 SMART系列PLC的辅助继电器的地址格式为：M＋字节地址.位地址，例如字节M0的8个位为M0.0、M0.1、M0.2、…、M0.7，字节M1的8个位为M1.0、M1.1、M1.2、…、M1.7，…。字节地址数字为十进制，而位地址数字为八进制。

S7-200 SMART系列PLC的辅助继电器为32字节，即M0.0～M31.7。以M0.0为例，辅助继电器的触点和线圈如图2.4-2所示。

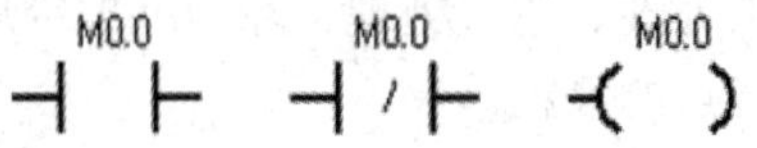

M0.0　　M0.0　　M0.0

─┤ ├─　─┤/├─　─( )

图2.4-2　S7-200 SMART系列PLC的辅助继电器(以M0.0为例)的触点和线圈

PLC的Q点用于直接驱动外部负载，一般数量不多，并且由于增加Q点还要增加硬件成本，因此Q点比较“宝贵”。而M点不能驱动外部负载，且一般M点的数量比Q点的数量多得多，因此辅助继电器(M)除了可以用于辅助存储的状态位，还常被用于辅助自锁，如图2.4-3所示。

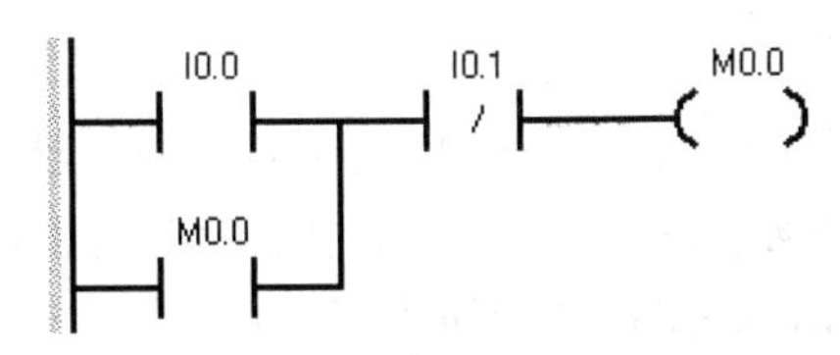

图 2.4-3　S7-200 SMART 系列 PLC 的辅助继电器(以 M0.0 为例)用于辅助自锁的例子

2. 特殊辅助继电器

特殊辅助继电器是一种特殊的辅助继电器，用字母 SM 表示。它提供了在 CPU 和用户程序之间传递信息的一种方法。可以使用某些位，例如第一个扫描周期接通的位、以固定速率切换的位、显示运算指令状态的位等来选择和控制 CPU 的某些特殊功能。

在 PLC 程序中，可以按位、字节、字或双字的方式来访问 PLC 特殊继电器(特殊功能辅助继电器)的绝对寻址，格式为：标识符 SM + 字节地址.位地址。

最常用的 SM 位为 SM0.0 和 SM0.1。SM0.0 为始终接通(一直为 ON)，即 PLC 在运行(RUN)状态时，SM0.0 恒为 ON。SM0.1 仅在首次扫描周期接通，即该位在第一个扫描周期接通，然后从第二个扫描周期开始就断开。SM0.1 的一个用途是“初始化”，PLC 上电之后，对某些位地址或字地址进行赋值，或将要赋初值的某些位地址或字地址放在 SM0.1 调用的初始化子例程(子程序)里。

(二) 三菱 FX_{3U} 系列 PLC 的辅助继电器

1. 辅助继电器

FX_{3U} 系列 PLC 的辅助继电器如表 2.4-1 所示，其编号以十进制数分配。辅助继电器(以 M0 为例)的线圈和触点如图 2.4-4 所示。

表 2.4-1　FX_{3U} 系列 PLC 的辅助继电器

一般用	停电保持用 (电池保持，可由参数改为非保持)	停电保持用 (电池保持)	特殊用 (特殊辅助继电器)
M0～M499	M500～M1023	M1024～M7679	M8000～M8511

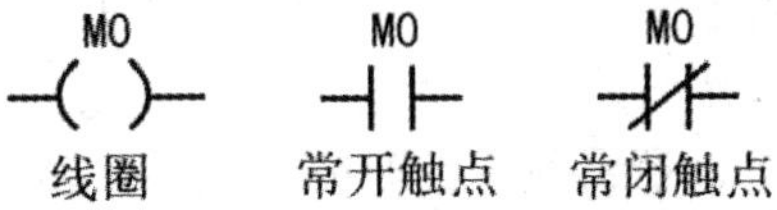

M0　M0　M0

线圈　常开触点　常闭触点

图 2.4-4　FX_{3U} 系列 PLC 的辅助继电器(以 M0 为例)的线圈和触点

PLC 的 Y 点用于连接外部负载，一般是“量少而贵”的，增加 Y 点需要增加硬件成本。而辅助继电器不能驱动外部负载且数量较多，因此辅助继电器除了常用于辅助存储状态位，还可用于辅助自锁。辅助继电器(以 M0 为例)用于辅助自锁的例子如图 2.4-5 所示。

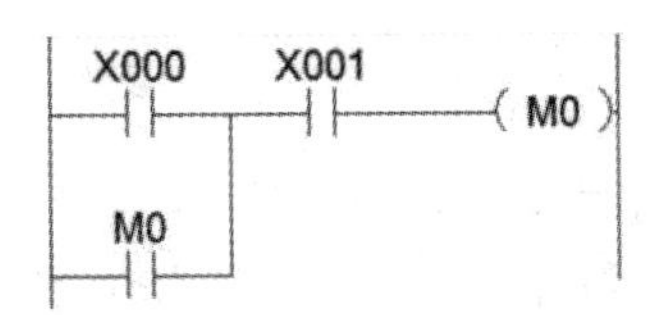

图 2.4-5　FX_{3U} 系列 PLC 的辅助继电器(以 M0 为例)用于辅助自锁的例子

2. 特殊辅助继电器

编号M8000之后的辅助继电器为特殊辅助继电器，具有特定的功能，主要分为触点利用型和线圈驱动型两大类。FX_{3U}系列PLC常用的特殊辅助继电器如表2.4-2所列。其中，M8000、M8001、M8002、M8003的时序图如图2.4-6所示。

表2.4-2　FX_{3U}系列PLC常用的特殊辅助继电器

特殊辅助继电器	类　型	说　明	参　数
M8000	触点利用型	监视继电器(ON)	PLC运行时，一直为ON
M8001	触点利用型	监视继电器(OFF)	PLC运行时，一直为OFF
M8002	触点利用型	初始脉冲继电器(ON)	第一个扫描周期时为ON
M8003	触点利用型	初始脉冲继电器(OFF)	第一个扫描周期时为OFF
M8011	触点利用型	内部时钟脉冲(10 ms)	10 ms
M8012	触点利用型	内部时钟脉冲(100 ms)	100 ms
M8013	触点利用型	内部时钟脉冲(1 s)	1 s
M8014	触点利用型	内部时钟脉冲(1 min)	1 min
M8033	线圈驱动型	停止时保持输出继电器	
M8034	线圈驱动型	全部输出禁止继电器	

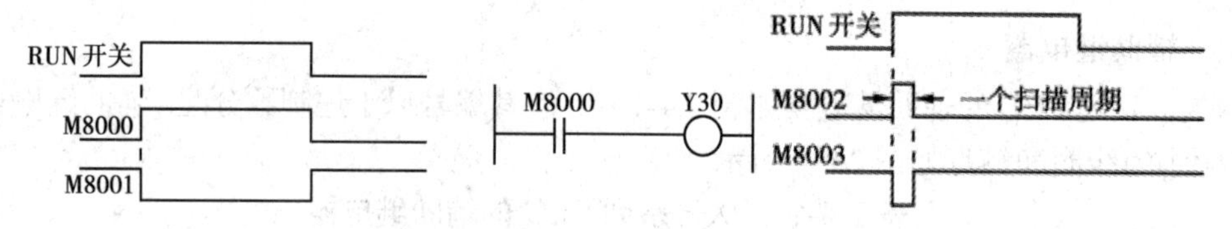

图2.4-6　M8000、M8001、M8002、M8003的时序图

三、定时器及其基本电路

在PLC编程过程中，经常会用到进行时间控制的情形，如延时处理、定时处理、流程时序控制等。此时就需要用到定时器。

PLC中的定时器相当于继电器系统中的时间继电器，用于定时、计时。它是一种软元件，有一个设定值寄存器(1个字长)、一个当前值寄存器(1个字长)和一个用来储存其输出触点状态的映像寄存器位(1个位)，这三个存储单元使用同一个元件号。因此，可以说，定时器既是字元件，也是位元件。

(一) 西门子S7-200 SMART系列PLC的定时器

1. 定时器基本概念

S7-200 SMART系列PLC提供了256个定时器：T0～T255。

定时器的绝对寻址为：标识符T＋字节地址，其中字节地址以十进制数字分配，例如T37、T38、T39。定时器(以T37为例)的线圈和触点如图2.4-7所示。

图 2.4-7 S7-200 SMART 系列 PLC 定时器(以 T37 为例)的线圈和触点

定时器提供了 3 种时钟脉冲(也称为分辨率)，分别为 1 ms、10 ms 和 100 ms。PLC 的定时器是根据时钟脉冲进行累积计时的，即定时器的工作过程实际上是对时钟脉冲的计数，当前值的每个单位均为时钟脉冲的倍数。例如，使用 10 ms 定时器时，计数 50 表示经过的时间为 500 ms。

S7-200 SMART 系列 PLC 有以下 3 种类型的定时器：

(1) 接通延时定时器(TON)：用于定时单个时间间隔。

(2) 有记忆的接通延时定时器(TONR)：用于累积多个定时时间间隔的时间值。

(3) 断开延时定时器(TOF)：用于在 OFF(或 FALSE)条件之后延长一定时间间隔，例如冷却电机的延时。

上述 3 种定时器的参数如表 2.4-3 所列。

表 2.4-3 S7-200 SMART 系列 PLC 的 3 种定时器的参数

定时器类型	分辨率	最大定时值	定时器值
TON，TOF (不保持)	1 ms	32.767 s	T32，T96
	10 ms	327.67 s	T33～T36，T97～T100
	100 ms	3276.7 s	T37～T63，T101～T255
TONR (可保持)	1 ms	32.767 s	T0，T64
	10 ms	327.67 s	T1～T4，T65～T68
	100 ms	3276.7 s	T5～T31，T69～T95

☞**提示** 使用较多的定时器为 T37～T63。可保持的定时器只有 TONR，没有 TOFR。

☞**注意** 在同一程序中，相同编号定时器的线圈不要在程序中不同位置重复使用，例如 T37 的线圈不要出现在程序不同位置；但相同编号定时器的触点(常开或常闭触点)可以在程序中不同位置重复多次使用。在一个程序里，同一个定时器编号不能同时用于 TON 和 TOF 定时器，例如不能同时使用 TON T37 和 TOF T37。

2. 定时器动作过程

当定时器的当前值达到与设定值相等时，定时器的触点动作，即定时器的常开触点接通(为 1)，定时器的常闭触点断开(为 0)。

定时器 TON 和 TOF 的动作分别如表 2.4-4、表 2.4-5 所列。

表 2.4-4 定时器 TON 的动作

定时器	线圈通电(得电)时	当前值≥预设值时	线圈断电(失电)时
TON	在断开(0)→接通(1)转换之后，定时器开始定时	定时器位接通，当前值继续定时到 32 767	定时器的触点断开，定时器复位(定时也复位)

表 2.4-5　定时器 TOF 的动作

定时器	线圈通电(得电)时	线圈断电(失电)时	当前值≥预设值时
TOF	定时器位马上接通	在接通(1)→断开(0)转换后，定时器开始定时	定时器的触点断开，停止定时

☞注意　(1) 定时器 TON 和 TOF 都不具备断电保持功能，当输入电路断开(即无能流输入、使能断开)或停电时，定时器会复位。因此，如果需要定时器通电后一直保持在计时状态，那么必须保证定时器线圈前面的能流一直都有输入。

(2) 定时器 TON 和 TOF 可通过定时器的使能输入和复位指令(R)两种方法复位。定时器复位时，定时器位＝0，定时器当前值＝0。复位后，定时器 TOF 在使能输入从接通转换为断开时才会重新启动断开延时定时器。定时器 TONR 只能用复位指令(R)复位。

3. 定时器编程例子

例 2.4-1　在系统 1 中，按下按钮(一直不放开)，1 s 之后灯亮。在系统 2 中，按下按钮后再松开，1 s 之后灯亮。请分别编写系统 1 和系统 2 的 PLC 程序。

答　系统 1 和系统 2 的 PLC 程序分别如图 2.4-8(a)和图 2.4-8(b)所示。

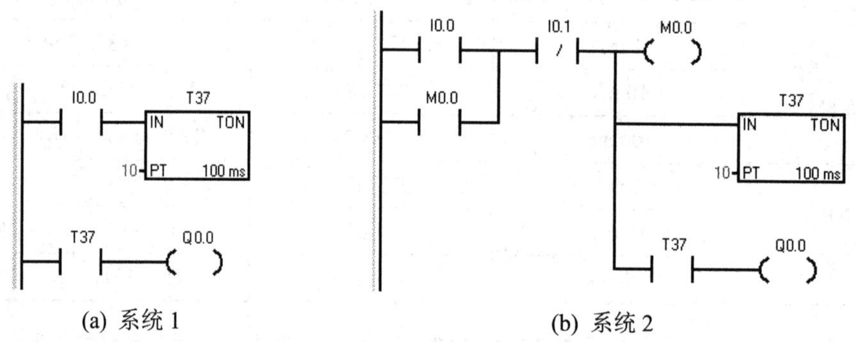

(a) 系统 1　　(b) 系统 2

图 2.4-8　例 2.4-1 的 PLC 程序

4. 定时器基本电路

在进行 PLC 的定时器编程时，可以使用定时器基本电路，也可以使用置位指令和复位指令，还可以使用顺序流程控制的方式。定时器基本电路有延时接通电路、延时断开电路、振荡电路、脉冲发生器电路，它们的 PLC 程序分别如图 2.4-9 至图 2.4-12 所示。

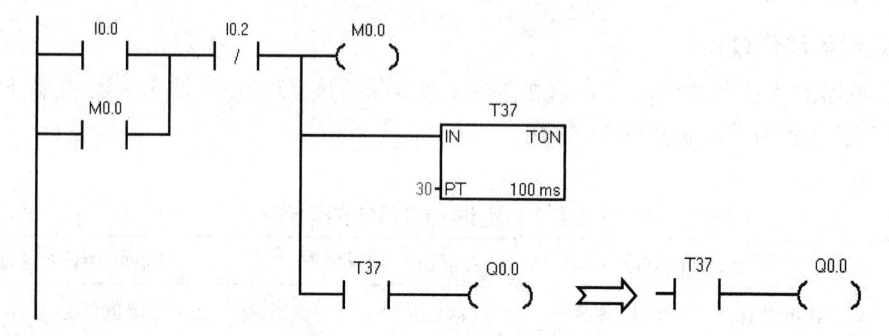

图 2.4-9　S7-200 SMART 系列 PLC 定时器延时接通电路的 PLC 程序

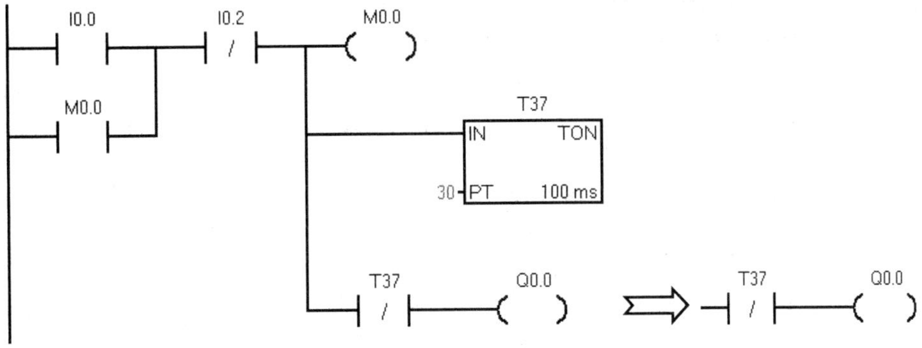

图 2.4-10 S7-200 SMART 系列 PLC 定时器延时断开电路的 PLC 程序

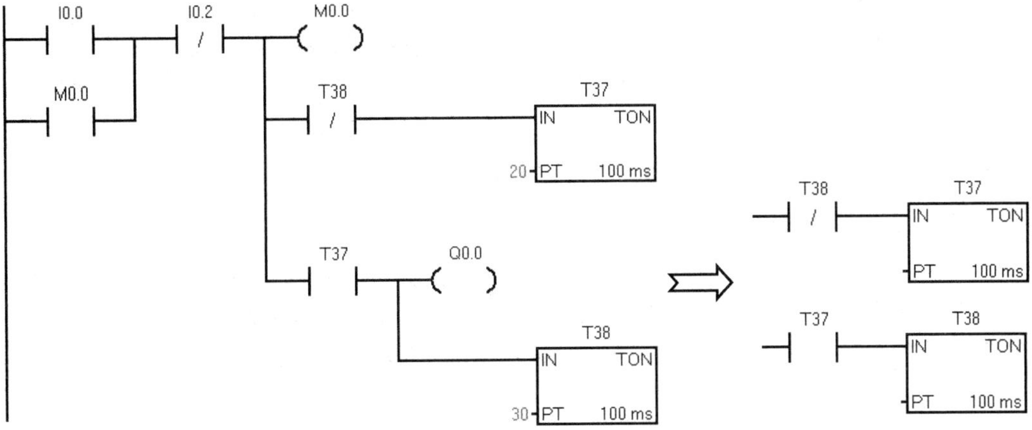

图 2.4-11 S7-200 SMART 系列 PLC 定时器振荡电路的 PLC 程序

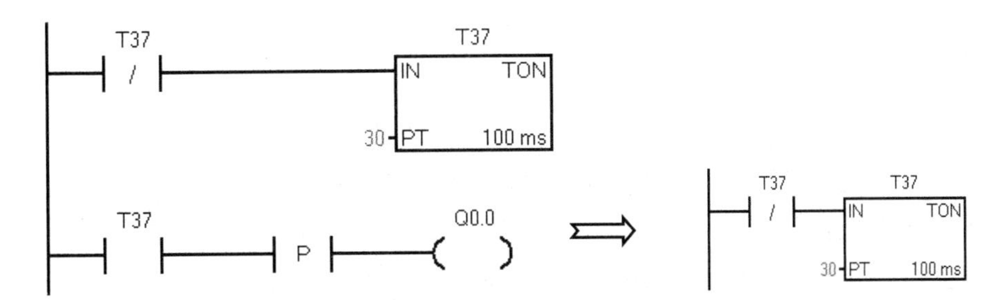

图 2.4-12 S7-200 SMART 系列 PLC 定时器脉冲发生器电路的 PLC 程序

(二) 三菱 FX_{3U} 系列 PLC 的定时器

1. 定时器及其工作过程

定时器的编号方法为：T + 编号，例如 T0、T1、T2、…，编号以十进制数分配。

定时器(T)分为普通型、保持型两种，其作用相当于继电器控制系统中的时间继电器，主要用于定时控制，有无数对常开和常闭触点。

(1) 普通型定时器 T0～T245(非积算型)：

① 100 ms(T0～T199，200 点)，定时范围为 0.1～3276.7 s。

② 10 ms(T200～T245，46 点)，定时范围为 0.01～327.67 s。

普通型定时器的工作过程如图 2.4-13 所示。

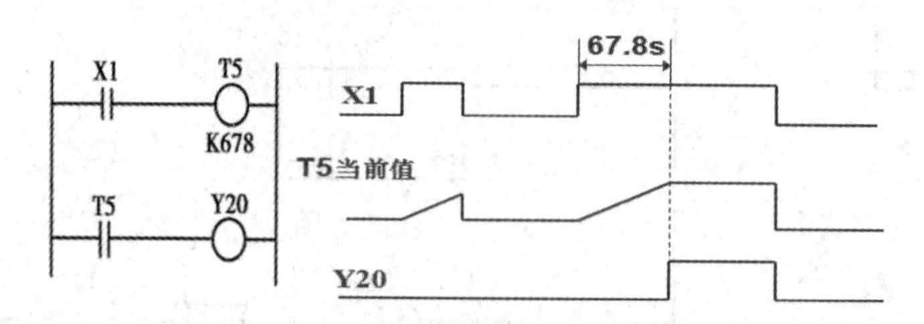

图 2.4-13　普通型定时器的工作过程

当定时器的当前值达到与设定值相等时，定时器的触点动作(常开触点接通，常闭触点断开)。普通型定时器不具备断电保持功能，即当输入电路断开或停电时定时器会复位。因此，如要定时器通电后一直保持计时，就必须保证定时器前面的能流不断开。

(2) 保持型定时器 T246～T255(积算型)：

① 1 ms(T246～T249，4 点)，定时范围为 0.001～32.767 s。

② 100 ms(T250～T255，6 点)，定时范围为 0.001～32.767 s。

2. 定时器编程例子

例 2.4-2　在设备 1 中，按下按钮(一直不放开)，1 s 之后灯亮。在设备 2 中，按下按钮后再松开(按下后就松开)，1 s 之后灯亮。请分别编写设备 1 和设备 2 的 PLC 程序。

答　设备 1 和设备 2 的 PLC 程序分别如图 2.4-14(a)和图 2.4-14(b)所示。

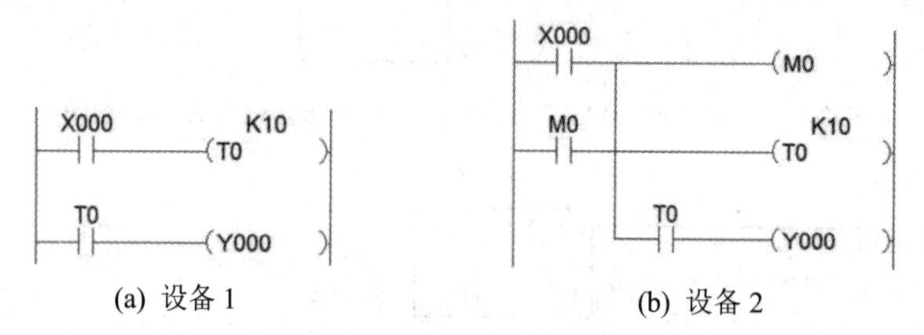

(a) 设备 1　　(b) 设备 2

图 2.4-14　例 2.4-2 的 PLC 程序

3. 定时器基本电路

定时器基本电路主要有延时接通电路、延时断开电路、振荡电路、脉冲发生器电路。这些基本电路的 PLC 程序分别如图 2.4-15 至图 2.4-18 所示。利用好定时器基本电路，能解决较多定时器编程问题。

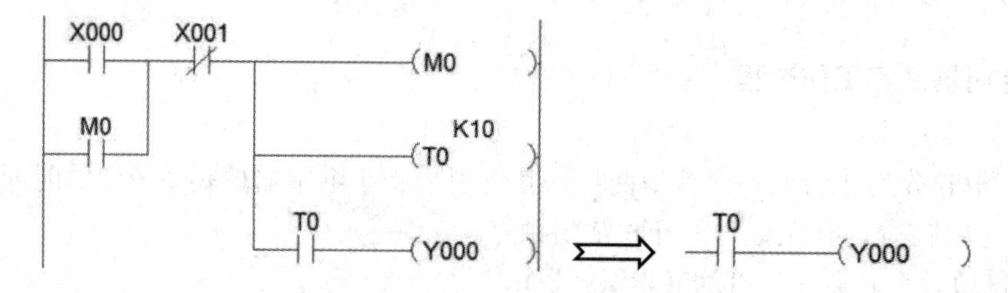

图 2.4-15　FX_{3U} 系列 PLC 定时器延时接通电路的 PLC 程序

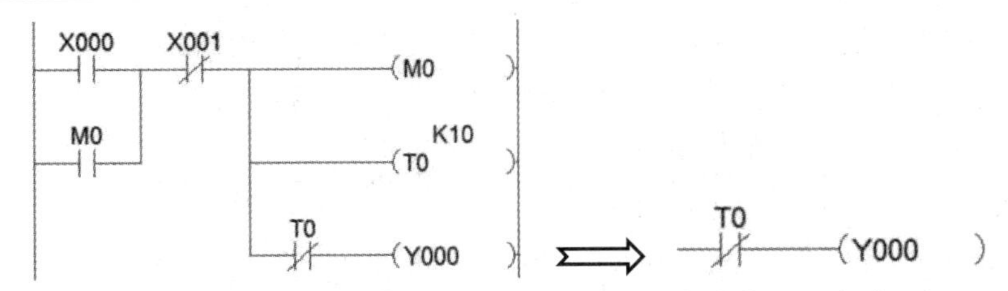

图 2.4-16 FX_{3U} 系列 PLC 定时器延时断开电路的 PLC 程序

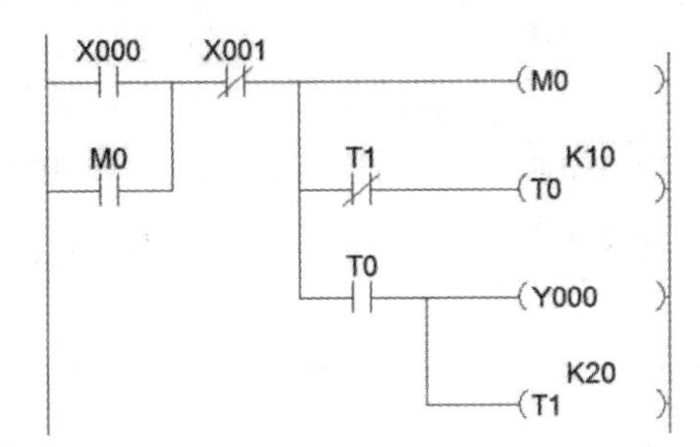

图 2.4-17 FX_{3U} 系列 PLC 定时器振荡电路的 PLC 程序

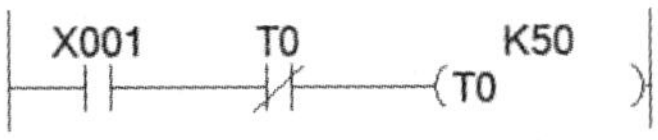

图 2.4-18 FX_{3U} 系列 PLC 定时器脉冲发生器电路的 PLC 程序

定时器基本电路本质上属于一种定时器的“线圈-触点-线圈”控制方法。PLC 定时器编程的常用方法，除了使用定时器基本电路，还可以使用置位指令和复位指令，也可以使用顺序流程控制，实际编程时根据需要来选用。这些方法可以单独使用，也可以混合搭配使用。

【任务实施 1】

设计一个用 PLC 控制单台风机(AC380 V)延时启动与停止的系统。系统的动作功能要求为：按下启动按钮 SB1，3 s 之后风机启动并连续运行；按下停止按钮 SB2，2 s 之后风机停止；按下急停按钮 SB3，任何时候风机都要马上停止。风机运行时，绿色指示灯 HL1 亮；风机停止时，红色指示灯 HL2 亮。试使用定时器基本电路来设计该系统的 PLC 程序。

(一) 使用西门子 SR40 进行任务实施

(1) 分配 PLC 的 I/O 点，如表 2.4-6 所列。

表 2.4-6 SR40 控制单台风机延时启停的 I/O 点分配

信号类型	元 件	PLC 地址
输入信号	启动按钮 SB1	I0.0
	停止按钮 SB2	I0.1
	急停按钮 SB3	I0.2
输出信号	风机 KM(AC380 V)	Q0.0
	绿色指示灯 HL1(DC24 V)	Q0.4
	红色指示灯 HL2(DC24 V)	Q0.5

(2) 画出控制电路图，如图 2.4-19 所示，并进行控制电路接线。

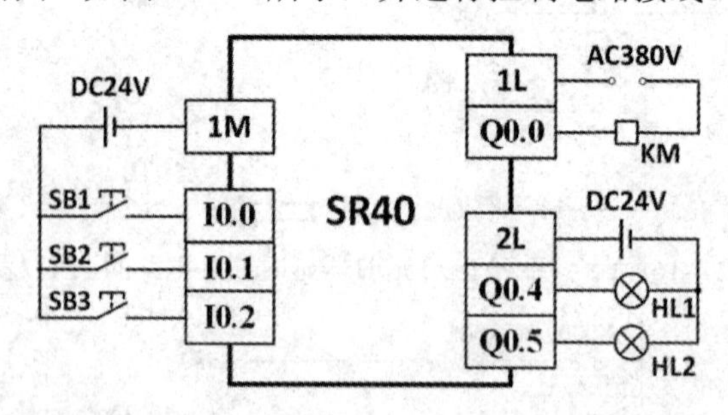

图 2.4-19　SR40 控制单台风机延时启停的控制电路图

(3) 编写 PLC 程序，如图 2.4-20 所示，然后进行调试。

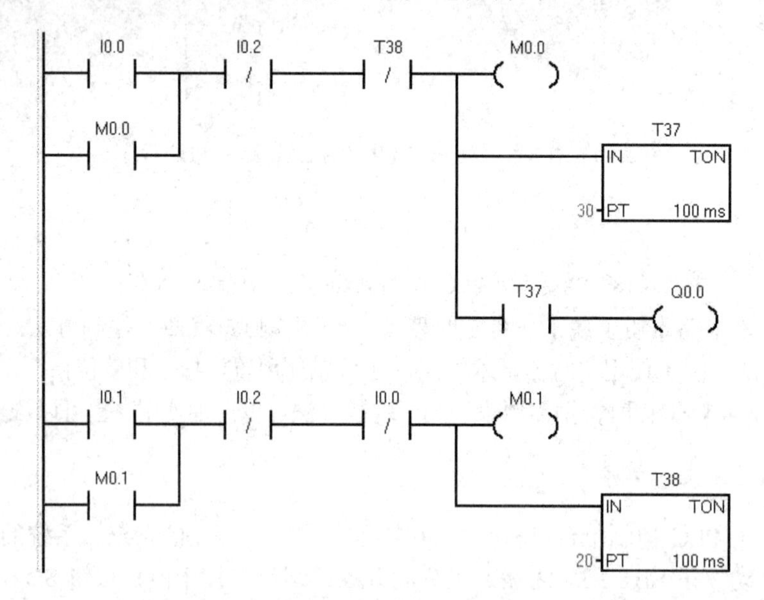

图 2.4-20　SR40 控制单台风机延时启停的 PLC 程序

(二) 使用三菱 FX_{3U}-48MR 进行任务实施

(1) 分配 PLC 的 I/O 点，如表 2.4-7 所列。

表 2.4-7　FX_{3U}-48MR 控制单台风机延时启停的 I/O 点分配

信号类型	元　件	PLC 地址
输入信号	启动按钮 SB1	X0
	停止按钮 SB2	X1
	急停按钮 SB3	X2
输出信号	风机 KM(AC380V)	Y0
	绿色指示灯 HL1(DC24V)	Y4
	红色指示灯 HL2(DC24V)	Y5

(2) 画出控制电路图，如图 2.4-21 所示，并进行控制电路接线。

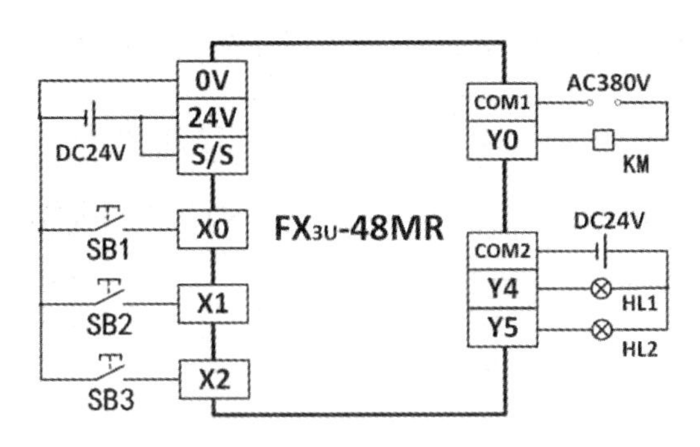

图 2.4-21　FX_{3U}-48MR 控制单台风机延时启停的控制电路图

(3) 利用 PLC 定时器的延时接通电路和延时断开电路，编写 PLC 程序如图 2.4-22 所示。

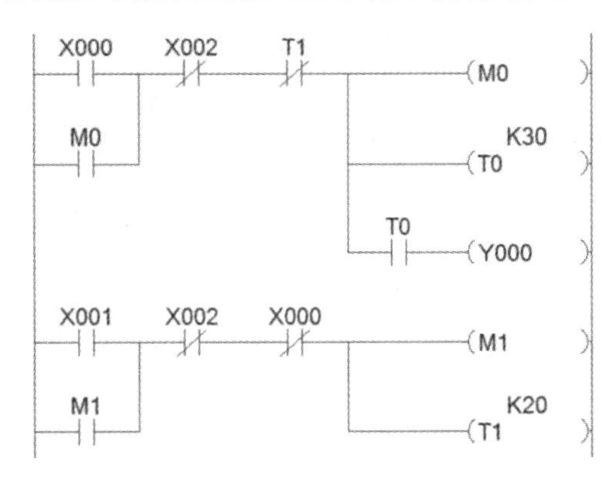

图 2.4-22　FX_{3U}-48MR 控制单台风机延时启停的 PLC 程序

【任务实施 2】

设计一个用 PLC 控制 3 台风机(AC380 V)顺序启动与停止的系统。系统的动作功能要求为：按下启动按钮 SB1 后，风机 1 先启动；延时 5 s 后，风机 2 再启动；再延时 10 s 后，风机 3 才启动；按下停止按钮 SB2，所有风机都马上停止。

(一) 使用西门子 SR40 进行任务实施

(1) 分析功能要求。由于按下按钮 SB1 后，3 台风机按顺序依次启动并连续运行，因此可以多次使用定时器的延时接通电路来实现编程。

(2) 分配 PLC 的 I/O 点，如表 2.4-8 所列。

表 2.4-8　SR40 控制多台风机顺序启停的 I/O 点分配

信号类型	元　件	PLC 地址
输入信号	启动按钮 SB1	I0.0
	停止按钮 SB2	I0.1
输出信号	风机 KM1(AC380 V)	Q0.0
	风机 KM2(AC380 V)	Q0.1
	风机 KM3(AC380 V)	Q0.2

(3) 画出控制电路图，如图 2.4-23 所示，并进行控制电路接线。

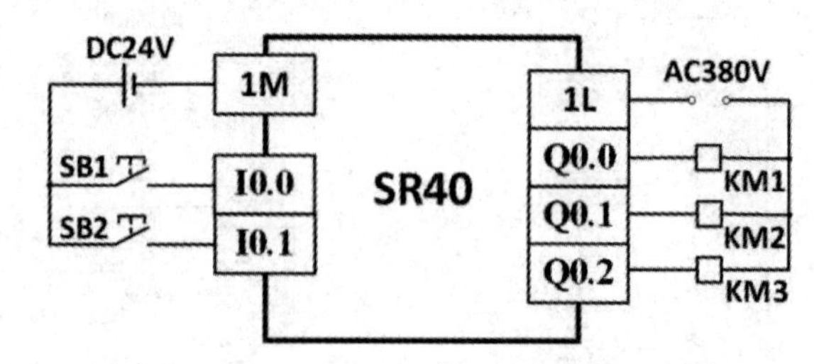

图 2.4-23　SR40 控制多台风机顺序启停的控制电路图

(4) 编写 PLC 程序，如图 2.4-24 所示，然后进行调试。

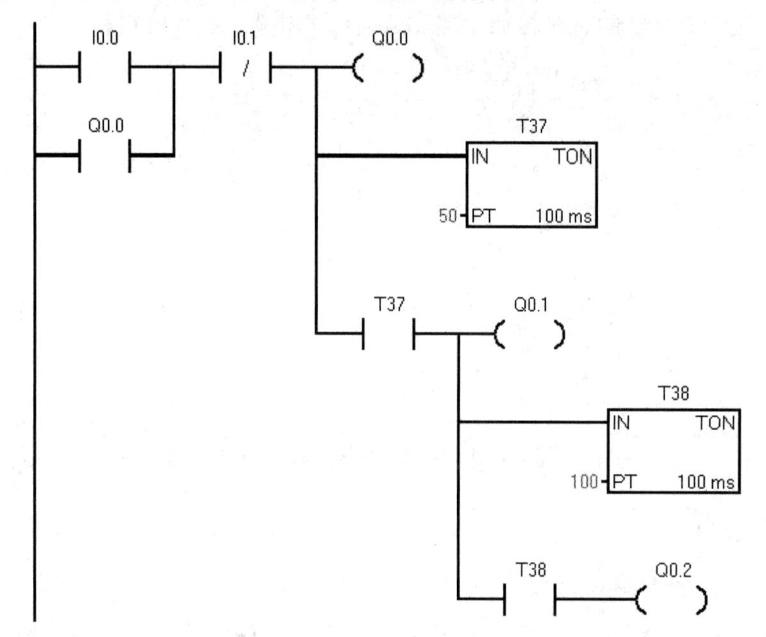

图 2.4-24　SR40 控制多台风机顺序启停的 PLC 程序

(二) 使用三菱 FX_{3U}-48MR 进行任务实施

(1) 分析功能要求。由于按下按钮 SB1 后，3 台风机按顺序依次启动并连续运行，因此可以多次使用定时器的延时接通电路来实现编程。

(2) 分配 PLC 的 I/O 点，如表 2.4-9 所列。

表 2.4-9　FX_{3U}-48MR 控制多台风机顺序启停的 I/O 点分配

信号类型	元　件	PLC 地址
输入信号	启动按钮 SB1	X0
	停止按钮 SB2	X1
输出信号	风机 KM1(AC380 V)	Y0
	风机 KM2(AC380 V)	Y1
	风机 KM3(AC380 V)	Y2

(3) 画出控制电路图，如图 2.4-25 所示，并进行控制电路接线。

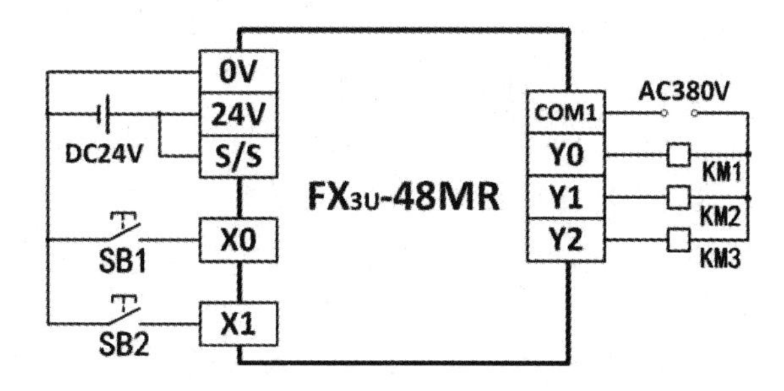

图 2.4-25　FX_{3U}-48MR 控制多台风机顺序启停的控制电路图

(4) 编写 PLC 程序，如图 2.4-26 所示，然后进行调试。

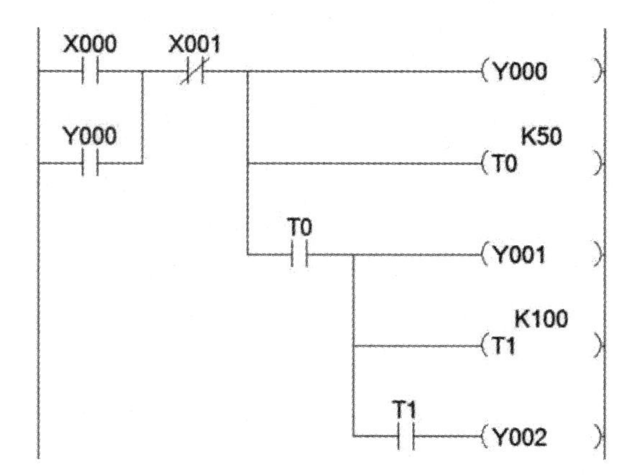

图 2.4-26　FX_{3U}-48MR 控制多台风机顺序启停的 PLC 程序

【小结】

本任务首先介绍风机的分类与特点，以及 PLC 的辅助继电器和定时器，然后介绍 PLC 控制单台风机延时启停和 PLC 控制多台风机顺序启停的方法。

【理论习题】

一、判断题(对的打“√”，错的打“×”)

1. 离心式风机属于透平式风机。(　　)
2. 罗茨风机属于容积式风机。(　　)
3. 罗茨风机属于定容式风机。(　　)
4. 三菱 FX_{3U} 系列 PLC 的辅助继电器 M8 是不存在的。(　　)
5. 定时器(T)是一种软元件，它的取值只有 0 和 1。(　　)
6. 三菱 PCL 的定时器 T255 为积算型定时器，断电后能保持当前计时值。(　　)
7. 污水处理过程中，曝气风机一般使用通风式风机。(　　)
8. PLC 的辅助继电器数量一般比输出继电器的数量少得多。(　　)
9. PLC 的辅助继电器数量一般比输入继电器的数量多得多。(　　)
10. 西门子 CPU SR40 的辅助继电器 M0.9 是不存在的。(　　)

二、单选题

1. 下列选项中错误的是(　　)。

A. 定时器(T)的线圈是字元件，触点是位元件

B. 辅助继电器与输出继电器的本质区别在于前者不能驱动负载，后者能

C. 当延时接通定时器的当前值达到与设定值相等时，定时器的常开触点为 1

D. 当延时接通定时器的当前值达到与设定值相等时，定时器的常闭触点为 0

2. 下列关于风机的说法中错误的是(　　)。

A. 离心式风机改变了风管内介质的流向，而轴流式风机不改变风管内介质的流向

B. PLC 能控制水泵点动和连续运行，也能控制风机点动和连续运行

C. 空压机属于一种风机，其工作压力比较大

D. 必须使用 2 个定时器才能实现 PLC 控制指示灯亮 1 s、断 1 s 的循环切换

三、简答题

1. 如果在本任务中，要求按下按钮后，延时 1 h 再启动风机，该如何设计呢？

2. 已知某 PLC 控制风机的系统要求：在按下按钮后立即启动风机，运行 3 min 后停止 3 min 再继续运行 3 min，如此循环；当按下停止按钮时，立即停止。请设计该系统。

3. 请简述西门子 S7-200 SMART 系列 PLC 的 SM0.0 和 SM0.1。

4. 谈谈三菱 FX_{3U} 的特殊辅助继电器 M8000 和 M8001 的功能与应用。

【技能训练题】

1. 人们经常看到舞台灯光闪烁跳动，十分美丽，你会用 PLC 定时器设计一套闪烁 1 s 的小闪烁灯吗？

2. 有三台电动机 M1、M2、M3，要求按下启动按钮后 M1 启动，延时 5 s 后 M2 启动，再延时 10 s 后 M3 启动。如果按下停止按钮，则所有电动机都停止。请设计该系统。

3. 某大型表演舞台上有红、蓝、绿三种颜色的 LED 帕光灯，要求：按下启动按钮后，红灯亮；经 5 s 后，红灯灭，蓝灯亮；经 5 s 后，蓝灯灭，绿灯亮；再经 5 s 后，绿灯灭，红灯亮；如此顺序循环。试编程实现。

4. 水泵的顺序启动、逆序停止设计。有 3 台水泵 M1、M2、M3，要求：按下启动按钮后，M1 启动，5 s 后 M2 启动，再 10 s 后 M3 启动；全部水泵运行后，如果按下停止按钮，M3 停止，7 s 后 M2 停止，再 12 s 后 M1 停止；任何时候，按下急停按钮，全部水泵都停止。请编写 PLC 程序。

【实践训练题】实践 1：PLC 控制单台风机延时启停

一、实践目的

(1) 学会使用 PLC 定时器进行延时接通和延时断开；

(2) 能使用 PLC 的定时器来控制单台风机的延时启动和停止。

二、实践器材

普通按钮 2 个、急停按钮 1 个、风机(AC380 V)1 台、PLC 1 台、、绿色指示灯(DC24 V)

1 个、红色指示灯(DC24 V)1 个、电脑 1 台、PLC 程序下载线 1 条、万用表 1 个、导线若干。

三、安全注意事项

穿戴必须符合电工实践操作要求；各种电工工具必须按规定操作，防止被工具或器材误伤和损坏工具；确保在断电状态下进行电路接线；接线前先检查电路，确保电路无故障后才能通电；接通电源后，手不能碰到系统中的任何金属部分。

四、实践内容与操作步骤

(1) 以 PLC 控制风机，实现以下功能要求：

① 按下启动按钮 SB1，5 s 后风机启动并连续运行。

② 按下停止按钮 SB2，3 s 后风机停止。

③ 按下急停按钮 SB3，风机马上停止。

④ 风机运行时，绿色指示灯(DC24 V)亮；风机停止时，红色指示灯(DC24 V)亮。

(2) 分配 PLC 的 I/O 点。

(3) 画出控制电路图，进行 PLC 的电源、控制电路接线，并完成思考题 2。

(4) 进行 PLC 编程，下载 PLC 程序，进行联机调试，并完成思考题 3。

五、思考题

1. PLC 的定时器线圈和触点是怎样实现定时工作的？
2. 画出 PLC 的电气接线图。
3. 编写 PLC 程序。

【实践训练题】实践 2：PLC 控制多台风机顺序启停

一、实践目的

(1) 学会使用多个 PLC 定时器进行延时接通和延时断开；

(2) 能使用多个 PLC 的定时器来控制多台风机的顺序启动与停止。

二、实践器材

普通按钮 2 个、急停按钮 1 个、交流风机(AC380 V)3 台、指示灯(DC24 V)3 个、PLC 1 台、电脑 1 台、PLC 程序下载线 1 条、万用表 1 个、导线若干。

三、安全注意事项

穿戴必须符合电工实践操作要求；各种电工工具必须按规定操作，防止被工具或器材误伤和损坏工具；确保在断电状态下进行电路接线；接线前先检查电路，确保电路无故障后才能通电；接通电源后，手不能碰到系统中的任何金属部分。

四、实践内容与操作步骤

(1) 以 PLC 控制 3 台风机的顺序启动和停止，实现以下功能要求：

① 按下启动按钮 SB1，风机 1 启动运行，5 s 后风机 2 启动运行，再 3 s 后风机 3 启动运行。

② 按下停止按钮 SB2，风机 3 马上停止，4 s 后风机 2 停止，再 2 s 后风机 1 停止。

③ 按下急停按钮 SB3，所有风机停止。

④ 3 台风机各自有一个运行指示灯。风机运行时，相应的指示灯亮起；风机停止时，相应的指示灯熄灭。

(2) 分配 PLC 的 I/O 点。

(3) 画出控制电路图，进行 PLC 的控制电路接线，并完成思考题 2。

(4) 进行 PLC 编程，下载 PLC 程序，进行联机调试，并完成思考题 3。

五、思考题

1. PLC 是如何实现多个风机顺序启停的？请说出设计方案。
2. 画出 PLC 的电气接线图。
3. 编写 PLC 程序。

项　目　三

PLC 检测与环境工程应用

PLC

环境工程应用中，经常需要检测一些环境变量，如液位、流量、压力、温度、气体浓度、pH 值、溶解氧等。这些变量的检测一般需要采用相应的检测仪表(液位计、流量计、压力计、温度计、气体检测仪、pH 计、溶解氧检测仪等)来进行。

如果在环境工程的传感器检测系统中加入 PLC 的自动化技术，那么将使环境工程数据的检测更加自动化和高效。

本项目以图文并茂的方式，介绍了 PLC 如何与常用环境工程仪表一起实现检测应用。

任务 3.1 PLC 与位置检测

【任务导入】

塑料垃圾主要包括塑料袋、一次性快餐盒、塑料餐具杯盘、农用地膜、电器充填发泡填塞物、塑料饮料瓶、酸奶杯、雪糕皮等。

如果塑料垃圾被随处乱丢乱扔，弃置成为固体废物，那么由于其难以降解处理，会给生态环境和景观造成“白色污染”。图 3.1-1 为塑料垃圾与“白色污染”的情形。

图 3.1-1 塑料垃圾与“白色污染”

白色污染是一种环境污染，现在在一些公共场所经常能看见废弃的塑料制品。它们由人类制造，最终归于大自然时却不易被自然所消纳，从而影响了生态环境。因此，需要对塑料垃圾进行处理。

子任务 1：料位计在某垃圾发电厂塑料垃圾处理工艺中的应用

某公司的垃圾发电厂年处理垃圾约 32 万吨。通过垃圾发电，该发电厂所生产的电力和热能，每年能满足 6 万户家庭的需求。该厂在生产过程的塑料垃圾处理工艺中，就使用了雷达料位计检测塑料垃圾的高度。

☞**提示** 料位即物料在垂直方向上的高度(位置)。料位计属于物位计的一种。

首先对垃圾进行分类，将塑料垃圾置于一个高 3 m 的筒仓中。在被运送至熔炉之前，塑料垃圾由筒仓中的破碎机进行破碎处理。为了使破碎机高效地运行，必须通过破碎机的转子，将垃圾的料位维持在一个规定的范围内。然而，筒仓中的塑料垃圾分布松散、不均匀，表面不平整，有粉尘，潮湿，而且介电常数低、反射弱，要检测其高度并非易事。

为此，该公司安装了某型精确可靠的雷达料位计，对筒仓中塑料垃圾的料位进行非接触式的连续测量，从而优化了破碎效率。

子任务 2：物位计在某公司烟气脱硫处理工艺中的应用

某公司的烟气脱硫处理工艺，在浆液罐内对石灰石和水进行搅拌，制备脱硫剂：$Ca(OH)_2$(氢氧化钙)溶液。浆液罐中使用了雷达液位计(雷达物位计的一种)检测脱硫剂的浆液高度位置，使脱硫剂达到持续稳定的状态。

制造脱硫剂浆液的石灰石原料被储存于料仓中。料仓中使用了雷达料位计检测石灰石原料在垂直方向上的高度(料位)。当石灰石原料达到料满后，系统自动打开放料设备，实现放料控制。

上述料位计检测塑料垃圾高度和石灰石原料料满的原理是什么？它又是如何进行料位检测的？还有哪些位置检测仪表？位置检测在工程中有哪些应用？

本任务首先认识传感器与仪表，了解它们在人们生活以及自动化生产、环境工程中的作用。然后介绍常见位置传感器的工作原理、安装与接线，以及 PLC 与位置传感器结合后进行位置检测的方法与实践应用。

【学习目标】

◆ 知识目标

(1) 熟悉传感器与仪表的相关概念；

(2) 掌握使用位置传感器来检测物体位置的方法；

(3) 掌握二进制、八进制、十进制、十六进制之间转换的方法。

◆ 技能目标

(1) 学会位置传感器的安装、接线；

(2) 学会使用位置传感器来检测物体位置。

【知识链接】

一、传感器与仪表概述

(一) 传感器概述

1. 传感器扮演的“角色”

在日常生活中，经常可以看到传感器应用的实例。如：人走到门前，门自动打开；人走到自动扶梯上，扶梯自动启动；人走过，灯自动亮；电饭煲自动从“加热”跳到“保温”，等等。此外，智能防贼、智能消防感烟、自动雨雪感应、导弹头部的视频录像、汽车胎压测量、司机防睡眠检测、水温检测、倒车雷达检测车距等都离不开传感器的应用。

传感器技术是当今世界令人瞩目的迅猛发展起来的高新技术之一。当集成电路、计算机技术飞速发展时，人们才逐步认识到信息摄取装置——传感器没有跟上信息技术的发展而惊呼“大脑发达、五官不灵”。

☞提示　传感器是摄取各种信息的装置。可以这样打比方，如果说计算机是人类大脑的扩展，那么传感器就是人类五官的延伸。

2. 传感器的定义

GB/T 7665—2005 对传感器的定义为：能感受被测量并按照一定的规律转换成可用输出信号的器件或装置，通常由敏感元件和转换元件组成。也就是说，传感器能感受到被测量的非电量信息(如温度、压力、流量、位移等)，并将检测到的信息按一定规律转换成便于利用的电信号或其他所需形式的信息输出，从而实现信息的传输、处理、显示或控制。

上述过程的示意图如图3.1-2所示。

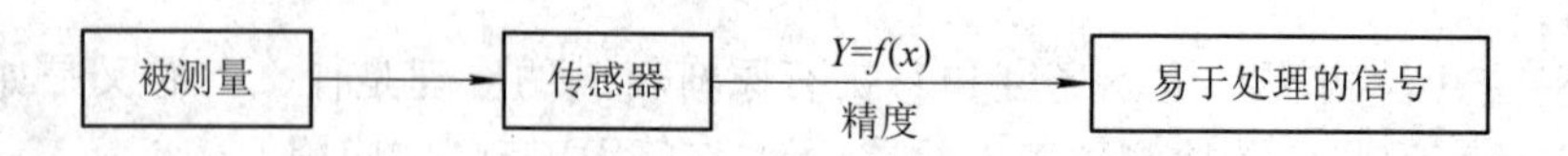

图3.1-2　传感器将被测量转换为易于处理的信号

☞**小知识** 电量信号与非电量信号：电量信号有电流、电压、电阻、电容、电感等，其中使用较多的为电流信号和电压信号；非电量信号有压力、流量、尺寸、位移、重量、力、速度、加速度、转速、温度、浓度、酸碱度等。环境工程和非电类行业的工程测量，大多数都是对非电量的测量。

3. 传感器的组成

传感器一般由敏感元件、传感元件和测量转换电路组成。如果把传感器的组成部分拆开来并放在检测过程中，如图3.1-3所示，就能更清晰地了解各组成部分的功能。

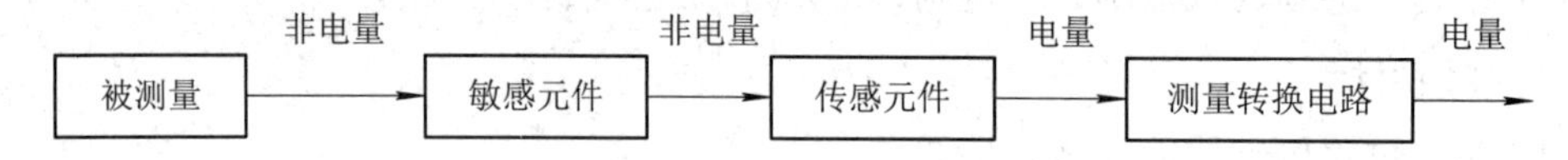

图3.1-3　传感器的组成及其检测过程

(1) 敏感元件直接与被测量接触，将被测量转换成与其有确定关系、更易于转换的非电量(如流量转换成速度、压力转换成位移)。

(2) 传感元件将非电量转换成电量(如电阻、电容、电感)。

(3) 传感元件输出的信号很小，且常混杂有干扰信号，测量转换电路能起到滤波、线性化、放大作用，能将微小信号转换成易于测量、处理的电信号，如电压、电流等。

☞**注意**　不是所有传感器都有敏感元件和传感元件之分，有些传感器的敏感元件可以直接将非电量转换成电量。比如铂电阻式温度传感器，当所测温度变化时，其电阻值变化，经测量电路直接转换成电压、电流信号。另外，也不是所有传感器都包含测量转换电路，有些传感器因测量环境恶劣，和测量转换电路是分开的。

☞**提示**　图3.1-3中，测量转换电路输出的电量信号是传给显示仪表或控制器(如PLC、单片机)的。按数据传送流向来说，它们处于图3.1-3中最右边箭头后的空白位置，但由于它们不属于传感器的组成部分，因此没有画出来。

4. 传感器的分类

(1) 按物理量分，传感器可以分为温度传感器、压力传感器、流量传感器、速度传感器、位置传感器、力传感器等。

(2) 按工作原理分，传感器可以分为电阻式传感器、电容式传感器、电感式传感器、霍尔式传感器、光导式传感器、热电式传感器等。

(3) 按输出信号的性质分，传感器可以分为模拟式传感器、数字式传感器(输出脉冲或代码)。

5. 传感器的应用领域及现状

传感器相当于人的五官，如光敏传感器可以实现“视觉”效果，声敏传感器可以实现

“听觉”效果，气敏传感器可以实现“嗅觉”效果，化学传感器可以实现“味觉”效果，压敏、温敏、流体传感器可以实现“触觉”效果。

传感器广泛应用于工业、农业、商业、交通、办公设备、环境监测、医疗诊断、军事科研、航空航天、智能楼宇和家电等方面。它已渗透到宇宙开发、海洋探测、军事国防、环境保护、资源调查、医学诊断、生物工程、商检质检甚至文物保护等极其广泛的领域。它是构建现代信息系统的重要组成部分，是测量仪器、智能化仪表、自动控制系统等不可缺少的感知元件，是智能环保应用和物联网应用中必不可少的信息工具。

由此可见，传感器技术在发展经济、推动社会进步方面的重要作用是十分明显的。世界各国十分重视这一技术的发展。

目前美、日、欧研发生产传感器的实力较强，他们建立了包括物理、化学、生物三大门类的传感器产业，产品达到 20 000 多种。我国的传感器技术在国家一系列政策支持下，近年来也取得了飞速发展。

6. 测量误差

在实际测量过程中，由于测量仪器的精度限制，测量方法不完善，或测量者感官能力的限制，测量结果不可能达到绝对精确，总会产生误差。

☞**注意**　误差与错误不能相提并论。误差不可能避免，而错误则可以避免。测量总会产生误差，只是产生的误差大还是小的问题。

1) 绝对误差与相对误差

误差是测量值与真实值之差，分为绝对误差和相对误差。

绝对误差($\varDelta$)反映测量值偏离真值的大小，即 $\varDelta = A_x - A_0$，其中 A_x 为测量值，A_0 为理论真值，$\varDelta$、A_x 的单位相同。相对误差(δ)是绝对误差($\varDelta$)与理论真值之比，即 $\delta = \varDelta/A_0 \times 100\% = (A_x - A_0)/A_0 \times 100\%$。由于用绝对误差无法比较不同量程、不同测量结果的误差，因此多数场合在评价仪表精度时都用相对误差。如用天平测得两个物体的质量分别是 100.0 g 和 1.0 g，两次测量的绝对误差都是 0.1 g。从绝对误差来看，对两次测量的评价是相同的；但是前者的相对误差为 0.1%，后者的则为 10%，后者的相对误差是前者的 100 倍。所以，只有用相对误差才能够表达仪表测量结果的可靠程度。

2) 引用误差与仪表精度等级

引用误差是测量仪表最主要的质量指标。它是仪表中常用的一种误差表示方法，是相对于仪表满量程的一种误差，为测量的绝对误差与仪表的满量程值之比，常以百分数表示。引用误差 $\gamma = \varDelta/A_m \times 100\%$，其中 $\varDelta$ 为绝对误差，A_m 为仪表的满量程；最大引用误差 $\gamma_m = \varDelta_m/A_m \times 100\%$，其中 $\varDelta_m$ 为最大绝对误差。

精度等级是衡量仪表质量优劣的重要指标之一。我国模拟量工业仪表精度等级分为七个，分别为 0.1、0.2、0.5、1.0、1.5、2.5、5.0，对应的精度依次为 ±0.1%、±0.2%、±0.5%、±1.0%、±1.5%、±2.5%、±5.0%。

☞**提示**　仪表的准确度习惯上称为精度，准确度等级习惯上称为精度等级。精度等级(准确度等级)越小，则精度(准确度)的数值越小，精度越高。例如，仪表 A 的精度等级为 0.2，仪表 B 的精度等级为 0.5，则仪表 A 的精度更高(引用误差更小)。精度等级表明了测量仪表的最大引用误差不能超过的界限。如果某测量仪表为 x 级精度，则表明该测量仪表最大引用误差不会超过 x%。例如，某测量仪表的精度等级为 1.0，则表明该测量仪表的最大引用误差小于 1.0%；某测量仪表的最大引用误差为 2.4%，则其精度为 ±2.5%，精度等级为 2.5。

☞**注意**　准确度(精度)与精密度是不同的概念，二者的区别如图 3.1-4 所示。准确度指测量值(测量结果)与真实值(理论真值)的接近程度；而精密度指相同条件下多次反复测量的测得值之间的一致程度。精密度高，准确度不一定高。也就是说，测量值的随机误差小，其系统误差不一定亦小。打个比方，士兵 A 打靶，5 发子弹都打在非常靠近十环红心的周围，即子弹位置相对十环红心来说，有上有下，有左有右。此时认为士兵 A 射击准确度(精度)高，但是精密度低。而士兵 B 打靶，5 发子弹都是 6 环，而且 5 发子弹相互间很靠近彼此，但是都离十环红心距离较远，此时认为士兵 B 射击准确度(精度)低，但是精密度高。

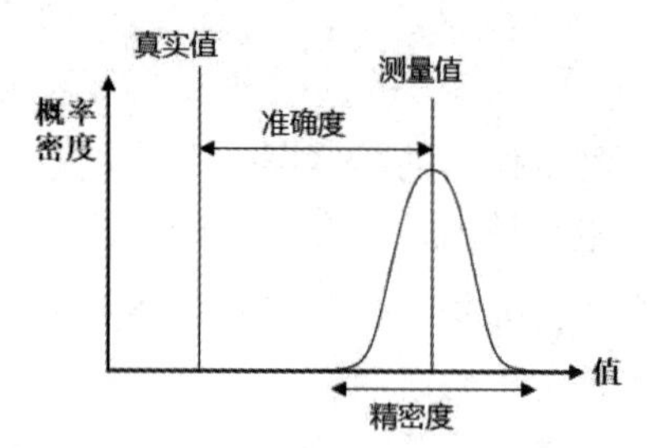

图 3.1-4　准确度(精度)与精密度的区别

7. 传感器的技术指标

1) 静态技术指标

静态特性指传感器的输入信号不随时间变化时，传感器的输入与输出之间所对应的关系。静态技术指标有灵敏度、分辨力、线性度、迟滞、重复性。

(1) 灵敏度指在稳态情况下，传感器的输出量变化 Δy 与输入量变化 Δx 的比值：$\Delta y/\Delta x$。例如，对于某温度传感器，在温度变化 1℃时，输出电压变化为 20 mV，则其灵敏度应表示为 20 mV/℃。

(2) 传感器的分辨力指传感器能感受到的被测量最小变化的能力。也就是说，如果被测量小于分辨力，则传感器分辨不出来，此时传感器会以为被测量为 0 或没有发生变化。即使选用了精度较高的传感器，但如果传感器的分辨力低，也不能满足测量要求。

(3) 传感器的线性度表示传感器的输入-输出特性近似于一条直线的程度。一般受外界环境的各种影响，传感器的输入与输出不会完全符合线性关系。

(4) 传感器的迟滞指传感器正行程(输入量增大)和反行程(输入量减小)的输入-输出特性曲线不能完全重合。

(5) 重复性指在相同的工作条件下，传感器输入按同一方向做全测量范围连续变动多次时(一般为 3 次)，特性曲线的不一致性。

2) 动态技术指标

动态特性指传感器的输入信号随时间变化时，传感器输出信号的响应特性。动态技术指标主要有：动态响应时间、频率响应范围。

(1) 动态响应时间指传感器响应动态信号时的延迟时间，测量时总希望此值越小越好。

(2) 频率响应范围指传感器能够保持输出信号不失真的频率范围。

8. 传感器的选择

传感器多种多样，选择传感器需要根据被测量的特点和传感器的使用条件具体分析，主要涉及以下几点：

(1) 与测量条件有关的因素(如测量范围、精度要求等)；

(2) 与传感器有关的技术指标(如精度、响应时间等)；

(3) 与环境有关的因素(如安装条件、环境温度)；

(4) 与购买和维修有关的因素(如价格、服务与维修情况)。

(二) 仪表概述

仪表一般是指用来检测数据并显示数据的仪器。

1. 仪表的组成

仪表由检测部分、转换部分和显示部分组成。

(1) 检测部分直接感受被测量，并将其转换为便于测量和传送的位移信号或电信号。从功能上看，这部分相当于传感器。

由于仪表的组成结构大都包含具有传感器功能的检测部分，因此有时会将仪表和传感器混着说。比如，检测压力的仪表也称为压力计、压力表、压力仪或压力传感器。

(2) 转换部分对测量信号进行转换、比较、放大或校正等处理。从功能上看，这部分相当于变送器。

(3) 显示部分通过指针、计数器、数码管、CRT 及 LCD 屏，以模拟、数字、曲线、图形等方式，对测量结果进行指示并记录下来。

2. 仪表的分类

(1) 根据被测量的种类不同，仪表可分为以下几种：

① 过程检测仪表：温度检测仪表、压力检测仪表、物位检测仪表、流量检测仪表、成分分析仪表等。

② 电工量检测仪表：电压表、电流表等。

③ 机械量检测仪表：加速度检测仪表、应变检测仪表、位移检测仪表等。

(2) 根据敏感元件与被测介质是否接触，仪表可分为接触式检测仪表、非接触式检测仪表。

(3) 根据用途不同，仪表可分为标准仪表、实验室用仪表(台式、便携式)、工业用仪表(就地安装的基地式，控制室安装的盘装、架装式)。

3. 环境工程仪表(环保仪表)

(1) 从广义上理解，与环境工程有关的仪表均可称为环境工程仪表。

(2) 从类型上讲，环境工程仪表为水污染分析仪表、空气污染分析仪表、固体废弃物分析仪表、噪声与振动检测仪表、放射性与电磁波污染检测仪表等的总称。

(3) 按检测的物理量不同，环境工程仪表分为用于物位、流量、压力、温度、成分等检测的仪表。

(三) 位置检测仪表概述

1. 位置传感器

位置检测仪表的核心是位置传感器。位置传感器(Position Sensor)指能感受被测物的位置并能将其转换成可用输出信号的传感器。它可分为接触式传感器、接近式传感器、图像式传感器等。

接触式传感器的触头由两个物体接触挤压而动作，常见的接触式传感器有行程开关、二维矩阵式位置传感器等。接近式传感器常称为接近开关，是指当物体与其接近到设定距离时就可以发出“动作”信号的开关，它无需和物体直接接触。接近开关有很多种类，主要有电感式、电容式、光电式、光纤式、磁性式、霍尔式、微波式、射频式等。

2. 接近开关

接近开关(Proximity Switch)又称无触点行程开关，属于位置传感器。它能在一定的距离(一般为1～100 mm)内检测有无物体靠近，当物体与其接近到一定距离时就发出信号。

接近开关可用于行程控制、限位保护、高速计数、测速、确定金属物体的存在与位置、测量物体高度和液位、防盗等方面——在日常生活中，用于宾馆、饭店、车库自动门；在安全防盗方面，用于资料档案、金融、博物馆、金库等重地；在测量技术中，用于位置测量；在控制技术中，用于位移、速度测量和控制。

另外的一些接近开关应用例子如下：

(1) 检测电梯(升降设备)的启停和通过位置；

(2) 检测机器移动部件的极限位置、回转体的停止位置；

(3) 检测某位置上是否有某一种工件，如检测药瓶子上是否有瓶盖；

(4) 鉴别金属件长度、自动装卸时堆物高度；

(5) 计量高速旋转轴(或盘)的转数；

(6) 检测包装盒内的金属制品是否缺乏；

(7) 区分金属与非金属零件。

接近开关的优点有：与被测物不接触，不会产生机械磨损和疲劳损伤，工作寿命长，响应快，无触点，无火花，无噪声，防潮、防尘、防爆性能较好，输出信号负载能力强，体积小，安装、调整方便。其缺点是触点容量较小，输出短路时易烧毁。

3. 接近开关的接线

1) 常开/常闭型接近开关

常开型(NO)接近开关：当未检测到物体时，接近开关内部的输出三极管截止；当检测到物体时，接近开关内部的输出三极管导通，有信号输出。

常闭型(NC)接近开关：当未检测到物体时，三极管处于导通状态，有信号输出；反之，无信号输出。

2) 常用的输出形式

接近开关的输出形式有：直流二线型、交流二线型、直流三线NPN型、直流三线PNP

型、四线型(NPN 或 PNP)、交流五线型(带继电器)等。其中最常用的为直流二线型、直流三线 NPN 型、直流三线 PNP 型，这三种输出形式以及交流二线型的接线如图 3.1-5 所示。

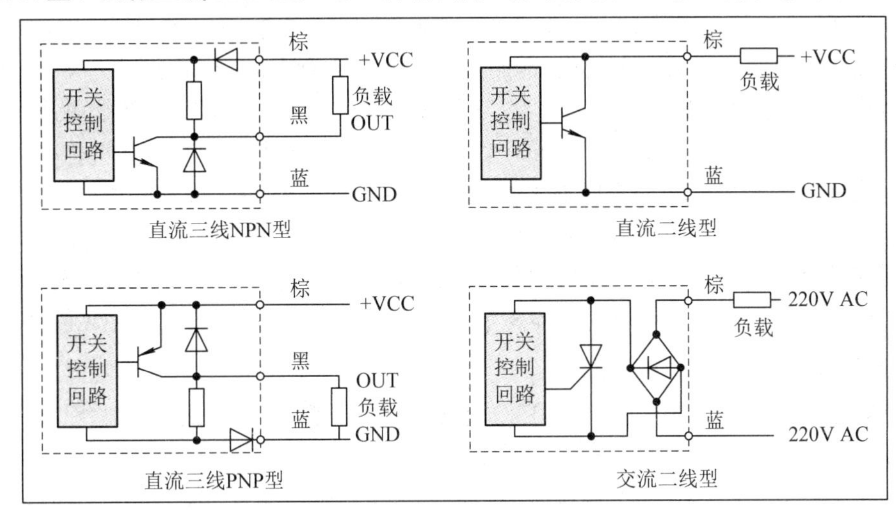

图 3.1-5　接近开关常用输出形式的接线

☞**提示**　这里的接线指大部分接近开关(包括电感式、电容式、光电式、磁性式、霍尔式等接近开关)的接线。

二、电感式接近开关

1. 工作原理

电感式接近开关也称为电涡流式接近开关、电感式传感器、电涡流式传感器或电感式位置传感器。它的外形和测量原理如图 3.1-6 所示。电感式接近开关由 *LC* 振荡电路和开关放大器组成，其电感线圈能产生交变磁场，金属材料在接近交变磁场时，内部会产生电涡流。电涡流反作用于接近开关，使内部电路参数发生变化，由此识别出有无金属物体接近。

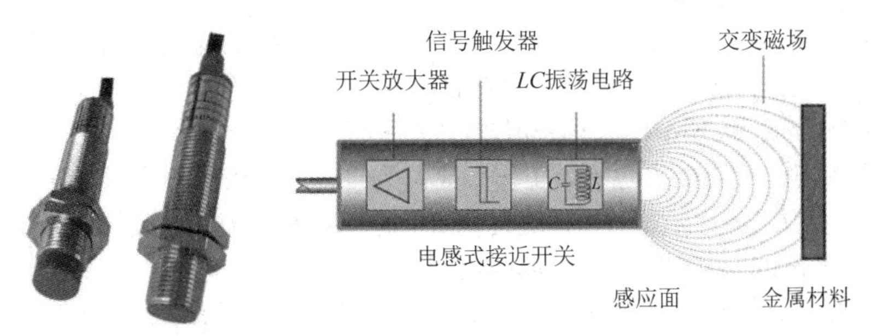

图 3.1-6　电感式接近开关的外形和测量原理

电感式接近开关能够在一个较小范围内检测到是否存在金属物体，或者是否有金属物体靠近。

☞**注意**　电感式接近开关所能检测的物体必须是导电性能良好的金属物体。

电感式接近开关的具体工作过程为：*LC* 振荡电路中的石英振荡器产生稳频、稳幅高频振荡电压(100 kHz～1 MHz)，用于激励电涡流线圈；金属材料在交变磁场中产生电涡流，引起电涡流线圈端电压的衰减，再经过高放、检波、低放电路，最终输出直流电压。输出的直流电压 U_o 反映了金属体对电涡流线圈的影响(例如两者之间的距离等参数)。

当金属物件靠近电感探头时，*LC* 谐振频率改变；经检波后，电感式接近开关的输出电压越来越低(振荡器的能量被金属体吸收)；将输出电压送至比较器，与基准电压比较。当输出电压小于基准电压时，比较器翻转，输出高电平，报警器报警，执行机构动作。

电涡流线圈的阻抗变化与金属导体的电导率、磁导率等有关。被测物体的电导率越高，则灵敏度越高；磁导率越大，则灵敏度越高。

电感式接近开关最大的特点是能对位移、厚度、表面温度、速度、应力、材料损伤等进行非接触式连续测量，另外还具有体积小、灵敏度高、频率响应宽等特点，应用很广泛。

2. 安装方式

电感式接近开关的安装方式分为齐平式(又称埋入式)和非齐平式(又称非埋入式)，如图 3.1-7 所示。

采用齐平式安装时，开关不易被碰坏，但灵敏度较低；采用非齐平式安装时，需把感应头露出一定高度，否则将降低灵敏度。

3. 性能指标

电感式接近开关的主要性能指标有检测距离、设定距离、响应频率、响应时间、动作滞差、重复定位精度(重复性)等。其中，检测距离、设定距离示意图如图 3.1-8 所示。

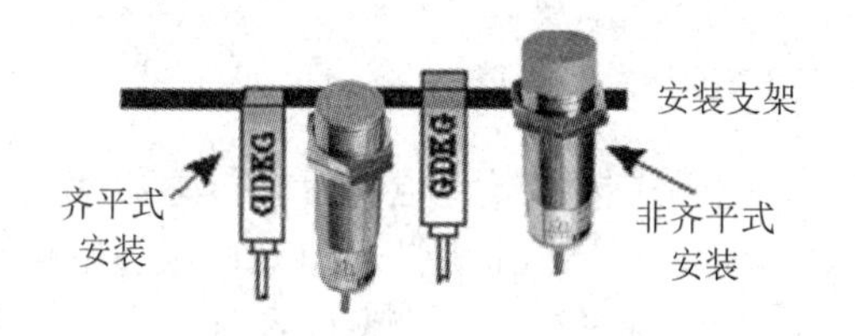

图 3.1-7　电感式接近开关的安装方式

检测距离
设定距离
金属件
电感式接近开关

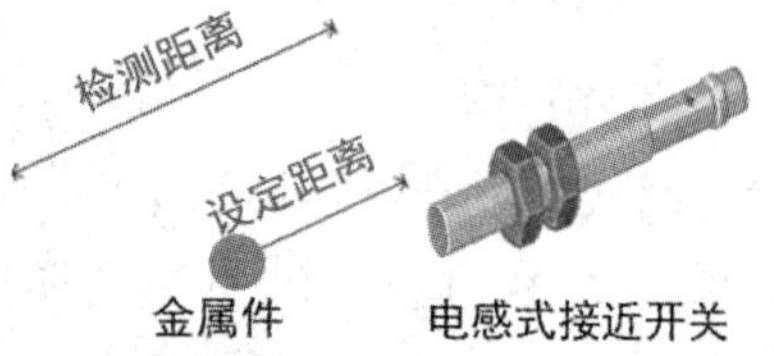

图 3.1-8　检测距离、设定距离示意图

下面介绍检测距离、设定距离、响应频率、响应时间这 4 个性能指标。

(1) 检测距离。检测距离也称为动作距离，指在接近开关检测面的中心轴线上，检测体移动时，从基准位置(接近开关的感应表面)到开关动作时测得的基准位置到检测面的空间距离。额定检测距离是指接近开关动作距离的标称值。

(2) 设定距离。设定距离也称为工作距离，为接近开关安装固定后，接近开关的感应表面到检测物体的距离。为能对物体进行稳定的检测，需要缩短检测物体与接近开关的距离，通常该距离设定为额定检测距离的 70%以下。

(3) 响应频率。响应频率(f)指在 1 秒的时间间隔内，接近开关动作循环的最大次数。重复频率大于该值时，接近开关无反应。

(4) 响应时间。响应时间(t)指接近开关检测到物体的时刻到接近开关出现电平状态翻转的时间之差。响应时间为响应频率的倒数，即 $t = 1/f$。

4. 应用例子

电感式接近开关的应用例子较多，例如：偏心和振动检测(如输油管的椭圆度测量)，弯曲、波动、变形测量(如对桥梁、丝杆等机械结构的振动测量)，金属薄膜、板材厚度测量(如电涡流测厚仪)，尺寸、公差测量及进行零件识别，封口机工作间隙测量，注塑机开合模的间隙测量，振动测量(如悬臂梁的振幅及频率测量)，转速测量，镀层厚度测量，安检门演示，电涡流表面探伤。

三、电容式接近开关

1. 结构及工作原理

电容式接近开关也叫作电容式传感器。

1) 结构

电容式接近开关的核心是以单个极板作为检测端的电容器，检测极板设置在接近开关的最前端。测量转换电路安装在接近开关壳体内，并用介质损耗很小的环氧树脂充填、灌封。电容式接近开关的外形和内部结构如图 3.1-9 所示。

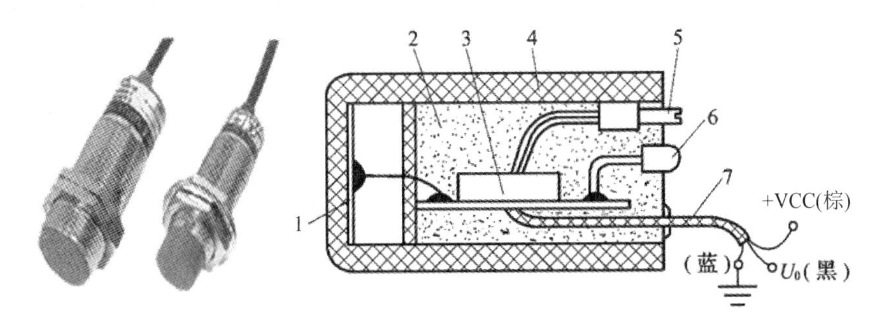

1—检测极板；2—填充材料；3—测量转换电路；4—外壳；5—调节旋钮；6—指示灯；7—导线

图 3.1-9　电容式接近开关的外形和内部结构

2) 工作原理

当被检测物体靠近接近开关工作面时，回路的电容量发生变化，由此产生开与关的作用，从而能检测到某位置是否存在物体。

金属物体或非金属物体、液体或固体的介电常数不同，当它们靠近电容式接近开关时，电容式接近开关内部的电特性改变也不同，由此可判断对应的是哪种物体。

基于电容式接近开关的工作特性，它不仅能检测金属，而且能对非金属物质如塑料、玻璃、液体(水、油)、粉状物等进行相应的检测。

☞**提示**　电容式接近开关也常应用于液位检测中，此时称之为电容式液位计，相关内容将在任务 3.2 中进行介绍。

2. 特性

当被测物是接地导体时，电容式接近开关的灵敏度最高；当被测物为绝缘体时，电容式接近开关的灵敏度较差；当被测物为玻璃、陶瓷及塑料等介质损耗很小的物体时，电容式接近开关的灵敏度极低。

电容式接近开关对高频电场也十分敏感，在使用时，一定范围内的金属物体或绝缘体对它有一定的影响。两只电容式接近开关也不能靠得太近，以免相互影响。

因此，对于金属物体，不必使用易受干扰的电容式接近开关来检测，而应选择电感式接近开关。在测量绝缘介质时才应选择电容式接近开关。

四、光电开关

1. 光电开关的工作原理

光电开关即光电式接近开关的简称，它把发射端和接收端之间光的强弱变化转换为电流的变化，以达到探测的目的。

光电开关利用物质对光束的遮蔽、吸收或反射等作用，对物体的位置、形状、标志、符号等进行检测。如图3.1-10所示为光电开关检测物体的位置和形状。光电开关广泛应用于自动化生产线的产品计数，具有非接触、安全可靠的特点。

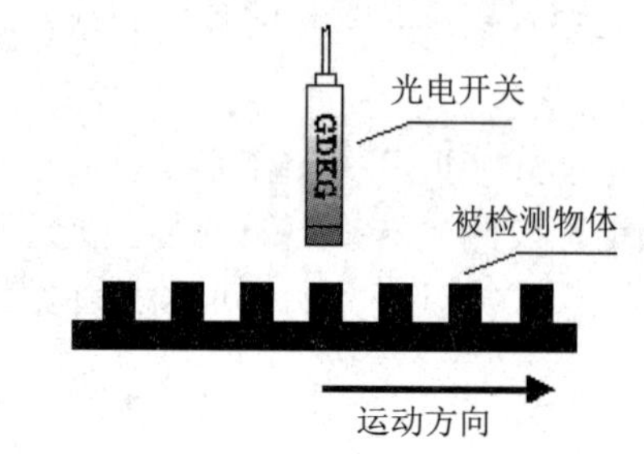

图3.1-10　光电开关检测物体的位置和形状

光电开关所检测的物体不限于金属，所有能反射光线的物体均可被检测。它将输入电流在发射器上转换为光信号发射出去，接收器再根据接收到的光线的强弱或有无对目标物体进行探测。

2. 光电开关的分类

光电开关分为漫反射式光电开关、镜反射式光电开关、对射式光电开关、槽式光电开关、光纤式光电开关。

1) 漫反射式光电开关

漫反射式光电开关的发射器和接收器一体。被检测物体经过时，将光电开关发射器发射的足够量的光线反射到接收器，光电开关就产生了开关信号。漫反射式光电开关的示意图如图3.1-11所示。

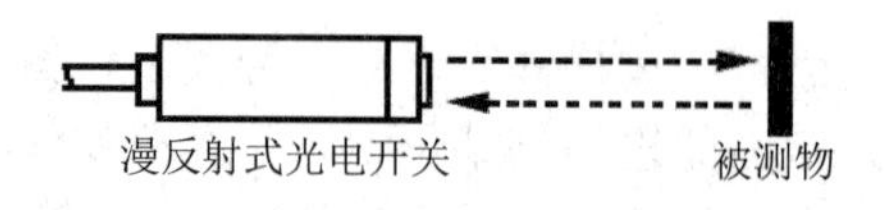

图3.1-11　漫反射式光电开关的示意图

2) 镜反射式光电开关

镜反射式光电开关集发射器与接收器于一体。光电开关发射器发出的光线经反射镜反射回接收器，当被检测物体经过且完全阻断光线时，光电开关就产生了检测开关信号。镜反射式光电开关的示意图如图3.1-12所示。

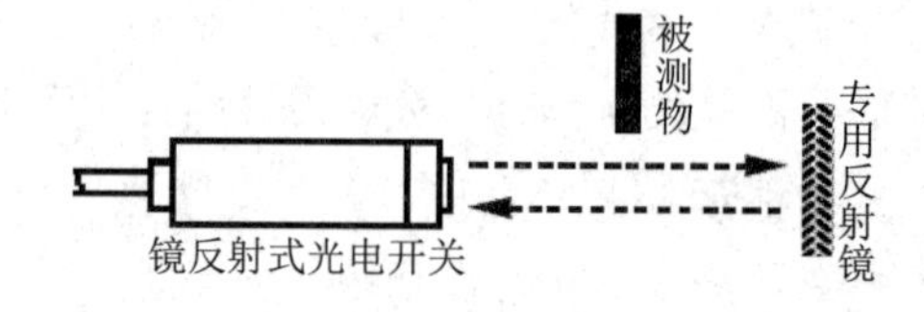

图3.1-12　镜反射式光电开关的示意图

3) 对射式光电开关

对射式光电开关包含一对沿光轴相对放置的发射器和接收器。发射器发出的光线直接进入接收器。当被检测物体经过发射器和接收器之间且阻断光线时，光电开关就产生了开关信号。对射式光电开关的示意图如图3.1-13所示。

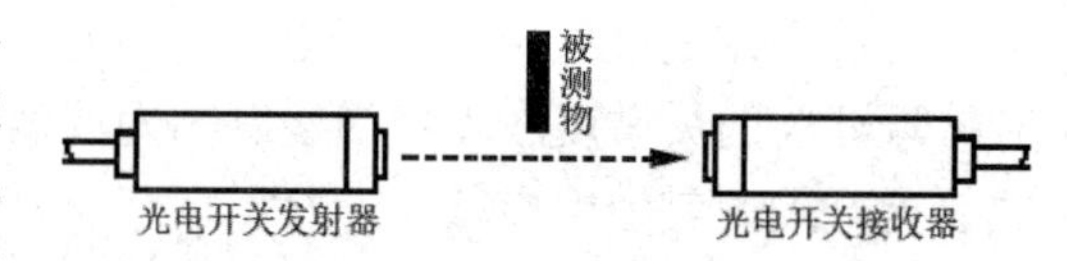

图3.1-13　对射式光电开关的示意图

4) 槽式光电开关

槽式光电开关的发射器和接收器分别位于 U 形槽的两边，并形成一光轴。当被检测物体经过 U 形槽且阻断光轴时，光电开关就产生了检测到的开关量信号。槽式光电开关的示意图如图 3.1-14 所示。槽式光电开关比较安全、可靠，适合检测高速变化，分辨透明与半透明物体。

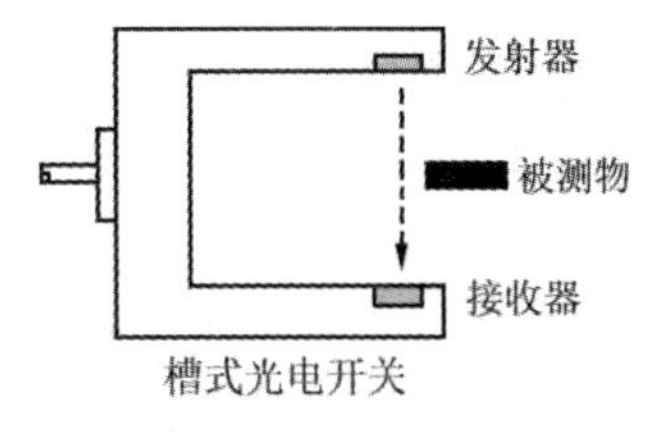

图 3.1-14　槽式光电开关的示意图

5) 光纤式光电开关

光纤式光电开关也称为光纤传感器(光纤传感器将在下文中专门介绍)，它采用塑料或玻璃光纤传感器来引导光线，以实现被检测物体不在相近区域的检测。它一般分为对射式和漫反射式。光纤式光电开关的示意图如图 3.1-15 所示。

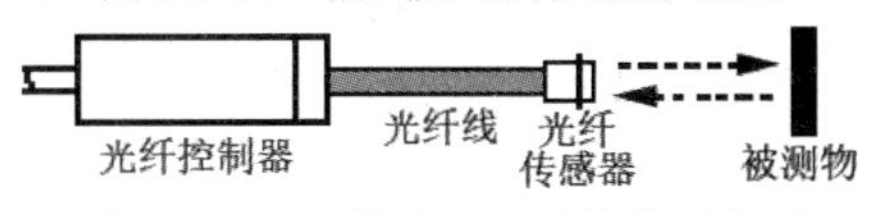

图 3.1-15　光纤式光电开关的示意图

3. 光电开关的安装

光在发射时会有发散现象，即有一个指向角，检测物或接收器在一定范围内都会接收到光，在安装时，要注意该项指标，避免产生测量误差。

此外，在安装时，还要注意被测物体表面的反射率，因为检测距离和被检测物体的表面反射率决定接收器接收到光线的强度大小，粗糙的表面反射回的光线强度必将小于光滑的表面反射回的光线强度。

光电开关的应用环境也是影响其长期工作稳定、可靠的重要因素。当光电开关工作在最大检测距离状态时，由于光学透镜会被环境污染，甚至会被强酸性物质腐蚀，因此会降低使用参数特性，造成可靠性降低。

在应用中，较简便的解决方法是根据光电开关的最大检测距离降额使用，以保证最佳工作距离。

☞**提示**　光电开关的接线一般多用直流三线型，可参看上文接近开关的接线。

4. 光电开关的使用注意事项

(1) 采用反射型(即漫反射式、镜反射式或光纤式)光电开关时，被测物体的表面和大小对检测距离和动作区域都有影响。

(2) 检测微小的物体时，光电开关的灵敏度要比检测较大物体时的低，检测距离也小一些。

(3) 被测物体的表面反射率越大，检测灵敏度越高，检测距离越大。

(4) 采用反射型光电开关时，最小检测物体的大小由透镜直径来决定。

(5) 防止光电开关之间相互干扰。

(6) 高压线、动力线与光电开关的配线应分开走线，否则会受到感应而造成误动作。

(7) 应在规定的电压和环境温度范围内使用。

(8) 不要在灰尘较多，腐蚀性气体较多，水、油、药剂直接溅散，以及有强光直射的场所使用。

(9) 安装光电开关时，不能用锤子敲打。安装要稳固，不能有松动或偏斜。

5. 光电编码器

在工业自动化中，当需要精确定位时，如检测精确的位移、位置、角度时，光电编码器是一个很好的选择。光电编码器简称编码器，是一种通过光电转换将输出轴上的机械位移量转换成脉冲或数字量的传感器，它由光源、光码盘和光敏元件组成。编码器可以通过使用 PLC 的高速计数来采集高速数据。

1) 分类

编码器能进行高精度的位移和角度测量，它有旋转编码器和线性编码器两种。旋转编码器又包括增量型旋转编码器和绝对型旋转编码器，其中常用的为增量型旋转编码器。如果对位置、零位有严格要求，则用绝对型旋转编码器。相对于增量型旋转编码器，绝对型旋转编码器无需相对参考点。

增量型旋转编码器输出“电脉冲”表征位置和角度信息。一圈内的脉冲数代表了分辨率。位置信息则是依靠累加相对某一参考位置的输出脉冲数得到。当初始上电时，需要先找一个相对零位来确定绝对的位置信息。

绝对型旋转编码器通过输出唯一的数字码来表征绝对位置、角度或转数信息。因为绝对的位置是用唯一的码来表示，所以无需初始参考点。

☞提示　分辨率为增量型旋转编码器的重要性能参数，它表示编码器每旋转一圈所产生的脉冲数。一般分辨率多为 1～10 000 脉冲/转，脉冲数越多，分辨率越高，这是选型的重要依据之一。

2) 输出接线

增量型旋转编码器通常有三路信号输出(差分时有六路信号)：A、B、Z。一般 A 脉冲在前，B 脉冲在后，A、B 脉冲相差 90° 相位角；每圈发出一个 Z 脉冲，可作为参考机械零位。可利用 A 超前 B 或 B 超前 A 判断方向。

当有三路信号时，再加上电源线和保护线(地线)，接线一般为 6 线制，分别为 A、B、Z、V+、0 V、PE。当有六路信号时，接线一般为 9 线制，分别为 A+、A−、B+、B−、Z+、Z−、V+、0 V、PE。带有对称负信号的接线抗干扰能力最佳，可传输较远的距离。

五、光纤传感器

光纤是一种多层介质结构的圆柱体，它由纤芯、玻璃纤维、包层、涂敷层、尼龙外层组成。纤芯位于光纤的中心部位，光主要在此传输。光纤结构如图 3.1-16 所示。

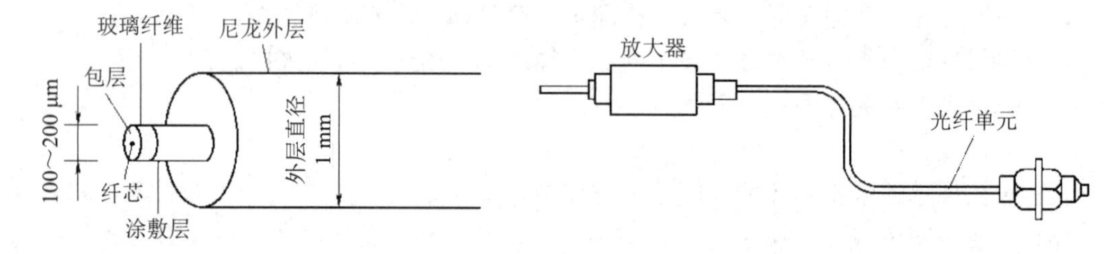

图 3.1-16　光纤结构

光纤将来自光源的光送入调制器，待测参数与输入调制区的光相互作用后，光的某些特性(如强度、波长、频率、相位、偏振态等)发生变化，成为被调制的信号光，再经过光纤送入光探测器，经解调器解调后获得被测参数。

光纤传感器用光作为敏感信息的载体，用光纤作为传递敏感信息的媒介，具有灵敏度高、抗电磁干扰能力强、电绝缘性能好、可远距离监控等特点，适用于测量位移、速度、加速度、液位、应变、压力等物理量，常应用于石油、化工、能源、环保、交通基建、航空、生物、医学等行业。

光纤传感器分为传光型、传感型和拾光型。传光型也称为非功能型，该型传感器的光纤仅作为传播光的介质，对外界信息的“感觉”依靠其他敏感材料元件来完成。

传感型也称为功能型，该型传感器的光纤不仅起传光的作用，也起传感作用。光纤在外界因素(如弯曲)作用下，光学特性发生变化，对输入的光产生某种调制作用，使在光纤内传输的光的强度、相位等特性发生变化，从而实现传感功能。

光纤传感器的特点有：具有优良的传光性能，传光损耗小；频带宽，可进行超高速测量，灵敏度和线性度好；几何形状具有多变性和适应性，可放入狭窄空间或管道；体积很小，重量轻，能在恶劣环境下进行非接触式、非破坏性以及远距离测量。

六、磁性开关与霍尔开关

1. 磁性开关

磁性开关又称为磁控开关，它是一种利用磁场信号来控制的开关元件，也是一种用来检测机械运动或电路状态的接近开关。图 3.1-17 为磁性开关检测气缸(或液压缸)活塞位置的示意图。

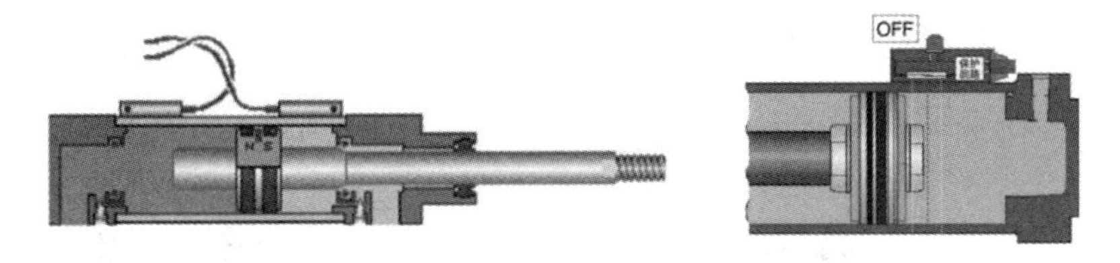

图 3.1-17　磁性开关检测气缸(或液压缸)活塞位置的示意图

(1) 当有磁性物质接近玻璃管时，在磁场作用下，两个簧片会被磁化而相互吸合在一起，从而使电路接通。

(2) 当磁性物质消失后，没有外磁力的影响，两个簧片又会因为自身所具有的弹性而分开，从而使电路断开。

磁性开关有磁性的，通过磁性来检测铁金属。如果丢失磁性，磁性开关将会检测不出活塞的位置。

磁性开关的检测对象必须是磁性物体(导磁材料)，否则难以进行测量。如果是非磁性物体，则需要安装固定一个磁性物体，比如在木头上或塑料上安装固定一小块铁金属。

气缸的外壁一般用铝材料，既能保证一定的机械强度，也能避免使用铁金属材料而造成检测失效。气缸的活塞有铁金属，这样便于磁性开关检测到活塞。

如果将两个磁性开关分别放置于气缸(或液压缸)活塞的伸缩最大行程位置，就能判断出气缸(或液压缸)是已推出还是缩回到最大状态。

磁性开关与PLC的接线可参看上文接近开关的接线。一般磁性开关的接线多用直流二线型，两线的颜色一般多为红色(或棕色)、蓝色。

2. 霍尔开关

由霍尔传感器制成的接近开关元件称为霍尔接近开关，简称为霍尔开关。

1) 霍尔传感器的工作原理

如图3.1-18所示，金属或半导体薄片两端通以控制电流 I，在与薄片垂直方向上施加磁感应强度为 B 的磁场，那么在垂直于电流和磁场方向的薄片的另两侧会产生电动势 U_H，U_H 的大小正比于控制电流 I 和磁感应强度 B，这一现象称为霍尔效应。利用霍尔效应制成的传感元件称为霍尔传感器。霍尔传感器必须在磁场中工作。

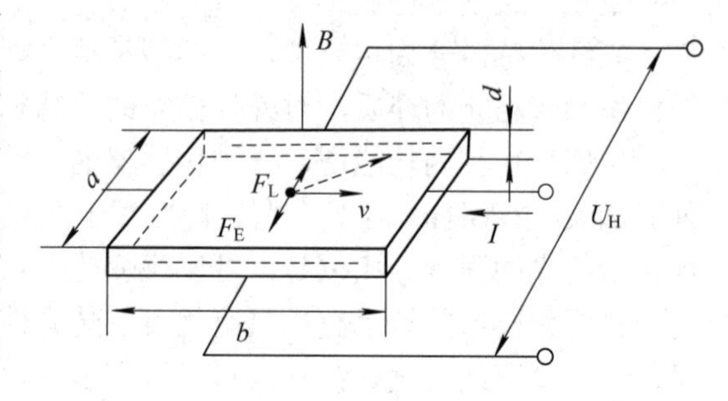

图3.1-18　霍尔传感器的工作原理

当控制电流的方向或磁场方向改变时，输出电势的方向也将改变；当电流和磁场同时改变方向时，霍尔电势的方向不变。

霍尔效应的灵敏度高低与外加磁场的磁感应强度成正比。利用集成封装和组装工艺，霍尔开关可方便地把磁输入信号转换成实际应用中的电信号，同时又满足工业场合实际应用易操作和可靠性的要求。

2) 霍尔传感器的安装方式

工作磁体和霍尔器件间的运动方式有对移、侧移、旋转、遮断，相应的安装方式分别如图3.1-19(a)、(b)、(c)、(d)所示。

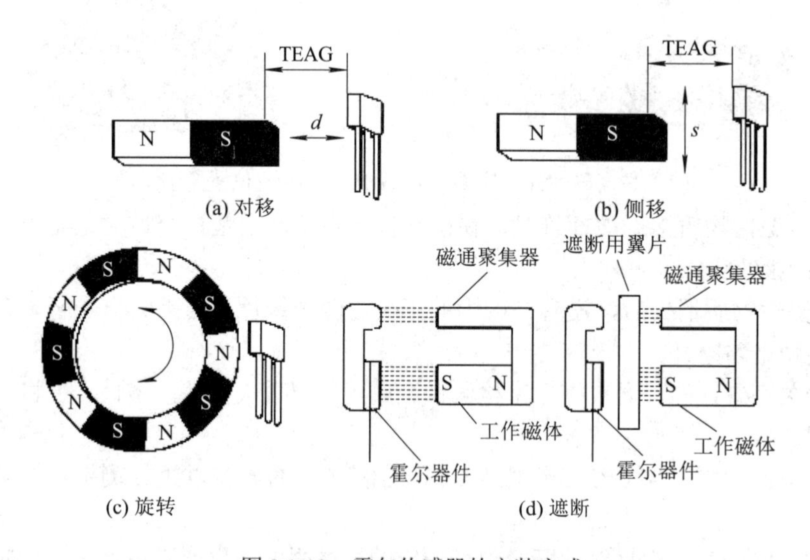

图3.1-19　霍尔传感器的安装方式

3) 霍尔开关输入/输出的转移特性

霍尔开关的输入端是以磁感应强度(B)来表征的。当磁感应强度(B)值达到一定程度(如 B_H)时，霍尔开关内部的触发器翻转，霍尔开关的输出电平状态也随之翻转。

一般霍尔开关接线常用直流二线型或直流三线型，直流三线型有 PNP 或 NPN 两种形式。

4) 霍尔开关应用

霍尔开关的检测对象必须是导磁材料(磁性物体)，否则难以进行测量。也就是说，霍尔开关用于检测导磁材料(磁性物体)的靠近。

当被测物体为导磁材料(磁性物体)，或者为了区别和它一起运动的物体而把导磁材料(磁性物体)埋在被测物体内时，应选用霍尔开关，霍尔开关的价格相对比较便宜。

汽车用霍尔转速计是在霍尔开关线性电路背面偏置一个永磁体，可以通过检测铁磁物体的缺口进行计数，也可以通过检测齿轮的齿进行计数。之后根据单位时间内的计数值得到汽车的转速。

七、雷达物位计

1. 物位计的概念

物位通常指工业生产过程中物料(固体或液体)的位置或高度，它分为料位、液位、界位。料位指容器中固体或颗粒状物质的堆积高度；液位指容器中液体介质的高低；界位指两种密度不同的液体介质分界面的高低。

测量物位、料位、液位、界位的仪表，分别称为物位计、料位计、液位计、界位计。物位计(包括料位计、液位计、界位计)广泛应用于自动化控制系统中。在环境工程中，也常用到物位计进行物位检测。例如：料位计在垃圾处理时检测垃圾的高度；液位计用于污水液位的检测；界位计用于污泥界面检测。对于液位检测，将在后面的任务 3.2 中进行专门介绍。

2. 雷达物位计的分类

雷达物位计即无线电检测与测距，又称微波物位计。

雷达物位计常用于对各种金属、非金属容器或管道内的液体、浆料及颗粒料的物位测量。由于微波信号的传输不受大气的影响，因此雷达物位计不受容器内高温、高压、真空、蒸汽、大粉尘、挥发性气体和惰性气体等因素的影响，也不受介质比重和电常数变化的影响，不需要现场校调。它具有测量精准、性能稳定、可靠性高、维护简便、使用寿命长、适用范围广等优点，广泛应用于能源、化工、石油、电力、冶金、环保、水泥、造纸、食品等行业。

按检测方式不同，雷达物位计分为接触式和非接触式。非接触式雷达物位计安装简单、维护量少、使用方便，近年来使用更多。按照微波的波形不同，接触式雷达物位计主要有导波雷达物位计；非接触式雷达物位计主要有脉冲雷达物位计和调频连续波雷达物位计。

按被测介质不同，雷达物位计分为雷达料位计、雷达液位计。

1) 导波雷达物位计

导波雷达物位计的外形如图 3.1-20 所示。导波雷达物位计发出高频微波脉冲，沿着测量件(测量件有时也称为探头，一般为一根缆式、棒式、同轴套管式的钢索或者钢管)传播，当遇到被测介质时，由于介电常数突变，部分微波脉冲能量被反射回来，并被电子部件接收。通过识别发射脉冲与接收脉冲的时间间隔，导波雷达物位计的微处理器可以计算出实际的物位值。

☞**提示**　发射脉冲与接收脉冲的时间间隔和电子部件到被测介质的距离成正比。

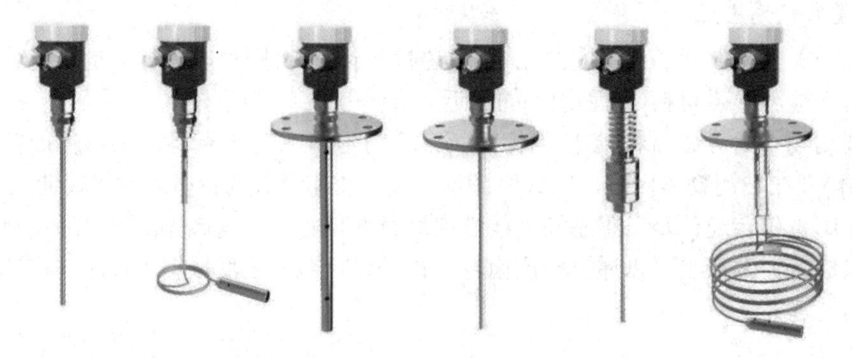

图 3.1-20　导波雷达物位计的外形

导波雷达物位计的特点为：测量原理简单，可以不带物料调整，调试费用低；测量缆或棒可以截短，更容易适应现场；即使在烟雾、蒸汽、噪声很严重的情况下，依然能保证测量精度；不受介质特性变化、密度变化或介电常数变化的影响；测量探头或容器壁上黏附介质不会影响测量结果；容器内安装物如果采用同轴套管式，则测量完全不受容器内安装物的影响，不需要特殊调试。

导波雷达物位计可以使用不同形式的测量件(探头)，对应的用途如下：

① 缆式测量件(探头)用于测量质量大的固体介质或液体介质的物位，量程可达 60 m；

② 棒式测量件(探头)用于测量质量小的固体介质或液体介质的物位，量程可达 6 m；

③ 同轴套管式测量件(探头)用于测量低黏度的介质，不受过程条件的影响，量程可达 6 m。

2) 脉冲雷达物位计

脉冲雷达物位计的天线发射极窄的微波脉冲，脉冲以光速空间(如在空气中)传播，遇到被测介质表面(被测介质的介电常数必须大于传播介质的介电常数)后，部分微波能量被反射回来，被同一个天线接收。通过准确地识别发射脉冲与接收脉冲的时间间隔，可以计算出天线到达被测介质表面的距离。脉冲雷达物位计的外形如图 3.1-21 所示。

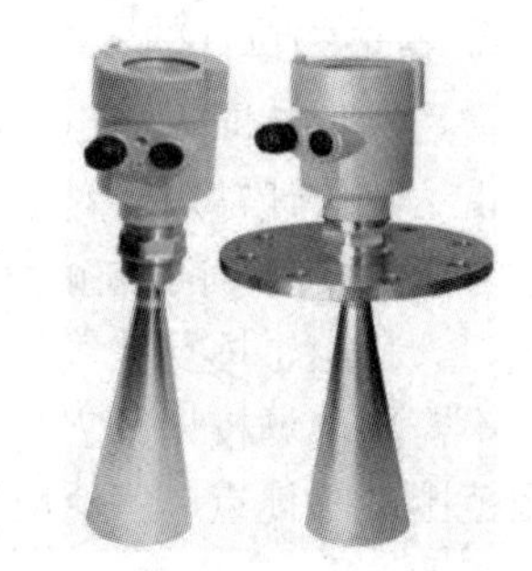

图 3.1-21　脉冲雷达物位计的外形

☞**提示**　发射脉冲与接收脉冲的时间间隔和天线到被测介质表面的距离成正比。

脉冲雷达物位计通过天线系统发射并接收微波脉冲。发射的微波脉冲功率很低、极短。雷达波以光速运行，被反射回来的微波能量的大小(即反射量)取决于料面平整度和介电常数的大小。介质的反射量(率)越大，信号就越强，越好测量；反射量(率)越小，信号就越弱，越容易受干扰。

脉冲雷达物位计的特点为：最大量程为 70 m，测量精度为 ±15 mm；脉冲发射频率高(高达 26 GHz)、发射功率极低，可安装于各种金属、非金属容器内，对人体及环境均无伤害；天线尺寸小，便于安装和加装防尘罩；抗结露、结晶、粉尘，波束集中；适用于电力、钢铁、水泥等大量程、高温、高粉尘、低介电常数介质的测量。

脉冲雷达物位计可用于大部分应用场合，通常用于圆柱形、35 m 以内罐体内介质的物位测量。

3) 调频连续波雷达物位计

调频连续波(FMCW)雷达物位计的天线在发出信号后，经过一定的时间延迟，接收到回波信号。将所有的回波时间进行快速傅里叶变换(FFT)，可将时间信号转换成有一定能量的频谱。由发射波与回波的频谱差计算出测量物位。

☞提示　回波数量多，回波时间进行 FFT 后，以比较高和比较陡的视频谱信号为有用信号。

调频连续波雷达物位计易于维护、精度高、重复性高。在测量大量程、粉尘较大的容器的介质时，就必须使用能量大、抗干扰能力强的调频连续波雷达物位计，否则测量的结果可能不够准确。

3. 雷达物位计的安装及使用注意事项

(1) 雷达物位计常用法兰安装，安装要做标记。

(2) 当测量液态介质时，雷达物位计的轴线和介质表面保持垂直；当测量固态物料时，由于固体介质会有一个堆角，雷达物位计要考虑倾斜一定的角度。

(3) 对于非接触式雷达物位计，应尽量避免在发射角内有造成假反射的装置，否则可能会造成位置误判。特别要避免在距离天线最近的 1/3 锥形发射区内有障碍装置(因为障碍装置越近，虚假反射回波信号越强)。若实在避免不了，可以加装一个折射板，将过强的虚假反射信号折射走。另外，为了避免产生虚假反射，也不要在靠近进料口、罐壁、进料帘、漩涡、拱形罐中心等位置安装雷达物位计，安装位置与槽壁距离应大于 30 cm，以免将槽壁上的虚假信号误当作回波信号，可以考虑安装位置在容器半径的二分之一处。

(4) 如果容器内有搅拌器，则搅拌器在搅拌时会产生不规则漩涡，造成信号衰减，而且搅拌器上的叶片也会反射微波信号，造成虚假回波。尤其是在被测量介质的相对介电常数较小并且达到低液位时，搅拌器对设备探测的数据造成的影响十分严重。所以雷达物位计的安装位置要避开搅拌器附近。

(5) 雷达物位计的天线平行于测量槽壁有利于微波的传播。若雷达物位计安装在接管上，天线必须从接管伸出来，喇叭口天线伸出接管至少 10 mm。棒式天线的接管长度最大为 100～250 mm，直径最小为 250 mm，可以采取加大接管直径的方法减少由接管产生的干扰回波。

(6) 如果容器为锥形或凹形，那么调试时要确保雷达波束能到达容器最低点位置，否则检测距离就会相差较大。

(7) 注意避免周围有磁场对雷达物位计产生干扰。

(8) 对于雷达物位计的电缆电线保护管，要注意密封防止积水，防止被老鼠等啮齿类动物撕咬，并避免暴露于高温或低温环境。

八、图像检测

视觉获取的信息占人类所能获得信息总量的 80%以上。作为视觉的延伸，图像检测在工业、农业和日常生活中发挥着越来越重要的作用。

图像传感器利用光敏元器件的光-电转换功能，将光线图像转换为成一定比例关系的电信号，并经处理后输出。它能实现图像信息的获取、转换和视觉功能的扩展。图像传感器既有结构简单、芯片级的固态图像传感器，也有功能完善、应用级的光纤图像传感器、红外线图像传感器以及视觉传感器等。

1. 固态图像传感器

固态图像传感器能进行光-电信号转换，也能对平面图像上的像素进行点阵取样，并将其按时间取出。固态图像传感器常分为三类：CCD 图像传感器、CMOS 图像传感器、接触式影像传感器(CIS)，其中 CCD 图像传感器和 CMOS 图像传感器占据市场主流。

1) CCD 图像传感器

CCD 全称电荷耦合器件，它能进行光-电转换、信息存储和传输，具有集成度高、分辨率高、动态范围大等优点。CCD 图像传感器分为线阵 CCD 图像传感器和面阵 CCD 图像传感器，被广泛应用于生活、天文、医疗、电视、传真、通信以及工业检测和自动控制系统。

☞**提示**　电荷耦合器件是一种在大规模集成电路技术发展的基础上产生的，具有存储、转移并读出信号电荷功能的半导体功能器件。

2) CMOS 图像传感器

采用互补金属氧化物半导体工艺制作的图像传感器称为 CMOS 图像传感器。目前的 CMOS 图像传感器成像质量比 CCD 图像传感器略低，但 CMOS 图像传感器具有体积小、耗电量小、售价便宜的优点。随着硅晶圆加工技术的进步，CMOS 图像传感器的各项技术指标有望超过 CCD 图像传感器，它在图像传感器中的应用也日趋广泛。

与 CMOS 图像传感器对比，CCD 图像传感器具有以下优点：分辨率高、灵敏度高、动态范围广、线性良好、感光面积大、影像失真低。与 CCD 图像传感器相比，CMOS 图像传感器拥有以下优点：系统集成、功耗低、成像速度快、响应范围广、抗辐射性强、成本低、结构简单。

2. 视觉传感器

视觉传感器是利用光学元件和成像装置获取外部环境图像信息的仪器，通常用图像分辨率来描述视觉传感器的性能。视觉传感器的精度不仅与分辨率有关，而且同被测物体的检测距离相关。被测物体距离越远，其绝对的位置精度越差。

视觉传感器通常包括激光器、扫描电动机及扫描机构、角度传感器、线性图像传感器及其驱动板和各种光学组件。

由于具有高达 130 万像素的分辨率，因此无论距离远近，视觉传感器都能“看到”细腻的目标图像。捕获图像后，视觉传感器能将其与内存中存储的基准图像做比较并分析判断所捕获图像的情况。以往需要多个光电传感器的应用，现在可以用一个视觉传感器来检验多项特征。视觉传感器能够检验大得多的面积，并可以实现更佳的目标位置和方向灵活性。

视觉传感器的一些应用案例如下：

(1) 在一些自动化生产线，视觉传感器取代了人工进行在线检测，减轻了工人的劳动强度，减少了次品数量，大力提高了生产效率。比如在包装生产线，视觉传感器可以确保在正确的位置粘贴正确的包装标签。

(2) 计算机视觉检测技术采用图像传感器来实现对被测物体的尺寸及空间位置的三维测量，通过计算机对标准和故障图像进行比对或直接从图像中提取信息，并根据判别结果控制设备动作。这种基于视觉传感器的智能检测系统具有抗干扰能力强、效率高、组成简单等优点，非常适合生产现场的在线、非接触检测及监控。

(3) 机器人视觉一般指与机器人配合使用的工业视觉系统。把视觉系统引入机器人，可以大大提高和扩展机器人的使用性能。机器人视觉具有对目标有更好的辨别能力、实时性、可靠性等方面的要求。

九、射频识别

射频识别(Radio Frequency Identification，RFID)技术是自动识别技术的一种，它通过无线射频方式进行非接触双向数据通信，对记录媒体(电子标签或射频卡)进行读写，从而达到目标识别和数据交换的目的。

1. 系统组成

RFID 系统由电子标签、读写器和计算机网络组成，如图 3.1-22 所示。

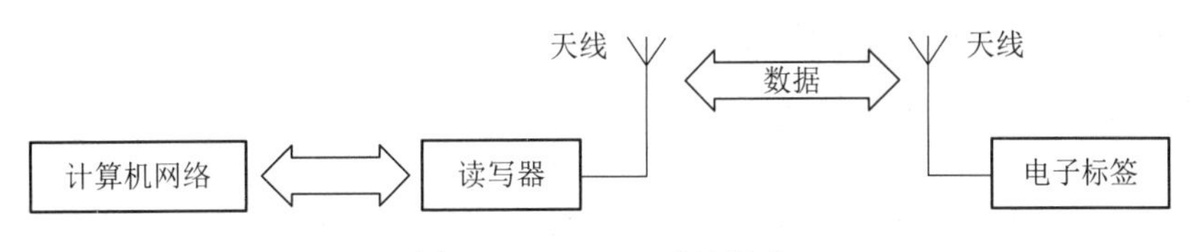

图 3.1-22 RFID 系统组成

这里重点介绍电子标签和读写器。

1) 电子标签

RFID 技术以电子标签来标志某个物体。电子标签包含电子芯片和天线，电子芯片用来存储物体的数据，天线用来收发无线电波。

(1) 根据有无电池电源，电子标签分为无源电子标签、有源电子标签和半有源电子标签三种。

无源电子标签利用读写器发出的波束供电，电子标签将接收到的部分射频能量转化成直流电，为标签内部电路供电。其特点为：作用距离较短，要求读写器发射较大的射频功率，物体的运动速度不能太高；寿命长，对工作环境要求不高。此类电子标签常用于防伪溯源、图书管理、文档管理、物流供应链管理、资产管理等。

有源电子标签内有电池，可为电子标签提供全部能量。其特点为：工作可靠性高，信号传送的距离较远，需要的读写器射频功率较小；寿命有限，随着电池电力的消耗，数据传输的距离会越来越小，影响系统的正常工作；体积较大，成本较高，不适合在恶劣环境下工作。此类电子标签常用于防伪标识、生产流水线管理、仓储管理、电子无线通信、物流管理、人员资产定位、实时交通管理、车辆出入管理等。

半有源电子标签内有电池，但是仅对维持数据的电路及维持芯片工作电压的电路提供支持。未进入工作状态前，电子标签一直处于休眠状态，相当于无源标签；进入读写器的工作区域后，电子标签受到读写器发出的射频信号的激励，进入工作状态。此类电子标签可应用于门禁管制、人员(或物品)精确定位或区域定位、停车场管理、安防报警等。

(2) 根据工作频率的不同，电子标签分为低频电子标签、高频电子标签、超高频电子标签和微波电子标签，它们的参数如表 3.1-1 所列。

表 3.1-1　不同工作频率电子标签的参数

类型	工作频率/Hz	典型工作频率/Hz	典型波长	能量传输方式	典型通信距离
低频(LF)电子标签	30～300 k	125～134 k	2 km	电感耦合	＜10 cm
高频(HF)电子标签	3～30 M	13～56 M	20 m	电感耦合	＜1 m
超高频(UHF)电子标签	300～968 M	860～960 M	30 cm	电磁场耦合	1～15 m
微波(MW)电子标签	300M～300 G	2.4～2.45 G	12 cm	电磁场耦合	1～3 m

低频电子标签应用于近距离、低传输速度、小数据量的场合，如门禁、考勤、电子计费、电子钱包等，其工作频率低，可穿透水、木、有机组织，因此可做成耳钉式、项圈式、药丸式，并可用作动物身份标识(动物晶片)。

高频电子标签广泛用于防伪溯源，它可以做成卡片式，如电子车票、校园卡、门禁卡、第二代居民身份证。

超高频电子标签应用于航空包裹管理、集装箱管理、停车场管理、不停车收费管理、图书馆管理、生产线管理、仓储管理等。

微波电子标签可用于入侵报警、运动探测、距离监控等方面。

2) 读写器

读写器是读取和写入电子标签内存信息的设备，是电子标签与计算机网络的连接通道。如图 3.1-23 所示为两款读写器。

图 3.1-23　两款读写器

射频识别的工作频率是由读写器的工作频率决定的，读写器的工作频率要与电子标签的工作频率保持一致。对于某些简单的应用，读写器可以独立完成应用的需要，不用与计算机进行数据交换。

2. 工作原理

读写器通过发射天线发送特定频率的射频信号，当电子标签进入有效工作区域时，读写器产生感应电流，从而获得能量被激活，使得电子标签将自身编码信息通过内置天线发射出去。读写器的接收天线接收到从电子标签发送来的调制信号，经天线的调制器传送到读写器信号处理模块，经解调和解码后将有效信息传送到后台计算机(主机系统)进行相关分析与处理，计算机(主机系统)根据有效信息识别出该标签身份。这就是 RFID 的工作原理。

3. 特点及应用

RFID 具有方便快捷、识别速度快、数据容量大、使用寿命长、标签数据可动态更改、安全性更好、动态实时通信等优点。

RFID 的应用非常广泛，在各行各业都能看到它的影子。其典型应用例子有：动物身份标识(动物晶片)、门禁管制、文档追踪、图书馆管理、自动化生产制造与装配、汽车晶片防盗、停车场管制、物料管理、物流管理(如码头集装箱)、航空行李处理、快递包裹处理、身份认证、安全报警、人员定位、电子门票识别、道路自动收费、食品溯源、监狱管理、博物馆应用等。

十、PLC 程序中的数制表示

位置检测仪表(传感器)可以判断液位是否到达某个特定位置，也可以检测液位的具体位置高度。当用于判断液位是否到达某个特定位置时，位置检测仪表(传感器)输出开关量信号(二进制的“0”或“1”)给 PLC。当用于检测液位的具体位置高度时，位置检测仪表(传感器)输出模拟量电流(DC4～20 mA)信号或模拟量电压(DC0～5 V 或 DC0～10 V)信号，此时需要使用 PLC 程序中的数据存储器来存取数值，可能要用到数制及数制转换、数据类型等知识。

这里先介绍数制及数制转换，PLC 的数据类型将在之后的任务中介绍。

1. 数制的概念

数制也称为计数制，是用一组固定的符号和统一的规则来表示数值的方法。任何一个数制都包含两个基本要素：基数和位权。常用的数制有二进制、十进制、八进制、十六进制等。

基数是指数制所使用数码的个数。位权是指数制中某一位上的 1 所表示数值的大小。数制示意图如图 3.1-24 所示。数码是指数制中表示基本数值大小的不同数字符号。

十进制的基数为 10，即有 10 个数码，分别为 0、1、2、3、4、5、6、7、8、9；八进制的基数为 8，其数码包括 0、1、2、3、4、5、6、7；十六进制的基数为 16，采用的数码为 0、1、2、3、4、5、6、7、8、9、A、B、C、D、E、F。

图 3.1-24　数制示意图

2. 二进制

计算机是靠电路进行运作的，通常只有断开、接通两种状态，硬件上易于实现。为了使计算机系统能够进行数据存储和运算，规定用数码“0”和“1”分别代表断开、接通这两种状态，计算机内部收到的数据均只用0和1表示，这就是使用二进制的初衷。

基于上述数制定义，二进制的计数规则可用图3.1-25进行描述。

2^8	2^7	2^6	2^5	2^4	2^3	2^2	2^1	2^0	2^{-1}	2^{-2}
256	128	64	32	16	8	4	2	1	0.5	0.25
二进制数2^n的基数为2，位权为n，数码为0、1										

图3.1-25　二进制的计数规则

3. 二进制与十进制的转换

(1) 二进制数转换为十进制数，直接将二进制数的各位的数值依次乘对应的位权(2的幂次)后相加。例如，二进制数11011转换为十进制数的过程为$1\times2^4+1\times2^3+0\times2^2+1\times2^1+1\times2^0=16+8+0+2+1=27$，即二进制数11011转换为十进制数27。

(2) 十进制数转换为二进制数，计算机编程常采用短除法。将一个十进制数除以2，得到的商再除以2，依此类推，直到商等于1或0为止。倒取除得的余数，即可将十进制数换算为二进制数。例如，十进制数217转换为二进制数的过程如图3.1-26所示，即十进制数217转换为二进制数11011001。

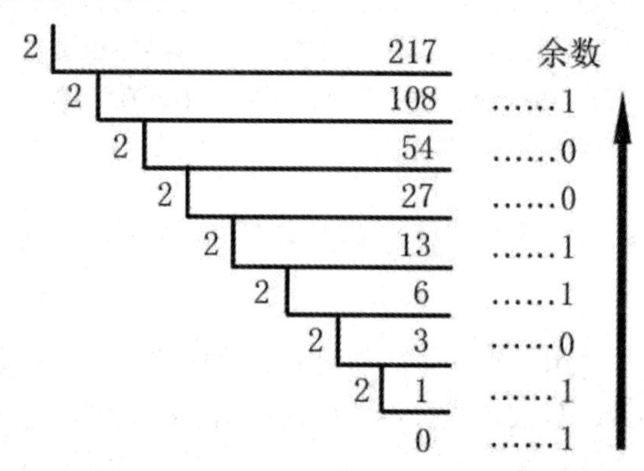

图3.1-26　十进制数217转换为二进制数的过程

4. 八进制与十六进制

实际使用二进制进行数据记录时，有时会觉得二进制数据较为冗长，易错难记，并且十进制数与二进制数之间的转换过程复杂。因此在计算机指令代码和数据的书写中，有时也使用八进制和十六进制作为二进制数据的缩写方式。

八进制的规则是逢八进一，每位上的数值(0～7中的某个数字)可视为二进制三位一组的缩写。八进制与二进制的对应关系如表3.1-2所列。

表3.1-2　八进制与二进制的对应关系

八进制	0	1	2	3	4	5	6	7
二进制	000	001	010	011	100	101	110	111

十六进制的规则是逢十六进一，每位上的数值(0～F 中的某个数)可视为二进制四位一组的缩写。十六进制与二进制的对应关系如表 3.1-3 所列。

表 3.1-3　十六进制与二进制的对应关系

十六进制	0	1	2	3	4	5	6	7
二进制	0000	0001	0010	0011	0100	0101	0110	0111
十六进制	8	9	A	B	C	D	E	F
二进制	1000	1001	1010	1011	1100	1101	1110	1111

☞**提示**　相对来说，PLC 程序中一般较少使用八进制，而更多使用十六进制。十六进制数每位上数值的取值范围为 0～F，即 0、1、2、3、4、5、6、7、8、9、A、B、C、D、E、F。

5. PLC 程序中的数制表示

各数制的符号如表 3.1-4 所列。

表 3.1-4　各数制的符号

数制	二进制	八进制	十进制	十六进制
符号	B	O	D	H
英文全称	Binary	Octal	Decimal	Hexadecimal

西门子 S7-200 SMART 系列 PLC 的程序中，用“2#”来表示二进制数，用“16#”来表示十六进制数。例如“2#11011”表示二进制数 11011，“16#3A”表示十六进制数 3A。十进制整数前不需要任何符号。

三菱 FX_{3U} 系列 PLC 的程序中，用 K 来表示十进制整数，用 E 来表示十进制实数，用 H 来表示十六进制数。例如“K10”表示十进制整数 10，“E10.5”表示十进制实数 10.5，“H1C”表示十六进制数 1C。

【任务实施】

在本任务的子任务 1 及子任务 2 中都用到了雷达物位计，它通过雷达发射微波，遇到被测物体后微波能量被反射回来。通过识别发射微波与接收微波的时间间隔，可以计算出雷达物位计与被测介质表面的距离，由此算出物料的高度位置。

除了雷达物位计，其他能检测位置的仪表(传感器)还有电感式接近开关、电容式接近开关、光电开关、光纤传感器、磁性开关、霍尔开关、图像传感器等。

【小结】

本任务在介绍传感器、仪表、测量误差，以及物位计与料位计等概念的基础上，重点介绍了应用于位置检测的多种位置传感器的工作原理、特点、安装和应用。这些位置传感器主要包括电感式接近开关、电容式接近开关、光电开关、光纤传感器、磁性开关、霍尔开关、图像传感器。最后，还简要介绍了 PLC 程序中常用的数制表示及数制转换。

【理论习题】

一、判断题(对的打“√”，错的打“×”)

1. 霍尔开关一般做得比较薄，一般采用N型半导体材料。( )
2. 漫反射式光电开关需要一个反射镜和它一起工作。( )
3. 光纤传感器的传光性能好，可进行超高速测量，但灵敏度不高。( )
4. 编码器每旋转一圈所产生的脉冲数越少，编码器分辨率越高。( )
5. 霍尔开关不需要提供电源就能工作，但需要磁场环境才能工作。( )
6. 旋转编码器包括增量型旋转编码器和减量型旋转编码器。( )
7. RFID即射频识别，它具有方便快捷、识别速度快、数据容量大等特点。( )
8. 用两个温度传感器A和B测量物体温度。当温度变化1℃时，A、B这两个温度传感器的输出电压变化分别为15 mV、10 mV，则传感器A的灵敏度高于传感器B的灵敏度。( )
9. 电容式接近开关是利用被测介质面变化引起电容变化的一种变介质型传感器。( )
10. 在机器人中加入机器人视觉系统后，机器人能获得对目标更好的辨别能力。( )

二、单选题

1. 传感器相当于人的( )。

A. 骨架　　B. 手脚　　C. 五官　　D. 大脑

2. 关于误差，以下说法不正确的是( )。

A. 误差不可能避免，而错误则可以避免
B. 多数场合评价仪表精度都用相对误差
C. 用相对误差才能够表达仪表测量结果的可靠程度
D. 已知温度传感器M和N的精度等级分别为0.5和1.0，则温度传感器N的精度更高

3. 关于电容式接近开关，以下选项错误的是( )。

A. 电容式接近开关可以检测铁器的靠近
B. 电容式接近开关可以检测木制物体的靠近
C. 电容式接近开关可以检测手指的靠近
D. 电容式接近开关只能检测非金属物体的靠近

4. 传感器一般由( )组成。

A. 敏感元件　　B. 传感元件　　C. 测量电路　　D. 以上三者都是

5. 已知三个压力传感器S、T、Q，当压力变化1 Pa时，S和Q的输出电压变化分别为5 mV和2 mV，T没有任何反应，则以下说法错误的是( )。

A. S的灵敏度高于T的灵敏度　　B. Q的分辨力大于T的分辨力
C. Q的灵敏度低于S的灵敏度　　D. T的分辨力小于S的分辨力

6. 关于电感式接近开关，以下选项错误的是( )。

A. 电感式接近开关所能检测的物体是金属物体
B. 普通钢与不锈钢，电感式接近开关对前者更敏感
C. 黄铜与不锈钢，电感式接近开关对前者更敏感

D. 大功率电感式接近开关可以用于探测地雷

7. 以下属于传感器动态特性指标的是(　　)。

A. 重复性　B. 固有频率　C. 线性度　D. 灵敏度

8. 关于电容式接近开关和电感式接近开关，以下选项错误的是(　　)。

A. 电容式接近开关可以检测金属工件存在与否

B. 电感式接近开关可以检测纯木制工件

C. 电容式接近开关可以检测液位的高低

D. 电感式接近开关可以检测铁制工件的靠近

9. 对于直流三线 PNP 常开型光电开关，其(　　)线接到西门子 SR40 PLC 的 1M 端子。

A. 蓝色　B. 黑色　C. 棕色　D. 黄绿色

10. 对于直流三线型电感式接近开关，其(　　)线接到三菱 FX_{3U}-32MR PLC 的 X2 端子。

A. 蓝色　B. 黑色　C. 棕色　D. 黄绿色

11. 下列哪个对光纤线的操作是允许的？(　　)

A. 弯曲　B. 剪断　C. 剪短　D. 剥皮

12. 下列选项中，说法错误的是(　　)。

A. RFID 可用于定位动物园内大型猛兽的位置，也可用于识别动物园“鸟林”中的鸟

B. 如果选用图像传感器作卫星拍照用，那么 CCD 图像传感器比 CMOS 图像传感器更好

C. 用于判断气缸是否推出或缩回的磁性开关，如果丢失磁性，就失效了

D. 导波雷达物位计能在重雾环境下对料仓内食物的高度进行非接触式测量

13. 二进制数 1010 转换为十进制数，得到(　　)。

A. 8　B. 9　C. 10　D. 12

14. 二进制数 11111011 与十六进制数 EF 相加，得到的结果可转换为十进制数(　　)。

A. 390　B. 490　C. 280　D. 290

15. 二进制数 10101010 与十六进制数(　　)大小相等。

A. EE　B. FF　C. BB　D. AA

三、简答题

1. 检测物体靠近时，使用电感式接近开关好还是电容式接近开关好？两者检测对象有何不同？

2. 如何分辨出安装在某台设备上的某个接近开关是电感式还是电容式？

3. 简述光电开关的原理，并举例说出至少 3 个光电开关的应用。

4. 简述霍尔传感器的工作原理。

5. 谈谈你看到的料位检测环保应用例子。

任务 3.2　PLC 与液位检测

【任务导入】

情景一：野外水库的水位自动测量。如图 3.2-1 所示，在野外水库水位自动测量中，尤其汛期雨水量大时，水库工作人员随时要监测水位信息，以便控制水位在警戒线以下，此时对水库水位进行准确可靠的测量十分重要。可以使用浮力式液位计来检测水位的具体位置。

情景二：污水液位检测。如图 3.2-2 所示，污水池里的污水成分复杂，而且有腐蚀性，可以使用超声波液位计来检测污水液位。

图 3.2-1　野外水库水位测量

图 3.2-2　污水池的液位检测

情景三：对环境水处理过程中的调节池液位进行检测与控制。

调节池为污水处理中用以调节进水和出水流量，均衡水质和预处理的构筑物。调节池中的提升泵用于输送、提升调节池中的废水，不仅具有初步沉降和分离，调节水量、水质、pH 值、水温，以及预曝气作用，还可用作事故排水。

某污水处理厂的调节池液位检测与控制如图 3.2-3 所示。调节池里有两个浮子液位开关 SL1、SL2，分别放置于调节池液位的下限位置、上限位置，用于检测调节池内的液位是否达到下限位、上限位。

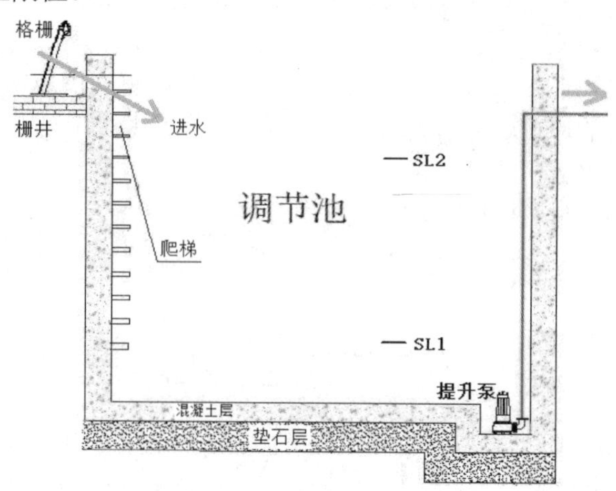

图 3.2-3　调节池液位检测与控制

按下启动按钮后，系统进入运行状态，此后：① 当调节池的液位低于上限位 SL2 时，原水进水阀得电打开并自锁；② 当调节池的液位高于下限位 SL1 时，提升泵得电打开并自锁；③ 当调节池的液位高于上限位 SL2 时，原水进水阀失电关闭；④ 当调节池的液位低于下限位 SL1 时，提升泵失电关闭。

根据调节池中液位与上限位 SL2、下限位 SL1 的位置关系，用 PLC 控制原水进水阀和提升泵的开、关。

【学习目标】

◆ 知识目标

(1) 熟悉液位计的分类、特点、安装与使用；

(2) 熟悉 PLC 的数据类型、数据存储器；

(3) 熟练掌握利用 PLC 和液位计来检测液位的方法。

◆ 技能目标

(1) 学会使用液位计；

(2) 学会使用 PLC 和液位计来检测液位是否达到某个高度位置。

【知识链接】

一、液位检测与液位计

1. 液位检测

液位指容器中液体介质的高低，它是与水处理相关的环境工程(如水利、污水处理、制水、循环水)中经常需要检测的重要工艺参数之一。液位检测是利用液位传感器将非电量的液位参数转换为便于测量的电量信号，通过电信号的计算和处理，确定液位高低的。

液位检测在现代工业生产中具有重要地位，它既可确定容器里的原料、半成品或成品的数量，也可连续监视或调节容器内流入和流出液体的平衡。图 3.2-4 为容器内液体的液位检测。

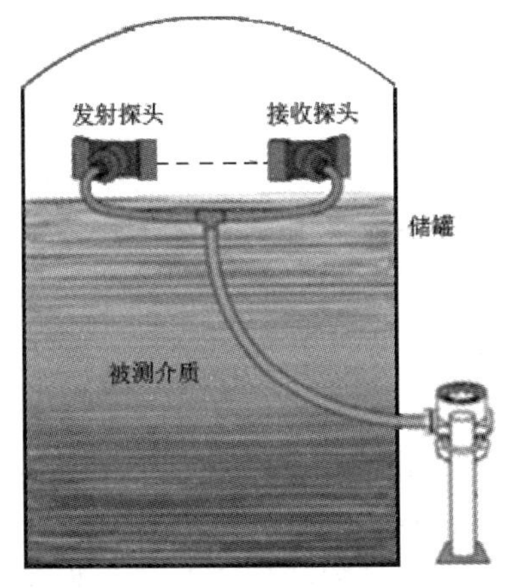

图 3.2-4　容器内液体的液位检测

2. 液位计

用来测量液位的仪表称为液位计。广义的液位计包括液位开关和液位检测仪表(带有电压或电流信号输出的液位传感器)；狭义的液位计指后者，因此液位计有时也称为液位传感器。图 3.2-5 为某型液位传感器。

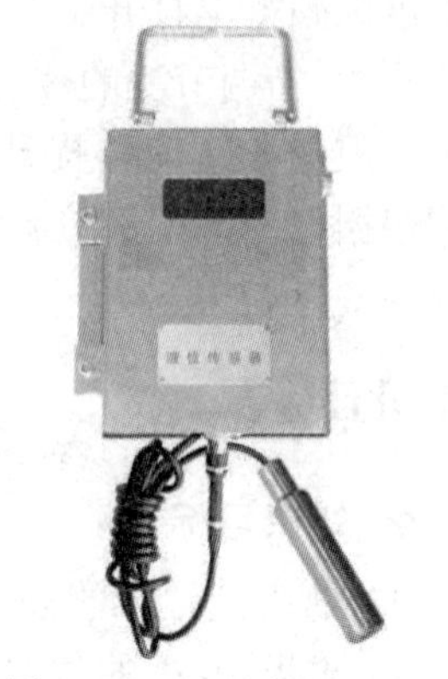

图 3.2-5　某型液位传感器

1) 液位开关

在液位检测中，有时不需要测量液位具体有多高，而只需要检测液位是否达到某个特定的位置(如上限或下限位置)。这种定点测量用的液位计称为液位开关。

液位开关是根据液位传感器的信号输出开启放水或者进水的阀门而使水位保持恒定的一种仪表，输出的是一种开关量信号，一般用来监视、报警、输出控制信号。

2) 液位检测仪表

液位检测仪表上带有具备输出电信号功能的液位传感器或液位变送器，因此有时也直接称之为液位传感器或液位变送器。液位传感器或液位变送器能将液位转化为电信号(电压或电流信号)的形式输出给 PLC、单片机、DSP、采集器或显示器等设备。

液位检测仪表和液位开关的原理虽然相同，但是液位开关是开关控制电路，而液位检测仪表一般是检测电压或电流的电路(也称模拟量控制电路)。

3) 液位计分类

常用的液位计有浮力式液位计、静压式液位计、电容式液位计、激光式液位计、超声波液位计、雷达液位计(雷达物位计的一种)等。雷达物位计在上个任务中已介绍过，下面将逐一介绍其他液位计。

二、浮力式液位计

浮力式液位计是一种常用的液位计，它利用浮力原理进行液位检测。

☞**小知识**　浮力原理也称阿基米德原理，即浸入液体中的物体受到向上的浮力，浮力的大小等于它排开液体受到的重力。物体受到浮力的大小是由液体的密度和它排开的液体的体积所决定的。

浮力式液位计分为恒浮力式液位计、变浮力式液位计两类。

1. 恒浮力式液位计

恒浮力式液位计通过测量漂浮于被测液面上的浮子(也称浮标)随液面升降变化而产生的位移来检测液位。最典型的恒浮力式液位计为浮子液位计和浮球液位计。

在液体中整体密度低于液体密度的物体最终会浮在液体表面，这个物体称为浮子。在稳定状态下，浮子受到的浮力是恒定的(恒浮力)。当液体表面位置发生垂直改变时，浮子的垂直位置在恒浮力作用下会随液体表面位置同步改变。通过各种机械、电磁、光学等物理手段将浮子所处的垂直位置以直接读出的形式表现出来的设施，就是浮子液位计。

浮球与浮子并无严格区分，习惯上将有传动部分直接连接到容器上的叫浮球，而没有传动部分直接连接的叫浮子。浮子液位计和浮球液位计如图3.2-6所示。

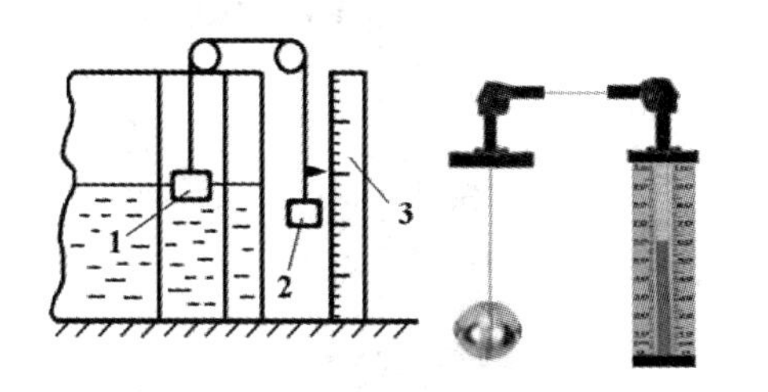

1—浮子；2—配重；3—液位刻度

(a) 浮子液位计

1—浮球；2—连杆；3—支点；4—配重；5—指针

(b) 浮球液位计

图3.2-6　浮子液位计和浮球液位计

下面详细介绍几种典型的浮子液位计。

1) 磁性浮子液位计

磁性浮子液位计(又称磁翻转液位计)是现场显示仪表。当装有永久磁钢的浮子浮在被测介质表面时，随着液面变化，磁钢所在位置(即实际液面位置)也在变化，并通过磁化系统耦合驱动双色磁翻柱翻转(磁钢在导管内上下运动，带动显示部分红白指示球)，从而显示液面位置，如图3.2-7所示。同时这种液位计也可以在4～20 mA输出液位数据，并具有开关报警功能，能耐高温高压。

磁性浮子液位计使用广泛，其外形如图3.2-8所示。

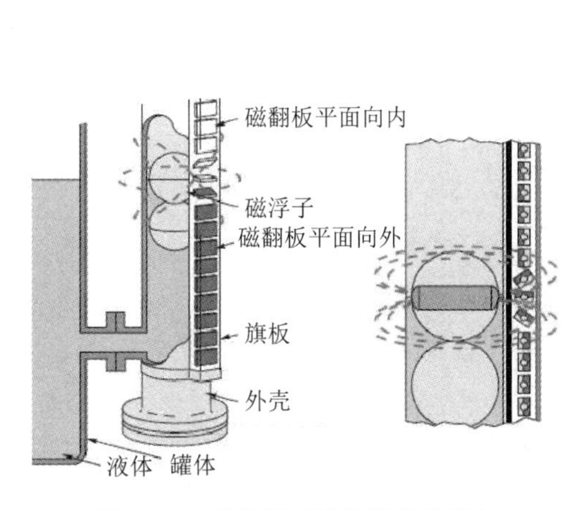

图3.2-7　磁性浮子液位计的磁翻转

图3.2-8　磁性浮子液位计的外形

2) 浮子(浮球)液位计

浮子(浮球)液位计是具有远传功能的仪表，其原理是在传感器导杆中，等距离地安装若干个磁簧开关(这个距离就是液位计的分辨率)和数量相等的等值电阻，当磁浮球随液面浮到某位置时，该位置的磁簧开关就把代表该位置的相应电阻接通(至少一个到 n 个)，在输出端的电阻值就代表该点液位。然后由变送器变成4～20 mA的标准电流信号输出，供显示和调节仪表。

浮子(浮球)液位计的原理简单，是一种常用的水位测量仪器，它包括浮子(浮球)开关和浮子(浮球)传感器，前者是开关量输出，后者是模拟量电流信号或电压信号输出甚至是网络通信输出。电缆式浮球液位开关是水利部门常用的水位测量仪器，它基于浮子式液位测量原理进行测量。其结构为注塑一体成型，比较坚固。它还具有价格低、寿命长、安装简单、安全可靠、无毒环保、免维护等特点。电缆式浮球液位开关如图3.2-9所示。

图3.2-9　电缆式浮球液位开关

3) *磁致伸缩浮子液位计*

磁致伸缩浮子液位计由探测杆、电路单元和磁浮子三部分组成。测量时，电路单元产生电流脉冲，该脉冲沿着磁致伸缩线向下传输，并产生一个环形的磁场。在探测杆外配有磁浮子，磁浮子沿探测杆随液位的变化而上下移动。由于磁浮子内装有一组永磁铁，所以浮子同时产生一个磁场。当电流磁场与浮子磁场相遇时，产生一个“扭曲”脉冲(或称“返回”脉冲)。将“扭曲”脉冲与电流脉冲的时间差转换成脉冲信号，从而计算出浮子的实际位置。

2. 变浮力式液位计

变浮力式液位计利用沉浸在被测液体中的浮筒(也称沉筒)所受的浮力与液面位置的关系来检测液位。

浮筒式液位计是变浮力式液位计，如图3.2-10所示。它也利用沉浸在被测液体中的浮筒(也称沉筒)所受的浮力与液面位置的关系来检测液位。浮筒浸没在液体中，液面高度不同，所受的浮力也不同，据此来检测液位的变化。浮筒式液位计结构简单，性能可靠，不仅能检测液位，还能检测液体分界面，多应用于水利、污水处理、制水行业、循环水工艺。

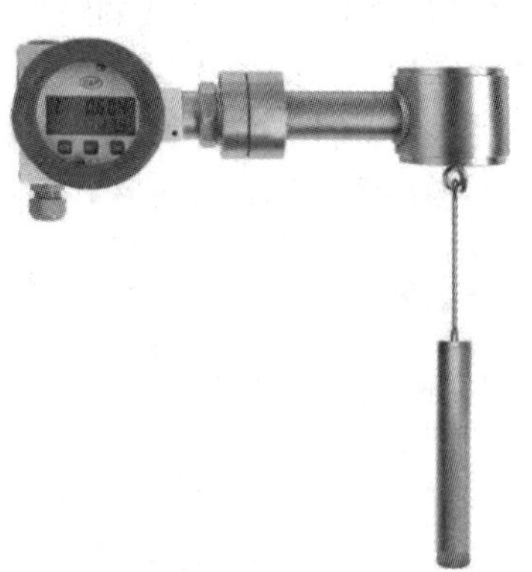

图3.2-10　浮筒式液位计

三、静压式液位计

静压式液位计在工业上使用广泛，它适用于能源、石油化工、冶金、制药、电力、给排水、环保等行业中各种介质的液位测量。

静压式液位计的二线型液位变送器由一个内置毛细软管的特殊导气电缆、一个抗压接头和一个探头组成。静压式液位计分为投入式和侧装式两种类型，具有结构精巧、安装灵活、调校简单方便等特点。

对于不可压缩的液体，液位高度与液体的静压力成正比，可以通过测量静压力的方式来间接测量液位。所以，只要测量出静压力，就可以知道液位高度，其原理如图3.2-11所示。

当静压式液位计投入到被测液体中某一深度 H 时，液位计所受静压力为 P_A，液面的压力为 P_B，则有 $\Delta P = P_A - P_B = H\rho g$。如果液面是暴露在大气中的，那么液面压力为当地的大气压 P_0，此时有 $\Delta P = P_A - P_0 = H\rho g$。静压式液位计的液位测量实际上就是在测探头上的液体静压与当地实际大气压之差，测出之后再由转换电路将该压差转换成DC4～20 mA电流或 DC0～10 V 电压的输出信号。如果静压式液位计放于容器底或池底，就可以测量液位。

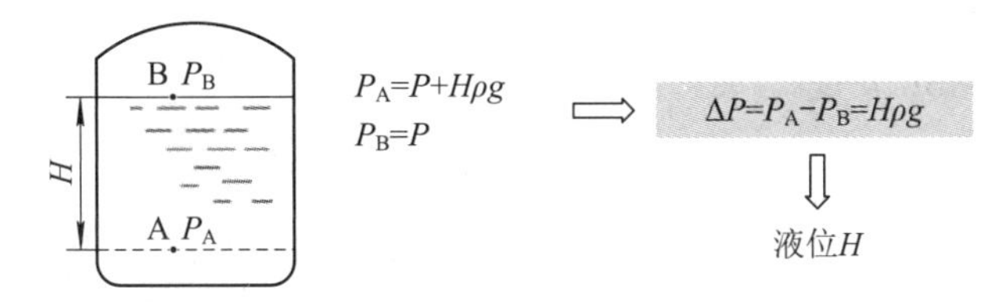

图 3.2-11 静压式液位计的液位测量原理

☞**注意** (1) 如果液面不是暴露在大气中而是在某密闭容器内，而且容器内本身存在一定压力，那么此时液面压力就很可能不等于大气压，即此时 P_B 不等于当地的大气压 P_0。另外，不同地理位置的大气压也是不同的，要以当地大气压为准。

(2) 静压式液位计与差压式液位计是不一样的。虽然静压式液位计也是通过测量压力差(差压)测量液位，两者原理类似，但两者在测量形式上有所差别。静压式液位计是放于液面之下测量静压力，由静压力与液面压力之差来算出液位；而差压式液位计是利用液柱产生的压力来测量液位。

四、电容式液位计

电容式液位计在环境工程中应用广泛，它是利用被测介质面的变化引起电容变化的一种变介质型电容传感器。电容式液位计可以判断液位是否到达某个特定位置，比如电容式液位开关；也可以用于检测液位的具体位置高度。

1. 电容式液位开关

电容式液位开关有时也称电容式接近开关或电容式液位传感器，属于一种液位开关。它的核心是以单个极板作为检测端的电容器，检测极板设置在电容式液位开关的最前端。测量转换电路安装在电容式液位开关壳体内。

电容式液位开关能检测多种液体，如水、清洁液、酒精、甲醇、香精、营养液等。除了能检测各类液体介质，电容式液位开关还能检测各种介电常数高于 1.5 的固体物料和较轻的、小粒度的介质，如沙粒、砂砾、浇铸沙、碎矿石、玻璃粒、石膏、石灰、水泥、谷物、奶粉、面粉等。

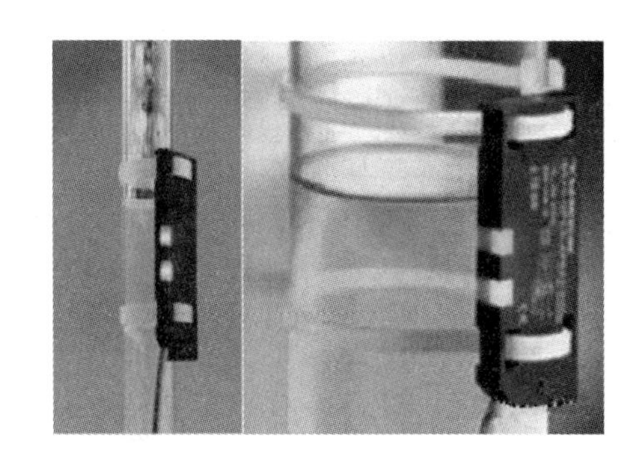

图 3.2-12 电容式液位开关检测液位特定位置的示意图

当检测到液位上升至某个特定高度时，电容式液位开关就会发生开或关动作(OFF→ON 或 ON→OFF)，因此它一般用于监视、报警、输出控制信号。电容式液位开关检测液位特定位置的示意图如图 3.2-12 所示。

电容式液位开关的接线常用三线型或四线型。采用三线型时，三根引出线分别是电源正极(VCC，棕色或红色)、电源负极(GND，蓝色)、信号输出线(OUT，黑色或黄色)。采用四线型时，其中的三根线与三线型的相同，另一根线作为常闭或常开的选择。

电容式液位开关是一种传感器，它有 PNP 型和 NPN 型两种类型。PNP 型电容式液位开关与西门子 PLC SR40 的连线、NPN 型电容式液位开关与三菱 FX_{3U} PLC 的连线分别如图 3.2-13(a)、图 3.2-13(b)所示。

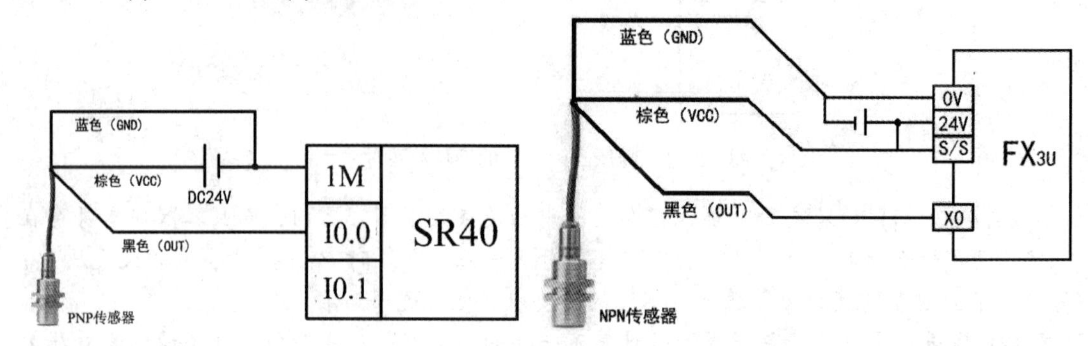

(a) PNP 型电容式液位开关与西门子 PLC SR40 的连线　(b) NPN 型电容式液位开关与三菱 FX_{3U} PLC 的连线

图 3.2-13　电容式液位开关与 PLC 的连线

2. 电容式液位计

电容式液位计用于检测液位的具体位置高度时，一般有一个变送器，输出 4～20 mA 的电流信号。电容式液位计在汽车油箱的油量测量中的应用如图 3.2-14 所示。

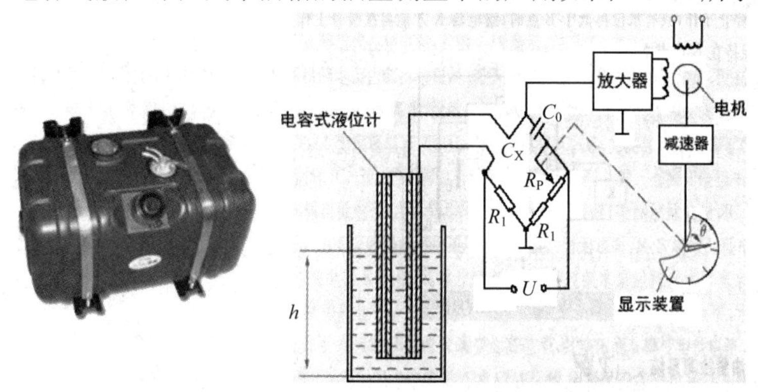

图 3.2-14　电容式液位计在汽车油箱的油量测量中的应用

电容式液位计的结构如图 3.2-15 所示。电容式液位计利用被测介质面的变化引起电容变化，由此来测量液位。在平行板电容器之间的介质高度不同，其电容量的大小不同。电容式液位计的测量原理和安装例子分别如图 3.2-16 和图 3.2-17 所示。

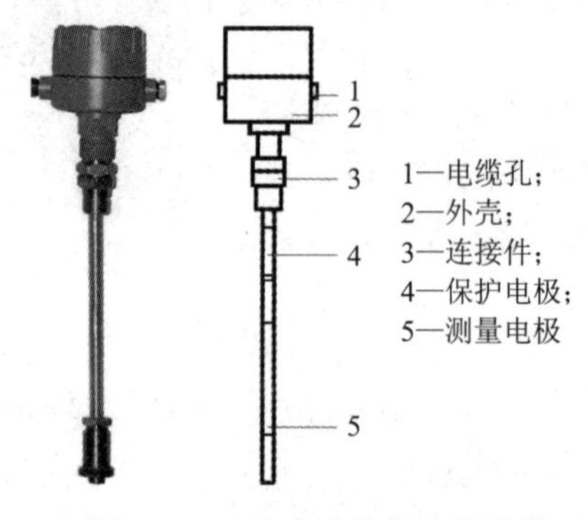

图 3.2-15　电容式液位计的结构

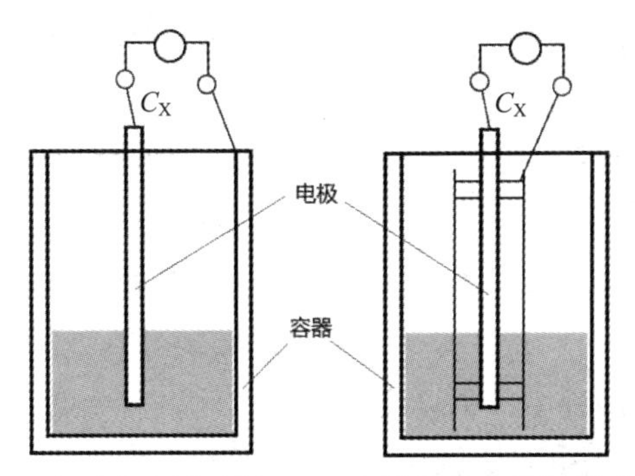

(a) 容器为金属材料　(b) 容器为非金属材料或容器直径远大于电极直径

图 3.2-16　电容式液位计的测量原理

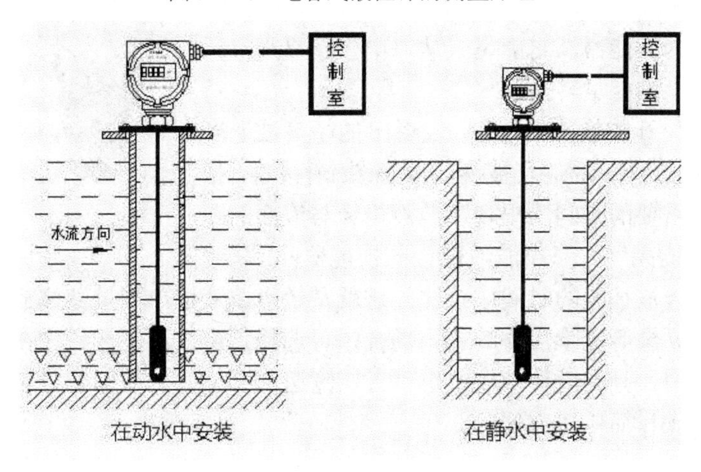

图 3.2-17　电容式液位计的安装例子

此外，也可以通过检测液体压力的方式来间接检测液位高低，相关内容在本书后面的任务中有详细讲述，这里暂时不做介绍。

电容式液位计结构简单、分辨力高、动态响应快、工作可靠、维护量极少、可非接触测量，并能在高温、辐射和强振等恶劣条件下工作，在工业各种领域都有一定的应用。

五、激光式液位计

激光式液位计主要由激光发射部分、激光接收部分和控制电路组成。

激光式液位计的优点很多，具体如下：

(1) 属于非接触式测量；

(2) 激光的光能集中，强度高，不易受外光干扰；

(3) 不易受介质温度影响，1500℃左右高温还能正常工作；

(4) 光束扩散很小，测量精度较高；

(5) 分辨率高，其分辨率高出一般液位计 10 倍；

(6) 测量速度快，适合用于变化快的液位测量；

(7) 测量距离远；

(8) 可与 PLC 等控制器进行联网。

但激光式液位计也存在一些缺点，比如：价格贵；在有雾的工况下，使用时精度很差或者使用不了。

激光式液位计应用广泛，多用于检测特殊区域，如集合反应堆容器(高压)、反应堆容器(真空)等高风险区域液体介质的液位。

六、超声波液位计

在污水池的污水处理过程中，需要实时在线监测各种参数以保证准确的工艺运行参数并及时显示处理结果。由于污水成分比较复杂，且具有腐蚀性，因此常常选用超声波液位计进行液位测量。超声波液位计如图 3.2-18 所示。

超声波液位计采用非接触测量，可以避免直接与污水接触，避免污水对超声波探头造成损坏，并且反应速度快。超声波探头也称为换能器，它能完成从“电”到“声”再从“声”到“电”的能量转换。

图 3.2-18　超声波液位计

由超声波液位计的换能器(探头)发射出的超声波遇到两相界面(液面)被反射回来，又被换能器(探头)所接收，根据超声波往返所需要的时间测出超声波液位计与液面的距离，由此算出液位高度。超声波液位计的换能器(探头)到液面的距离与超声波往返的时间成正比。这就是超声波液位计测量液位的原理。

对存在易燃易爆等危险液体的应用场合，可选择超声波液位计。现在，智能超声波液位计带有总线接口，具有远传功能；也可直接输送到 PLC，具有即时显示的功能；还可以现场设置参数，操作简单、方便。

七、PLC 的数据类型

1. 存储单元

与所有计算机系统一样，PLC 的内部信息都是采用二进制进行存储、运算、处理和传输的。在这些过程中，二进制数据有专门的计量单位。PLC 的存储单元有 4 种，分别为位、字节、字和双字，如表 3.2-1 所列。其中，位是存储单元中最小的单位。

表 3.2-1　PLC 的存储单元及其说明

存储单元	全 称	缩 写	说　明
位	bit	b	二进制数中 1 个数位，取值只能为 0 或 1
字节	Byte	B	8 个位组成 1 个字节
字	Word	W	2 个字节组成 1 个字
双字	Double Word	D	2 个字组成 1 个双字

2. 数据类型

计算机系统存储和运算的数据，分为常量和变量。常量是指程序运行中不可以改变的量。而变量是指程序运行中可以改变的量，它的本质是内存的一段存储空间，用于保存数据。如表达式 $a=b+1$ 中，1 是常量，在任何时候，它都表示唯一固定的值；而 a 和 b 是变量，它们只是一段保存数据的空间，随着程序的运行，*a* 和 *b* 可以放入任何数据。

数据类型是编程语言中为了对数据进行描述而给出的定义，因为计算机无法自动识别数据，而不同数据的存储和运算在计算机内部的执行方式是不一样的。这就要求编程人员先定义数据的特性(即数据类型)，再对数据进行其他操作。只有定义了变量的数据类型，计算机系统才能知道这个变量可以进行什么操作。

1) 西门子 S7-200 SMART 系列 PLC 的数据类型

S7-200 SMART 系列 PLC 的数据类型有 BOOL(布尔)、BYTE(字节)、WORD(字)、INT(整数)、DWORD(双字)、DINT(双整数)、REAL(实数)、STRING(字符串)等，如表 3.2-2 所示。

表 3.2-2　西门子 S7-200 SMART 系列 PLC 的数据类型

数据类型	简写	数据类型说明		数据长度	取 值 范 围
BOOL	bit	位	布尔	1 位	0、1
BYTE	B	字节	无符号字节	8 位	0～255
			有符号字节		-127～+127
WORD	W	字	无符号整数	16 位	0～65 535
INT	I	整数	有符号整数	16 位	-32 767～+32 767
DWORD	D	双字	无符号双整数	32 位	0～4 294 967 295
DINT	DI	双整数	有符号双整数	32 位	-2 147 483 648～+2 147 483 647
REAL	R	实数	浮点数	32 位	-1.175 495E－38～3.402 823E＋38
STRING	—	字符串	—	1～255 字节	ASCII 字符代码 0～255

☞**注意**　STRING(字符串)为存储在 PLC 存储器中的 ASCII 字面字符串，形式为 1 字符串长度字节后接 ASCII 数据字节，长度为 1 至 255 字节不定。在 PLC 中一般用字节地址 VB 逐个存储字符串的每个字节。

2) 三菱 FX_{3U} 系列 PLC 的数据类型

与其他计算机系统类似，三菱 FX_{3U} 系列 PLC 的数据类型有布尔型、字符型、整数型、浮点数型，如表 3.2-3 所示。

表 3.2-3　三菱 FX_{3U} 系列 PLC 的数据类型

数据类型	数 据 长 度			
	位	字节	字	双字
布尔型	0、1	—	—	—
字符型	—	字母(ACSII 码)	汉字(Unicode 码)	—
整数型	—	-128～+127 H80～H7F	-32 768～+32 767 H8000～H7FFF	-217 483 648～+217 483 647 H8000 0000～H7FFFFFFF
浮点数型	—	—	—	正数 +1.175 495E－38～+3.402 823E＋38 负数 -1.175 495E－38～-3.402 823E＋38

(1) 布尔型又称为逻辑型或开关型，该数据类型的变量只有两种取值：0(False)和1(True)；

(2) 字符型指不具有计算能力的文字数据类型，如字母、汉字、符号等；

(3) 整数型对应数学中的整数，是不包含小数部分的数值，如1、31等；

(4) 浮点数型对应数学中的实数，即带小数部分的数制，如1.2、π等。

例如一个学生信息管理系统需要存储学生的姓名、学号、成绩等信息，那么对应的数据类型就是字符型、整数型和浮点数型。

八、PLC的数据存储器

1. 西门子S7-200 SMART系列PLC的数据存储器

西门子S7-200 SMART系列PLC的数据存储器(V)也称为数据寄存器，是PLC的编程元件(软元件)之一，主要用于存储和读取PLC的数据。

数据存储器(V)能以位(V)、字节(VB)、字(VW)、双字(VD)的方式进行寻址，并能根据不同的数据类型决定寻址类型，其寻址方式如表3.2-4所列。

表3.2-4　西门子S7-200 SMART系列PLC的数据存储器(V)的寻址方式

寻址类型	针对的数据类型	寻址格式	举　例
位(V)寻址	BOOL(布尔)	V＋字节地址.位地址	V0.0、V0.1、V0.2、…、V0.7、… V1.0、V1.1、V1.2、…、V1.7、…
字节(VB)寻址	BYTE(字节)	VB＋字节地址	VB0、VB2、VB4、VB6、…
字(VW)寻址	WORD(字)	VW＋字地址	VW0、VW2、VW4、VW6、…
	INT(整数)		
双字(VD)寻址	DWORD(双字)	VD＋双字地址	VD0、VD2、VD4、VD6、…
	DINT(双整数)		
	REAL(实数)		

2. 三菱FX_{3U}系列PLC的数据存储器

三菱FX_{3U}系列PLC的数据存储器(D)也称为数据寄存器，是用于存储数制数据的软元件，它以十进制数进行编号，空间长度为16位，其中最高位为符号位。可将连续两个数据存储器(D)进行组合，以存储32位长度的数据。

数据存储器(D)的位数确认原则：系统根据指令来确定使用的是16位的单个D还是32位的双D，然后进行自动组合。进行32位数据操作时，只要指定低位编号即可，例如D0；而高位则为其之后的编号D1自动占有。低位编号可以是奇数，也可以是偶数。考虑到外围设备的监视功能，建议低位编号采用偶数，例如D0表示(D1D0)，D2表示(D3D2)，D4表示(D5D4)。

三菱FX_{3U}系列PLC的数据存储器(D)具体可分为以下三类：

(1) 通用数据存储器D0～D199。该区域数据存储器不具备掉电保持功能，当PLC处于STOP状态或掉电时，数据将丢失，初始化为0。

(2) 锁存数据存储器D200～D7999。该区域数据寄存器出厂默认具备掉电保持功能，即使 PLC 处于 STOP 状态或掉电，数据也保持不变。其中 D200～D511(共 312 点)通过参数设定可以变为通用型。

(3) 特殊数据存储器 D8000～D8255。特殊数据存储器用于 PLC 内各种元件的运行监视，如电池电压、扫描时间、正在动作的状态的编号等。

【任务实施】

把“任务导入”中的情景三作为一个任务，进行实践操作，目标为使用 PLC 对调节池液位进行检测(用于判断液位是否到达某个特定位置)与控制，即根据调节池中液位与上限位 SL2、下限位 SL1 的位置关系，用 PLC 控制原水进水阀和提升泵的开、关，示意图参考图 3.2-3。

用于检测调节池液位的下限位置、上限位置的两个浮子液位开关 SL1、SL2 为 PLC 的输入信号。原水进水阀和提升泵都为 PLC 的输出信号。

(1) 分配 PLC 的 I/O 点，如表 3.2-5(使用西门子 SR40)、表 3.2-6(使用三菱 FX_{3U}-48MR)所列。

表 3.2-5　I/O 点分配(使用西门子 SR40)

信号类型	元　件	PLC 地址
输入信号	启动按钮 SB1	I0.0
	停止按钮 SB2	I0.1
	下限位 SL1	I0.2
	上限位 SL2	I0.3
输出信号	原水进水阀(AC220V)	Q0.0
	提升泵(AC380V)	Q0.4

表 3.2-6　I/O 点分配(使用三菱 FX_{3U}-48MR)

信号类型	元　件	PLC 地址
输入信号	启动按钮 SB1	X0
	停止按钮 SB2	X1
	下限位 SL1	X2
	上限位 SL2	X3
输出信号	原水进水阀(AC220V)	Y0
	提升泵(AC380V)	Y4

(2) 画出控制电路图，并进行控制电路接线。

(3) 编写 PLC 程序如图 3.2-19 所示，然后进行调试。

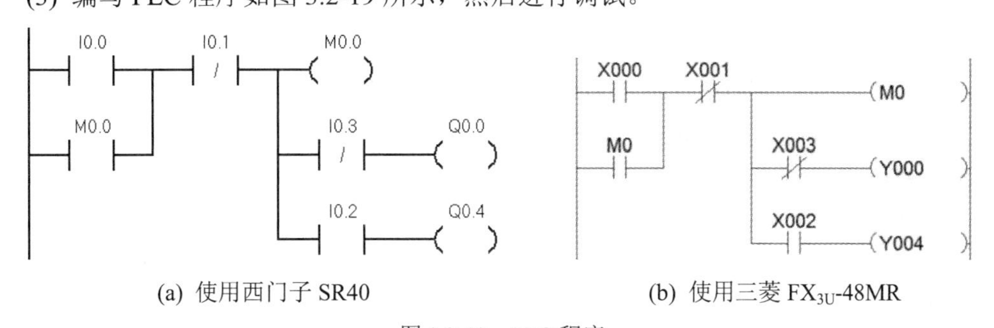

(a) 使用西门子 SR40　　(b) 使用三菱 FX_{3U}-48MR

图 3.2-19　PLC 程序

【小结】

本任务重点介绍了应用于液位检测的常用液位计(浮力式液位计、静压式液位计、电容式液位计、激光式液位计、超声波液位计)的工作原理、特点、接线、安装和应用，以及 PLC 的数据类型和 PLC 的数据存储器。

【理论习题】

一、判断题(对的打“√”，错的打“×”)

1. 浮子液位计和浮筒式液位计都属于变浮力式液位计。　(　)

2. 用差压式液位计检测液位时，差压越大，液位越低。　(　)

3. 电容式液位计是利用被测介质面的变化引起电容变化的一种变介质型电容传感器。　(　)

二、单选题

1. 浮子液位计主要用来进行(　)检测。

A. 温度　B. 液位　C. 压力　D. 气体浓度

2. 对于直流三线PNP常闭型电容式液位开关，其黑色线为(　)。

A. 电源+　B. 电源-　C. 地线　D. 信号线

3. 对于直流三线NPN常开型电容式液位开关，其蓝色线为(　)。

A. 电源+　B. 电源-　C. 信号线　D. 以上都不对

4. 由于污水池中的污水成分复杂且具有腐蚀性，因此常选用(　)进行非接触式液位测量。

A. 超声波液位计　B. 浮子液位计

C. 浮筒液位计　D. 电感式接近开关

5. 对于直流三线PNP常开型电容式液位计，它的某一根引线上打有标签“OUT”，则这根引线最有可能为(　)。

A. 电源-　B. 电源+　C. 地线　D. 信号线

6. 以下选项中，说法正确的是(　)。

A. 浮子液位计是利用阿基米德原理制造的

B. 激光式液位计不能检测高温熔融态钢液的液位，但能检测高温熔融态玻璃的液位

C. 电容式液位计只能检测像水一样的稀液，不能检测石灰黏稠液和水泥固液混合物

D. 超声波液位计不能检测易燃易爆等危险液体，否则容易引起液体燃烧或爆炸

7. NPN常闭型电容式液位开关上标识字符“VCC”的导线为(　)。

A. 电源+　B. 信号线　C. 电源-　D.地线

三、简答题

1. 使用液位计开关判断液位是否到达某个特定位置时，怎样知道液位计的开关触点是常开还是常闭？

2. 对于本任务的“任务实施”，请画出PLC的控制电路图。

【实践训练题】实践：PLC与液位检测

一、实践目的

(1) 学会用液位检测仪表检测液位是否到达某一个高度位置；

(2) 学会用液位检测仪表测量液位。

二、实践器材

液位开关1个、非金属容器1个、PLC 1台、数字万用表1个、端子排1个、实验导线若干。

三、安全注意事项

穿戴必须符合电工实践操作要求；各种电工工具必须按规定操作，防止被工具或器材误伤和损坏工具；确保在断电状态下进行电路接线；接线前先检查电路，确保电路无故障后才能通电；接通电源后，手不能碰到系统中的任何金属部分。实验过程中防止任何水滴与电接触！注意液体不要散落到电路上或桌面上，以防止触电危险发生！

四、实践内容与操作步骤

(1) 在非金属容器中随意装一定容量的水。

(2) 进行电气接线。

液位开关属于液位计的一种，它可用于判断容器内的液位是否到达某一个特定位置，也可以通过容器的液位刻度进行液位高度读数。

本实践使用的是一种非接触测量的电容式液位开关(液位传感器、水位传感器/检测器或外贴式感应器)，型号为XKC-Y25-NPN，它为NPN型的传感器。

该液位开关用于在非金属容器壁测量容器内液位，不与液体直接接触，不受酸和碱及其他腐蚀性液体腐蚀。它有4根线，颜色分别为棕色(24 V)、蓝色(GND)、黄色(OUT)、黑色(M)。其中，棕色(24 V)线和蓝色(GND)线为液位开关的DC24 V输入电源；黄色(OUT)线为信号输出线，当液位开关检测到液体时，黄色(OUT)线有输出。黑色(M)线为模式线，该线的OFF/ON决定了液位开关是常闭还是常开模式。当不接该线时，相当于采用常开模式，即此时液位开关为常开型的开关，当液位开关检测到液体时，黄色(OUT)线有输出。

液位开关与PLC的接线如图3.2-20所示。

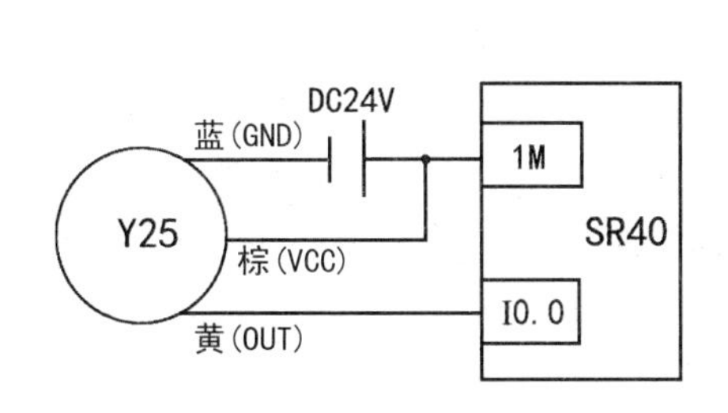

(a) 使用西门子SR40

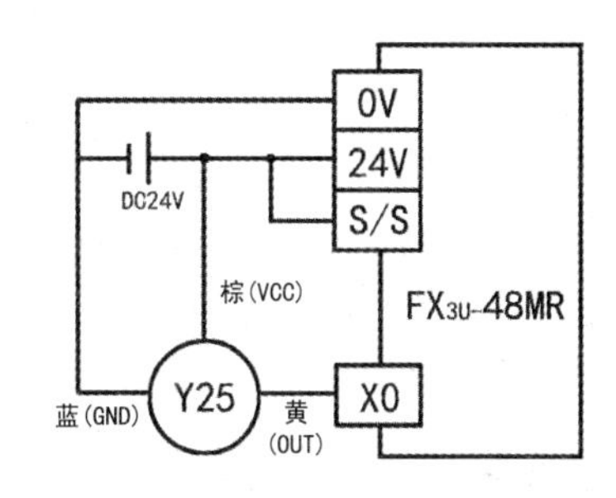

(b) 使用三菱FX_{3U}-48MR

图3.2-20　液位开关与PLC的接线

(3) 编写PLC程序(注：PLC的输出点也可以接一个指示灯)。

(4) 液位开关贴着非金属容器从上往下慢慢移动，当遇到液位时，看PLC程序中的反应。

五、思考题

1. 简述电容式液位开关的工作原理。

2. 请说出激光式液位计的优缺点。

3. 编写PLC程序。

任务 3.3　PLC 与流量检测

【任务导入】

流量是工业生产和环境治理中重要的过程参数。在环境工程应用中，流量仪表同压力、温度等仪表有着同样广泛的应用。准确掌握流体流量，并实时在线监测处理量，对于工厂工艺控制及管理要求的提高有着重要作用。

子任务 1：某环保装备公司检测污水和加药剂的流量

在某环保装备公司的工程应用中，要求对工厂污水排放进行监测，并对投放的药剂量进行有效控制，因此需要对污水和药剂的流量进行检测。整个控制系统以 PLC 作为控制核心。图 3.3-1、图 3.3-2 分别为该系统中的流量分配器、流量检测仪表。

图 3.3-1　流量分配器

图 3.3-2　流量检测仪表

子任务 2：制药厂使用涡轮流量计检测成药管道中药剂的流量

某制药厂工艺环节需要监控成药管道中药剂的流量，在药剂流经管道之处安装了一个涡轮流量计。涡轮流量计的接线为三线 NPN 型，输出为脉冲信号，电压等级为 24 V，仪表常数 K 是 1P/L。现需要基于 PLC 系统实现药剂流量的检测并将结果放入数据存储器 D100 中。

那么在这两个子任务中，PLC 是如何与流量仪表配合进行检测工作的？本任务将介绍这方面的内容。

【学习目标】

◆ 知识目标

(1) 掌握流量计的分类、测量原理、选型和安装要求；

(2) 熟悉 PLC 计数器的使用；

(3) 熟悉 PLC 传送指令的使用。

◆ 技能目标

(1) 学会流量计的基本测量方法；

(2) 能进行流量计的接线和 PLC 检测设计。

【知识链接】

一、流量与流量计概述

1. 流量

流量是指单位时间内流经封闭管道或明渠有效截面的流体量，又称瞬时流量。按测量对象的不同，流量可分为以体积表示的体积流量、以质量表示的质量流量和以能量表示的能量流量三类。

体积流量和质量流量为工程中常用的，简称流量，以 Q 来表示。其中，体积流量是指单位时间内通过过流断面的流体体积，常用单位有 m^3/s、m^3/h、L/h；质量流量是指单位时间内通过封闭管道或敞开槽有效截面的流体质量，常用单位有 kg/h、t/h。质量流量与体积流量对应，可以表示为体积流量和流体密度的乘积。

体积流量：

$$Q_V = Sv \tag{3.3-1}$$

质量流量：

$$Q_m = \rho Sv \tag{3.3-2}$$

能量流量是指单位时间内流体的热值，是流体体积流量和单位发热量的乘积，单位是 J，通常用于供热公司结算。

能量流量：

$$E = HQ_V \tag{3.3-3}$$

式(3.3-1)至式(3.3-3)中，S 为截面面积，v 为流体速度，ρ 为流体密度，H 为流体单位发热量。

2. 流量计

当前，烟气、油烟、废液、污水等排放严重污染大气和水资源，带来严重的环境问题。而随着环境治理和环境监测工程的自动化发展，流量已经同温度、压力、液位一起成为经常检测的参数之一。环境保护的根本在于管理，而管理的基础是污染量的定量控制，定量控制的基础在于检测。因此流量检测在烟气排放，污水、废气处理，流量计量方面有着不可替代的重要作用。掌握流量检测仪表的选型、安装和使用，也成为一名环保工程人员必备的能力。

流量检测仪表在环境工程中应用非常广泛。如在污水处理工艺过程中，污水处理厂的进出水量、污泥回流量、污泥消化池的进出泥量、剩余污泥量等流量都是必须测量的参数。用于测量流体流量的仪表叫流量计，有时也称流量传感器。

流量计是现代工业测量最重要的仪表之一，其种类较多，原理各异。直接测量体积流量的流量计称为体积流量计，直接测量质量流量的流量计称为质量流量计。按测量对象不同，流量计可分为封闭管道流量计和明渠流量计；按结构原理不同，流量计可分为浮子式、容积式、差压式、涡轮式和电磁式等类型的流量计；按学科不同，流量计可分为力学、热学、声学、电学和光学等流量计。通常，以测量原理为依据，将流量计分为容积式流量计、差压式流量计、速度式流量计和质量流量计。

各种流量计均有各自的优点和缺点，既有其适用性又有其局限性，没有绝对优越先进的流量计，选用何种流量计应根据实际测量的介质及使用的条件进行具体分析。下面介绍环境工程中常见的容积式流量计、差压式流量计、速度式流量计和质量流量计。

二、容积式流量计

容积式流量计是一种机械式流量计，又称排量流量计，它的精度高、应用广，常用于油类等黏稠介质计量。容积式流量计及其结构如图 3.3-3 所示。

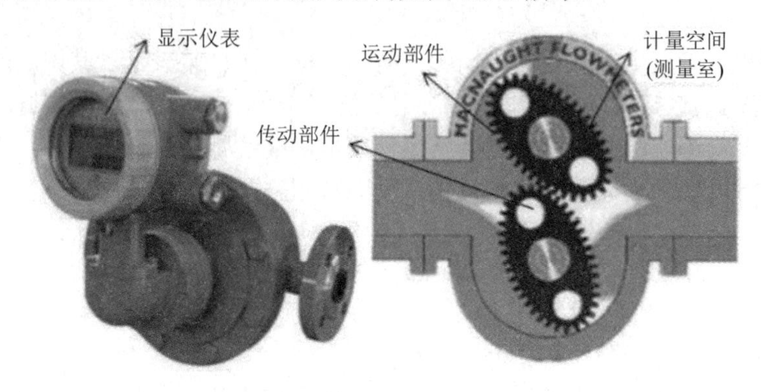

图 3.3-3　容积式流量计及其结构

容积式流量计由计量空间(测量室)、运动部件、传动部件和显示仪表组成。为适应不同的使用工况，容积式流量计产生了不同结构，按其运动部件可分为旋转式和往复式两种。旋转式如测量液体的齿轮式、刮板式等，往复式如测量气体的皮模式、活塞式等。

容积式流量计利用机械运动部件与仪表内壁将被测流体分割为单个固定容积的计量空间，根据计量空间逐次重复地充满和排放该固定容积的流体的次数累加计量出排放流体体积总量，从而完成体积流量的测量。

容积式流量计的测量原理是运动部件在流体进出口压力差的作用下旋转。如图 3.3-4 所示，运动部件与仪表壳体内部构成一个固定容积的计量空间 V，流体随着运动部件旋转不断地充满这个计量空间 V 并被排出，测量部分实质上是一个计数器，通过计算运动部件在一定时间 T 内的转动次数 N，可得单位时间内排出的流体体积流量 Q_V 为

$$Q_V = \frac{NV}{T} \tag{3.3-4}$$

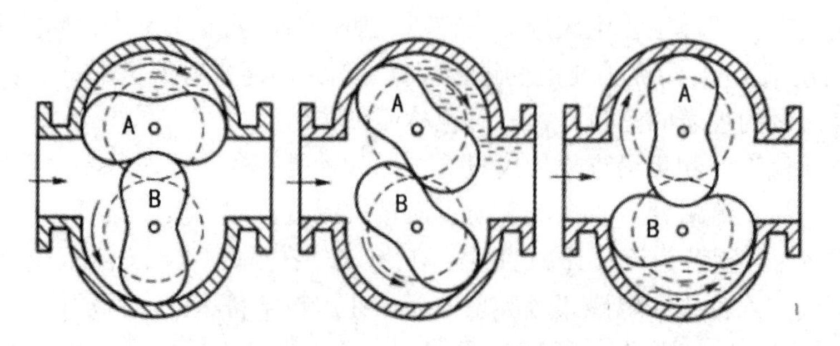

图 3.3-4　容积式流量计的测量原理示意图

若计数器所统计的转动次数N通过光电或磁传感器直接输出标准脉冲信号或转换为电压电流信号，即可用于二次仪表显示或计算机采集。

三、差压式流量计

差压式流量检测为目前测量流量最成熟、最常用的方法之一。根据流体在节流装置的流通面积是否固定不变，差压式流量计可分为变差压流量计和转子(恒差压)流量计。

(一) 变差压流量计

1. 结构

变差压流量计又称节流式流量计，它由节流装置、引压管路(截止阀、导压管、三阀组)、差压变送器三大结构组成，如图 3.3-5 所示。节流装置用于产生差压(压力差)；引压管路中的导压管作为连接节流装置与差压变送器的管线，用来传导差压信号；差压变送器用来测量差压信号，并把此差压转换成流量。

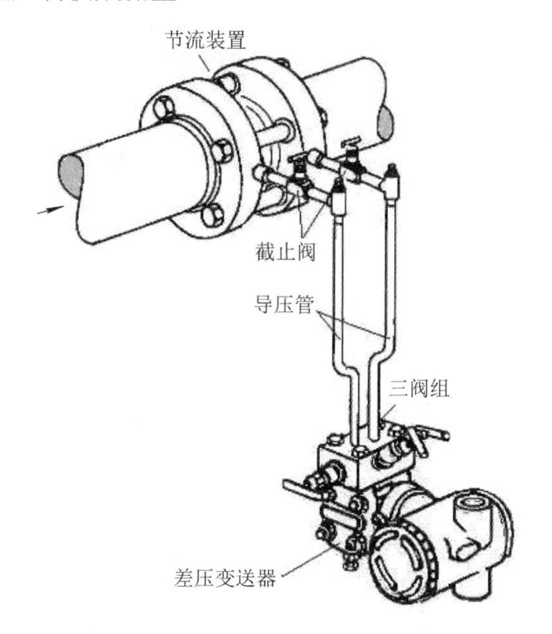

图 3.3-5　变差压流量计的结构

2. 原理

变差压流量计是基于流体的节流原理，利用流体流经节流装置时，在节流装置前后两侧流体静压力的差压与平均流速或流量的关系，即根据差压测量值来测量(计算)流量的。

☞**小知识**　节流指在节流装置前后的管壁处，流体的静压力产生差压的现象。

按产生差压原理的不同，变差压流量计可分为节流式、动压头式、水力阻力式、离心式、动压增益式、射流式等流量计；按结构形式不同，变差压流量计可分为标准孔板、标准喷嘴、经典文丘里管、文丘里喷嘴、锥形入孔板等流量计。

变差压流量计的测量方法以能量守恒定律(伯努利方程)和质量守恒定律(流动连续性方

程)为基准。在孔板前后流体的速度与压力的分布情况如图 3.3-6 所示。在管道截面 I 前，流体以一定的流速 v_1 流动，此时的静压力为 p_1。在接近节流装置时，由于遇到节流装置的阻挡，流体受到“挤压”，根据能量守恒定律，一部分动能转换为静压能，节流装置入口端面靠近管壁处的流体静压力升高，并且比管道中心处的压力要大，即在节流装置入口端面处产生一径向差压，这一径向差压使流体产生径向附加速度，从而使靠近管壁处的流体质点的流向相对于管道中心轴线倾斜，形成流束的收缩运动。由于惯性作用，流束收缩最小的地方不在孔板的开孔处，而是在截面 II 处。根据质量守恒定律，截面 II 处的流体流动速度最大，为 v_2，静压力则降低到最小值 p_2，此时节流装置前后差压为 $\Delta p = p_1 - p_2$。随后流束又逐渐扩大，至截面III后恢复平稳状态，流速静压力逐渐恢复，流速降低到原来的数值，即有 $v_3 = v_1$。而流体流经孔板时，为克服摩擦力和流通截面突然变化产生的涡流消耗了一部分能量，所以流体的静压力 p_3 不能恢复到原来的数值 p_1，而产生了压力损失($p_1 - p_3$)。

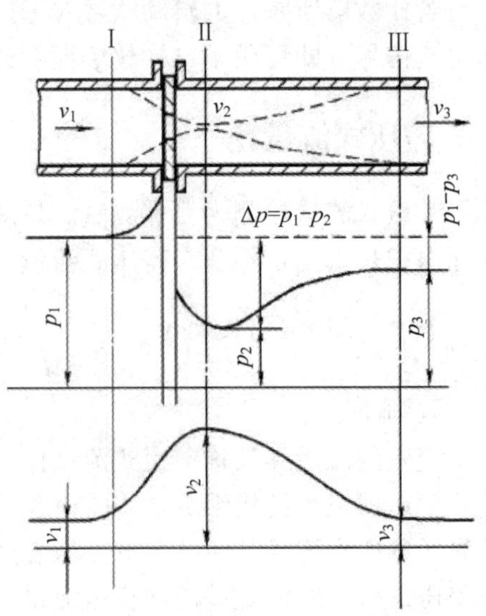

图 3.3-6　在孔板前后流体的速度与压力的分布情况

设管径为 D，节流板孔径为 d，管道截面为 S_1，节流板孔截面为 S_2，流体流入体积为 V_1、流出体积为 V_2，流体密度为 ρ，则有 $S_1 = \pi D^2/4$，$S_2 = \pi d^2/4$。由流动连续性定律可得 $\rho V_1 S_1 = \rho V_2 S_2$，所以流体的体积流量 Q_V 为

$$Q_V = V_1 S_1 = V_2 S_2 \tag{3.3-5}$$

根据伯努利方程得

$$p_1 + \frac{\rho V_1^2}{2} = p_2 + \frac{\rho V_2^2}{2} \tag{3.3-6}$$

$$\Delta p = p_1 - p_2 = \frac{\rho}{2}(V_2^2 - V_1^2) \tag{3.3-7}$$

综合式(3.3-5)、式(3.3-6)和式(3.3-7)，再取直径比 $\beta = d/D$，整理后得

$$\Delta p = \frac{\rho}{2}\left[1 - \left(\frac{S_2}{S_1}\right)^2\right]V_2^2 = \frac{\rho}{2}(1-\beta^4)\left(\frac{Q_V}{S_2}\right)^2 \tag{3.3-8}$$

$$Q_V = \frac{S_2}{\sqrt{1-\beta^4}}\sqrt{\frac{2\Delta p}{\rho}} = k\sqrt{\Delta p} \tag{3.3-9}$$

可见，节流装置前后差压 $\Delta p = p_1 - p_2$ 的大小与体积流量 Q_V 有关，变差压流量计输出信号与体积流量的平方成正比：$\Delta p = p_1 - p_2 = KQ_V^2$。管道中流动的流体流量越大，在节流装置前后产生的差压也越大，只要测出节流装置前后差压的大小，即可反映出流量的大小，

这就是节流装置测量流量的基本原理。

例 3.3-1　某变差压流量计，其输出电流范围为 4～20 mA，检测流量上限为 300 m^3/h 时，差压最大值为 1200 Pa。问流量为 150 m^3/h 时，差压为多少？此时差压变送器输出电流为多少？

解　由比例关系，得

$$\frac{\Delta p}{Q_V^2}=\frac{\Delta p_{\max}}{Q_{V\max}^2}=K,\ \frac{I-4}{20-4}=\frac{300-0}{\Delta p_{\max}-0}$$

则

$$\Delta p=\frac{Q_V^2\Delta p_{\max}}{Q_{V\max}^2}=150^2\times\frac{1200}{300^2}=300(\text{Pa}),\ I=16\times\frac{300}{1200}+4=8(\text{mA})$$

3. 节流装置

节流装置就是在管道中放置的一个局部收缩元件，现在国内外都把它们的形式标准化(标准节流装置)。节流装置中应用最广泛的是孔板，其次是文丘里管、喷嘴。

1) 孔板

孔板(节流板)是流量检测中最简单、最经济的节流装置，用于测量气体、蒸汽、天然气、液体的流量。

孔板是$\frac{1}{16}$～$\frac{1}{4}$英寸厚的平板，一般安装在一对法兰之间，如图 3.3-7 所示。同心孔板的孔口与管道的内径等距(同心)。当流体通过孔口(节流处)时，流体汇聚形成局部收缩，从而使流体的流速增加、静压力降低，于是在孔口前后产生差压。流体的流量越大，产生的差压越大，因此可以通过测量差压来算出流量。

图 3.3-7　孔板

使用孔板作为节流装置的差压流量计有时也称为孔板流量计。孔板流量计的特点为：结构简单、牢固，性能稳定可靠，使用寿命长，价格较低，应用范围广，它是国际标准组织认可的、工业中常用的流量计。但其压力损失大，有较长的直管段长度要求，采用法兰安装时易产生跑漏等问题，增加了维护量。孔板流量计广泛用于石油、化工、冶金、电力、供热、供水、交通、建筑、食品、医药、农业、环境保护等领域的流量检测与控制。

2) 文丘里管

文丘里管是测量流体差压的一种节流装置，为意大利物理学家文丘里发明。它的结构组成包括入口段、收缩段、喉道、扩散段，如图3.3-8所示。

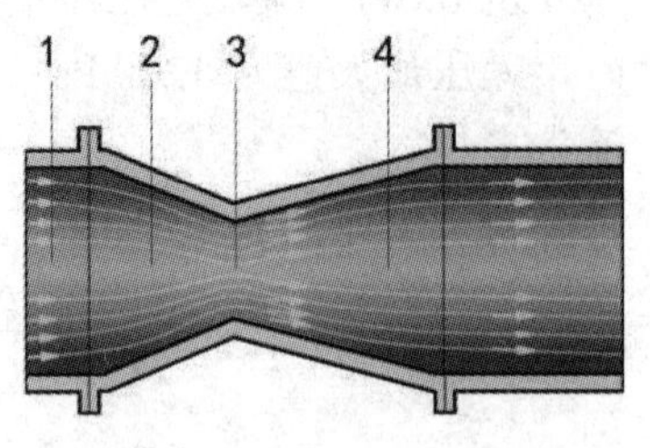

1—入口段；2—收缩段；
3—喉道；4—扩散段

图3.3-8　文丘里管的结构组成

文丘里管是先收缩而后逐渐扩大的管道。测出其入口截面和最小截面处的压力差，即可求出流量。它的特点有：能耗低；差压大，精度高，测量范围宽；稳定性好，有平滑的差压特性；使用范围广；安装方便，便于长期维护；前后直管段比标准节流装置短，约前1.5倍直径、后1倍直径；具有在线温度、压力自修正一体化结构。

文丘里管广泛用于石油、化工、冶金、电力等行业大管径流体的流量检测与控制；解决现行工业企业中低压、大管径、低流速等各类气体流量精确测量问题；在国家大型重点风洞实验室进行实流标定(数据处理方法涉及流体力学)；钢铁厂热风炉的助燃风、冷风、煤气(高炉煤气、焦炉煤气、转炉煤气)计量，热电厂的锅炉一次风、二次风的大管径、低流速管道计量，等等。

4. 安装

生产中多采用差压变送器作为变差压流量计中的差压计使用，它可将差压转换为标准信号。有时将节流装置、导压管、三阀组、差压变送器直接组装成一体，做成一体式差压流量计，如图3.3-9所示，这样现场安装时方便。

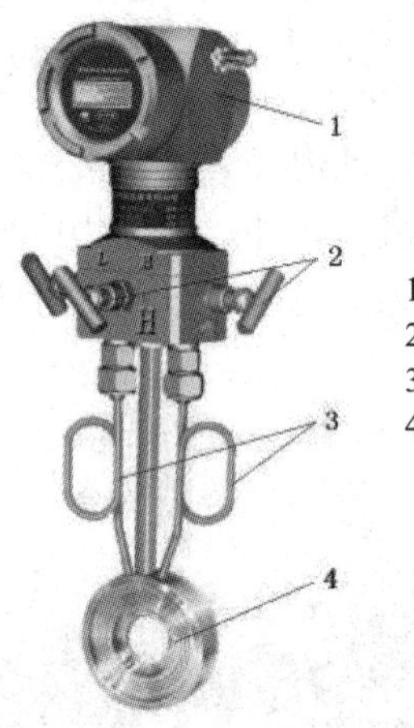

1—差压变送器；
2—三阀组；
3—导压管；
4—节流装置

图3.3-9　一体式差压流量计

☞**小知识**　三阀组的结构组成：三阀组由阀体、2个截止阀及1个平衡阀组成。差压变送器投入运行时的操作程序：首先打开差压变送器上的2个排污阀，而后打开平衡阀，再慢慢打开2个截止阀，将导压管内的空气或污物排除掉，然后关闭2个排污阀，再关闭平衡阀，变送器即可投入运行。差压变送器零点在线校验操作程序：先打开平衡阀，关闭2个截止阀，即可对变送器进行零点校验。

安装变差压流量计应注意以下几点：

(1) 应保证节流元件前端面与管道轴线垂直；

(2) 应保证节流元件的开孔与管道同心；

(3) 密封垫片在夹紧后不得突入管道内壁；

(4) 节流元件的安装方向不能反；

(5) 节流装置前后应保证足够长的直管段；

(6) 引压管路应按最短距离敷设，一般总长度不超过50 m，管径为10～18 mm；

(7) 取压位置对不同检测介质有不同的要求；

(8) 引压管沿水平方向敷设时，应有大于1∶10的倾斜度，以便排出气体(对气体介质)或凝液(对液体介质)；

(9) 引压管应带有切断阀、排污阀、集气器、集液器、凝液器等必要附件，以备与被测管路隔离维修和冲洗排污用。

(二) 转子(恒差压)流量计

转子流量计又称浮子流量计、面积流量计、变面积流量计，是一种常见的简单的机械式流量计。转子流量计及其结构如图 3.3-10 所示。这种流量计常见于污水处理厂加药系统，它是根据节流原理测量流体流量的。因转子流量计通过改变流体的流通面积来保持转子在垂直锥形管中随着流量变化而升降的差压恒定，故又称之为变流通面积恒差压流量计。

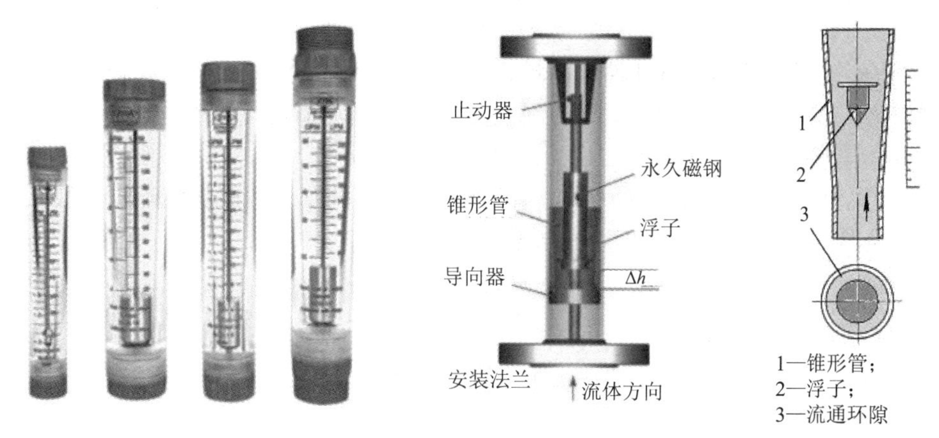

图 3.3-10　转子流量计及其结构

1. 结构

转子流量计主要由两个部分组成：计量管和浮子。计量管是从下向上逐渐扩大的锥形管，由玻璃或金属制成，管壁标以刻度；浮子是置于计量管并可沿着管内中心线上下自由移动的转子，采用中心穿导线器或旋转的方案使其不接触管壁。

2. 原理

1) 转子流量计的原理

当使用转子流量计测量时，被测流体从计量管底部流入，冲击浮子向上运动。随着浮子上移，浮子与计量管间的环行面积变大，流速逐渐减低，冲力变小直至与浮子重力平衡，因此流量的大小与浮子的高低成正比，可根据浮子所处平衡位置所对应的刻度直接读出流量值。转子流量计可附设延伸管，浮子的延伸位置由磁石测定，并通过变送器转换成标准电压或电流信号，这样流量就可以直接用二次仪表显示或被计算机采集并分析了。

2) 转子流量计与变差压流量计的原理对比

变差压流量计是在节流面积不变的条件下，以差压的变化来反映流量的大小；而转子流量计是在压降不变的条件下，利用节流面积的变化来测量流量的大小。即变差压流量计采用恒节流面积、变差压的流量测量方法，而转子流量计采用恒差压、变节流面积的流量测量方法。

3. 指示值修正

转子流量计指示流量与被测流体的密度及流量系数有关。转子流量计是一种被标准化的仪表，在大多数情况下，可按照实际被测介质进行刻度。但是仪表厂为了便于成批生产，是在标准状态(20℃，101.325 kPa)下用水或空气进行刻度的，即转子流量计标尺上的刻度值，对用于测量液体来讲是代表 20℃时水的流量值，对用于测量气体来讲则是代表 20℃、101.325 kPa 压力下空气的流量值。所以，在实际使用时，如果被测介质不是水或空气，或工作状态不是在标准状态下，则必须按照实际被测介质的密度、温度、压力等参数的具体情况对流量指示值进行修正。

4. 分类

按锥形管材料分，转子流量计可分为玻璃锥形管转子流量计和金属锥形管转子流量计两种。

(1) 玻璃锥形管转子流量计结构简单、价格便宜、使用方便，但玻璃强度和耐压低，易碎，因此它多用于常温、常压、透明流体的就地指示，不宜用于数据远传，需要远传时一般采用金属锥形管转子流量计。

(2) 金属锥形管转子流量计大都由传感器和转换器两部分组成。锥形管和转子即为传感器；转换器可以直接指示，也可远传输出。

5. 特点

转子流量计有如下特点：

(1) 结构简单、使用方便、读数直观、维修方便；

(2) 压力损失小；

(3) 流速低、流量小，有较大的流量范围度，量程比为 10∶1；

(4) 可测量非导电液体的流量，可用于低雷诺数流体测量；

(5) 适用于小管径(小于 50 mm)，对上游直管段长度的要求不高；

(6) 测量精度受被测流体密度和黏度影响，精度不高。

6. 安装

安装转子流量计应注意以下几点：

(1) 若介质中含有固体杂质，应在介质流入流量计前加装过滤器；若介质中含铁磁性物质，应在介质流入流量计前安装磁过滤器。若流体为不稳定的脉动流，为防止转子惯性造成指示振荡，可选用转子导杆上带阻尼器的转子流量计。

(2) 管路中有调节阀时，调节阀一般应安装在转子流量计的下游。另外，调节流量时不宜采用电磁阀等速开阀门，否则阀门迅速开启时，转子就会因骤然失去平衡而冲到顶部，损坏转子或锥形管。

(3) 转子流量计要求垂直安装，流量计中心线与铅垂线的夹角最多不应超过 5°，否则会带来测量误差。转子流量计对直管段长度要求不高，一般上游侧不小于 5*D*(管径)，下游侧不小于 250 mm。

7. 使用

使用转子流量计应注意以下几点：

(1) 对流量读数时，最好选在流量计上部刻度的$\frac{1}{3}\sim\frac{2}{3}$位置。

(2) 搬动仪表时，应将转子顶住，以免转子将玻璃锥形管打碎。

(3) 转子流量计开启时，应缓慢地打开流量计前后的截止阀，防止急开急关造成水击而损坏玻璃锥形管。

(4) 被测流体温度高于 70℃时，应在流量计外侧安装保护套，以防玻璃锥形管骤冷破裂而溅液伤人。

(5) 被测流体的状态参数与流量计标定时的状态不同时，必须对指示值进行修正。

四、速度式流量计

速度式流量计是以直接测量封闭管道满管流流速为原理的流量计，主要有超声波流量计、电磁流量计和涡轮流量计。尽管种类繁多但其测量原理相同。

由于流体在圆形管道内必须形成典型的流速分布(层流流速分布和湍流流速分布)才能利用成熟的数学模型进行计算进而准确测量，所以，通常这类流量计安装位置前后要有一定长度直管段。

1. 超声波流量计

超声波流量计是近年发展迅速的流量计之一，它是通过超声波在流体中传播时，流体流动对超声波的作用，从而检测出流体流速并换算成流量的。作为非接触式的测量仪表，它不仅没有压力损失，还能解决其他仪表不能解决的强腐蚀性、非导电性、放射性及易燃易爆介质的流量测量问题；既可测量封闭管道流量，也可测量明渠流量；具备测量准确、安装方便等优点，广泛应用于石油、化工、冶金、电力、给排水等领域。

超声波流量计由安装在管道上的超声波换能器和显示仪表组成，如图 3.3-11 所示。按使用安装方式不同，超声波流量计可分为插入式、管段式、外夹式、便携式等，如图 3.3-12 所示。按测量原理不同，超声波流量计可分为时差式、多普勒式、波束偏移式、互相关式、空间滤式及噪声式等，其中使用最多的为多普勒式和时差式。

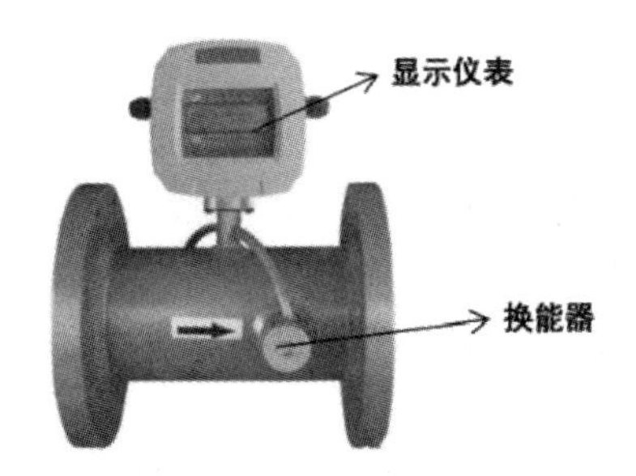

图 3.3-11 超声波流量计及其结构

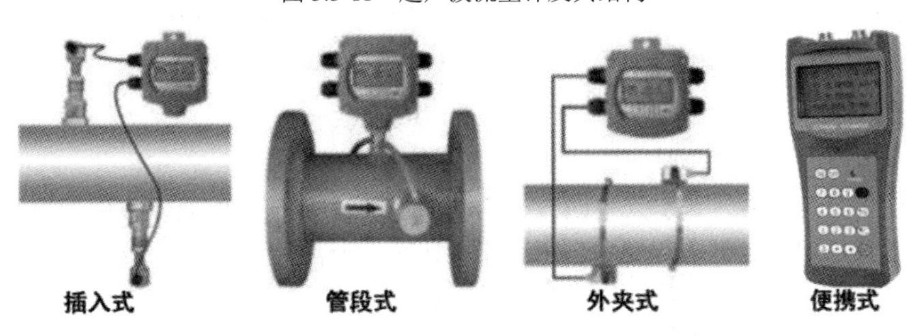

图 3.3-12 超声波流量计类型

1) 多普勒式超声波流量计

多普勒式超声波流量计利用在静止点检测从移动源发射声波所产生的多普勒频移来测定流体流量。

如图3.3-13(a)所示，上游换能器连续以角度 θ 向流体发射频率为 f_A 的超声波信号，经照射域内的流体悬浮颗粒物气泡反射后被下游换能器接收。由于悬浮颗粒物气泡随流体移动，因此反射后的超声波产生多普勒频移，频率为 f_B。

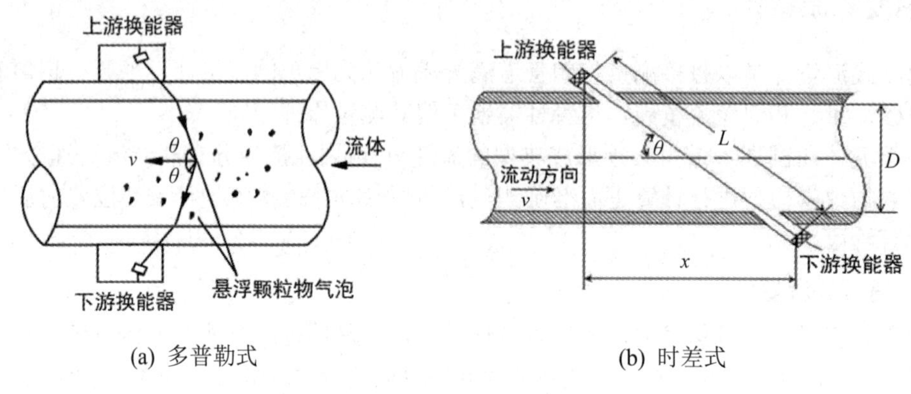

(a) 多普勒式　　(b) 时差式

图3.3-13　多普勒式和时差式超声波流量计工作原理示意图

设流体的流速为 v，超声波的声速为 c，则有

$$f_A(c+v\cos\theta)=f_B(c-v\cos\theta),\quad f_D=f_A-f_B=\frac{2vf_A\sin\theta}{c}$$

管道条件、安装位置、超声波发射频率和声速确认后，流体流速 v 与 f_D 成正比：

$$v=\frac{c}{2\sin\theta}\cdot\frac{f_D}{f_A} \tag{3.3-10}$$

2) 时差式超声波流量计

时差式也称为传播时间式。时差式超声波流量计是利用超声波沿流体传播时，流体速度方向会对超声波传播速度产生影响来测定流体流量的。如图3.3-13(b)所示，超声波传播声路以一定夹角 θ 沿着流体传播，当超声波相对流体流动方向顺向传播时速度增大，而逆向传播时速度减小，由此测出顺向传播时间 t_1 和逆向传播时间 t_2，计算出时间差 Δt，进一步测量出流体流速 v。

设超声波声速为 c，传播声路有效路长为 L，管径为 D，则顺向时，超声波传播时间为 $t_1=L/(c+v\cos\theta)$；逆向时，超声波传播时间为 $t_2=L/(c-v\cos\theta)$。故传播时间差 Δt 为 $\Delta t=t_1-t_2=2Lv\cos\theta/c^2$。由于 $c\gg v$，且 $D=L\cos\theta$，因此流体流速 v 为

$$v=\frac{c^2\Delta t}{2D} \tag{3.3-11}$$

测出流体流速 v 后，基于管道横截面 S，进而由 $Q_V=Sv$ 求得流体流量 Q_V。

基于上述原理，可见多普勒式超声波流量计适用于含有一定异相的流体，而时差式超声波流量计则适用于纯净流体。超声波流量计测出流体流量值后经转换器转换为标准信号，可用于二次仪表显示或计算机采集。

2. 电磁流量计

电磁流量计是基于法拉第电磁感应定律，利用流体在磁场中流动切割磁力线产生感应电动势的原理实现对流体流量的检测的。它属于无障碍流量计，既可测量正反双向流量，也可测量脉动流量。电磁流量计测量精度高，应用领域广泛，常应用于化工、环保、冶金、医药、造纸、给排水等行业，用来测量导电液体(如工业污水、酸、碱、盐等腐蚀性介质)与浆液的体积流量。

☞**小知识** 法拉第电磁感应：导体在磁场中切割磁力线运动时，在其两端产生感应电动势。这里的流体即导体。

如图 3.3-14 所示，电磁流量计(管道式)主要由变送器(含转换器和显示仪表)、电磁线圈、电极、连接件、衬里等部分组成。按励磁方式分类，电磁流量计可分为直流励磁、交流励磁和方波励磁流量计；按转换器与传感器组装方式分类，电磁流量计可分为一体式、分体式流量计；按结构分类，电磁流量计有短管型和插入型流量计。

电磁流量计的测量原理如图 3.3-15 所示，测量管的上下设置有励磁线圈，测量管的左右装有一对电极，电极通过管道内部与流体相接触。当励磁线圈通电时，将产生一个垂直于测量管道、均匀分布的恒定磁场，其磁感应强度为 B。当导电性流体在测量管道以流速 v 流动时，根据法拉第电磁感应定律，导体在磁场中切割磁感线时将产生感应电动势 E，且感应电动势 E 与流体流速 v 的大小成正比。根据“右手定则”，B、v、E 三者相互垂直，由此可确定感应电动势 E 的方向。产生的感应电动势 E 由测量管的电极检出，并送到转换器计量出对应的流量值，显示或输出传感器标准电信号。

1—变送器；2—连接件；
3—衬里；4—电磁线圈；5—电极

图 3.3-14　电磁流量计(管道式)及其结构

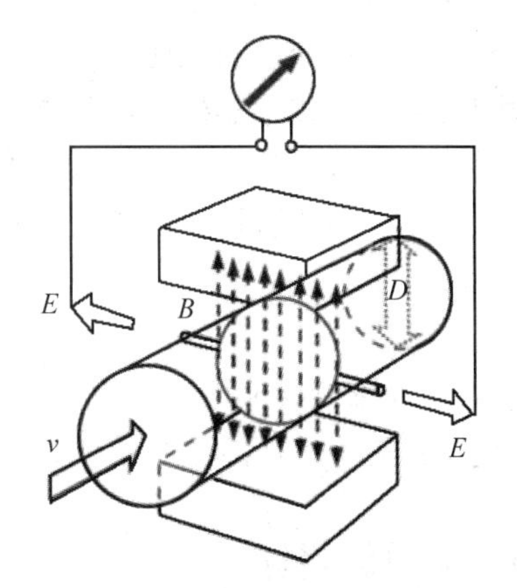

图 3.3-15　电磁流量计的测量原理

设测量管直径为 D，则电极检出的感应电动势 $E = BDv$，故流体体积流量 Q_V 为

$$Q_V = Sv = \frac{\pi D^2}{4} \cdot \frac{E}{BD} = \frac{\pi D}{4B} E \tag{3.3-12}$$

由式(3.3-12)可知，稳恒磁场条件下，体积流量 Q_V 与感应电动势 E 成正比，而与流体的物性和工作状态无关。流量变送器(转换器)对输出的 mV 级感应电动势(E)信号进行处理与放大，转换成与被测流体体积流量成正比的标准模拟量电流或电压信号。

由上述原理可知，电磁流量计测量的流体需要具有一定的导电性。它不适合测量电导率很低的流体，如气体、蒸汽，或液体中的纯净水、油类、有机溶剂等。

3. 涡轮流量计

涡轮流量计属于速度式流量计的一种，它是叶轮式流量计的主要品种。它精度高、结构简单、流通量大、适应参数高，是各类流量计中重复性最佳的产品之一，广泛应用于发电、石油化工、冶金和煤炭等行业以及科研实验、计量、国防科技等特殊部门。

如图3.3-16所示，涡轮流量计通常由壳体、导向片(也称整流器)、叶轮(又称涡轮)、磁电转换装置、显示仪表、支撑、轴承和法兰等组成。按流动方向分类，涡轮流量计可分为单向型和双向型；按叶轮安装方式分类，涡轮流量计可分为轴向型和切向型；按电脉冲信号检测方式分类，涡轮流量计可分为感应式、变磁阻式、干簧管式和光电式。

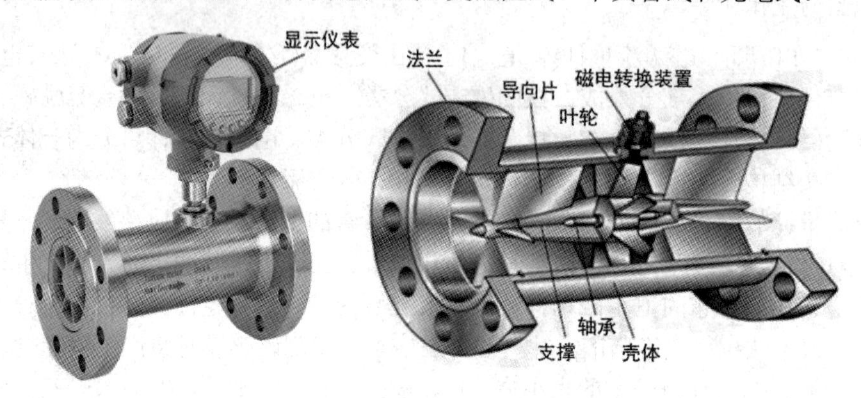

图3.3-16　涡轮流量计的结构

涡轮流量计的检测原理是：被测流体经测量管道冲击涡轮叶片，迫使涡轮叶片旋转，其转速与流体流量成正比。涡轮叶片周期性地切割磁感线或遮断光束，并由对应的磁电转换装置或光电传感器检出。此周期变化的频率信号经转换装置转换后形成相应频率的电脉冲信号，送入计数器统计。根据单位时间内的脉冲数和累计脉冲数即可求出流体流速。

因此，涡流流量计的流量方程为

$$Q_V = \frac{f}{K} \tag{3.3-13}$$

式中，f为流量计输出信号的频率；K为仪表系数，即流量与频率脉冲信号的转换系数，由流量校验装置校验给出，单位为P/m^3(P为脉冲数)。

五、质量流量计

容积式流量计、差压式流量计、超声波流量计和电磁流量计均是测量流体的体积流量，而实际在科学研究、生产过程控制、质量管理、经济核算和贸易交接等活动中所涉及的一般为质量流量。虽然质量流量可以由体积流量换算得到，但流体的体积是流体温度和压力的函数，通过修正、换算和补偿等方法间接地得到流体的质量流量，中间环节多，复杂烦琐，质量流量测量的准确度难以得到保证和提高。因此，质量流量计得到重视和广泛的应用。

质量流量计有直接式和间接式两种类型。直接式质量流量计利用与质量流量相关的原理直接测量通过流量计的流体质量流量，有量热式、角动量式、陀螺式和双叶轮式等，常见的有科里奥利力质量流量计(简称科氏力质量流量计)。间接式质量流量计利用密度计与体积流量直接相乘得到质量流量，有三种主要形式：密度计与速度式流量计组合，密度计与容积式流量计组合，密度计与节流式流量计组合。

科氏力质量流量计作为广泛应用的质量流量计，精度高，稳定性好，是重复性最佳的流量计之一。它是利用流体在直线运动的同时处于一旋转系中，产生与质量流量成正比的科里奥利力原理制成的，主要由测量管道、U 形测量管、驱动器、检测线圈和显示仪表组成。科氏力质量流量计及其原理如图 3.3-17 所示。

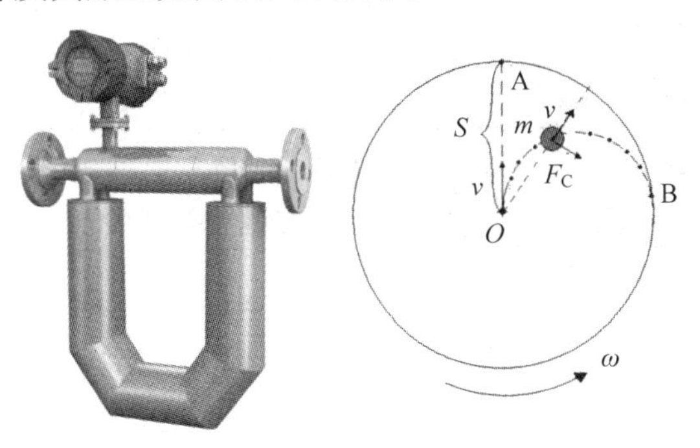

图 3.3-17　科氏力质量流量计及其原理

科里奥利力是对旋转体系中进行直线运动的质点相对于旋转体系产生的直线运动的偏移的一种描述，它来自物体运动所具有的惯性。科里奥利力(F_C)的大小为 $F_C = 2\omega vm$。如果流体在旋转的管道中流动时，某一段长度为 L 的管道管壁受到的科里奥利力为 F_C，流体密度为 ρ，管道横截面积为 S，则该流体的质量流量 Q_m 为

$$Q_m = \rho vS = \rho \cdot \frac{F_C}{2\omega\rho LS} \cdot S = \frac{F_C}{2\omega L} \tag{3.3-14}$$

由此可见，当测量工况 ω 和 L 已知时，只要测出科里奥利力，就可直接测得流体的质量流量，这就是科氏力质量流量计的测量原理。由于在实际测量环境中，通过旋转产生科里奥利力是不易实现的，因此目前的科氏力质量流量计均利用振动测量管道产生科里奥利力。在科氏力质量流量计 U 形测量管中点处施以高频振荡激励，在 U 形测量管左右两侧的传感器 A 和传感器 B 用光学或电磁学方法检测出 U 形测量管的挠曲量。当 U 形测量管的流体流速为 0 时，由于不存在科里奥利力，U 形测量管基本无形变；当流体流动时，U 形测量管中点前后两半段产生方向相反的挠曲，从而被传感器检测出，此时可对比振荡波形的相位差，求出科里奥利力 F_C，再进一步得到流体的质量流量 Q_m。

六、流量计选型与安装

1. 流量计选型

流量计种类很多，每种流量计都有其各自的特点、适用性、局限性。对于流量计的选型，除了需要了解各类流量计的结构和测量原理，通常还需要从流量计的性能、流体特性、安装要求、环境条件、成本价格这五个方面来进行对比分析，具体说明如表 3.3-1 所列。

表 3.3-1　选型条件说明

大类	细类
流量计性能	测量类型、分辨率、准确度、重复性、线性度、测量范围、压力损失、输出信号、响应时间
流体特性	温度、压力、密度、黏度、化学腐蚀、结垢、压缩系数
安装要求	上下游直管段、阀门位置、现场管道布线、流体流动方向、电磁干扰、脉动流和非定常流、管道振动、防水等级、防护配件
环境条件	环境温度、环境湿度、安全性、电气干扰
成本价格	流量计价格、安装费用、运行费用、检测费用、维护费用、备件费用

对于常用的几种流量计，其选型对比情况如表 3.3-2 所列。

表 3.3-2　常用流量计选型对比情况

种类	测量介质	适用性	局限性
容积式流量计	油、水、药液、浆体、天然气、煤气、液化气	测量精度高，是精度最高的流量计类型；安装不需要直管段；测量范围宽；受介质黏度、流动状态影响小，适合高黏度液体和脉动流量	机械结构复杂、体积庞大、口径局限性大；测量介质种类、工况少；只适合纯净单相流体；安全性差，出现活动部件卡死易断流
变差压流量计	蒸汽、空气、水、煤气、油	结构简单、安装方便、工作可靠、成本低廉；广谱式流量计，适用于多种介质、多种工况，种类齐全；历史悠久、技术成熟、标准化程度高	中等精度，长期使用精度下降严重，需定期维护；非线性输出，量程窄；安装直管要求高；压损大，能耗高
转子流量计	蒸汽、空气、水	结构简单、刻度直观、使用维护方便，价格低廉；压力损失小且恒定；适用小管径和低流速；量程范围广	耐压低、强度低；容易堵塞、浮子易卡住；不能测脏污流体
超声波流量计	水、油、化学药品、工厂排放液、液化天然气	非接触式、无压损；不受介质温度、压力、密度、黏度等影响；可做成固定式和便携式两种形式，可测量明渠流量；可用于腐蚀性流体；测量流量范围大；可不断流安装	抗干扰能力差，易受现场环境、工况影响；直管段要求严格，安装精度要求高；测量温度范围窄
电磁流量计	污水、导电油	无节流件，无压损；不受介质温度、压力、密度、黏度等影响；可用于腐蚀性流体；测量精度高、流量范围大；可测双向、脉动流量；直管段要求较低	只能测导电液体，无法测量气体；价格昂贵；对环境和介质特性要求高，易受电磁干扰
涡轮流量计	气体、低黏度纯净液体、自来水、酒精、白酒、药液、汽油、柴油	精度高、重复性好；无零点漂移，抗干扰能力强；量程范围宽	直管段安装要求高；不耐脏污，抗震性能差；不能长期保持校准特性
科氏力质量流量计	液体、浆体、气体	直接测量质量流量；精度高；可测流体范围广；不需要直管段；不受介质温度、压力、密度、黏度等影响；可测双向流量	零点稳定性差；无法测低压气体；对振动干扰比较敏感；压损大；价格昂贵

2. 流量计安装

流量计应按安装条件的适应性和要求来进行安装，主要考虑现场管道布线、流体的流动方向、上游和下游直管段、管径和管道振动、阀门的安装位置、防护性配件、电气连接和电磁干扰、脉动流和非定常流影响等方面。

1) 现场管道布线

在现场管道布线时，需要注意流量计的安装方向。流量计的安装方向一般分为垂直安装和水平安装，这两种安装方式在流量测量性能上是有差别的。比如，流体垂直向下流动会使流量计传感器带来额外力而影响流量计的性能，使流量计的线性度、重复性下降。流量计的安装方向还取决于流体的物性，如水平管道可能沉淀固体颗粒，因此具有这种状态的流量计最好安装于垂直管道；比如传感器安装在最高位置，会有气泡滞留，影响测量精度。

2) 流体的流动方向

有的流量计规定只能在一个方向工作，反向流动会损坏流量计。使用此类流量计还要考虑当发生无操作时可能会产生反向流动，这就需要采取措施，如安装止回阀以保护流量计。即使是能双向使用的流量计，其正向和反向之间的测量性能也可能会有些差异，应该按照制造厂规定的要求使用。

3) 上游和下游直管段

流量计会受到管路进口流动状态的影响，管道配件也会引入流动扰动。流动扰动一般有旋涡和流速分布剖面畸变，旋涡普遍是由两个或两个以上空间(立体)弯管所引起的，流速分布剖面畸变通常是由管路配件局部阻碍(如阀门)或弯管所引起的。这些影响需要通过适当长度的上游直管段或安装流动调整器进行改善。除了考虑流量计连接配件的影响，可能还要考虑上游管道配件组合的影响，比如在单弯管后面紧接着部分开启的阀。因为它们可能产生不同的扰动源，所以一定要尽可能拉开各扰动源之间的距离以减少其影响。

流量计的下游也需要一段直管段以减小下游流动影响。容积式流量计和科氏力质量流量计不大会受不对称流动剖面影响；涡轮流量计使用时应尽量降低旋涡；电磁流量计和差压式流量计则应限制旋涡在很小的范围内。气穴和凝结是由管道布置不合理造成的，应避免管道直径上和方向上的急剧改变。此外，管道布置不良也会产生脉动。

4) 管径和管道振动

有些流量计的管径范围并不是很宽，因此管径过大或过小都会限制流量计品种的选择。测量低流速或高流速的流量，可选择与管径尺寸不同的流量计管径，可以使用异径管连接，使流量计运行在规定的范围内。流量超过范围，流速过低，流量计误差增加，无法工作；流速过高，流量计误差也可能增加，同时还会使流量传感器超速或压力降过大而损坏流量计。比如压电检测件的涡轮流量计和科氏力质量流量计敏感于机械振动，容易受管道振动干扰，应注意在流量计前后管道上进行支撑设计。对于脉动影响的消除，可采用脉动消除器，注意所有被安装的流量计应远离振动或脉动源。

5) 阀门的安装位置

安装流量计的管道都装有控制阀和隔离阀。为避免由阀引起一些流速分布扰动和气穴而影响流量计测量，一般控制阀应安装在流量计的下游，这样还可以增加流量计背压，便于减小流量计内部产生气穴的可能性。安装隔离阀的目的是使流量计与管线的流体隔离以便于维修。上游阀应与流量计相隔足够距离，当流量计运行时，上游阀应全开以避免流速分布剖面畸变等扰动。

6) 防护性配件

安装防护性配件是为了保证流量计能正常运行。比如容积式流量计和涡轮流量计一般在上游安装过滤器等一些必要的设备，所有这些设备的安装都要以不影响流量计的使用为前提。

7) 电气连接和电磁干扰

目前大部分流量测量系统都有电子设备，因此系统采用的电源要与流量计相配套。当流量计输出电平较低时，应使用与环境相适应的前置放大器。有些类型的流量计的输出信号容易受大功率开关装置的干扰，使流量计输出脉冲波动而影响流量计的性能。因此，流量计应安装在远离干扰装置的位置，比如信号电缆应尽可能远离电力电缆和电力源，以降低电磁干扰和射频干扰影响。

8) 脉动流和非定常流影响

消除脉动流的影响，除了采用脉动消除器，还应注意使所有被安装的流量计远离脉动源。最常见的产生脉动源的设备有定排量泵、往复式压缩机、振荡着的阀或调节器等。一般差压式流量计、涡轮流量计具有脉动流误差。非定常流是指随时间而变的流动，它是非定流的一个特例，比如尺寸过大的控制阀运行所产生的缓慢脉动。

实际上具体安装问题对不同原理的流量计要求是不一样的。对有些流量计，比如差压式流量计、速度式流量计，需按要求在流量计的上、下游配备一定长度的或较长的直管段，以保证流量计进口端前流体流动达到充分发展。而另一些流量计，比如容积式流量计、转子流量计、质量流量计等则对直管段长度要求较低甚至没有要求。有的流量计因安装的影响而产生一定的误差。追溯流量计在使用过程中出现各类问题的原因，可能未必都是流量计本身因素，很多状况是由于安装不善所致。因此在实际工程中，需要根据具体工况和所选用的流量计具体分析。

七、PLC的计数器

PLC与某些流量计(如涡轮流量计)配合进行流量检测时，会用到PLC的计数器。

PLC的计数器(C)是一种软元件，它主要用于计数控制，分为普通计数器和高速计数器两大类。这里介绍普通计数器，它是在执行扫描时对PLC内部软元件(输入/输出继电器、辅助继电器、状态存储器、定时器)的位信号(通/断)进行计数的计数器。

1. 西门子S7-200 SMART系列PLC的计数器

西门子S7-200 SMART系列PLC的普通计数器(C)有三种类型：CTU(加计数器)、CTD(减计数器)、CTUD(加减计数器)。

1) CTU(加计数器)

每次CU(加计数输入端)从OFF转换为ON时，CTU(加计数器)就会从当前值开始加计数，当前值持续增加，直至达到32 767。当CTU(加计数器)的当前值不小于预设值(PV)时，CTU(加计数器)位变为ON(接通)。

2) CTD(减计数器)

每次CD(减计数输入端)从OFF转换为ON时，CTD(减计数器)就会从当前值开始减计数，当前值持续减少，直至达到0。当CTD(减计数器)的当前值为0时，CTD(减计数器)位变为ON(接通)。

3) CTUD(加减计数器)

每次CU(加计数输入端)从OFF转换为ON时，CTUD(加减计数器)就会加计数；每次CD(减计数输入端)从OFF转换为ON时，该计数器就会减计数。计数器的当前值Cxxx保持当前计数值，每次执行计数器指令，都会将预设值(PV)与当前值进行比较。

图3.3-18为S7-200 SMART系列PLC计数器的编程例子。上电后，SM0.1 = 1，复位计数器C0。当I0.0有上升沿触发时，计数器C0增加一次计数值。当C0当前值等于3(即计数达到3次)时，C0位为ON，此时Q0.0为ON。

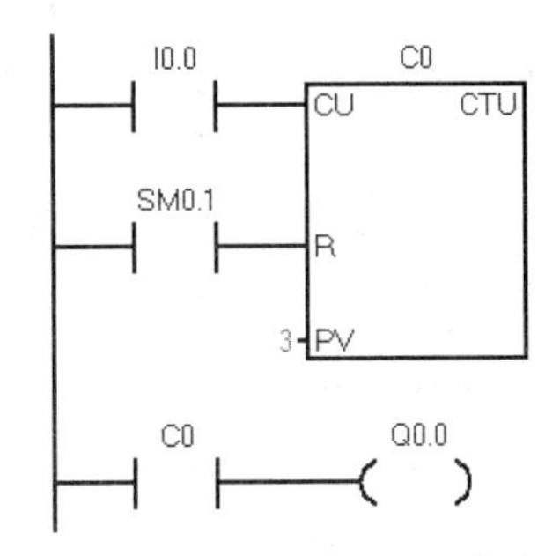

图3.3-18 S7-200 SMART系列PLC计数器的编程例子

2. 三菱FX_{3U}系列PLC的计数器

三菱FX_{3U}系列PLC的计数器分为16位通用计数器(C0～C199)、32位通用计数器(C200～C234)和高速计数器(C235～C255)。16位通用计数器的设定范围为1～32 767；32位通用计数器的设定范围为−2 147 483 648～2 147 483 648。

图3.3-19为FX_{3U}-48MR PLC计数器的编程例子。上电后，X0 = 1，复位计数器C0(计数器在使用前一般要先复位清零)。当X1点从OFF转换为ON时，计数器开始计数。当计数器C0的当前值大于或等于预设值时，计数器C0位变为ON，Y0也跟着变为ON。

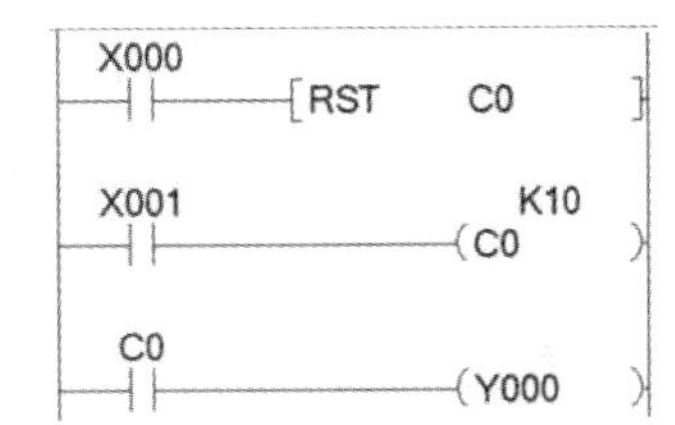

图3.3-19 FX_{3U}-48MR PLC计数器的编程例子

八、PLC的传送指令

在实际工程应用中，除了逻辑控制、定时、计数，PLC还需要进行数据传送、运算、转换、比较等处理。此时仅靠逻辑指令是满足不了控制要求的，还需要使用应用指令。

PLC的应用指令也称功能指令，它是PLC中实现数据传送、比较、移位、循环、数学运算、字逻辑运算、数据类型转换等功能的指令。

本任务首先介绍的应用指令为传送指令。该指令不论是在PLC与环境工程应用中，还是在其他领域的工程应用中，使用都非常多。在之后的任务中，将陆续介绍其他一些常用的应用指令。

1. 西门子S7-200 SMART系列PLC的传送指令

1) 传送指令及其分类

西门子S7-200 SMART系列PLC的应用指令大都采用矩形方框图形来表示，由于看起来像盒子，因此也称为盒指令。

PLC程序中，传送指令(MOV)用于数据传送，即将一个数传送(赋值)给一个PLC地址。它是一个在PLC编程中使用较频繁的重要指令。

不同的数据类型需要不同类型的传送，因此传送分为字节传送、字传送、双字传送、实数传送和块传送。S7-200 SMART 系列 PLC 的字节传送指令 MOV_B、字传送指令MOV_W、双字传送指令MOV_DW、实数传送指令MOV_R如图3.3-20(a)所示。

如果指令的“EN”端为1(ON)，即有能流达到传送指令(MOV)，则程序将执行传送指令(MOV)。传送指令将数据值从源(常数或存储单元)IN传送到新存储单元OUT，而不会更改源存储单元中存储的值。

2) 传送指令的例子

图3.3-20(b)为S7-200 SMART系列PLC传送指令的例子。在PLC通电运行的第一个周期(此时SM0.1为ON)，PLC执行传送指令，将数据1传送给地址VB0，将整数3传送给地址VW2，将整数50000传送给地址VD10，将数据5.6传送给地址VD20。程序执行后，相当于赋值的效果，即有：VB0 = 1，VW2 = 3，VD10 = 50000，VD20 = 5.6。

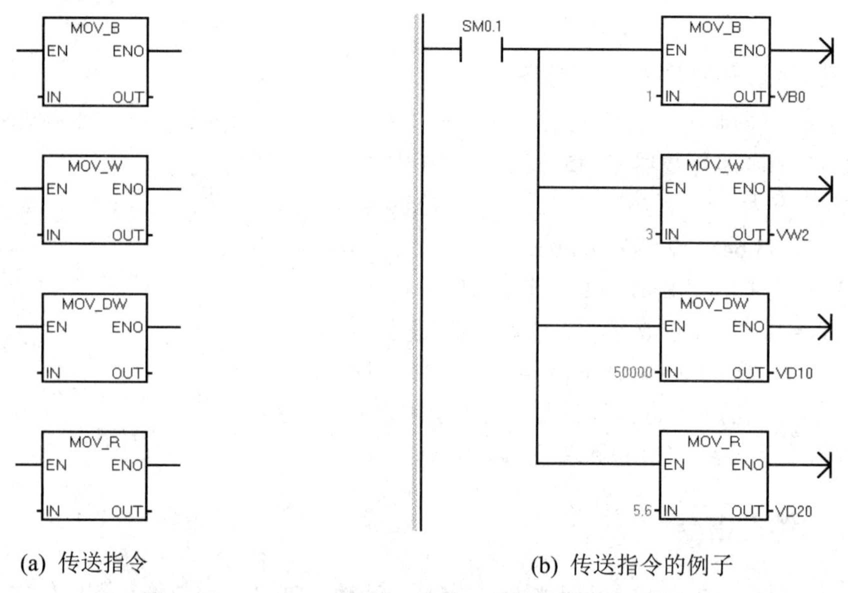

(a) 传送指令　　(b) 传送指令的例子

图3.3-20　S7-200 SMART系列PLC的传送指令及其例子

2. 三菱FX_{3U}系列PLC的传送指令

三菱FX_{3U}系列PLC的应用指令大都将指令放在中括号内。

PLC的传送指令(MOV)用于将一个数(源)传送(赋值)给一个PLC地址(目标)。它是一个在PLC程序中经常使用的重要指令。FX_{3U}的传送指令有16位运算(MOV、MOVP)和32位运算(DMOV、DMOVP)。

1) 指令前面加D或后面加P的情形

这里在MOV的前面加D或后面加P，所得到的DMOV、MOVP并不是另外一个指令，而是MOV的一种执行方式，本质上DMOV和MOVP仍然是MOV。这点对于其他的PLC应用指令也是一样的，在应用指令前面加D或后面加P，是三菱PLC应用指令的一个特色。

这里的字母D表示“Double Word(双字)”，字母P表示“Pulse(脉冲)”。

应用指令前面无D，表示指令操作的PLC地址为16位，即以16位寻址。

应用指令前面加D，表示指令操作的PLC地址为32位，即以32位寻址。

应用指令后面无P，表示指令为连续执行方式，此时如该应用指令的输入条件为ON，则每个扫描周期该指令都会执行一次，即指令连续多次执行。

应用指令后面加P，表示该指令为脉冲执行方式。当指令的输入条件有上升沿触发时，该指令只执行一次(即执行的时间长度为一次脉冲、一个扫描周期)，不论输入条件为ON的时间有多久都只执行一次。

2) 传送指令的格式与含义

传送指令的16位运算(MOV、MOVP)格式为：MOV(P) S　D，含义为：当指令输入为ON时，将传送源S的内容传送给目标D。在传送源S为常数(K)时，自动转换为BIN。

传送指令的32位运算(DMOV、DMOVP)格式为：(D)MOV(P) S　D，含义为：当指令输入为ON时，将传送源(S + 1，S)的内容传送给目标(D + 1，D)。在传送源S为常数(K)时，自动转换为BIN。

3) 传送指令的例子

FX_{3U}-48MR PLC传送指令的例子如图3.3-21所示。当M0自锁后，定时器T0开始启动计时。在定时未到6 s时，执行MOV T0 D10，表示将定时器T0的当前时间数值传送给地址D10，相当于赋值的结果，即有D10 = T0。当定时到达6 s后，执行MOVP　K10 D20，表示将十进制常数10传送给地址D20，而且只执行一次，相当于赋值的结果，即有D20 = 10；同时也执行DMOV D0 D30，表示将(D1，D0)传送给地址(D31，D30)，相当于赋值的结果，即有(D31，D30) = (D1，D0)，亦即 D30 = D0，D31 = D1。

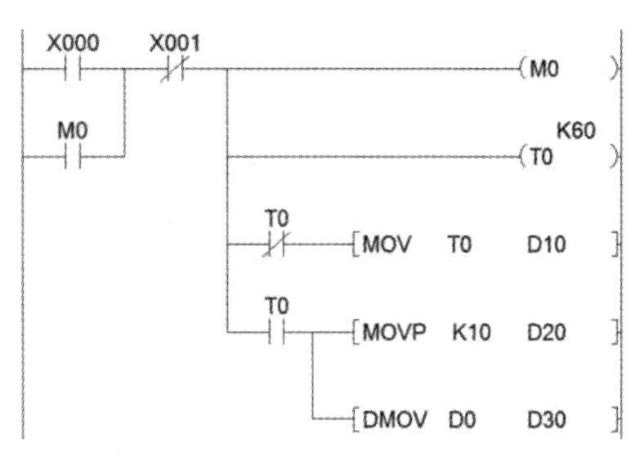

图3.3-21　FX_{3U}-48MR PLC传送指令的例子

【任务实施】

本任务为PLC与涡轮流量计配合监控药剂的流量。某制药厂工艺环节需要监控成药管道中药剂的流量，在药剂流经管道之处安装了一个涡轮流量计。涡轮流量计为三线制NPN型，输出为脉冲信号，电压等级为24 V，仪表常数K是1P/L。现需要基于PLC系统实现药剂流量的检测并将结果放入数据存储器D100中。

1. 设计思路

根据涡轮流量计的流量公式$Q_V = f/K$，其中K为1P/L，只需要测出流量计输出的脉冲信号的频率f，即可得到体积流量Q_V。通常频率测量方法有两种：测周法和测频法。

(1) 测周法：通过计量在被测信号一个周期内频率为f_0的标准信号的脉冲数N来间接测量被测信号的频率f($f = f_0/N$)。被测信号的周期越长(频率越低)，测得的标准信号的脉冲数N越大，相对误差越小，因此测周法适合测量低频信号。

(2) 测频法：在一定的时间间隔 T 内，对被测的周期信号脉冲计数为 N，则信号的频率为 $f=N/T$。这种方法适用于高频测量，信号的频率越高，相对误差越小。由于流量计脉冲信号通常频率较高，因此下述采用测频法阐述设计思路。

涡轮流量计的接线端子和输出脉冲频率测定方法如图 3.3-22 所示。

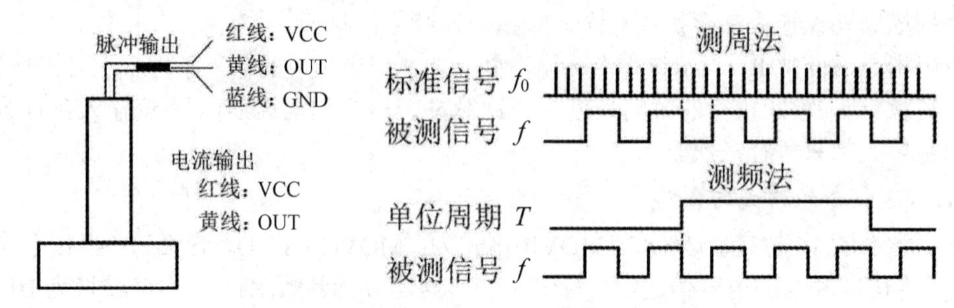

图 3.3-22　涡轮流量计的接线端子和输出脉冲频率测定方法

使用定时器定时 1 s，并使用计数器 C0 对 PLC 输入点的脉冲进行计数，可得到脉冲频率 $f=N/T=\text{C0}$，从而得到药剂流量为 $Q_V=f/K=\text{C0}/1=\text{C0}$。最后按要求将 C0 传送到数据存储器中。

2. 任务实施

将涡轮流量计的脉冲输出端连接到 PLC 的输入端子，则 PLC 的控制电路图如图 3.3-23 所示，PLC 程序如图 3.3-24 所示。

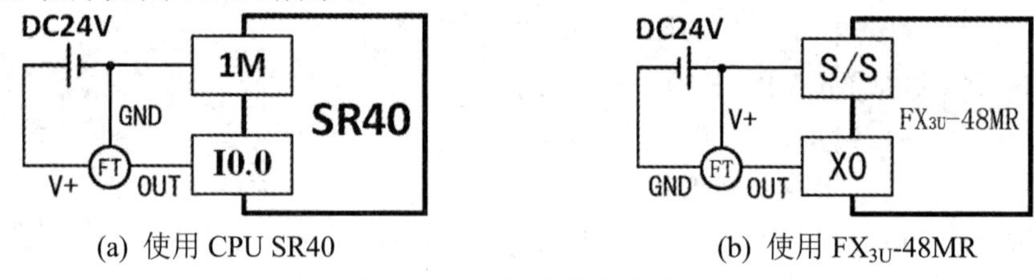

(a) 使用 CPU SR40　　(b) 使用 $\text{FX}_{3\text{U}}$-48MR

图 3.3-23　PLC 的控制电路图

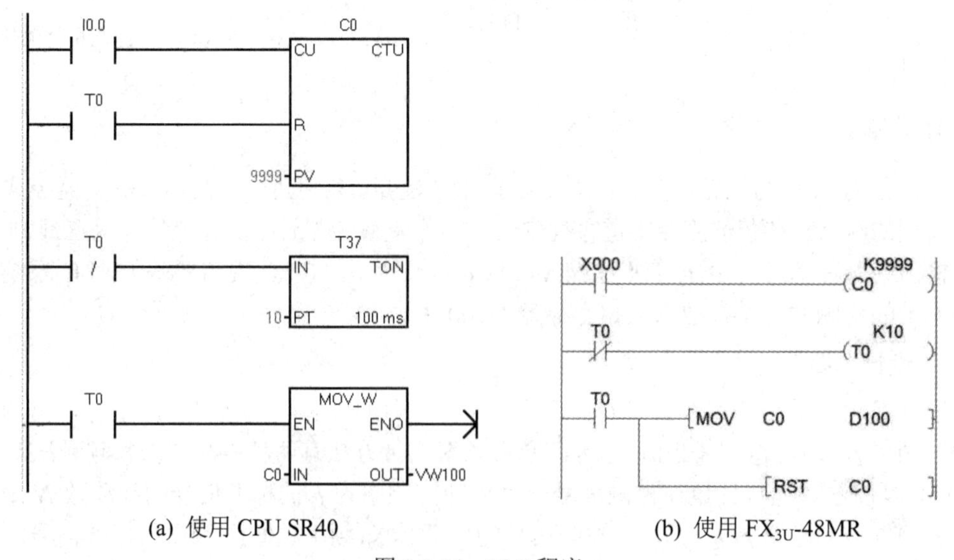

(a) 使用 CPU SR40　　(b) 使用 $\text{FX}_{3\text{U}}$-48MR

图 3.3-24　PLC 程序

【小结】

本任务主要介绍常用流量计(容积式流量计、差压式流量计、速度式流量计、质量流量计)的原理、安装与应用等，以及如何使用 PLC 控制流量计测出流量。

【理论习题】

一、判断题(对的打“√”，错的打“×”)

1.有的流量计规定只能在一个方向工作，反向流动会损坏流量计。 ( )

2.差压式流量计输出差压信号与流量成正比。 ( )

二、单选题

1. 关于 PLC 的 V 区地址，使用不当的是( )。

A. VB3 B. VW200 C. VD7 D. VB8.0

2. 以下不属于检测体积流量的流量计的是( )。

A. 容积式流量计 B. 差压式流量计

C. 速度式流量计 D. 质量流量计

3. 以下选项中，( )不属于差压式流量计的节流装置。

A. 流量喷嘴 B. 文丘里管 C. 同心孔板 D. 滴定管

4. 以下选项中，说法错误的是( )。

A. 当输入从 ON 转换为 OFF 时，PLC 计数器 C0 的计数清零

B. 有的流量计规定只能在一个方向工作，反向流动会损坏流量计

C. 电磁流量计测量的流体需要具有一定的导电性

D. 当输入从 OFF 转换为 ON 时，PLC 计数器 C0 的计数加 1 或减 1

5. 以下不属于差压式流量计中的结构的是( )。

A. 三阀组 B. 冷凝管 C. 导压管 D. 截止阀

6. 关于转子流量计，说法错误的是( )。

A. 精度不高 B. 压力损失大

C. 对上游直管段长度的要求不高 D. 适用于小管径

7. 关于 PLC 的 V 区地址，使用正确的是( )。

A. VB3 B. V1234 C. V101.8 D. VD5.5

三、简答题

1. 对于上述任务，如采用测周法进行程序设计，该如何设计？

2. 若要求按下按钮 SB1 后，延时 24 小时风机再启动，该如何设计长时间定时？

3. 简述差压式流量计的测量原理。

任务 3.4　PLC 与压力检测

【任务导入】

已知某水处理公司车间内的一个压力检测系统。该系统使用压力变送器来检测某段管道内的水压，压力变送器的输出为 4～20 mA 电流，压力变送器与 PLC 连接，PLC 将压力值显示于触摸屏上。

本任务为设计基于 PLC 的压力检测系统。

【学习目标】

◆ 知识目标

(1) 熟悉压力计的分类、特点、安装与使用；

(2) 熟练掌握使用 PLC 和压力变送器来检测压力的方法。

◆ 技能目标

(1) 学会压力计的安装与使用；

(2) 学会使用 PLC 和压力变送器来检测液体或气体的压力。

【知识链接】

一、压力基本知识

压力是环境工程中的重要工艺参数之一。在环境工程应用中，经常需要进行压力检测。例如：在水处理工程中，检测水泵出口的压力；在大气处理工程中，检测鼓风机出口的风压、监测真空泵状态等。此外，水处理工程中的流量、液位也可以通过压力来间接测量。

1. 压力的定义

工程技术上所说的“压力”实质上就是物理学里的“压强”，其定义为均匀而垂直作用于单位面积上的力，即 $p = F/A$。

2. 压力的单位

压力的国际单位为帕斯卡(简称“帕”，符号为 Pa)，$1\ Pa = 1\ N/m^2$。

由于“帕”的单位较小，因此在工程应用中常用“千帕”(kPa)和“兆帕”(MPa)。它们与“帕”之间的倍数关系为：$1\ kPa = 10^3\ Pa$，$1\ MPa = 10^6\ Pa$。工程应用中有时也使用其他一些压力单位，如工程大气压(kgf/cm^2)、毫米汞柱(mmHg)、毫米水柱(mmH_2O)、物理大气压(atm)、巴(bar)等。

3. 压力的表示方法

1) 大气压力

大气压力是地球表面上的空气柱重量所产生的压力，以 pa 表示。大气压力的值可能会因地理位置和气象情况的不同而不同。

2) 绝对压力

绝对压力是作用于物体表面积上的全部压力，其零点以绝对真空为基准，又称总压力或全压力，一般用大写字母 P 表示。

3) 表压力

表压力又称相对压力，它是以大气压力为基准的压力值，一般用小写字母 p 表示。表压力与大气压力、绝对压力的关系式为：表压力 = 绝对压力 − 大气压力，三者之间的关系如图 3.4-1 所示。

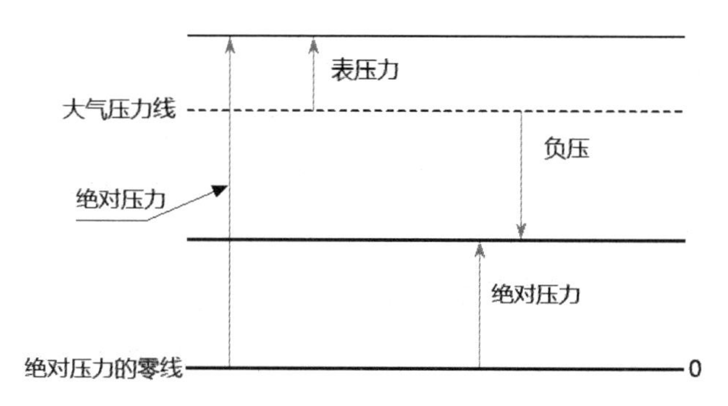

图 3.4-1　表压力与大气压力、绝对压力的关系

☞**提示**　如果绝对压力小于大气压力，则表压力小于 0，此时表压力为负压，如测炉膛和烟道气的压力均是负压。负压用真空度(负压的绝对值)来表示。

由于各种测量压力的仪表通常是处于大气中的，它们本身就承受着大气压力，所以工程中常用表压或真空度来表示压力的大小，即测压仪表一般指示的压力都是表压力或真空度。

另外，工程中也有时会使用差压。差压指任意两个压力之差，如静压式液位计和差压式流量计就是利用测量差压的值来算出液位和流量的。

二、压力计分类

压力检测仪表简称压力表或压力计，主要分为液柱式压力计、弹性式压力计、电气式压力计、活塞式压力计等。

1. 液柱式压力计

根据流体静力学原理，液柱式压力计将被测压力转换成液柱高度进行测量。

液柱式压力计的特点为结构简单、使用方便、测量范围较窄，一般用来测量较低压力、真空度或压力差。

根据结构不同，液柱式压力计可分为 U 形管液柱式压力计、单管液柱式压力计、斜管液柱式压力计等，如图 3.4-2 所示。

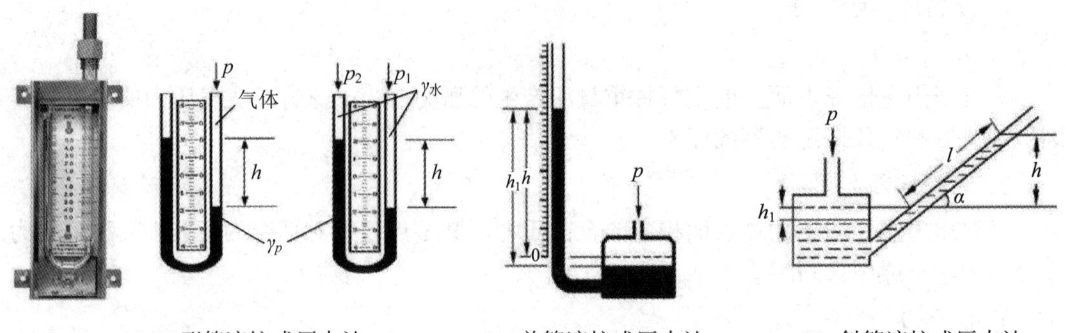

(a) U形管液柱式压力计　(b) 单管液柱式压力计　(c) 斜管液柱式压力计

图 3.4-2　液柱式压力计

2. 弹性式压力计

1) 弹性式压力计的测压原理

弹性式压力计是利用各种弹性元件在被测介质压力的作用下产生弹性变形的原理而制成的测压仪表，即弹性式压力计将被测压力转换成弹性元件变形的位移进行测量。

常用的弹性元件有弹簧管式、薄膜式和波纹管式，如图 3.4-3 所示。

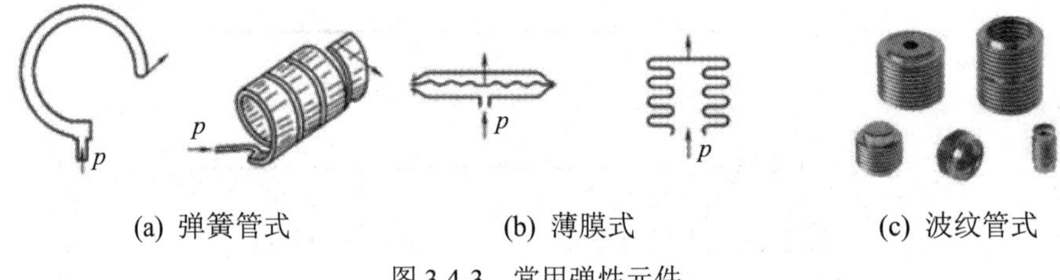

(a) 弹簧管式　(b) 薄膜式　(c) 波纹管式

图 3.4-3　常用弹性元件

2) 弹性式压力计的特点

弹性式压力计具有结构简单、牢固、使用可靠、读数清晰、价格低、测量范围宽、精度足够等优点。如果附加电气变换或控制装置，弹性式压力计还可实现压力远传、信号报警、自动控制。因此，弹性式压力计在工业上使用广泛。

3) 弹簧管压力计

按使用的测压元件不同，弹簧管压力计可分为单圈弹簧管压力计、多圈弹簧管压力计。弹簧管压力计的外形及弹簧管如图 3.4-4 所示。

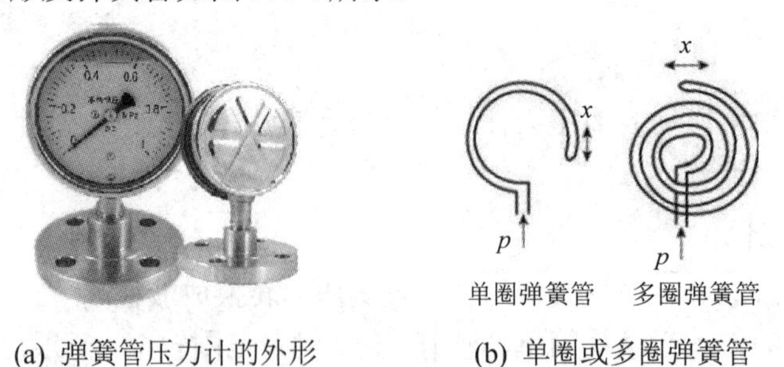

(a) 弹簧管压力计的外形　(b) 单圈或多圈弹簧管

图 3.4-4　弹簧管压力计的外形及弹簧管

弹簧管压力计主要由弹簧管、传动放大机构(包括拉杆、扇形齿轮、中心齿轮等)、指针、面板、游丝、调整螺丝、接头等部分组成，如图 3.4-5 所示。

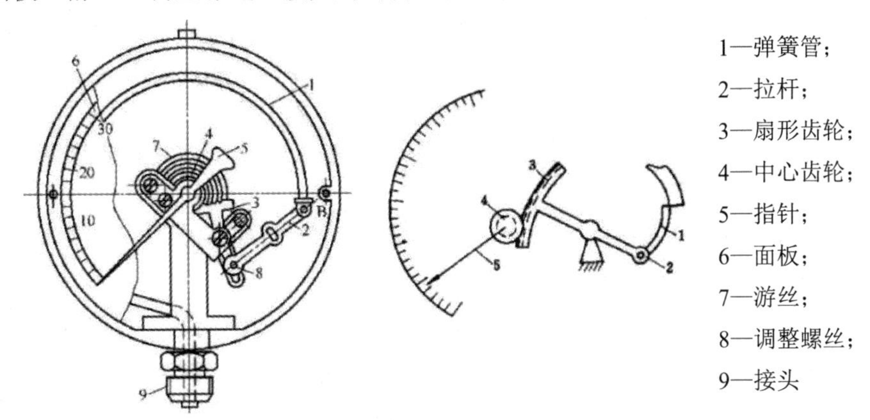

图 3.4-5　弹簧管压力计的结构组成

弹簧管压力计的工作原理为：被测压力由接头 9 通入弹簧管内腔，使弹簧管 1 产生弹性变形，自由端向右上方位移。拉杆 2 使扇形齿轮 3 做逆时针偏转，进而带动中心齿轮 4 做顺时针偏转，于是固定在中心齿轮上的指针 5 也做顺时针偏转，从而指示出被测压力的刻度数值。由于自由端的位移量与被测压力之间成正比，因此弹簧管压力计的刻度标尺是均匀的。

4) 电接点压力计

电接点压力计在普通弹簧管压力计上附加触点机构而成，其作用是压力越限报警、电气联锁控制。电接点压力计如图 3.4-6 所示。

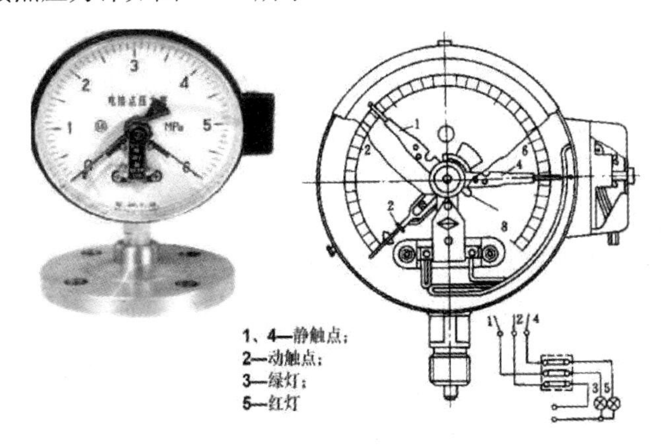

图 3.4-6　电接点压力计

3. 电气式压力计

电气式压力计是将被测压力转换成电信号(如电压、电流)来进行测量的仪表。

由于电信号易于进行数据采集、传送和自动化控制，因此电气式压力计使用也很广泛，其中最典型的就是压力变送器。

1) 变送器

变送器是将感受的物理量、化学量等信息按一定规律转换成便于测量和传输的标准化信号的装置。

按输出信号类型不同，变送器分为电压输出型和电流输出型两种。电压输出型变送器输出的标准电压信号为DC1～5 V，电流输出型变送器输出的标准电流信号为DC4～20 mA。由于电流信号不易受干扰，且便于远距离传输，因此在工业生产和控制中多采用电流输出型变送器。变送器也可以说是一种输出为标准信号的传感器。

按接线数量不同，变送器分为二线制和四线制两种。二线制变送器的接线少，传送距离长，在工业中应用最为广泛。

按照被测量的不同，变送器可以分为压力变送器、温度变送器等。

2) 压力变送器

压力变送器由压力传感器、信号转换电路、壳体及过程连接件组成。它将现场液体或气体的压力转换为微小的电流或电压信号，再通过转换电路转换成DC4～20 mA或DC1～5 V 工业标准信号，送至显示仪、记录仪、计算机或控制器等仪表。压力变送器的外形如图3.4-7所示。

图3.4-7　压力变送器的外形

压力变送器按工作原理可分为压阻式、应变式和电容式。电容式压力变送器是把被测量变化转换为电容量变化的一种传感器，它因稳定性好、测量精度高而应用广泛。通过检测电容变化量，它可以测量出作用在压力敏感元件两侧的压力差。

☞**例子**　在水厂中，滤池的水位需要连续检测和显示，并用测量的滤料阻塞差压值，这时可以使用电容式差压变送器。

4. 活塞式压力计

根据水压机液体传送压力的原理，活塞式压力计将被测压力转换成活塞上所加平衡砝码的质量来进行测量。图3.4-8为一个活塞式压力计。

活塞式压力计测量精度很高(允许误差可小到0.02%～0.05%)，但结构较复杂、价格较贵。

图3.4-8　活塞式压力计

三、压力计安装

1. 取压口的选择

取压口是被测对象上引取压力信号的开口。选择取压口的原则是取压口能反映被测压力的真实情况，具体选用原则如下：

(1) 取压口要选在被测介质直线流动的管段上，不要选在管道拐弯、分岔、死角及流束形成涡流的地方。

(2) 就地安装的压力计在水平管道上的取压口一般在顶部或侧面。

(3) 引至变送器的导压管，其水平管道上的取压口方位要求如下：测量液体压力时，取压口应开在管道横截面的下部，与管道截面水平中心线夹角在45°以内；测量气体压力时，取压口应开在管道横截面的上部；测量水蒸气压力时，取压口应开在管道的上半部及下半部，与管道截面水平中心线夹角在45°内。

(4) 取压口处在管道阀门、挡板前后时，其与阀门、挡板的距离应大于2～3倍的管道直径。

2. 导压管安装注意事项

(1) 在取压口附近的导压管应与取压口垂直，管口应与管壁平齐，不得有毛刺。

(2) 导压管不能太细、太长，防止产生过大的测量滞后，一般其内径应为6～10 mm，长度不超过60 m。

(3) 水平安装的导压管应有1∶20～1∶10的坡度，坡向应有利于排液(测量气体压力时)或排气(测量液体压力时)。

(4) 当被测介质易冷凝或易冻结时，应加装保温伴热管。

(5) 为了检修方便，在取压口与仪表之间应装切断阀，并应靠近取压口。

☞**提示**　测量气体压力时，应优选变送器高于取压口的安装方案，不必设置分离器；测量液体压力或蒸汽时，应优选变送器低于取压口的安装方案，不必另设排气阀，在导压管路的最高处应装设集气器；当被测介质可能产生沉淀物析出时，在仪表前的管路上应加装沉降器。

3. 压力计安装注意事项

(1) 压力计应安装在能满足仪表使用环境条件，并易于观察和检修的地方。

(2) 安装地点应尽量避免振动和高温影响，对于蒸汽和其他可凝性热气体，应安装冷凝管。

(3) 测量有腐蚀性、高黏度、易结晶、易沉淀介质时，应加装有中性介质的隔离罐或选用隔膜压力计。安装冷凝管与隔离罐的位置如图3.4-9所示。

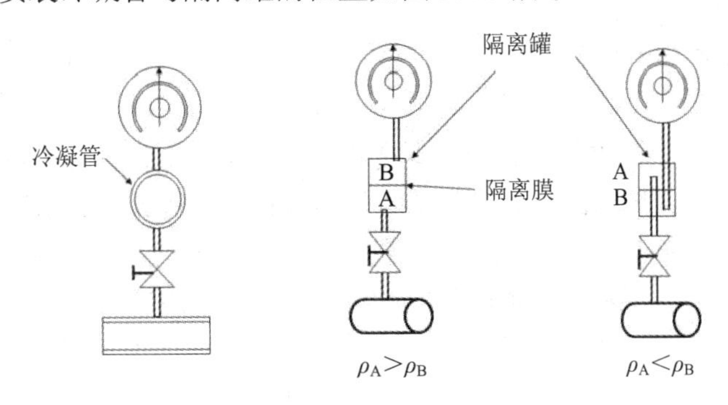

图3.4-9　安装冷凝管与隔离罐的位置

(4) 压力计连接密封垫片，温度低于80℃及压力为2 MPa以下时，用橡胶或四氟垫片；在温度低于450℃及压力为5 MPa以下时，用石棉垫片或铝垫片；温度及压力(50 MPa以下)更高时，用退火紫铜或铅垫。测量氧气压力时，不能使用浸油垫片、有机化合物垫片；

测量乙炔压力时，不得使用铜制垫片。

(5) 仪表必须垂直安装，若装在室外，还应加装保护箱。

(6) 当被测压力不高，而压力计与取压口又不在同一高度时，应对此高度差所引起的测量误差进行修正。

(7) 为安全起见，测量高压的压力计应选用有通气孔的，安装时表壳应向墙壁或无人通过的地方，以防止发生意外。

四、PLC与压力检测中的A/D转换

(一) A/D转换

1. 模拟量与数字量

模拟量和数字量是两种不同类别的数据。

模拟量是指在一定范围内连续变化的变量(或者说模拟量在一定范围内可以取任意值)，如电压、电流、压力、速度、流量等。由于连续的生产过程常有模拟量，所以模拟量控制有时也称为过程控制。

数字量是分立量，而不是连续变化量，它只能取几个分立值，如二进制数字变量只能取两个值0或1。PLC和PC处理的数据都是数字量。

2. A/D转换与D/A转换

一般地，传感器元件能将物理量转换成电量信号，这个电量信号可能是电压或电流，然后电压或电流信号再传给PLC，以实现自动检测。

但是，电压或电流是模拟量，而PLC只能处理数字量，两者是不同类别的数据。因此需要进行模拟量到数字量的数据转换，即把模拟量转换成数字量，这就是“模拟量/数字量转换”，简称“模/数转换”或“A/D转换”。

反过来，如果进行数字量到模拟量的数据转换，即把数字量转换成模拟量，这种情况就是“数/模转换”，也称“D/A转换”。关于“D/A转换”，在后面的项目四有专门任务介绍，这里只介绍“A/D转换”。

3.A/D转换的比例关系式

1) 标度变换

介绍A/D转换之前，需要先认识标度变换。所谓标度变换，是指将对应参数值的大小转换成能直接显示的有量纲的被测工程量数值，也称为工程转换。由测量仪表转换成模拟电信号，经过A/D转换后成为相应的数字量，仅仅对应被测工程量参数值的大小，并不是原来带有量纲的参数值。因此，对于PLC的模拟量应用，通常在程序设计中包含标度变换的内容，将模拟量模块经A/D转换后的数字量变换为实际的检测量的量纲值。

2) 比例关系式

对于一般的线性仪表来说，参数值与A/D转换结果之间是线性关系。如果A_0为仪表测量范围下限，A_m为仪表测量范围上限(即仪表的模拟量测量量程为A_0～A_m)，A为当前测量值；D_0为A/D转换的数字量起点，D_m为数字量终点(即数字量的范围为D_0～D_m)，D为A/D当前转换值，则有

$$\frac{A-A_0}{A_m-A_0}=\frac{D-D_0}{D_m-D_0} \tag{3.4-1}$$

根据式(3.4-1)，可以由数字量 D 值计算出模拟量 A 值：

$$A=\frac{D-D_0}{D_m-D_0}(A_m-A_0)+A_0 \tag{3.4-2}$$

3) A/D 转换的过程

首先由传感器或变送器(具有一定的测量量程)将所测到的被测量(模拟量)转换为标准的电信号(电流信号如 DC4～20 mA 或电压信号如 DC0～10 V 等)，然后由 PLC 的模拟量输入单元(A/D 转换单元)将这些标准的电信号变换成 PLC 能处理的数字量信号。这个过程可以简写为：被测量(模拟量)→标准电信号(模拟量电流或电压)→PLC 的数字量。

可以看出，模拟量、标准电信号、数字量之间的转换需要使用式(3.4-1)来进行比例运算。例如：三菱 PLC 的数字量值范围为 0～3200，对应的标准电量是 0～10 V，所要检测的是温度值 0～100℃，那么数字量范围 0～3200 对应模拟量量程 0～100℃的温度值。将这些数据代入式(3.4-1)，便可算出比例关系式。

☞**说明** 由于模拟量电流信号的抗干扰能力较强，更适于远传，因此工程应用中一般使用电流模拟量输入。此时，可以在式(3.4-1)中加入模拟量电流，得到

$$\frac{A-A_0}{A_m-A_0}=\frac{I-4}{20-4}=\frac{D-D_0}{D_m-D_0} \tag{3.4-3}$$

从式(3.4-1)、式(3.4-2)和式(3.4-3)都可以看出，A/D 转换的比例算法要进行加、减、乘、除运算。因此在 PLC 的模拟量编程中，需要熟练掌握 PLC 的加、减、乘、除运算指令。同时，在加、减、乘、除运算过程中，可能会产生小数点(浮点数)，因此还需要熟练掌握数据“转换指令”。加、减、乘、除运算指令和转换指令将在之后的任务中进行学习。

4. 模拟量控制的类型

按控制方法分，模拟量控制可分为反馈控制、前馈控制、比例控制、模糊控制等。这些都是 PLC 内部数字量的计算过程。

按信号类型分，模拟量控制可分为电流模拟量控制和电压模拟量控制。

按信号方向分，模拟量控制可分为模拟量输入控制和模拟量输出控制。

能实现模拟量控制的 PLC 模块称为模拟量模块。根据模拟量信号类型的不同，PLC 的模拟量模块分为三种类型，分别为模拟量输入模块、模拟量输出模块、模拟量输入输出模块。模拟量输入输出模块既有模拟量输入，也有模拟量输出。

(二) 西门子 S7-200 SMART 系列 PLC 的模拟量输入控制

1. PLC 的模拟量模块 EM AM06

西门子 PLC 的模拟量模块 EM AM06 是一种模拟量输入输出模块。它具有 4 个通道的模拟量输入和 2 个通道的模拟量输出(简称为 4AI/2AQ)，即它有 4 个可以接收外部模拟量输入的通道，然后 4 个模拟量进行 A/D 转换后得到 4 个数字量；有 2 个可以将数字量进行

D/A 转换后得到模拟量并输出给外部设备的通道。EM AM06 的电路接线图如图 3.4-10 所示。

模拟量经过 A/D 转换之后，在 PLC 上得到字长度(16 位、2 个字节)的数字量。通过 AI 存储器来访问这些数字量，寻址方式为：AIW[字节地址]，例如 AIW18。

如图 3.4-11 所示，在系统块的 EM 栏添加 EM AM06 模块。添加后，在被选中状态下，可以看到“输入”的地址为“AIW16”，“输出”的地址为“AQW16”。它们的含义为：用于模拟量输入的 4 个通道 0、1、2、3 经过 A/D 转换后，得到的数字量地址依次为 AIW16、AIW18、AIW20、AIW22；在未进行 D/A 转换前，用于模拟量输出的 2 个通道 0 和 1 输出的数字量地址分别为 AQW16、AQW18。EM AM06 模块各个输入通道和输出通道的接线端子、数字量地址如表 3.4-1 所列。

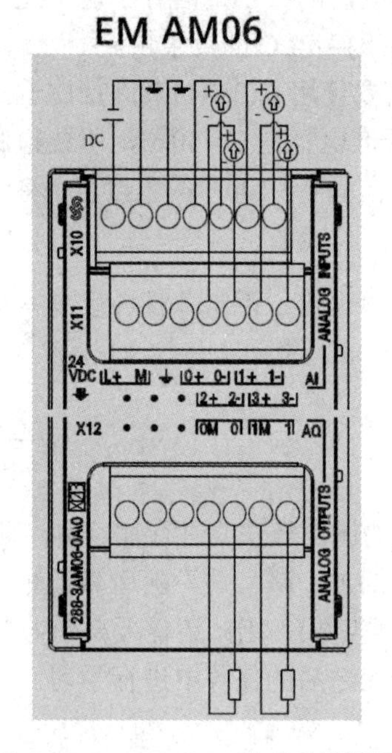

图 3.4-10　EM AM06 的电路接线图

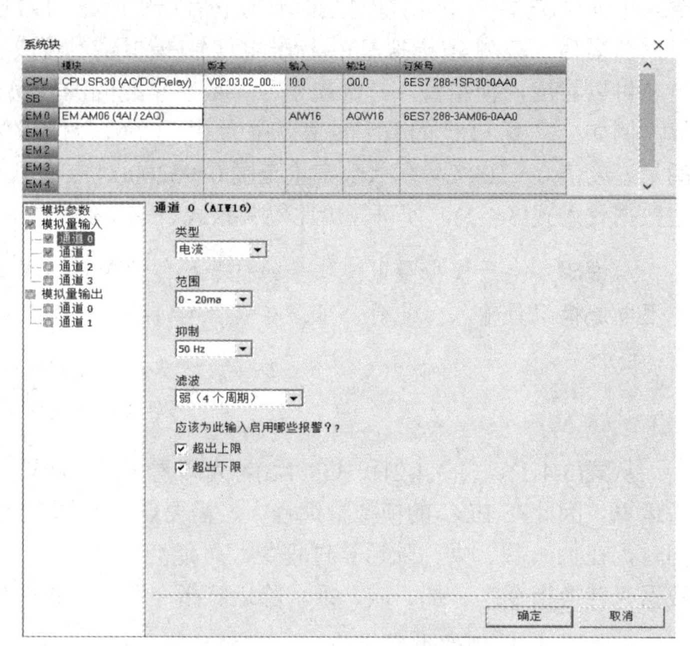

图 3.4-11　系统块设置模拟量参数

表 3.4-1　EM AM06 模块各通道的接线端子和数字量地址

类型	通道序号	接线端子	数字量地址
模拟量输入 (4AI)	通道 0	0+、0-	AIW16
	通道 1	1+、1-	AIW18
	通道 2	2+、2-	AIW20
	通道 3	3+、3-	AIW22
模拟量输出 (2AQ)	通道 0	0M、0	AQW16
	通道 1	1M、1	AQW18

☞注意　(1) AIW 是由模拟量输入值经 A/D 转换后得到的数字量。虽然 AIW 里面有“AI”字眼，但不是模拟量输入值，这点容易混淆。AIW 为只读值，不能进行修改，它是根据模拟量输入的变化而变化的。

(2) CPU 在正常扫描周期中不会读取模拟量输入值，也不会写入模拟量输出值。而当程序访问模拟量输入时，CPU 将立即从设备中读取模拟量输入值；当程序访问模拟量输出时，CPU 将立即写入模拟量输出值。

(3) 模拟量输入的通道 0 和通道 1 的输入电信号类型一样，通道 2 和通道 3 的输入电信号类型一样。例如，如果模拟量输入的通道 0 被设为“电流”类型，则通道 1 也会跟着变为“电流”类型；如果模拟量输入的通道 0 被设为“电压”类型，则通道 1 也会变为“电压”类型。一般工程中使用电流模拟量输入更多些。

2. A/D 转换的比例关系计算

模拟量电流输入的量程为 0～20 mA(或者模拟量电压输入的量程为−5～5 V、−10～10 V)时，经过 A/D 转换后，得到对应 S7-200 SMART 系列 PLC 的数字量为 0～27 648。由此可见，模拟量电流(或电压)与 PLC 的数字量有线性比例关系。

但是，一般传感器或变送器的输出电流是 4～20 mA，而不是 0～20 mA，因此在模拟量输入比例换算时，模拟量电流 4～20 mA 对应的 PLC 数字量是 5530～27 648，而不是 0～27 648。

假设某仪表的量程为 A_0～A_m，对应的输出电流范围为 4～20 mA，经 A/D 转换后，在 PLC 上得到对应的数字量范围为 D_0～D_m。当该仪表测量某模拟量值为 A 时，输出电流值为 I，经 A/D 转换后，在 PLC 上得到数字量值为 D。对于 S7-200 SMART PLC，已知 $D_0 = 5530$，$D_m = 27\,648$，代入式(3.4-3)，可得 A、I、D 之间的线性比例关系：

$$\frac{A - A_0}{A_m - A_0} = \frac{I - 4}{20 - 4} = \frac{D - 5530}{27\,648 - 5530} \tag{3.4-4}$$

即

$$\frac{A - A_0}{A_m - A_0} = \frac{I - 4}{16} = \frac{D - 5530}{22\,118} \tag{3.4-5}$$

根据式(3.4-5)，可以由数字量值 D(或电流值 I)计算出模拟量值 A。

☞**注意**　S7-200 SMART 系列 PLC 的数字量取值范围为 0～27 648，而 S7-200 系列 PLC 的数字量取值范围为 0～32 000，二者不一样。

例 3.4-1　某温度传感器的测温量程为−10～60℃，测量物体温度 T 时，温度传感器输出电流为 I(量程为 4～20 mA)，经 EM AM06 模块的 A/D 转换后传给 S7-200 SMART PLC，得到数字量为 D。求物体温度 T 与 D 的关系表达式。

解　T、I、D 取值范围的对应关系为

$$-10\sim 60℃——4\sim 20\ \text{mA}——5530\sim 27\,648$$

由此可知 $T_0 = -10$、$T_m = 60$、$D_0 = 5530$、$D_m = 27\,648$，根据式(3.4-5)，得

$$\frac{T - (-10)}{60 - (-10)} = \frac{D - 5530}{22\,118}$$

即 T 与 D 的关系表达式为

$$T = \frac{70(D - 5530)}{22\,118} - 10$$

例 3.4-2　某压力变送器的测压量程为 0.1～5 MPa，测量流体压力 P 时，输出电流为 I(范

围为 4～20 mA)。经过 EM AM06 模块的 A/D 转换后，在 S7-200 SMART 系列 PLC 上得到的数字量值保存在 AIW16。求：

(1) 实际压力值 P(单位为 kPa)与 PLC 的数字量值 AIW16 之间的关系式；

(2) 当 AIW16 为 16 589 时，压力值的大小。

解　(1) P、I、AIW16 取值范围的对应关系为

$$100\sim5000\ \text{kPa}——4\sim20\ \text{mA}——5530\sim27\ 648$$

由此可知 $P_0=100$、$P_m=5000$、$(\text{AIW16})_0=5530$、$(\text{AIW16})_m=27\ 648$，根据式(3.4-5)，得

$$\frac{P-100}{5000-100}=\frac{D-5530}{22\ 118}$$

然后得出关系式

$$P=\frac{4900(\text{AIW16}-5530)}{22\ 118}+100$$

化简后得

$$P=\frac{2450(\text{AIW16}-5530)}{11\ 059}+100$$

(2) 由 $P=\dfrac{2450(\text{AIW16}-5530)}{11\ 059}+100$，令 AIW16 = 16 589，得 $P=2550$ kPa。

(三) 三菱 FX_{3U} 系列 PLC 的模拟量输入控制

1. PLC 的模拟量模块 FX_{3U}-3A-ADP

三菱 FX_{3U}-3A-ADP 连接在 FX_{3U} 可编程控制器上，属于模拟量输入输出模块，它是 2 通道的模拟量输入和 1 通道的模拟量输出的模拟量特殊适配器(也称模拟量模块)。

1) FX_{3U}-3A-ADP 的输入输出特性

模拟量模块转换后所得相应数字量的大小取决于内部 A/D 精度。三菱 PLC 系统的模拟量模块众多。对于经常与三菱 FX_{3U} 系列 PLC 连接使用的模拟量特殊适配器 FX_{3U}-3A-ADP，其内部是 12 位 A/D，因此理论上 FX_{3U}-3A-ADP 转换的数字量范围为 0～4095(H000～HFFF)，但实际上三菱公司为了使用方便并保留过冲和溢出识别的设计，对 FX_{3U}-3A-ADP 的输入输出特性做了调整，具体如表 3.4-2 所列。

表 3.4-2　FX_{3U}-3A-ADP 的输入输出特性

类型	模拟量输入		模拟量输出	
范围	电压输入 (DC0～10 V)	电流输入 (DC4～20 mA)	电压输出 (DC0～10 V)	电流输出 (DC4～20 mA)
输入输出特性	4080 4000 数字量输出 10.2V 0 10V 模拟量输入	3280 3200 数字量输出 20.4mA 0 4mA 20mA 模拟量输入	10V 模拟量输出 4080 0 4000 数字量输入	20mA 模拟量输出 4mA 4080 0 4000 数字量输入

☞结论　对于模拟量模块 FX_{3U}-3A-ADP，模拟量电压输入范围 0～10 V 对应数字量取值范围为 0～4000；模拟量电流输入范围 4～20 mA 对应数字量取值范围为 0～3200。

假设某仪表的量程为 A_0～A_m，对应的输出电流范围为 4～20 mA，经 A/D 转换后，在 PLC 上得到对应的数字量范围为 D_0～D_m。当该仪表测量某模拟量值为 A 时，输出电流值为 I，经 A/D 转换后，在 PLC 上得到数字量值为 D。对于 FX_{3U} 系列 PLC，已知 $D_0 = 0$，$D_m = 3200$，代入公式(3.4-3)，可得 A、I、D 之间的线性比例关系：

$$\frac{A - A_0}{A_m - A_0} = \frac{I - 4}{20 - 4} = \frac{D - 0}{3200 - 0} \tag{3.4-6}$$

即

$$\frac{A - A_0}{A_m - A_0} = \frac{I - 4}{16} = \frac{D}{3200} \tag{3.4-7}$$

根据式(3.4-7)，可以由数字量值 D(或电流值 I)计算出模拟量值 A。

2) FX_{3U}-3A-ADP 的硬件接线

FX_{3U}-3A-ADP 模块的硬件接线端子如图 3.4-12 所示。

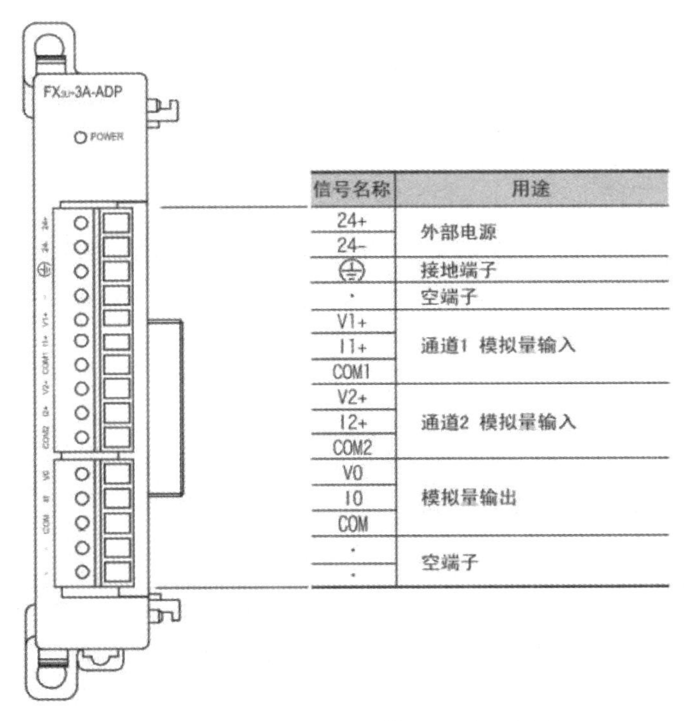

图 3.4-12　FX_{3U}-3A-ADP 模块的硬件接线端子

FX_{3U}-3A-ADP 模块有 2 通道的模拟量输入和 1 通道的模拟量输出，模拟量输入接线和模拟量输出接线如图 3.4-13 所示。

☞注意　模拟量的输入线使用 2 芯的屏蔽双绞电缆，应与其他动力线或者易于受感应的线分开布线。电流输入时，务必将“V+”端子和“I+”端子短接。模拟量的输出线使用 2 芯的屏蔽双绞电缆，应与其他动力线或者易于受感应的线分开布线。此外，应将屏蔽线在信号接收侧进行单侧接地。

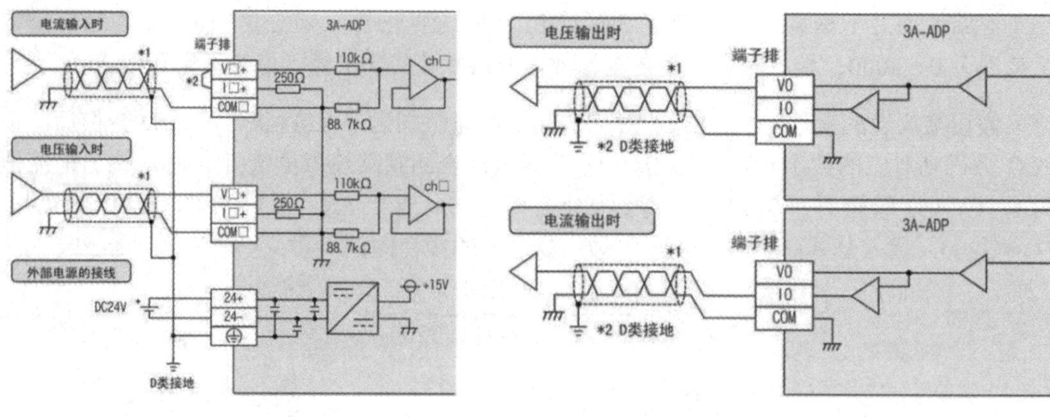

(a) 模拟量输入接线　　(b) 模拟量输出接线

图 3.4-13　FX_{3U}-3A-ADP 模块的硬件接线

3) 模拟输入模块的配线要求

模拟输入模块的配线要求有如下几点：

(1) 使用屏蔽双绞线，但不连接屏蔽层；

(2) 模拟信号线与电源线隔离；

(3) 当电源线上有干扰时，在输入部分和电源单元之间安装一个滤波器；

(4) 确认正确的接线后，首先给 CPU 单元上电，然后给负载上电；

(5) 断电时先切断负载的电源，再切断 CPU 的电源。

4) FX_{3U}-3A-ADP 的模拟量设置

FX_{3U}-3A-ADP 模块有 2 通道的模拟量输入和 1 通道的模拟量输出，可以通过设置 M8260～M8269 的特殊辅助继电器和特殊数据存储器来设置 FX_{3U}-3A-ADP 模块的模拟量参数，具体设置含义如表 3.4-3 所列。

表 3.4-3　单台 FX_{3U}-3A-ADP 模块时的设置

特殊寄存器	设置含义	
M8260	通道 1 输入模式	0：电压输入；1：电流输入
M8261	通道 2 输入模式	0：电压输入；1：电流输入
M8262	输出通道输出模式	0：电压输出模式；1：电流输出模式
M8266	输出保持解除设定	0：可编程控制器 RUN→STOP 时，保持之前的模拟量输出； 1：可编程控制器 STOP 时，输出偏置值
M8267	设定输入通道 1 是否使用	0：使用通道；1：不使用通道
M8268	设定输入通道 2 是否使用	0：使用通道；1：不使用通道
M8269	设定输出通道是否使用	0：使用通道；1：不使用通道
D8260	通道 1 输入数据(数字量)	A/D 转换后，通道 1 得到的数字量存放于 D8260
D8261	通道 2 输入数据(数字量)	A/D 转换后，通道 2 得到的数字量存放于 D8261
D8262	设定输出数据(数字量)	给输出通道设定一个数字量值(D8262 的数据)，然后 FX_{3U}-3A-ADP 会对此数字量数据进行 D/A 转换，得到模拟量

另外，值得注意的是，表 3.4-3 是针对 FX_{3U} 系列 PLC 只连接 1 台 FX_{3U}-3A-ADP 模块时的情况。FX_{3U} 系列 PLC 最多能连接 4 台 FX_{3U}-3A-ADP 模块。如果 FX_{3U} 系列 PLC 连接多台 FX_{3U}-3A-ADP 模块，则各台 FX_{3U}-3A-ADP 模块所对应的特殊辅助继电器和特殊数据存储器如表 3.4-4 所列。

表 3.4-4 多台 FX_{3U}-3A-ADP 模块时的设置

特殊寄存器	第 1 台	第 2 台	第 3 台	第 4 台
特殊辅助继电器	M8260～M8269	M8270～M8279	M8280～M8289	M8290～M8299
特殊数据存储器	D8260～D8269	D8270～D8279	D8280～D8289	D8290～D8299

2. A/D 转换的比例关系计算例子

例 3.4-3 某压力变送器的测压量程为 0.1～5 MPa，测量流体压力 P 时，输出电流为 I(范围为 4～20 mA)。经过 FX_{3U}-3A-ADP 模块的 A/D 转换后，在 FX_{3U} PLC 上得到的数字量值保存在地址 D100。求：

(1) 实际压力值 P(单位为 kPa)与 PLC 的数字量值 D100 之间的关系式；

(2) 当 D100 为 1600 时，压力值的大小。

解 (1) P、I、D100 取值范围的对应关系为

$$100\sim5000\ \text{kPa}——4\sim20\ \text{mA}——0\sim3200$$

则

$$P_0=100，P_\text{m}=5000，(\text{D100})_0=0，(\text{D100})_\text{m}=320$$

由式(3.4-7)，得到

$$\frac{P-100}{5000-100}=\frac{\text{D100}-0}{3200-0}$$

然后得到关系式

$$P=\frac{4900\text{D100}}{3200}+100$$

(2) 令 D100 = 1600，代入 $P=\dfrac{4900\text{D100}}{3200}+100$，得 $P=2550\text{kPa}$，即压力值为 2550 kPa。

【任务实施】

本任务的压力检测系统中，压力变送器通过 PLC 的模拟量模块与 PLC 连接，进行 A/D 转换。由式(3.4-1)可得所求压力与 PLC 数字量之间的关系式。

【小结】

本任务的主要内容有：

(1) 压力基本知识(压力的定义、单位、表示方法)；

(2) 压力计分类(特别注意弹簧管压力计和压力变送器的原理和特点)；

(3) 压力计安装(取压口、导压管、压力计的安装)；

(4) PLC 与压力检测中的 A/D 转换(A/D 转换、模拟量输入)。

【理论习题】

单选题

1. (　　)不属于弹簧管压力计的结构。

A. 指针　　B. 中心齿轮　　C. 凸轮　　D. 拉杆

2. 测量压力的仪表，一般数据指示的压力值都是(　　)。

A. 相对压力　　B. 绝对压力　　C. 大气压力　　D. 以上皆不对

3. 一般电容式压力变送器输出(　　)的标准电流信号，然后送给控制器。

A. AC4～20 mA　　B. DC4～20 mA

C. DC0～20 mA　　D. AC220 V

4. 以下说法错误的是(　　)。

A. 一般 U 形管液柱式压力计的测压范围不大

B. 弹性式压力计将被测压力转换成弹性元件变形的位移进行测量

C. 测量有腐蚀性液体介质的压力时，应安装冷凝管

D. 一般活塞式压力计的测量精度很高

5. 关于电容式压力变送器，以下说法错误的是(　　)。

A. 测量精度高

B. 稳定性好，应用广泛

C. 智能差压变送器包括测量部件和执行部件两部分

D. 可以采用电压输出，也可以采用电流输出，但一般多采用电流输出

6. EM AM06 模块有 x 个通道的输入模拟量、y 个通道的输出模拟量，则 $x+y$ 为(　　)。

A. 2　　B. 3　　C. 4　　D. 6

7. MOVW　VW10　VW20 指令的源操作数是(　　)。

A. VW10　　B. VW20　　C. VW0　　D. VW30

8. EM AM06 模块的输入电源接线接到端子(　　)。

A. L、N　　B. L+、1M　　C. L+、M　　D. 0+、0-

【技能训练题】

利用某型压力变送器测量某种化工液体的压力 P(范围为 0～9 kPa)时，对应的输出电流 I 的范围为 4～20 mA。当模拟量电流输给 PLC 后，PLC 经过 A/D 转换，得到对应的数据值 Data。试在 PLC 上编写程序，根据任何一个所得到的数据值 Data，自动算出压力变送器的输出电流 I 和化工液体的压力 P。

【实践训练题】实践：PLC 与压力检测

一、实践目的

(1) 熟悉 PLC 和压力计测量气压的工作原理；

(2) 学会用压力来测量气压，并使用 PLC 进行 A/D 转换获得压力值。

二、实践器材

压力变送器 1 个、PLC 1 台、PLC 的模拟量模块 1 个、空气压缩机 1 台、端子排 1 个、实践导线若干。

三、安全注意事项

穿戴必须符合电工实践操作要求；各种电工工具必须按规定操作，防止被工具或器材误伤和损坏工具；确保在断电状态下进行电路接线；接线前先检查电路，确保电路无故障后才能通电；接通电源后，手不能碰到系统中的任何金属部分。

四、实践内容及操作步骤

空气压缩机可通过压力调节阀调整输出不同的气压。本实践使用 PLC 和压力变送器来测量空气压缩机的输出压力值。要求按下启动按钮后，在 PLC 程序中能算出该压力值。

本实践所用压力变送器型号为 YB-131，测压量程为 0～0.4 MPa，输出电流为 DC4～20 mA，引线为两线制 DC24 V。

(1) 进行 PLC 模拟量模块与压力变送器的接线，如图 3.4-14 所示；然后按模拟量输入通道确定 PLC 数字量地址。

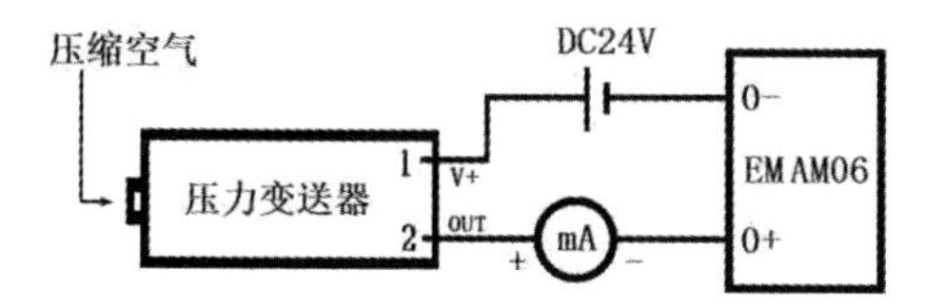

(a) 使用西门子 EM AM06 模块

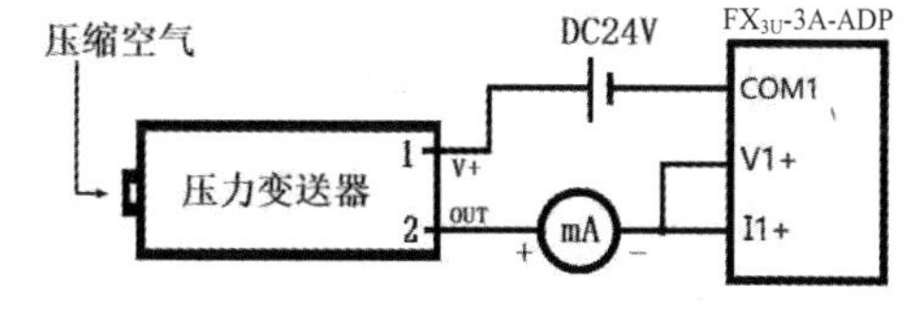

(b) 使用三菱 FX_{3U}-3A-ADP 模块

图 3.4-14 PLC 模拟量模块与压力变送器的接线图

(2) 编写 PLC 程序，并下载程序到 PLC。

(3) 旋转空气压缩机的调压阀，三次变更空气压缩机的输出气压，然后分别测量并记录压力变送器的输入气压 P、压力变送器的输出电流 I、A/D 转换后的 PLC 数字量 Data 的数据，并完成表 3.4-5 及后面的思考题 2(注意：避免气管通气后的甩管打人及气管吹气伤人；气压不能超过 0.4MPa)。

表 3.4-5 数 据 表

参数	测量数据 1	测量数据 2	测量数据 3
输入气压 P/MPa	0.2	0.2	0.4
输出电流 I/mA			
PLC 数字量 Data			

五、思考题

1. 简述压力变送器的测压原理。
2. 写出压力 P 与 PLC 的数字量值 D 之间的关系表达式。
3. 编写 PLC 程序。

任务 3.5　PLC 与温度检测

【任务导入】

温度作为基本物理量之一，不仅在日常生活中需要经常接触和测量，而且在工农业生产、科学实验过程中也是重要的测量和控制参数。相应地，温度传感器也成为开发最早、应用最广的传感器之一。

在环境工程领域中，温度也是污水治理和烟气设备经常测量和控制的重要物理量。如污水治理设备常采用生物降解的方法处理污水，而清污菌种的生存温度必须得到有效检测和控制才能保证菌种存活，有效除污；又如烟气治理也同样需要时刻检测废气温度，并做过热保护，以免末端的治理设备温度过高，导致粉尘爆炸着火。因此，掌握温度检测的方法已经是环境工程人员不可或缺的能力。

那么如何把 PLC 运用到温度检测中来，并实现自动化检测和控制呢？本任务在介绍温度传感器及温度检测方法之后，再详细介绍 PLC 在温度检测过程中使用模拟量时的数据转换指令。

【学习目标】

◆ 知识目标

(1) 熟悉温度传感器的分类、测量原理、特点、选用和安装；
(2) 熟练掌握利用热电阻、热电偶来检测温度的方法；
(3) 熟练掌握 PLC 转换指令的使用。

◆ 技能目标

(1) 能进行热电阻、热电偶的接线和温度检测；
(2) 能运用 PLC 的转换指令进行编程。

【知识链接】

一、温度传感器的基本概念

1. 温标

温度是表示物体冷热程度的物理量，从微观上讲是物体分子热运动的剧烈程度。由于目前没有直接测量物体分子动能的有效方法，因此只能通过物体随温度变化的某些特性来间接测量。

为了统一而准确地衡量温度，需要建立温度的标准尺度，即温标。温标是用数值来表示温度的一套规则，规定了温度的读数起点(零点)和测量温度的基本单位。国际上常见的温标有华氏温标、摄氏温标、热力学温标、国际实用温标。

1) 华氏温标

1714 年，德国人法勒海特以水银为测温介质，以水银的体积随温度的变化为依据，制成了玻璃水银温度计。他规定冰水混合物(冰点)为 32 度，标准大气压下水的沸腾温度为 212 度，中间分为 180 等份，每一份为 1 华氏度，记作 1℉。这种标定温度的方法称为华氏温标。目前只有少量国家使用华氏温标。

2) 摄氏温标

1740 年，瑞典天文学家安德斯·摄尔修斯提出将一大气压下冰水混合物的温度规定为 0 度，水的沸点定为 100 度，两者间均分成 100 等份，每一份为 1 摄氏度，记作 1℃。国际摄氏温标的符号为 t。摄氏温标是目前使用比较广泛的一种温标，包括我国在内的世界上很多国家都使用摄氏温标。华氏温标与摄氏温标的关系为：$[\theta]_{℉} = 1.8[t]_{℃} + 32$。

3) 热力学温标

热力学温标又称绝对温标、开尔文温标(简称开氏温标)，它是国际单位制(SI)的 7 个基本量之一，符号为 T，单位为 K(开尔文，简称开)，1848 年由英国科学家威廉·汤姆森(第一代开尔文男爵)引入。它是一个纯理论上的温标，因为它与测温物质的属性无关。热力学温标以水的三相点(水的固、液、气三态平衡共存)的温度为基本定点，规定其为 273.15 K。热力学温标与摄氏温标的关系为：$[t]_{℃} = [T]_{K} - 273.15$。

4) 国际实用温标

由于热力学温标是一种理想的数学模型，难以用来统一国际温标，因此产生并建立了协议性的国际实用温标。它是世界上温度数值的统一标准，其本质与华氏温标和摄氏温标一样，仍是一种经验温标，但它是以热力学温度为标准而制定的，与热力学温标相接近，而且复现精度高，使用方便。国际计量委员会在 18 届国际计量大会第七号决议授权予 1989 年会议通过了 1990 年国际温标 ITS-90。

2. 温度计的分类

温度检测仪表简称为温度表或温度计，它是一种将温度变量转换为可传送的标准化输出信号的仪表，其核心是温度传感器。

温度传感器应用广泛，种类较多。按测温元件是否与被测介质接触，温度传感器分为接触式和非接触式两大类；按温度敏感材料不同，温度传感器可分为电阻式、热电式、膨胀式、辐射式和半导体式等；按输出信号类型不同，温度传感器可分为模拟量式和数字量式。

接触式温度传感器是检测部分与被测对象接触，二者进行充分热交换直至热平衡，据此检出被测对象温度。其特点为体积小、简单可靠、维护方便、价格低廉、技术成熟，可方便地组成多路集中测量与控制系统，广泛应用于日常生活和工农商业等部门。

常见温度计分类如表 3.5-1 所列。

表 3.5-1　温度计分类

测温方式	温度计类型	温度计	常用测温范围/℃
接触式	膨胀式	玻璃温度计	−50～600
		压力温度计	−30～600
		双金属温度计	−80～600
	热电阻式	热敏电阻	−50～300
		金属热电阻	−200～500
	热电偶式	K 型、S 型等	−270～1800
非接触式	辐射式	辐射式	400～2000
		光学式	700～3200
		比色式	900～1700
	红外线式	热敏探测	−50～3200
		光电探测	0～3500
		热电探测	200～2000

二、热电阻温度传感器

热电阻温度传感器是将温度变化转化为其温度敏感元件的电阻变化，再通过电路变成电压或电流信号输出，由此进行测温的传感器。

热电阻应用广泛，具有性能稳定、使用灵活、可靠性高、成本低廉等优点。按敏感元件的制造材料不同，热电阻分为热敏电阻(半导体热电阻)和金属热电阻两大类。

1. 热敏电阻

热敏电阻通常利用半导体材料的电阻率随温度变化而变化的性质制成，因此也叫半导体热电阻。一些热敏电阻的外形如图 3.5-1 所示。

图 3.5-1　一些热敏电阻的外形

热敏电阻具有高电阻温度系数和高电阻率，电阻值随温度变化而剧烈变化，用其制成的传感器的灵敏度较高。热敏电阻温度特性曲线如图 3.5-2 所示。按照温度系数变化的不同，热敏电阻分为正温度系数(PTC)热敏电阻、负温度系数(NTC)热敏电阻和临界温度系数(CTR)热敏电阻。温度越高时电阻值越大的为 PTC 热敏电阻，温度越高时电阻值越低的为 NTC 热敏电阻，而 CTR 热敏电阻是在某一温度阈值有突变。

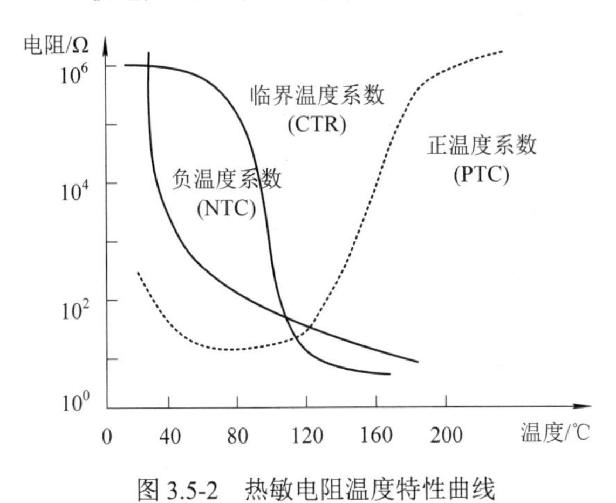

图 3.5-2 热敏电阻温度特性曲线

热敏电阻只在某一温度范围可近似为线性，因此大多热敏电阻测量范围较小(通常为 0～150℃)，而且分散性大，即使同一产品的互换性也不高，测量精度较低。但是它的结构简单、体积小、价格低、使用方便、灵敏度较高(电阻温度系数要比金属热电阻大 10～100 倍以上)、响应快，而且信号便于远传，因此得到广泛应用。热敏电阻同时兼有敏感元件、加热器和开关三种功能，因此也称之为“热敏开关”，常应用于过热过流保护。另外，家用电器的测温也大都使用热敏电阻。

2. 金属热电阻

1) 原理

金属热电阻的电阻值随温度的增加而增加，且与温度变化成一定的函数关系。通过检测金属热电阻阻值的变化量，即可测出相应温度。

金属热电阻是中低温区最常用的一种温度检测器，广泛用于测量-200～+850℃范围内的温度。热电阻大都由纯金属材料制成，要求电阻率和电阻温度系数要大，且热容量和热惯性要小，同时输出接近于线性。目前应用最多的是铂(Pt)热电阻和铜(Cu)热电阻，另外镍、锰和铑等材料的热电阻也逐渐得到应用。其中铂热电阻的测量精确度是最高的，它不仅广泛应用于工业测温，而且被制成标准的测温仪。

2) 结构与特点

金属热电阻传感器由热电阻、套管、引线、热电阻丝、支架、绝缘瓷管、氧气镁填充材料等组成，其结构如图 3.5-3 所示。金属热电阻通常需要与温度变送器连接，把电阻信号转换为标准电流信号输出。在工程现场中，热电阻常制成普通型、铠装型、端面型和防爆型四种类型。

金属热电阻的优点是测量精度高、性能稳定、灵敏度高、可连续测量和便于远传信号，缺点是需要电源和存在自热现象。

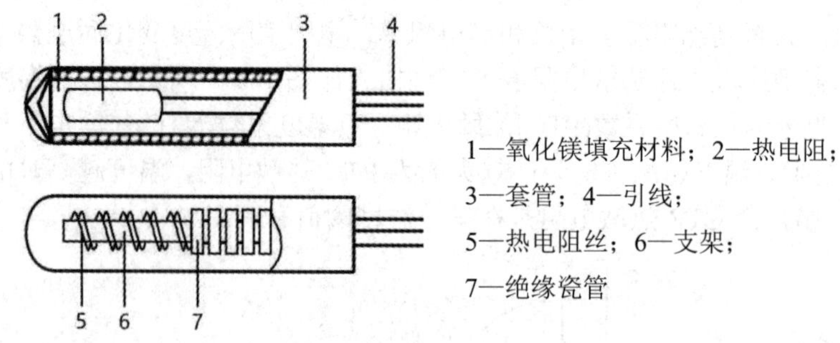

图 3.5-3　金属热电阻传感器的结构

3) 引线

金属热电阻一般多采用三线制，如图 3.5-4 所示，其中有两根线为同名端(即图中标号为 2 的引线，以下简称 2 号线)，另一根为单线(即图中标号为 1 的引线，以下简称 1 号线)。可以使用万用表来辨别这三根引线，方法为：用万用表测量三根引线中的任意两根是否导通。如果导通，则这两根就是 2 号线，剩下那根是 1 号线；如果不导通且显示一定的欧姆数，则所测线中一根为 1 号线、另一根为 2 号线。如果三根线都导通，则说明金属热电阻短路；如果 1 号线与 2 号线之间电阻为无穷大，则说明金属热电阻已烧断。

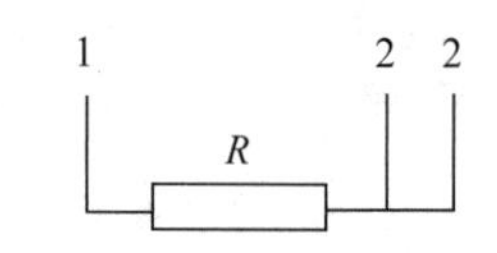

图 3.5-4　金属热电阻引线

☞**提示**　金属热电阻一般为三线制，特别是对于测温范围窄、导线太长或导线布线中温度易发生变化的情形。在工业中，热电阻大多是以三线制方式与电桥电路配合使用来进行测温的。如图 3.5-5 所示，两根导线分别接在电桥的两个桥臂上，另一根线接在电桥的电源上，这样可以消除引线电阻变化的影响，即三线制引线方式可以减小或消除由于引线电阻变化所引起的测量误差。三线制的测量精度一般是高于两线制的。

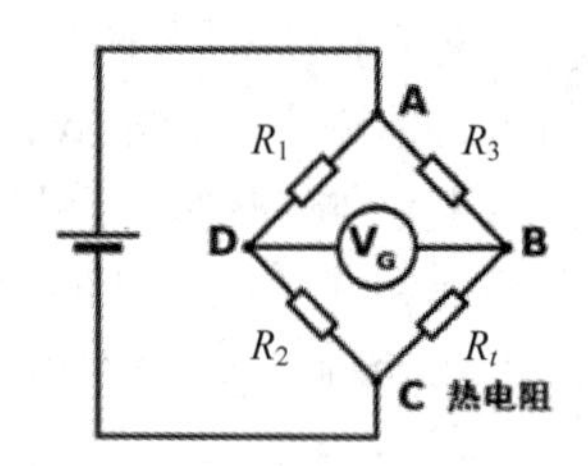

图 3.5-5　惠斯通电桥

4) 铂热电阻

铂易于提纯，性质稳定，具有较大的电阻率和电阻温度系数，是制造标准热电阻和工业用热电阻的最好材料。由铂制成的铂热电阻能耐较高温(测温范围一般为 −200～800℃)且测量精度高。但铂是贵重金属，价格较高。

铂热电阻的电阻值 R_t 和温度 t 之间的关系如下：

$$R_t=\begin{cases}R_0(1+At+Bt^2),\ 0\sim850℃\\R_0[1+At+Bt^2+C(t-100)t^3],\ -200\sim0℃\end{cases}\tag{3.5-1}$$

其中：R_t 为温度为 t℃时的电阻，R_0 为温度为 0℃时的电阻，A 为常数 $3.908\times10^{-3}℃^{-1}$，B 为常数 $-5.802\times10^{-7}℃^{-2}$，$C$ 为常数 $-4.273\ 50\times10^{-12}℃^{-4}$。

工业常用的铂热电阻为 Pt10、Pt100 和 Pt1000(分度号)，即在 0℃时铂热电阻阻值分别为 10 Ω、100 Ω 和 1000 Ω，其中 Pt100 应用最为广泛。图 3.5-6 为一个铂热电阻 Pt100。

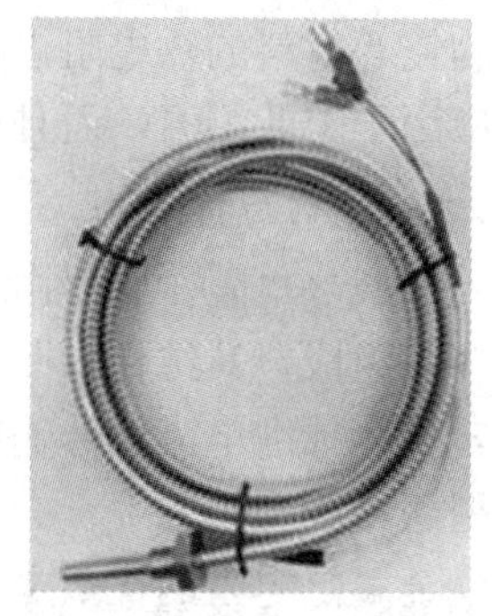

图 3.5-6　铂热电阻 Pt100

5) 铜热电阻

铂热电阻性能虽好，但铂是贵金属，价格高，对于一些测量精度要求较低，测量范围较小的领域，普遍还采用铜热电阻。铜也易提纯，耐高温，具有较大的电阻温度系数，且价格便宜，其阻值与温度之间接近线性关系。

铜的缺点是体积较大，稳定性也较差，容易氧化。在一些测量精度要求不高，测温范围较小(一般为−50～150℃)的情况下，普遍采用铜热电阻。

我国常用的铜热电阻为Cu50和Cu100(分度号)，即在0℃时电阻值分别为50 Ω和100 Ω，其中Cu50应用相对更广泛。

铜热电阻的电阻值R_t和温度t之间的关系如下：

$$R_t = R_0[1 + At + Bt^2 + Ct^3], -50 \sim 150℃ \tag{3.5-2}$$

其中，R_t为温度为t℃时的电阻，R_0为温度为0℃时的电阻，A为常数$4.288\,99 \times 10^{-3}℃^{-1}$，$B$为常数$-2.133 \times 10^{-7}℃^{-2}$，$C$为常数$1.233 \times 10^{-12}℃^{-3}$。

在精度要求不高的场合，可以忽略式(3.5-1)和(3.5-2)的高次项，即近似地认为铂热电阻和铜热电阻的电阻值R_t和温度呈线性关系：

$$R_t = R_0(1 + At) \tag{3.5-3}$$

三、热电偶式温度传感器

1. 测温原理

热电偶式温度传感器也叫热电式温度传感器，简称热电偶，是一种基于输出电势随温度变化而变化的特性进行测温的传感器，其敏感元件由两种不同材料的金属或半导体组成。热电偶如图3.5-7所示。

图3.5-7　热电偶

热电偶的测温原理建立在导体的热电效应上。当两种不同的导体或半导体A和B组成一个回路，且其两端相互连接时，只要两结点处的温度不同，回路中就产生一个电动势，该电动势的方向和大小与导体的材料及两结点的温度有关。这种现象称为“热电效应”。

图3.5-8为热电偶回路。A、B为热电极(两种不同材料的金属导体丝或半导体，A为正极、B为负极)。通常是一端将两种金属丝焊接在一起，而另一端与测量仪表连接在一起。对温度为t的被测介质进行测温的一端(温度检测端)称为热端、工作端或测量端，置于温度稳定的地方(通常是处于室温或恒温之中)的一端称为冷端、参考端、参比端或自由端。当热端与冷端的温度不一致时，热电偶将输出热电动势，且热电动势随温度变化。测出热电动势的值即可推算出被测介质的温度值。

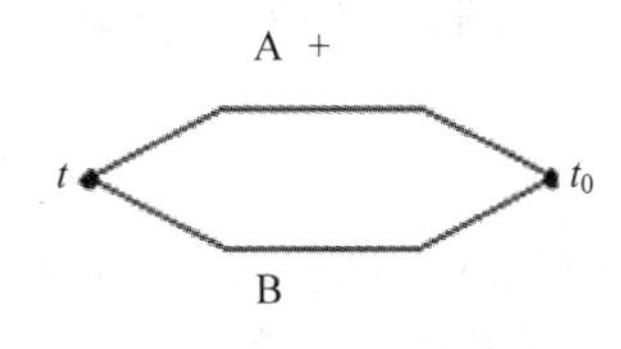

图3.5-8　热电偶回路

如果两个电极的材料固定且冷端温度t_0恒定，那么热电动势只随热端温度的变化而变化，即一定的热电动势对应着一定的温度：$E_{AB}(t, t_0) = f(t)$。只要测出热电动势$E_{AB}(t, t_0)$，就能知道被测介质的温度 t。热电效应及热电偶测温原理如图3.5-9所示。

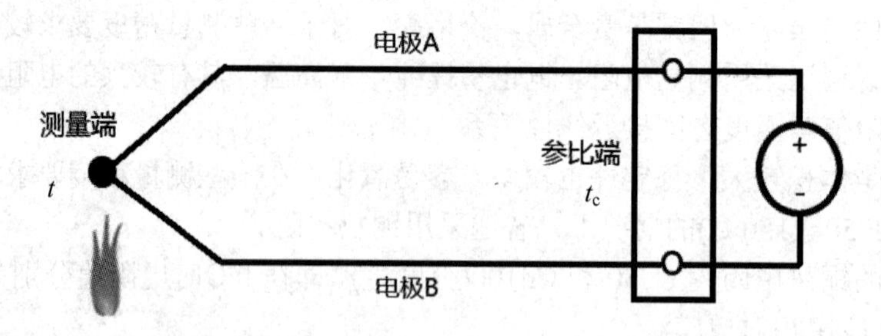

图3.5-9　热电效应及热电偶测温原理示意图

由热电偶的“中间导体定律”可知，在热电偶回路中接入第三种导体(比如电压表)后，只要该导体的两端温度相同，热电偶回路中产生的热电动势就与没有接入任何第三种导体时的热电动势相同。因此，热电偶回路中可以接入各种温度显示仪表、变送器、导线等导体。

☞**实际应用**　带测温功能的数字万用表可以直接接入K型热电偶，然后显示被测介质的温度值。

☞**知识点**　热电偶的“中间导体定律”——在热电偶回路中接入第三种导体，只要第三种导体的两结点温度相同，回路中总的热电动势就不变。

当热电偶的冷端为0℃时，由热电偶所用材料相应的分度号来查热电偶分度表，在分度表中根据热电偶输出电压值可查出温度值。

☞**注意**　各种热电偶的分度表都是在热电偶冷端为0℃(即 $t_0 = 0$℃)条件下进行分度的，因此要使用热电偶的分度表，必须先确保冷端为0℃。

2. 冷端补偿和冷端延长

1) 冷端补偿

热电偶的分度表通常是以参比端 $t_0 = 0$℃作为基准的。然而在实际应用中，冷端通常都不是0℃，因此在使用过程中，必须要消除冷端的环境温度带来的影响。通常利用热电效应的中间温度定律进行热电偶冷端补偿。

中间温度定律：热电偶在两结点温度 t、t_0 时的热电动势等于该热电偶在结点温度为 t、t_n 和 t_n、t_0 时的相应热电动势的代数和，即

$$E_{AB}(t, t_0) = E_{AB}(t, t_n) + E_{AB}(t_n, t_0) \tag{3.5-4}$$

从式(3.5-4)可知，只要测出冷端的环境温度 t_n，就能得到热电偶的输出电势 $E_{AB}(t, t_n)$。再根据热电偶分度表查出补偿电势 $E_{AB}(t_n, t_0)$，从而推算出 $E_{AB}(t, t_0)$。进一步查分度表，即可得到较精确的温度值。在实际应用中，常用冷浴法、计算机修正法、补偿电桥法，或直接根据实际情况选用不需要冷端温度补偿的热电偶。

2) 冷端延长

实际测温时，由于热电偶长度有限，冷端温度将直接受到被测物温度和周围环境温度的影响。工业生产中，一般采用补偿导线来延长热电偶的冷端，使之远离高温测量区。一

般采用普通金属如铜作为补偿导线。为使测量准确，应将热电偶的冷端延长，并连同显示仪表一起放置在恒温或温度波动较小的地方(如控制室)。

不仅可以使用补偿导线延长热电偶的冷端，节省大量的贵金属，还可以选用直径粗、导电系数大的金属材料，减小导线单位长度的直流电阻，降低测量误差。例如，热电偶安装在锅炉壁上，而冷端要接到远离锅炉测量仪表的地方，距离很长。虽然热电偶可以做长，但热电偶大都使用贵金属，这将增加成本。

3. 特点及应用

(1) 热电偶有如下多个优点：

① 结构简单，制造方便，装配简单，更换方便；

② 采用压簧式感温元件，抗震性能好；

③ 测量精度高，性能稳定；

④ 测温范围广(−270～2800℃)；

⑤ 热响应时间快；

⑥ 机械强度高，耐压性能好；

⑦ 耐高温可达2800℃；

⑧ 使用寿命长。

(2) 热电偶的缺点：易受到环境干扰信号的影响；不适合测量微小的温度变化。

(3) 热电偶的应用领域：在温度测量中，热电偶的应用极为广泛，可测量爆炸和燃烧过程，且直接输出电信号，便于组成集中检测和控制系统。热电偶是一种有源传感器，在测量时不需外加电源，可直接驱动动圈式仪表，常被用来测量炉子、管道内的气体或液体的温度及固体的表面温度。

4. 结构与类型

1) 结构及分类

热电偶的结构如图3.5-10所示。

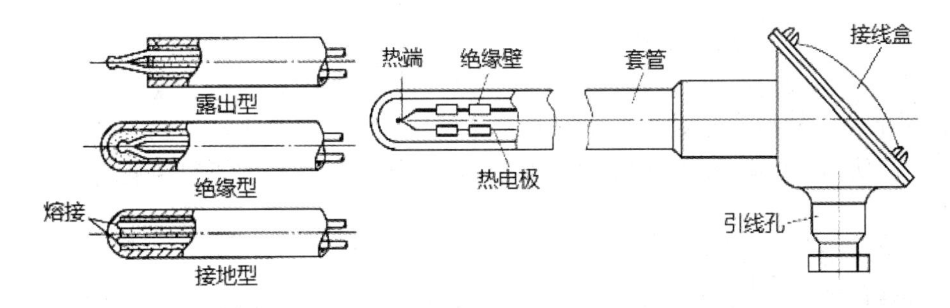

图3.5-10 热电偶的结构

热电偶的种类很多。根据工业常用外形结构，热电偶可分为普通型热电偶、铠装型热电偶、多点式热电偶、防爆型热电偶、表面型热电偶。

按标准化与否，热电偶可分为标准化热电偶和非标准化热电偶。非标准化热电偶在使用范围或数量级上均不及标准化热电偶，一般也没有统一的分度表，主要用于某些特殊场合的测量。

普通型热电偶、铠装型热电偶、防爆型热电偶分别如图 3.5-11、图 3.5-12、图 3.5-13 所示。

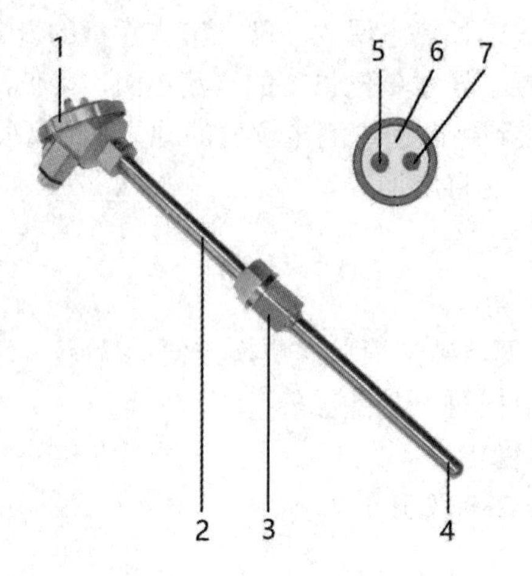

1—接线盒；2—不锈钢保护管；3—固定螺纹；4—测量端；

5—电极 A；6—绝缘材料；7—电极 B

图 3.5-11　普通型热电偶

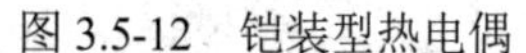

图 3.5-12　铠装型热电偶

图 3.5-13　防爆型热电偶

铠装型热电偶把热电极材料与高温绝缘材料预置在金属保护套管中，将三者合为一体，经多次一体拉制而成。工业用的防爆型热电偶多用于化学工业自控系统中。化工厂、生产现场常伴有各种易燃易爆化学气体或蒸汽，如用普通型热电偶则易引起环境气体爆炸。

2) 八种标准热电偶

国际计量委员会推荐八种工业用 ITS-90(1990 国际温标)标准热电偶，它们的特性如表 3.5-2 所列。其中分度号为 S、R、B 的热电偶是由铂和铂铑合金制成的，属于贵金属热电偶，价格较贵；而分度号为 K、E、J、T、N 的热电偶是由镍、铬、铜及其合金制成的，属于普通金属热电偶，价格低廉。

标准热电偶一般会随产品附给相应分度号的分度表。在没有显示仪表的情况下，可先测量热电偶的输出电压，再确定热电偶的分度表，根据电压值查分度表推算出被测对象的温度值。表 3.5-3 为镍铬-镍硅(K 型)热电偶 0～400℃时的分度表。

表 3.5-2　八种标准热电偶特性

名 称	分度号	测温范围/℃	100℃时热电势/mV	1000℃时热电势/mV	特 性	适用环境
铂铑$_{30}$-铂铑$_{6}$	B	−50～1820	0.033	4.834	熔点高，测温上限高，性能稳定，精度高，低于 50℃热电势极小，可不必考虑冷端温度补偿；但价格昂贵，热电势小，线性差	适用于高温域的测量，不耐还原性环境
铂铑$_{13}$-铂	R	−50～1768	0.647	10.506	测温上限较高，精度高，性能稳定，复现性好；但热电势较小，不能在金属蒸气和还原性气氛中使用，在高温下连续使用时特性会逐渐变坏，价格昂贵	适用于高精度测量，不耐还原性环境
铂铑$_{10}$-铂	S	−50～1768	0.646	9.587	测温上限较高、范围大，精度高，性能稳定，复现性好；但整体性能不如 R 型热电偶	适宜作为标准热电偶，不耐还原性环境
镍铬-镍硅	K	−270～1370	4.096	41.276	热电势大，线性好，稳定性好，价格低廉；但材质较硬，在 1000℃以上长期使用会引起热电势漂移	多用于工业测量，不耐还原性环境
镍铬-铜镍	E	−270～800	6.319	—	热电势比 K 型热电偶大 50%左右，线性好，耐高湿度，价格低廉；但测量范围窄	多用于工业测量，不耐还原性环境
铁-铜镍	J	−210～760	5.269	—	价格低廉，热电势大，线性度好；但测量范围窄，易生锈	多用于工业测量，适用于还原性、低温环境
铜-铜镍	T	−270～400	4.279	—	价格低廉，离散性小，性能稳定，线性好，精度高；但易生锈，测温上限低	多用于低温域测量，适用于还原性环境
镍铬硅-镍硅	N	−270～1300	2.744	36.256	高温抗氧化性能强，热电势大，复现性好，价格低廉，耐低温	多用于工业测量，适用于氧化性环境

表 3.5-3　镍铬-镍硅(K 型)热电偶分度表(摘选 0～400℃)

温度/℃	热电势/mV									
	0	10	20	30	40	50	60	70	80	90
0	0.000	0.397	0.798	1.203	1.611	2.022	2.436	2.850	3.266	3.681
100	4.095	4.508	4.919	5.327	5.733	6.137	6.539	6.939	7.338	7.737
200	8.137	8.537	8.938	9.341	9.745	10.151	10.560	10.969	11.381	11.793
300	12.207	12.623	13.039	13.456	13.874	14.292	14.712	15.132	15.552	15.974
400	16.395	16.818	17.241	17.664	18.088	18.513	18.938	19.363	19.788	20.214

四、其他温度传感器

1. 膨胀式温度计

膨胀式温度计是基于物体热胀冷缩的原理进行测温的，一般其温度测量范围在−50～550℃。这种温度计具有价格低廉、简单可靠、读数直接的优点，通常用于测量精度要求比较低且不需要自动记录和控制的场合。

根据所使用的膨胀基体材质不同，膨胀式温度计可分为气体膨胀式、液体膨胀式和固体膨胀式三类，常见的有玻璃温度计、压力温度计和双金属温度计。

1) 玻璃温度计

玻璃温度计是液体膨胀式温度计最常见的一种类型，一般采用的膨胀基体是水银或酒精。玻璃温度计结构简单，价格低，使用方便，现场直接读数，一般无需能源；但易破损，测温数据无法自动检测及远传。玻璃温度计一般测量液体温度，测温范围根据基体的不同可达到-200～500℃。常用的体温计、室温计就属于玻璃温度计。如图3.5-14所示为一体温计。

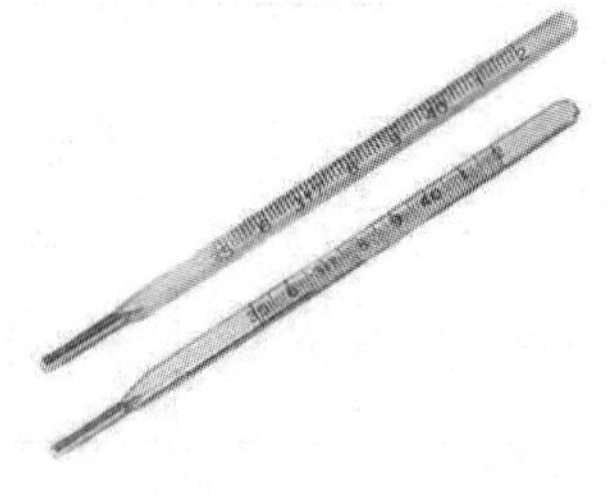

图3.5-14　体温计

2) 压力温度计

压力温度计根据气体或液体的体积与温度成正比的原理来实现测温。它测温不需要电源，测温范围为-100～600℃，常用于汽车、拖拉机、内燃机、汽轮机等的油和水的温度测量。与玻璃温度计相比，它具有强度大、不易破损、读数方便的优点，但精度较低、耐腐蚀性差。压力温度计及其结构如图3.5-15所示。

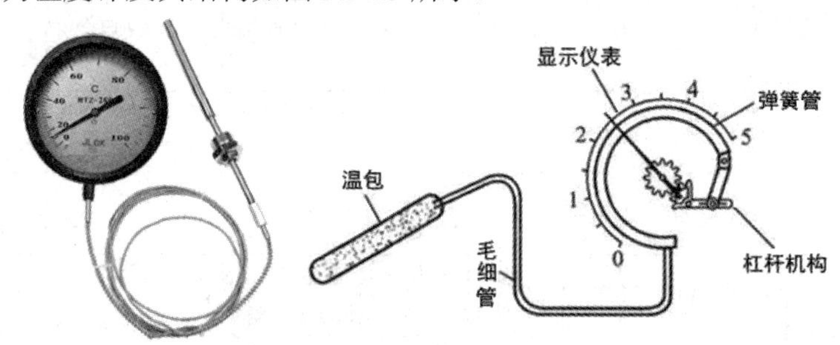

图3.5-15　压力温度计及其结构

压力温度计由温包(感温介质)、毛细管(压力传送装置)、弹簧管(压力敏感元件)、杠杆机构和显示仪表组成。当温包浸入被测对象时，因热胀冷缩造成压力的增减并通过毛细管传送至弹簧管，从而引起形变并经杠杆结构带动指针偏转，进而指示出温度。通常毛细管越短，温度计响应越快；毛细管越细，温度计精度越高。

3) 双金属温度计

双金属温度计常用于测量固体的温度，测温范围根据金属材质的不同可达到-80～600℃。通常是把两种热膨胀系数差异很大的金属叠焊在一起，一端固定而另一端自由活动。当温度变化时，两种金属由于热膨胀系数不同而使双金属片产生弯曲变形，从而使双金属温度计的指针偏转，读取指针偏转到的刻度位置即可获得物体温度。双金属温度计的外形及测温原理示意图如图3.5-16所示。

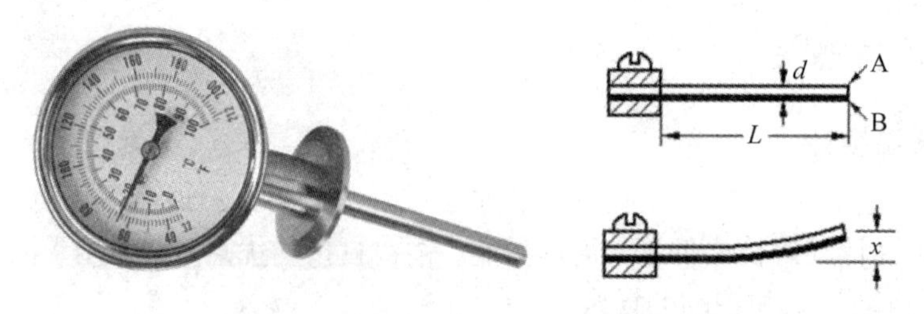

图3.5-16　双金属温度计的外形及测温原理示意图

双金属温度计通常将双金属片制成螺旋管状来增加形变量以提高灵敏度，根据螺旋管的形状可将其分为平面螺旋型和直线螺旋型两大类。双金属温度计具有强度大、抗震性好、读数方便的优点，但测量精度较低。

2. 半导体温度传感器

半导体温度传感器也称 PN 结温度传感器，测温范围为−50～200℃。半导体温度传感器是利用二极管、三极管 PN 结的正向压降随温度变化的特性而制成的温度敏感器件。在低温测量方面，它兼具了热电偶、铂热电阻和热敏电阻的优点，具有体积小、响应快、线性好、使用方便和价格便宜等优点。半导体温度传感器在电子电路中的过热和过载保护、工业自动控制领域的温度控制和医疗卫生领域的温度测量等方面有着较广泛的应用。

按结构不同，半导体温度传感器可分为热敏二极管、热敏三极管和集成温度传感器。半导体温度传感器的外形及二极管正向压降温度特性曲线如图 3.5-17 所示。

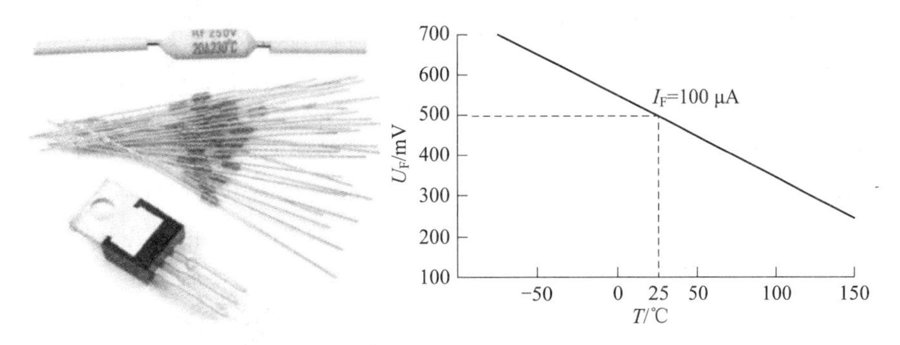

图 3.5-17　半导体温度传感器的外形及二极管正向压降温度特性曲线图

PN 结的许多特性均与温度有关，如反向电流、扩散电容等特性都随温度变化。但其中 PN 结的正向压降的温度特性最为理想，其关系相对简单，且线性度好，因此目前市面上的半导体温度传感器均以此特性进行温度检测。

PN 结的电流电压关系式为

$$U_F = \frac{KT}{Q} \ln \frac{I_F}{I_S} \tag{3.5-5}$$

其中：I_F 为 PN 结的反相饱和电流；I_S 为 PN 结的正向电流；U_F 为 PN 结的正向压降；Q 为电子的电荷量常数；K 为玻尔兹曼常数；T 为所测介质的热力学温度。由于 K、Q 都为常数，当流过 PN 结的正向电流为恒值时，其正向压降 U_F 与温度 T 成正比，因此只需测出 PN 结的正向压降 U_F 即可推算出温度 T，这就是半导体温度传感器的测量原理。

3. 非接触式温度传感器

非接触式温度传感器的特点是检测部件不与被测对象直接接触。最常见的非接触式温度传感器为红外温度传感器。图 3.5-18 为一红外温度传感器。

图 3.5-18　红外温度传感器

例如，某大厅门口放置了一台能在一秒钟内同时监控 50 个人体温的红外测温仪，该设备能在 5～10 m 距离内实现非接触测温，对于应对疫情时的测温大有裨益。该设备的关键部件即红外温度传感器，它利用的是红外辐射测温的原理。

1) 红外测温原理

自然界中物体温度只要超过绝对零度，由于物体内部分子的热运动，物体都将不停地向周围空间辐射包括红外波段在内的电磁波，即都将产生热辐射、红外光。不同温度的物体，其释放的红外能量的波长是不一样的，因此红外辐射与温度的高低相关。红外辐射俗称红外线，能够进行折射和反射，从而形成了红外探测技术。

☞**小知识** 红外线是波长范围大致在0.76～1000 μm的不可见光。

红外探测技术是用仪器接收被探测物发出或反射的红外线，从而掌握被探测物所处位置的技术。红外探测技术因其独有的优越性，在军事和民用领域得到了广泛的应用，常出现在导弹制导、火控跟踪、目标侦察、设备监控、安全监视、医学热诊断等场合下。利用红外探测技术进行温度检测的红外测温仪，一般由光学系统、红外探测器、信号调理电路及显示单元等组成，红外探测器是其中的核心。

红外探测器的种类很多。按探测原理的不同，红外探测器分为热探测器和光子探测器两大类。一般热探测器的灵敏度要比光子探测器低1到2个数量级，响应速度也慢得多。

由于被检测的对象、测量范围和使用场合不同，红外测温仪的外观设计和内部结构不尽相同，但基本结构大体相似，主要由光学系统、热探测器、显示仪表(包括信号放大器及信号处理、显示输出等)组成，如图3.5-19所示。红外测温仪测温过程中的核心元件为热探测器。

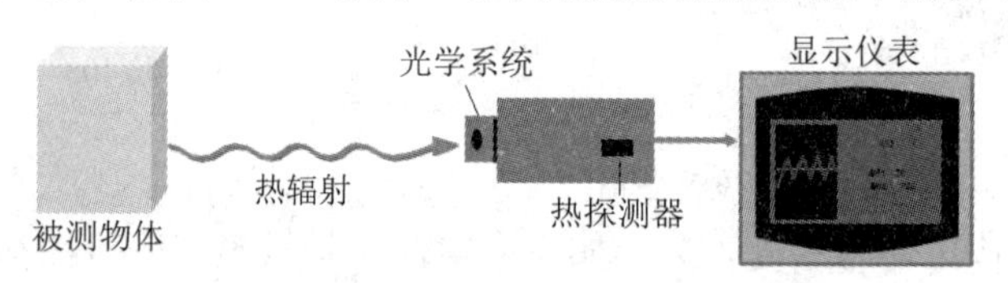

图3.5-19　红外测温仪组成示意图

2) 热探测器

热探测器利用入射红外辐射引起敏感元件的温度变化，进而使其有关的物理参数发生相应变化，通过测量有关物理参数的变化可确定热探测器所吸收的红外辐射。

热探测器又分为气动探测器(高莱管)、测辐射热探测器、辐射温差热电偶探测器和热释电探测器等，目前采用热释电探测器较多。图3.5-20为一热释电探测器。热释电型红外探测器简称热释红外线传感器，它是根据热释电效应制成的。热释电效应即电石、水晶等晶体受热产生温度变化时，其原子排列发生变化，晶体自然极化，在其两个表面产生电荷的现象。这种传感器的性能主要取决于热释电材料的性能。热释红外线传感器适合于人体感应，因此常根据人体感应实现自动电灯开关、自动洗手龙头开关、防火防盗报警开关等。

图3.5-20　热释电探测器

3) 光子探测器

光子探测器也称为半导体红外传感器，它利用某些半导体材料在红外辐射的照射下产生光子效应，使材料的电学性质发生变化，通过测量电学性质的变化可以确定红外辐射的强弱。光子探测器的响应速度快，灵敏度高并与波长有关，其广泛应用于军事领域，如红外制导、空对空及空对地导弹、夜视镜等。

热红外成像装置的工作过程是：被动地接收目标的热辐射，通过其中光学成像系统聚焦到探测元件上进行光电转换，放大信号，数字化后经多媒体图像技术处理，在屏幕上显示出目标的温度场——热红外图像(热图、热像)。

红外线热成像仪中适宜使用光子探测器作为敏感元件，它在工作过程中会像电视摄像机一样拍摄温度分布图像，分辨率高达 0.1℃，可以直接测量图像中任意点的准确温度。拍摄图像中的不同颜色代表不同温度，即使被测人群在不停地走动，也可以在一秒钟内指出数十人中的高温者。

红外线气体分析仪是利用红外线进行气体分析的仪表。它的基本原理是：待分析组分的浓度不同，吸收的辐射能不同，剩下的辐射能使得检测器里的温度升高不同，动片薄膜两边所受的压力不同，从而产生一个电容检测器的电信号。这样，就可间接测量出待分析组分的浓度。

对于一台制造好了的红外线气体分析仪，其测量组分已定，即待分析组分对辐射波段的吸收系数 k 一定；红外光源已定，即红外线通过介质前的辐射强度一定；气室长度 L 一定。从比尔定律可以看出：通过测量辐射能量的衰减 I，就可确定待分析组分的浓度 C。

五、温度传感器选用与安装

1. 选用

温度传感器的种类繁多，原理与结构千差万别，每一种都有自己的优缺点和适用范围。对于温度传感器的选用，除了了解各类温度传感器的结构和特性，还需要综合考虑测量范围、被测对象、测量精度、成本价格、输出信号类型、信号是否需要远传、信号是否需要记录及是否自动控制等因素。

热电阻、热电偶的选用：热电阻一般用于中低温区的测温，而热电偶一般用于较高温度的测量，在 500℃以下(特别是 300℃以下)一般选用热电阻而不选用热电偶。因为在中低温区，热电偶输出的热电动势很小，对转换电路的放大器和抗干扰能力要求比较高；另外冷端温度变化不易得到完全补偿，在低温时引起的相对误差更大。在较差的工作环境中工作时，热电阻和热电偶还要选择保护套管和连接导线。

2. 安装要求

安装温度传感器，既要注意有利于测温准确，安全可靠及维修方便，也要注意不影响设备运作。通常不同类型的温度传感器安装要求的具体细节也各不一样。对于环境工程领域中常见的接触式温度传感器，主要有以下几个共同的安装要求。

1) 插入深度要求

温度传感器测量端应有足够的插入深度，应使保护套管的测量端超过管道中心线 5～10 mm，如图 3.5-21 所示。

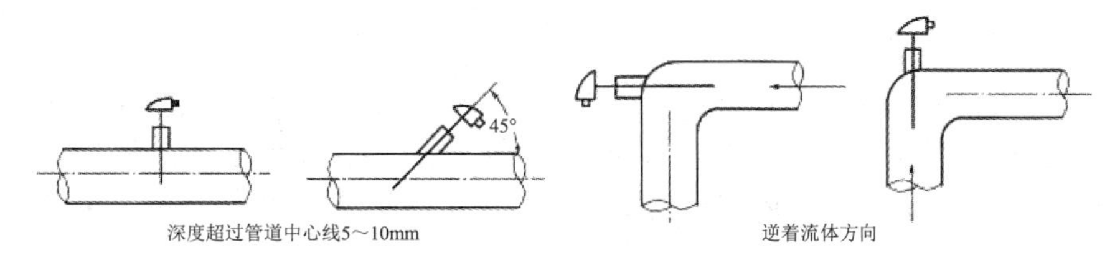

图 3.5-21　温度传感器插入深度要求

2) 插入方向要求

保证测温端与流体充分接触，最好是迎着被测介质流向插入，正交 90° 也可以，但切勿与被测介质成顺流状态。温度传感器在各种管道情况下的插入方向如图 3.5-22 所示。

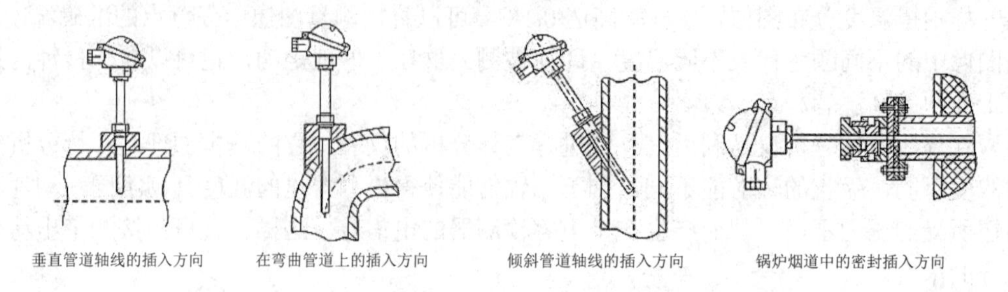

图 3.5-22 温度传感器在各种管道情况下的插入方向示意图

3) 接线盒要求

温度传感器的接线盒的出线孔应朝下，避免积水及灰尘导致接触不良，防止引入干扰信号。

4) 安装地点要求

温度传感器检测元件应避开热辐射强烈的地方，要密封安装孔，避免被测介质溢出或冷空气吸入而引入误差。

安装时，热电阻或热电偶应该选择有代表性的测温点位置。测量管道流体介质温度时，测温点应处于管道中心位置，且流速应最大。

六、PLC 模拟量编程中的转换指令应用

温度计的输出信号可分为模拟信号和数字信号，大多数模拟信号为电流信号 4～20 mA 或电压信号 ±10 V。目前也有很多智能温度仪表可选用串口通信输出温度值，以便于直接与组态软件交互信息。

PLC 可通过扩展模拟量输入模块的 A/D 转换，由模拟量比例算法反过来计算出所要检测的环境参数，即“PLC 数字量→电流(模拟量)→环境参数(模拟量)”。

模拟量是连续的量，经常以带小数点的实数形式出现；而 PLC 数字量却常以整数的形式出现。可见，模拟量与数字量的数据类型不一样，二者所占用的内存空间大小也不一样。因此在进行 PLC 应用指令的数据处理，比如加、减、乘、除运算时，首先需要对不同类型的数据进行转换。这种转换是由 PLC 中的转换指令来实现的。

(一) 西门子 S7-200 SMART 系列 PLC 的转换指令

1. 转换指令

根据数据类型的不同，西门子 S7-200 SMART 系列 PLC 常用的转换指令有 B_I(字节转换为整数)指令、I_B(整数转换为字节)指令、I_DI(整数转换为双精度整数)指令、DI_I(双精度整数转换为整数)指令、DI_R(双精度整数转换为实数)指令、取整(ROUND)指令，如图 3.5-23 所示。

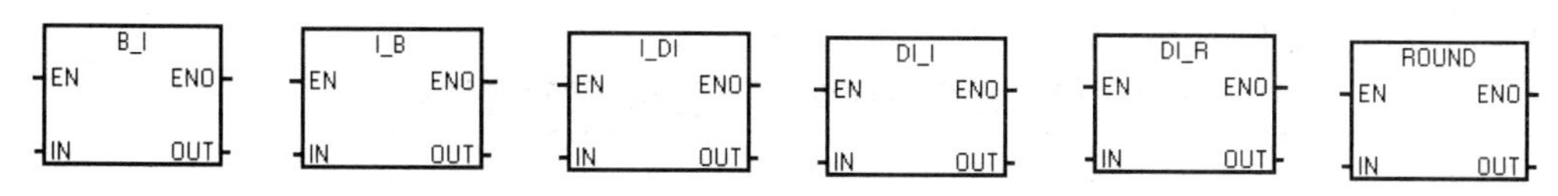

图 3.5-23 S7-200 SMART 系列 PLC 的转换指令

转换指令可以将输入值 IN 转换为分配的格式，并将输出值存储在由 OUT 分配的存储单元中。例如，可以将双整数值 10 转换为实数 10.0，然后存入内存地址 VD20 中。

☞**提示** 如果要将整数转换为实数，则需要先执行整数转换为双精度整数(I_DI)指令，然后执行双精度整数转换为实数(DI_R)指令。

取整(ROUND)指令将 32 位实数值转换为双精度整数值，并将取整后的结果存入分配给 OUT 的地址中。如果小数部分大于或等于 0.5，则该实数值将进位，即四舍五入取整。

2. 转换指令例子

图 3.5-24 为 S7-200 SMART 系列 PLC 转换指令的例子。计数器的当前计数值为 16 位整数，转换为 32 位的双整数之后，存入内存地址 VD0；然后将双整数 VD0 转换为实数，同样也存入内存地址 VD0。相当于只使用内存地址 VD0，只更新内存地址 VD0 里的数据。

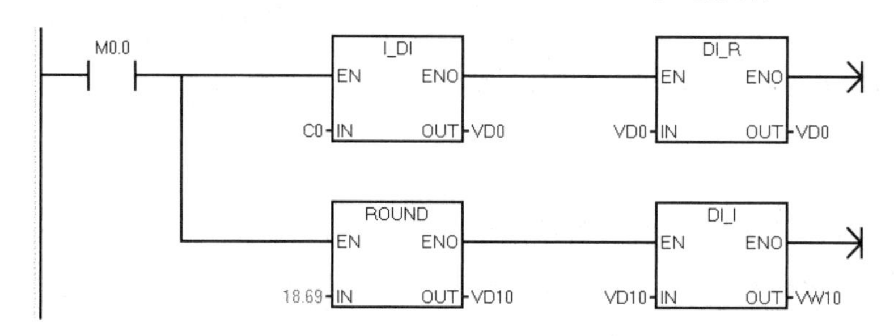

图 3.5-24 S7-200 SMART 系列 PLC 转换指令的例子

执行取整(ROUND)指令之后，对 18.69 进行四舍五入取整，结果为双整数 19。将双整数 19 存入内存地址 VD10，然后将双整数 VD10 转换为整数 VW10，此时 VW10 的值也为 19。

(二) 三菱 FX_{3U} 系列 PLC 的转换指令

1. 转换指令

进行标度变换时，由于精度要求，通常是在实数范围内进行四则运算的。而模拟量模块转换后的数字量通常是整数，因此在运算时，通常都会进行数据类型的转换，即先将各种数据转换为实数，并进行实数运算，这样得到的检测值才符合精度要求。其中涉及整数与浮点数转换的指令有取整指令(INT)和浮点指令(FLT)。

1) 取整指令

取整指令(INT)的格式为[INT S D]，它用于将源操作数指定的浮点数(32 位)舍去小数部分(非四舍五入)后转换为二进制整数，并存入目标操作数。取整指令的使用说明如表 3.5-4 所列。

取整指令默认是 16 位指令，若转换后的二进制整数为 32 位，则加上前缀 D，如 DINT(即[INT S D]中的 D 为 16 位，而[DINT S D]中的 D 为 32 位)。取整指令默认是连续执行，如需脉冲执行，则加后缀 P，如 INTP。

表 3.5-4　取整指令(INT)和浮点指令(FLT)的使用说明

前缀	助记符	后缀	操作数
D(32 位整型)	INT(16 位，连续)	P(脉冲执行)	数源(S)：D；目标(D)：D
	FLT(16 位，连续)		

取整运算结果为 0 时，零标志 M8020 为 ON。取整转换结果不足 1 而舍掉小数成为 0 时，借位标志 M8021 为 ON。运算结果超出目标操作数的范围发生溢出时，进位标志 M8022 为 ON，此时目标操作数的值无效。

2) 浮点指令

浮点指令(FLT)的格式为[FLT S D]，它用于将源操作数指定的二进制整数 S 转换为对应的浮点数(32 位)，并存入目标操作数(D＋1，D0)中。浮点指令的使用说明如表 3.5-4 所列(与取整指令的类似)。

浮点指令默认是 16 位指令，若转换前的二进制整数为 32 位，则加上前缀 D，如 DFLT(即[FLT S D]中的 S 为 16 位，而[DFLT S D]中的 S 为 32 位)，此时源操作数为(S＋1，S)，目标操作数为(D＋1，D)，即(S＋1，S)→(D＋1，D)。浮点指令默认是连续执行，如需脉冲执行，则加后缀 P，如 FLTP。浮点指令转换后的浮点数将占用 32 位，即占用两个数据存储器(D＋1，D)。

2. 转换指令例子

图 3.5-25 为 FX_{3U}-48MR PLC 取整指令(INT)和浮点指令(FLT)的例子。执行指令之后，(D1，D0)＝10.6，D2＝10，D10＝20，(D13，D12)＝20.0。

☞**提示**　取整指令(INT)和浮点指令(FLT)的源操作数不能为常数，而须为数据存储器 D。如果想对具体的常数进行转换，则要先使用传送指令(MOV)进行传送赋值。

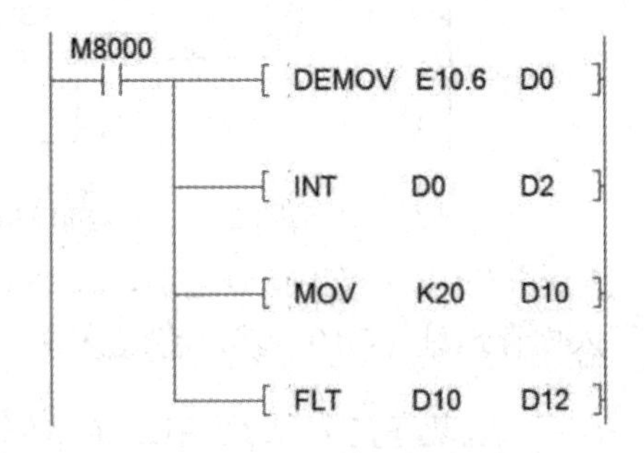

图 3.5-25　FX_{3U}-48MR PLC 取整指令和浮点指令的例子

【任务实施】

某水环境监测与治理设备采用生物降解的方法处理污水，因此需要对污水池进行温度检测以保证菌种存活。本检测环节所采用温度变送器测量范围为－50～100℃，输出电流值范围为 4～20 mA。输出电流传给 PLC 的模拟量模块后，在 PLC 上得到相应的数字量。试编写 PLC 程序。

(一) 使用西门子 SR40 进行任务实施

1. 写出关系式

PLC 的模拟量模块采用西门子模拟量输入输出模块 EM AM06，并使用模拟量输入通道 0，则温度变送器的温度 T 的测量范围、输出电流 I 的范围和 PLC 的数字量 D 的范围之间的对应关系为

$$-50\sim100℃——4\sim20\ \text{mA}——5530\sim27\ 648$$

根据式(3.4-5)，以及 $T_0=-50$、$T_m=100$、$D_0=5530$、$D_m=27\ 648$、$D=\text{AIW16}$，得到

$$\frac{T-(-50)}{100-(-50)}=\frac{\text{AIW16}-5530}{27\ 648-5530}$$

用 PLC 的内存地址 VD20 来存储温度值，即令 $T=\text{VD20}$ 并整理后得关系式

$$\text{VD20}=\frac{150(\text{AIW16}-5530)}{22\ 118}-50$$

AIW16 为数字量且为整数(范围为 5530～27 648)，而从关系式可以看出，除法运算“/22118”可能会除不尽而使 T 的结果带有小数点。因此在计算时，首先将数字量 AIW16 都转换为有小数点格式的实数，然后全部使用实数运算的加、减、乘、除(ADD_R、SUB_R、DIV_R、MUL_R)指令来编程，这样更为直接简便。

2. 编写 PLC 转换指令的程序

PLC 转换指令的程序如图 3.5-26 所示。

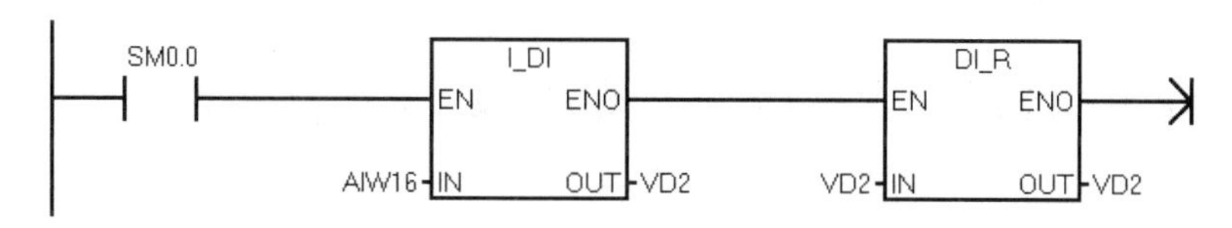

图 3.5-26 PLC 转换指令的程序(SR40)

用转换指令进行转换后，得到一个过程变量 VD2(VD2 是 AIW16 的实数形式)，可再由算术运算求出关系式中的 VD20(即 T)。

(二) 使用三菱 FX_{3U}-48MR 进行任务实施

1. 写出关系式

PLC 的模拟量模块采用三菱模拟量特殊适配器 FX_{3U}-3A-ADP，则温度变送器的温度 T 的测量范围、输出电流范围和 PLC 的数字量 D 的范围之间的对应关系为

$$-50\sim100℃——4\sim20\ \text{mA}——0\sim3200$$

根据式(3.4-5)，以及 $T_0=-50$、$T_m=100$、$D_0=0$、$D_m=3200$，得到

$$\frac{T-(-50)}{100-(-50)}=\frac{D-0}{3200-0}$$

化简后得到关系式为

$$T=\frac{150D}{3200}-50$$

由于 FX_{3U}-3A-ADP 模块使用了电流信号且使用模拟量通道 1，因此需要对特殊存储器 M8260、M8267 进行设置，而转换后的数字量则自动放在数据存储器 D8260。又最终温度值将存入 PLC 的数据存储器 D100，故可将关系式 $T=150D/3200-50$ 转化为 $\text{D100}=150\text{D8260}/3200-50$。

2. 编写PLC转换指令的程序

编写PLC转换指令的程序如图3.5-27所示。

用转换指令进行转换后，得到一个过程变量D2(D2是D8260的实数形式)，可再由算术运算求出关系式中的D100(即T)。

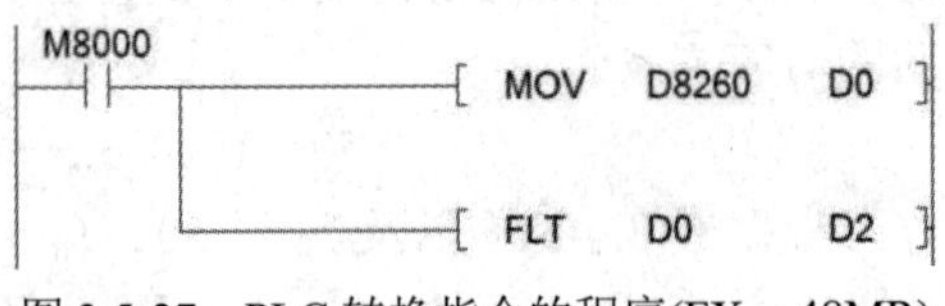

图3.5-27　PLC转换指令的程序(FX_{3U}-48MR)

【小结】

本任务主要介绍了热电阻温度传感器、热电偶式温度传感器、膨胀式温度计、半导体温度传感器、非接触式温度传感器等多种常见温度传感器的测量原理、特点、安装，还简要介绍了温度检测过程中使用模拟控制量时经常用到的转换指令。

【理论习题】

一、判断题(对的打“√”，错的打“×”)

1. 热电阻可以对温度进行测量。　(　　)

2. 某学校刚采购了数个Pt100，标识“100”指的是在20℃时，Pt100的电阻值为100 Ω。　(　　)

3. 可以使用带温度显示的万用表配合K型热电偶，测量并显示电吹风机的热风温度。　(　　)

二、单选题

1. 关于热电阻，以下说法错误的是(　　)。

A. 一般情况下，Cu100的测温精度高于Pt100的测温精度

B. 热电阻包括金属热电阻和热敏电阻

C. 在同等条件下，一般铂热电阻的测温精度高于铜热电阻的测温精度

D. 大多数热敏电阻的测温范围在0～150℃

2. 为了减小热电偶测温时的测量误差，需要进行的温度补偿方法不包括(　　)。

A. 补偿导线法　　B. 电桥补偿法

C. 冷端恒温法　　D. 差动放大法

3. 关于热敏电阻，以下说法正确的是(　　)。

A. 热敏电阻的阻值随温度的增加而增加　　B. 热敏电阻的阻值随温度的增加而降低

C. 家电多用热敏电阻来进行测温　　D. 热敏电阻灵敏度不高、体积小、价格低

4. 关于金属热电阻，以下说法错误的是(　　)。

A. 金属热电阻的测量精度高、性能稳定

B. 金属热电阻的阻值随温度的增加而增加

C. 铂热电阻的测量精确度很高，常被制成标准的测温仪

D. 铂热电阻不耐高温，而且铂价格较高

5. 以下选项中，(　　)不属于热电偶的特点。

A. 测温范围广　　B. 测量精度高

C. 热响应时间短　　D. 机械强度不高

三、简答题

1. 上述任务实施中，若不采用浮点指令，对测量结果有什么影响？
2. 如上述使用的模拟量模块是 FX_{0N}-3A，其他条件一致，试完成温度检测的程序。

【实践训练题】实践：PLC 与温度检测

一、实践目的

(1) 熟悉热电阻温度传感器的测温原理；
(2) 了解变送器的特性；
(3) 熟悉 A/D(模/数)转换；
(4) 学会用 Pt100 热电阻测温，并使用 PLC 进行 A/D 转换获得温度值。

二、实践器材

Pt100 热电阻 1 个、温度变送器 1 个、西门子 SR40(或三菱 FX_{3U}-48MR)PLC 1 台、PLC 的模拟量模块(EM AM06 或三菱 FX_{3U}-3A-ADP)1 个、电热吹风机 1 个、指示灯(黄色)1 个、端子排 1 个、PC 1 台、PLC 程序下载电缆 1 条、实践导线若干。

三、安全注意事项

穿戴必须符合电工实践操作要求；各种电工工具必须按规定操作，防止被工具或器材误伤和损坏工具；确保在断电状态下进行电路接线；接线前先检查电路，确保电路无故障后才能通电；接通电源后，手不能碰到系统中的任何金属部分和高温物体。

四、实践内容与步骤

本实践使用铂热电阻 Pt100 来测量电热吹风机的温度，如果温度超过 70℃，则指示灯(黄色)亮。

1. 选用铂热电阻传感器和温度变送器

1) 铂热电阻传感器

本实践采用三线制的铂热电阻 Pt100，其外形如图 3.5-28 所示。

铂热电阻 Pt100 一头为金属套管(起保护作用)，内部为热电阻，并在末端引出三根导线。对于三线制的铂热电阻 Pt100，可由万用表判断出它的三根引线的接法。

2) 温度变送器

温度变送器可将由 Pt100 检测到的实时温度转换为标准 4～20 mA 电流输出。本实践所用的 Pt100 温度变送器如图 3.5-29 所示。

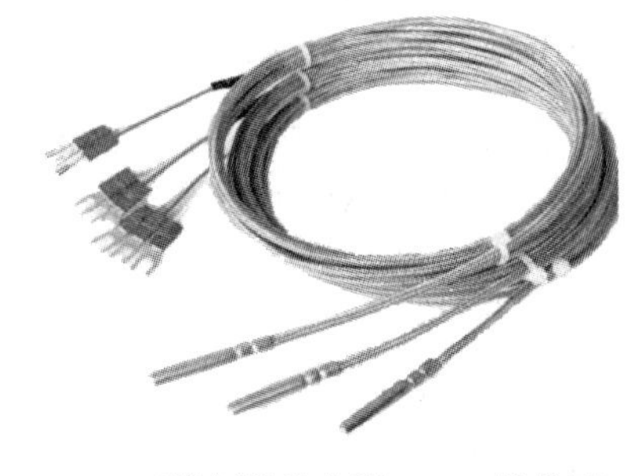

图 3.5-28　三线制铂热电阻 Pt100 的外形

图 3.5-29　Pt100 温度变送器

2. 进行 PLC 和铂热电阻 Pt100 的接线

可以使用电流表或万用表来测量温度变送器的输出电流。Pt100 的接线方法如图 3.5-30 所示(注意：在断电状态下才能接线)。

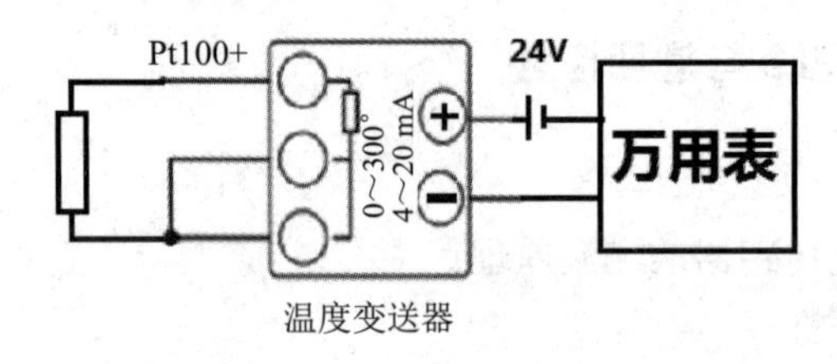

图 3.5-30　Pt100 的接线方法

PLC 模拟量模块与铂热电阻 Pt100 的接线如图 3.5-31 所示，然后按模拟量输入通道确定 PLC 数字量地址。

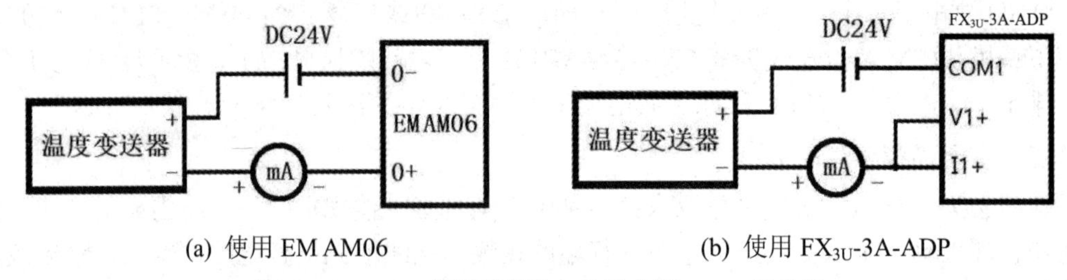

(a) 使用 EM AM06　　(b) 使用 FX_{3U}-3A-ADP

图 3.5-31　PLC 模拟量模块与铂热电阻 Pt100 的接线

3. 编写 PLC 程序

编写程序，并下载程序到 PLC。然后开启电热吹风机，用温度传感器测量吹风机出风口位置的热风温度，观察、记录输出的电流值 I 和 PLC 的数字量值 D，由此计算温度 t，并完成表 3.5-5(注意：严禁采用明火对传感器加热)。

表 3.5-5　数　据　表

状态	输出电流值 I/mA	PLC 数字量值 D	温度 t/℃
常温下			
电热吹风机的热风			
电烙铁			

五、思考题

1. 简述热电阻温度传感器的测温原理。

2. 画出 PLC 的电气接线图。

3. 已知温度变送器的测量范围为−50～100℃，输出电流的范围为 4～20 mA，PLC 的数字量为 D。请写出温度 t(单位为℃)、输出电流值 I(单位为 mA)、PLC 的数字量值 D 三者之间的关系表达式。

任务 3.6 PLC 与气体浓度检测

【任务导入】

情景一：用酒精气体探测器检测车主是否酒驾或醉驾。酒驾或醉驾行为害人害己。如图 3.6-1 所示，在路边，交警使用酒精气体探测器检测车主是否有酒驾或醉驾行为。那么酒精气体探测器的测量原理是什么？

图 3.6-1 交警使用酒精气体探测器检测车主是否有酒驾或醉驾行为

酒精气体探测器属于一种气体检测仪表。在日常生活或工程应用中，人们经常会使用特定的气体检测仪表来检测特定的气体成分或气体浓度。

情景二：地下停车场的一氧化碳气体浓度检测。一氧化碳(CO)为无色、无臭、无刺激性气味的气体。

近年来，人们对室内空气质量的关注逐渐多了起来，其中就包括地下停车场。当汽车在停车场内未熄火或怠速行驶时，会产生大量一氧化碳气体，一旦不能及时将其排出，很容易发生危险。停车场内的一氧化碳(CO)传感器一旦监测到一氧化碳浓度超标，将自动开启通风设备，从而保证停车场内人员安全。

本任务将介绍气体检测仪表，以及 PLC 与气体检测仪表的结合应用。

【学习目标】

◆ 知识目标

(1) 了解气体检测仪的分类与应用；

(2) 熟悉半导体式气体检测仪、红外线气体检测仪、电化学式气体检测仪的测量原理、结构、特点及应用；

(3) 熟悉 PLC 与气体检测仪在环境工程中的应用；

(4) 熟练掌握 PLC 四则运算(加、减、乘、除)指令的使用。

◆ 技能目标

(1) 学会使用半导体式气体检测仪、红外线气体检测仪、电化学式气体检测仪；

(2) 能运用 PLC 的四则运算(加、减、乘、除)指令进行编程；

(3) 学会利用 PLC 结合气体检测仪进行二氧化碳(CO_2)、一氧化碳(CO)气体的检测。

【知识链接】

一、成分分析

在环境污染治理中，首先需要对污染源的成分进行分析，明确污染源的污染物类型与浓度，以便判断污染的程度，提出合适的污染治理措施。如在大气污染中，需要测定烟尘、SO_2 和 NO_x 的浓度，分析大气中是否含有重金属并确定其浓度等；在水污染中，需要测定污水中 COD、BOD、SS 和 pH 的值，有时还需要测定未知污染物的类型和浓度。

成分分析仪表是对物质的成分及性质进行分析和测量的仪表。其形式较多，主要有如下几种：

(1) 电化学式(电导式、电量式和电位式等)；

(2) 热学式(热导式、热谱式、热化学式)；

(3) 光学式(红外、紫外等吸收式光学分析仪，光散射、干涉式光学分析仪)；

(4) 物性检测式(水分计，黏度、密度、湿度计)；

(5) 磁学式(核磁共振分析仪、磁性氧量分析仪)；

(6) 射线式(X 射线分析仪、微波分析仪)；

(7) 电子光学式和离子光学式(电子探针、离子探针)；

(8) 色谱式(气相和液相色谱仪)；

(9) 其他形式(晶体振荡式分析仪、半导体气敏传感器)。

二、气体检测仪简介

气体检测仪也称气体分析仪，是一种利用气体传感器来检测环境中存在的气体种类、成分和含量的仪表。一般认为，气体传感器是用于检测气体成分和浓度的传感器。

气体浓度检测常用于环境工程中，在燃气、石油、化工、冶金等存在易燃、易爆、毒性气体的危险场所中也广泛运用。

1. 应用

气体检测仪广泛应用于石油、煤炭、冶金、化工、市政燃气、环境监测等的现场检测，可以对坑道、管道、罐体、密闭空间等进行气体浓度探测或泄漏探测。

从气体的性质和环境来讲，气体检测仪可检测易燃易爆气体、有毒气体、环境气体、工业气体、其他灾害等，如表 3.6-1 所列。

表 3.6-1 气体检测仪检测对象分类

分类	检测对象气体	应用场合
易燃易爆气体	液化石油气、焦炉煤气、天然气	家庭用
	甲烷	煤矿
	氢气	冶金、试验室
有毒气体	一氧化碳(不完全燃烧的煤气)	煤气灶等
	硫化氢、含硫的有机化合物	石油工业、制药厂
	卤素、卤化物、氨气等	冶炼厂、化肥厂
环境气体	氧气(缺氧)	地下工程、家庭
	水蒸气(调节湿度，防止结露)	电子设备、汽车、温室
	大气污染(SO_x、NO_x、Cl_2 等)	工业区
工业气体	燃烧过程气体控制，调节燃空比	内燃机、锅炉
	一氧化碳(防止不完全燃烧)	内燃机、冶炼厂
	水蒸气(食品加工)	电子灶
其他灾害	烟雾、司机呼出酒精	火灾预报、事故预报

下面介绍一些具体的应用例子：

(1) 可燃性气体泄露报警器。为防止常用气体燃料如煤气(H_2、CO 等)、天然气(CH_4 等)、液化石油气(C_3H_8、C_4H_{10} 等)及 CO 等泄漏引起中毒、燃烧或爆炸，可以应用可燃性气体传感器配上适当电路制成报警器。

(2) 在汽车中应用的气体传感器。控制燃空比，需用氧传感器；控制污染，检测排放气体，需用 CO、NO_x、HCl、O_2 等传感器；内部空调，需用 CO、烟、湿度等传感器。

(3) 在工业中应用的气体传感器。在 Fe 和 Cu 等矿物冶炼过程中常使用氧传感器；在半导体工业中需用多种气体传感器；在食品工业中也常用氧传感器。

(4) 检测大气污染方面用的气体传感器。对于污染环境，需要检测的气体有 SO_2、H_2S、NO_x、CO、CO_2 等，因为需要定量测量，所以宜选用电化学气体传感器。

(5) 在家电方面用的气体传感器。在家电中气体传感器除用于可燃气泄漏报警及换气扇、抽油烟机的自动控制外，也用于微波炉和燃气炉等家用电器中，以实现烹调的自动控制。

(6) 在其他方面的应用。除上述场合以外，气体传感器还被广泛用于医疗诊断、矿井安全保障等场合，目前各类传感器已有实用商品。

2. 单位

气体浓度单位有体积浓度单位和质量浓度单位两种。

(1) 体积浓度单位(ppm)。ppm 表示“百万分之一”，即一百万体积的空气中所含污染物的体积数，是环境大气(空气)中污染物浓度的常用单位之一，是一种体积浓度单位。

(2) 质量浓度单位(mg/m³)。用每立方米大气中污染物的质量数来表示的浓度叫质量浓度，环保大气检测中常用的质量浓度单位为 mg/m^3。

☞小知识　质量浓度单位有 kg/m^3、g/m^3、mg/m^3、g/L、mg/L、μg/L，其中国际单位为 kg/m^3。

☞提示　大部分气体检测仪测得的气体浓度都是体积浓度(单位为 ppm)，而我国标准规范(特别是环保部门)规定气体浓度以质量浓度(单位为 mg/m^3)表示。使用质量浓度表示气体浓度，可以方便地计算出大气污染物的真正量。但质量浓度与气体的温度、压力环境条件也有关系，其数值会随着气体温度、压力等环境条件的变化而变化，实际测量气体的质量浓度时还需要同时测量气体的温度和大气压力。而在使用 ppm 作为单位描述污染物浓度时，由于采取的是体积比，因此不需要解决这个问题。

3. 性能要求

气体检测仪的性能要满足以下要求：

(1) 能够检测并能及时给出报警、显示与控制信号；

(2) 对被测气体以外的共存气体或物质不敏感；

(3) 性能稳定性、重复性好；

(4) 动态特性好、响应迅速；

(5) 使用、维护方便。

4. 使用寿命

气体检测仪的使用寿命主要由它的传感器决定。用于测量有毒气体浓度的大多是电化学气体检测仪，影响其传感器寿命的主要是电解液，一般的传感器在使用 2～3 年之后，电解液就消耗得不能再正常工作了，所以电化学传感器的使用寿命是 2～3 年。用于检测可燃气体浓度的大多是催化燃烧式气体检测仪，其传感器的使用寿命在 3～5 年。

三、气体检测仪的分类

按气体传感器的原理不同，气体检测仪可分为半导体式气体检测仪、红外线气体检测仪、电化学式气体检测仪、热导式气体检测仪、燃烧式气体检测仪、磁学式气体检测仪、光学式气体检测仪等。

☞提示　气体种类非常之多。不存在可以检测所有气体的气体检测仪。要检测某种气体，就需要使用相对应的气体检测仪。因此气体检测仪的种类很多，这里介绍常见的、主要的几种气体检测仪。

1. 半导体式气体检测仪

半导体式气体检测仪利用半导体材料同气体接触后，半导体性质变化(比如电阻变化)来检测气体的成分或浓度。它的成本较低，能满足民用气体检测的需求。但其稳定性较差，受环境影响较大，不宜应用于计量准确性要求高的场所。

半导体式气体检测仪分为电阻式和非电阻式两大类，其相应特性如表 3.6-2 所列。

表 3.6-2 半导体式气体检测仪的类型及相应特性

类型	主要的物理特性	传感器举例	工作温度	代表性被测气体
电阻式	表面控制型	氧化锡、氧化锌	室温～450℃	可燃性气体
	体控制型	复合氧化物 $LaI_{-x}Sr_xCoO_3$、氧化亚铁(FeO)、氧化钛、氧化钴、氧化镁、氧化锡	300～450℃	乙醇、可燃性气体(液化石油气、煤气、天然气、甲烷)、氧气
非电阻式	表面电位	氧化银	700℃以上	乙醇
	二极管整流特性	铂/硫化镉、铂/氧化钛	室温	氢气、一氧化碳、乙醇
	晶体管特性	铂栅 MOS 场效应管	室温～200℃	氢气、硫化氢

1) 电阻式半导体气体检测仪

电阻式半导体气体检测仪是用氧化锡(SnO_2)、氧化锌(ZnO)等金属氧化物材料制作的。当金属氧化物材料与气体接触时，半导体金属氧化物的电阻发生变化，由此来检测气体。

例 3.6-1 利用 SnO_2 电阻式半导体气体检测仪设计酒精探测器。

答 当酒精气体被检测到时，气敏器件(SnO_2 电阻半导体)的电阻值降低，测量回路有信号输出，提供给电表显示或指示灯发亮。图 3.6-2 为某酒精气体传感器的电路。酒精气体传感器的电阻随酒精气体浓度的变化而变化，因此可由电阻值算出酒精气体浓度。

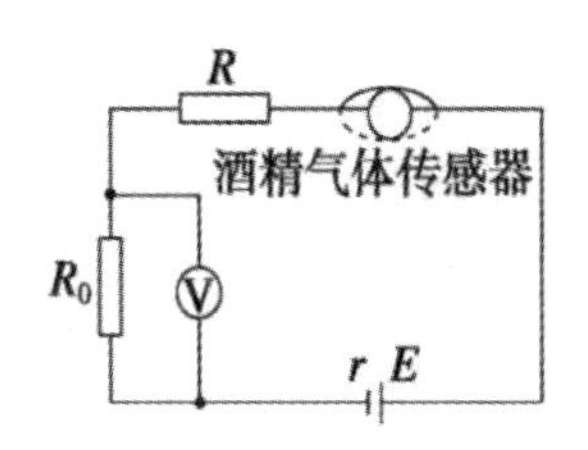

图 3.6-2 酒精气体传感器的电路

2) 非电阻式半导体气体检测仪

非电阻式半导体气体检测仪是利用一些气体被金属与半导体的界面吸收，而使半导体二极管整流特性发生变化，由此来检测气体。

2. 红外线气体检测仪

红外线气体检测仪可以实现对 SO_2、NO_x、CO_2、CO、CH_4 等不同气体的浓度的高精度连续检测，例如分析 CO 气体的红外线一氧化碳检测仪。这种气体检测仪多应用于石油、化工、农业、水泥、环保、生物、医疗、制药、冶金等领域。

红外线气体检测仪是基于被测介质对红外光有选择性吸收进行气体浓度检测的仪表。它使红外线通过装在一定长度容器内的被测气体，然后测定通过气体后的红外线辐射强度来测量被测气体浓度，其测量原理如图 3.6-3 所示。

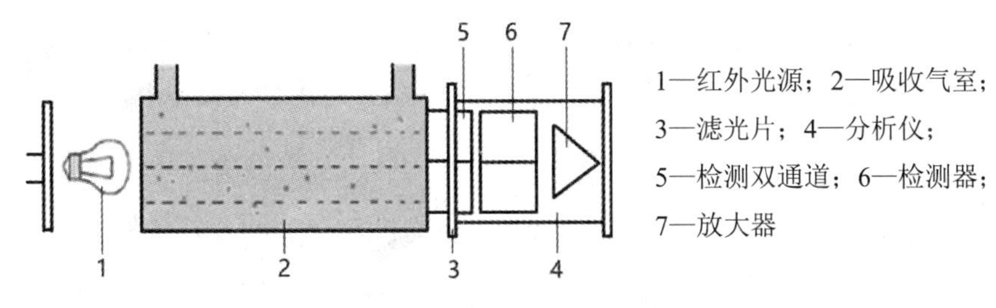

图 3.6-3 红外线气体检测仪的测量原理

红外线气体检测仪由光学系统、检测器和测量电路组成。其中光学系统包括红外光源、吸收气室、滤光片等。光学系统和检测器将被测组分的浓度变化转化成某种电参数的变化，再通过测量电路转换成电压或电流输出。

红外线气体检测仪的灵敏度较高，反应迅速，能在线连续指示，也可组成调节系统。工业上常用的红外线气体检测仪的检测部分由两个并列的结构相同的光学系统组成。

3. 电化学式气体检测仪

1) 测量原理

用于测量有毒气体浓度的传感器大多是电化学传感器。电化学式气体检测仪属于一种化学传感器型的仪表。一些电化学传感器如图 3.6-4 所示。

图 3.6-4　一些电化学传感器

部分可燃性气体、有毒有害气体有电化学活性。电化学式气体检测仪利用被测气体的电化学活性，将被测气体在电极处进行电化学氧化或还原，从而分辨气体成分、检测气体浓度。这就是电化学式气体检测仪的测量原理。

2) 结构

电化学式气体检测仪的结构组成有电极(工作电极和对电极)、电解液、引脚、外壳、绝缘体、透气孔等，如图 3.6-5 所示。电极有两电极式或三电极式，三电极式比两电极式多了一个参比电极。

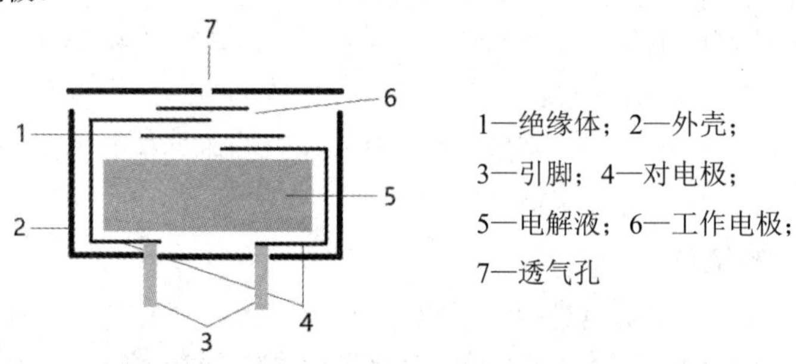

图 3.6-5　电化学式气体检测仪的结构

3) 分类

电化学式气体检测仪有离子电极型、伽伐尼电池式、恒定电位电解池型、浓差电池型、极限电流型等。

(1) 离子电极型。

离子电极型的电化学式气体检测仪由电解液、固定参照电极和 pH 电极组成。通过透气膜，被测气体和外界达到平衡。以被测气体为 CO_2 为例，其在电解液中达到如下化学平衡：$CO_2 + H_2O = H + HCO_3$，然后根据 pH 值就能知道 CO_2 的浓度。

(2) 伽伐尼电池式(也称原电池型、燃料电池型或自发电池型)。

利用伽伐尼电池原理制成的伽伐尼电池式的电化学式气体检测仪将透过隔膜而扩散到电解液中的被测气体电解，测量所形成的电解电流，再由电流与氧气浓度的关系确定被测气体浓度。它可以有效地检测氧气、二氧化硫、氯气等气体的浓度。

☞**拓展** 伽伐尼电池由隔离膜、铅电极(阳)、电解液、白金电极(阴)组成一个加伐尼电池。当被测气体通过聚四氟乙烯隔膜扩散到达负极表面时，即可发生还原反应。溶液中产生电流，电流大小和气体浓度成正比。以氧气传感器为例，氧在阴极被还原，电子通过电流表流到阳极，在那里铅金属被氧化，电流的大小与氧气的浓度直接相关。

(3) 恒定电位电解池型。

恒定电位电解池型的电化学式气体检测仪用于检测一氧化碳、硫化氢、氢气、氨气、肼等气体，是现在检测有毒有害气体的主流仪表。

恒定电位电解池型的电化学式气体检测仪的电化学反应是在电流驱动作用下发生的。当电极与电解质溶液的界面为恒电位时，气体直接氧化或还原，通过外部电路的电流作为传感器的输出。这种检测仪多加了一个电极(参比电极)，可使电极的电位恒定，这时在敏感电极表面进行氧化或还原反应，产生电流并通过外电路流经两个电极，该电流的大小正比于气体的浓度。

(4) 浓差电池型。

浓差电池型的电化学式气体检测仪利用具有电化学活性的气体在电化学电池的两侧会自发形成浓差电动势进行检测，电动势的大小与气体的浓度有关。这种检测仪的应用实例有汽车废气排放中的含氧量检测，发酵过程控制、室内空气质量控制、农业大棚的二氧化碳浓度检测。

(5) 极限电流型。

极限电流型的电化学式气体检测仪中有一种测量氧气浓度的传感器。利用电化学池中的极限电流与载流子浓度相关的原理制备氧气浓度传感器，可用于汽车的氧气检测和钢水中氧浓度检测。

4)特点

电化学式气体检测仪体积小、功耗低、线性和重复性较好，分辨率一般可以达到 0.1 ppm；但其易受干扰，灵敏度受温度变化影响较大。

4.其他气体检测仪

1) 烟雾检测仪

烟雾是比气体分子大得多的微粒悬浮在气体中形成的，必须利用微粒的特点检测。烟雾检测仪有散射式、离子式。

散射式烟雾检测仪在发光管和光敏元件之间设置遮光屏，无烟雾时光敏元件接收不到光信号，有烟雾时借助微粒的散射光使光敏元件发出电信号。这种检测仪的灵敏度与烟雾种类无关。

离子式烟雾检测仪用放射性同位素 ^{241}Am 放射出微量的 α 射线，使附近空气电离。当平行平板电极间有直流电压时，产生离子电流 I。有烟雾时，微粒将离子吸附，而且离子本身也吸收 α 射线，结果是离子电流 I 减小。

2) 烟气检测仪

在线烟气连续检测仪能够不间断地对排放进行监督、检测，随时读取现场数据并通过远端处理系统用微机进行记录、存储，从而对生产企业排放烟气进行连续监测，以获取全面而完整的监测数据。

在线烟气连续检测仪采用非色散型红外吸收式、电化学式、磁风式和激光式等方式进行测量。

3) 甲醛检测仪

甲醛是一种具有刺激性气味的无色气体，也是一种潜在的致癌物质，对人体的健康有较大危害，许多疾病如哮喘、白血病等的诱发均与之相关，其对人体的嗅阈值在 0.06～1.2 mg/m^3，眼刺激阈值低至 0.01～1.9 mg/m^3，它主要来源于工业制造树脂、人造纤维、胶合板等。因此，甲醛是室内空气污染物之一，也是室内空气监测的必测项目。

甲醛检测仪的检测原理一般包括电化学传感器原理、半导体气敏传感器原理和化学比色原理，其采样方式有吸入式和扩散式两种。甲醛检测仪主要由采样单元、传感器、电子电路、显示器组成。被测组分通过传感器转化为电信号，再通过电子电路转换为数字信号，显示出甲醛浓度。

4) 氨气检测仪

氨气为无色、有强烈刺激性臭味的气体，进入呼吸道后可引起咳嗽、气管炎和支气管炎、肺水肿出血和呼吸困难等症状，严重危害人群的健康。据统计，室内空气的气体中氨气的超标率最高，我国有关空气质量标准已将氨气列为室内空气质量检测指标。

氨气检测仪的检测原理一般包括电化学传感器原理、光化学传感器原理或半导体传感器原理，其采样方式分为泵吸式和扩散式。氨气检测仪主要由采样、检测、指示及报警等部分组成。当环境中的氨气扩散或抽吸到传感器时，传感器将氨气浓度大小转换为一定大小的电信号，再由显示器将浓度值(摩尔分数)显示出来。

5) 集成型气体检测仪

集成型气体检测仪可分为两类：一类是把敏感部分、加热部分和控制部分集成在同一基底上，以提高器件性能；另一类是把多个具有选择性的元件用厚膜或薄膜制在一个衬底上。

用微机处理和信号识别的方法对被测气体进行有选择性的测定，既可以对气体进行识别，又可以提高检测灵敏度。

四、PLC 的模拟量输入编程

气体浓度检测仪的输出信号可分模拟信号和数字信号，模拟信号一般为电流信号(4～20 mA)或电压信号(0～10 V)，也有些仪表可选用串口通信输出气体浓度值，以便于直接与组态软件交互信息。下面以例子的形式来介绍 PLC 的模拟量输入编程。

例 3.6-2　某型 CO_2 气体浓度检测仪的测量量程为 100～5000 ppm，测量 CO_2 气体浓度值 φ 时，输出电流为 I(量程为 4～20 mA)，经 PLC 的模拟量输入模块的 A/D 转换后传给 PLC，得到 PLC 的数字量为 D。求 CO_2 气体浓度 φ 与 PLC 数字量 D 的关系式。

解　φ、I、D 取值范围的对应关系为

$$100\sim5000\ \text{ppm}——4\sim20\ \text{mA}——D_0\sim D_\text{m}$$

由此可知 $\varphi_0 = 100$、$\varphi_\text{m} = 5000$，而 D_0 和 D_m 的值由 PLC 的类型决定，故根据式(3.4-5)，有

$$\frac{\varphi-100}{5000-100}=\frac{D-D_0}{D_\text{m}-D_0}$$

整理后得关系式

$$\varphi = \frac{4900(D - D_0)}{D_m - D_0} + 100$$

由于关系式中含有除法，因此 φ 的结果可能带有小数点。另外，为了具有一定的准确性，所测的环境参数一般需要带一定位数的小数点。可见，PLC 的模拟量输入编程需要进行带小数点的实数形式的加、减、乘、除运算。因此在涉及此类计算的 PLC 编程时，可以首先将 PLC 的数字量 D 转换为有小数点形式的实数，然后对关系式中的所有数据都做实数运算，这样更为直接简便。

四则运算指加、减、乘、除运算，它一般分为整数四则运算和实数四则运算两大类。整数四则运算的操作数只能是整数，非整数需先取整，除法结果分为商和余数；实数四则运算是对带小数点的浮点数进行运算。

(一) 西门子 S7-200 SMART 系列 PLC 的四则运算指令

对于西门子 S7-200 SMART 系列 PLC，当电流 I 的取值范围为 4～20 mA 时，PLC 数字量 D 的取值范围为 5530～27 648，即 $D_0 = 5530$、$D_m = 27\ 648$。使用模拟量模块 EM AM06 的通道 0 来实现模拟量电流输入的 A/D 转换，则 D = AIW16。将 D_0、D_m、D 都代入 $\varphi = 4900(D - D_0)/(D_m - D_0) + 100$，整理得到关系式：$\varphi$ = 4900(AIW16 − 5530)/22 118 + 100。下面用 PLC 程序实现该关系式的运算。

1. S7-200 SMART 系列 PLC 的四则运算指令

S7-200 SMART 系列 PLC 的四则运算分为整数和实数两大类，其中整数四则运算又分为整数和双整数四则运算，各类型的四则运算指令如表 3.6-3 所列。

表 3.6-3　S7-200 SMART 系列 PLC 的四则运算指令

类型	整数数据(I)	双整数数据(DI)	实数数据(R)	运算操作数的说明
加法指令	ADD_I	ADD_DI	ADD_R	将 IN1 和 IN2 相加，结果存入 OUT 中，即 IN1 + IN2→OUT
减法指令	SUB_I	SUB_DI	SUB_R	将 IN1(被减数)减去 IN2(减数)，结果存入 OUT 中，即 IN1 − IN2→OUT
乘法指令	MUL_I	MUL_DI	MUL_R	将 IN1 和 IN2 相乘，结果存入 OUT 中，即 IN1 × IN2→OUT
除法指令	DIV_I	DIV_DI	DIV_R	将 IN1(被除数)除以 IN2(除数)，结果存入 OUT 中，即 IN1/IN2 = OUT(整数和双整数进行除法时不保留余数)

2. S7-200 SMART 系列 PLC 的模拟量输入编程

对于关系式 φ = 4900(AIW16 − 5530)/22 118 + 100，首先将数字量 AIW16 都转换为有小数点格式的实数，然后全部使用实数运算的加、减、乘、除(ADD_R、SUB_R、MUL_R、DIV_R)指令来编程，这样更为直接简便。用 32 位双字地址 VD2 来存储 PLC 数字量 AIW16 的实数数值，用 VD100 来存储 CO_2 气体浓度值 φ 的实数数值，编写程序如图 3.6-6 所示。

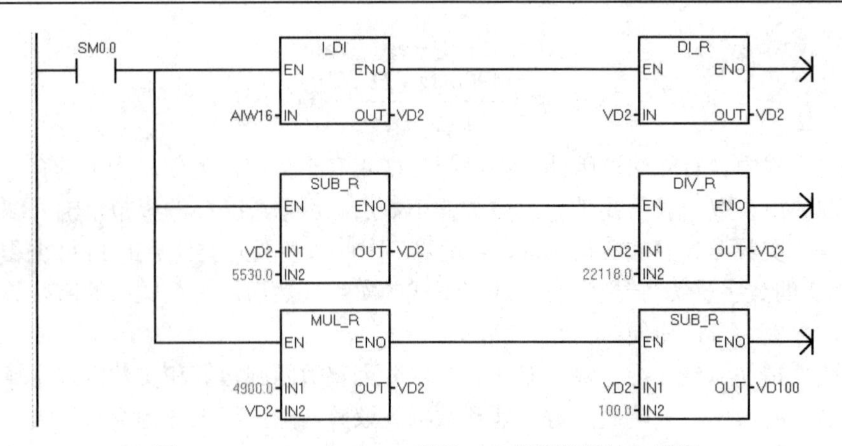

图 3.6-6　S7-200 SMART 系列 PLC 的模拟量输入编程

另外，也可以使用 PLC 编程软件里库函数中的比例运算函数“Scale_I_to_R”进行编程，如图 3.6-7 所示。

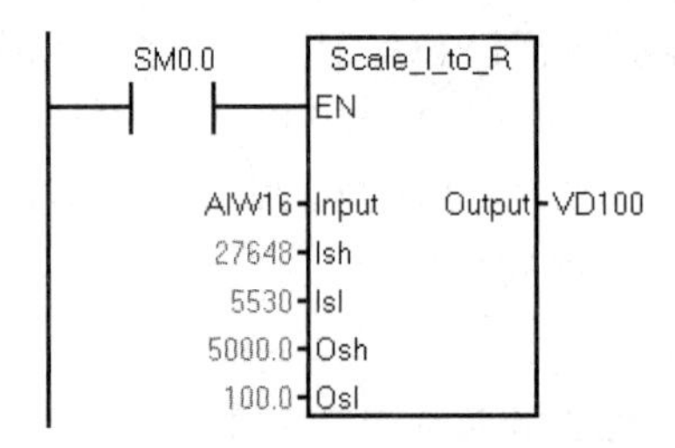

图 3.6-7　Scale_I_to_R 函数

☞**提示**　把库文件 Analog_Scaling 添加到 STEP 7-Micro/WIN SMART 软件的库中，即可调用库函数 Scale_I_to_R。

比例运算函数“Scale_I_to_R”有多个参数。参数 Input 为需要转换的数字量，即采样的数字量；参数 Ish 为换算对象的高限，即最大模拟量所对应的数字量值(Ish = 27 648)；参数 Isl 为换算对象的低限，即最小模拟量所对应的数字量值(Isl = 0)；参数 Osh 为换算结果的高限，即测量范围最大值；参数 Osl 为换算结果的下限，即测量范围最小值；参数 Output 为换算结果所存储的值。

(二) 三菱 FX_{3U} 系列 PLC 的四则运算指令

三菱 FX_{3U} 系列 PLC 提供两种四则运算指令，即整数四则运算指令和实数四则运算指令。四则运算将影响表 3.6-4 中四个特殊辅助继电器的状态。

表 3.6-4　三菱 FX_{3U} 系列 PLC 运算标志特殊辅助继电器说明

特殊辅助继电器	含　义	说　　明
M8020	零标志	运算结果为 0 时，置 1
M8021	借位标志	运算结果超过存储单元上限时，置 1
M8022	进位标志	运算结果低于存储单元下限时，置 1
M8023	浮点运算标志	置 1，可进行浮点运算

1. 加法指令

加法(ADD)指令的格式为[ADD S1 S2 D]，它用于将指定的两个源操作数 S1、S2 相加，结果送到指定目标操作数 D。即指令输入为 ON 时，每个扫描周期都将执行一次[S1] + [S2]→[D]，相当于[D] = [S1] + [S2]。

ADD 指令在默认状态下为 16 位连续执行的指令，但也可通过前后缀进行修饰。该指令的助记符、功能、操作数具体如表 3.6-5 所列。源操作数(S1 或 S2)和目标操作数(D)可以是相同的，但此种情况下采用连续执行方式时，加法的结果在每个扫描周期后都会改变，因此建议使用脉冲执行方式。

表 3.6-5　三菱 FX_{3U} 系列 PLC 加法(ADD)指令使用说明

前 缀	助 记 符	后 缀	操 作 数
D(32 位整型)、DE(浮点型)	ADD (16 位，连续)	P (脉冲执行)	源(S1、S2)：K、H、E、KnX、KnY、KnM、KnS、T、C、D、V、Z；目标(D)：KnY、KnM、KnS、T、C、D、V、Z

2. 减法指令

减法(SUB)指令的格式为[SUB S1 S2 D]，它用于将指定的源操作数 S1(被减数)减去源操作数 S2(减数)，结果送到指定目标操作数 D。即指令输入为 ON 时，每个扫描周期都将执行一次[S1] − [S2]→[D]，相当于[D] = [S1] − [S2]。

减法(SUB)指令的助记符、功能、操作数具体如表 3.6-6 所列。从表中可以看出，除了助记符不一样，SUB 指令各种标志位动作、32 位运算操作、连续/脉冲执行的差异等均与 ADD 指令的一样。

表 3.6-6　三菱 FX_{3U} 系列 PLC 减法(SUB)指令使用说明

前 缀	助 记 符	后 缀	操 作 数
D(32 位整型)、DE(浮点型)	SUB (16 位，连续)	P (脉冲执行)	源(S1、S2)：K、H、E、KnX、KnY、KnM、KnS、T、C、D、V、Z；目标(D)：KnY、KnM、KnS、T、C、D、V、Z

3. 乘法指令

乘法(MUL)指令的格式为[MUL S1 S2 D]，它用于将指定的两个源操作数 S1(被乘数)、S2(乘数)相乘，结果送到指定目标操作数 D。即指令输入为 ON 时，每个扫描周期都将执行一次[S1] × [S2]→([D + 1]，[D])，相当于[D] = [S1] × [S2]。乘法(MUL)指令的助记符、功能、操作数具体如表 3.6-7 所列。

表 3.6-7　三菱 FX_{3U} 系列 PLC 乘法(MUL)指令使用说明

前 缀	助 记 符	后 缀	操 作 数
D(32 位整型)、DE(浮点型)	MUL (16 位，连续)	P (脉冲执行)	源(S)：K、H、E、KnX、KnY、KnM、KnS、T、C、D、Z；目标(D)：KnY、KnM、KnS、T、C、D

MUL 指令默认为 16 位指令，连续执行方式，可通过前后缀进行修饰。当 MUL 指令

为 16 位运算时，源操作数 S1、S2 是 16 位，目标操作数 D 占用 32 位。当 MUL 指令为 32 位运算时，源操作数 S1、S2 是 32 位，目标操作数 D 占用 64 位(无法进行批监视)。若目标操作数用位元件指定，限于 n 的取值(1～8)，只能得到低 32 位乘积，需做移位处理。例如，执行指令 MUL D0 D10 D20 为 D0 × D10→(D21, D20)，即 16 位的 D0 与 16 位的 D10 相乘，结果存于 32 位的(D21，D20)中，其中 D20 为低 16 位，D21 为高 16 位。又如，执行指令 DMUL D100 D200 D300 为 D100 × D200→(D201，D200)，即 32 位的(D101，D100)与 32 位的(D201，D200)相乘，结果存于 64 位的(D303，D302，D301，D300)中。

☞**说明**　使用浮点型的乘法指令(格式为[DEMUL S1 S2 D])时，两个源操作数，即乘数([S1 + 1], [S1])、乘数([S2 + 1], [S2])都需要是 32 位浮点数，相乘后得到的目标操作数，即积([D + 1], [D])也是 32 位浮点数。

4. 除法指令

除法(DIV)指令的格式为[DIV S1 S2 D]，它用于将指定的源操作数 S1(被除数)除以源操作数 S2(除数)，结果中的商送到指定目标操作数 D，结果中的余数送到目标操作数 D + 1。即指令输入为 ON 时，每个扫描周期都将执行一次[S1] ÷ [S2]→[D]……[D + 1]，相当于[S1] ÷ [S2] = [D]……[D + 1]。除法(DIV)指令的助记符、功能、操作数具体如表 3.6-8 所列。

表 3.6-8　三菱 FX_{3U} 系列 PLC 除法(DIV)指令使用说明

前 缀	助 记 符	后 缀	操 作 数
D(32 位整型)、DE(浮点型)	DIV (16 位，连续)	P (脉冲执行)	源(S)：K、H、E、KnX、KnY、KnM、KnS、T、C、D、Z； 目标(D)：KnY、KnM、KnS、T、C、D

DIV 指令的两个源操作数(即被除数 S1、除数 S2)和目标操作数(即商 D、余数 D + 1)的存储方式如图 3.6-8 所示。DIV 指令默认为 16 位指令，连续执行方式，可通过前后缀进行修饰。DIV 指令的结果分为商和余数，商送到指定目标操作数 D，余数送到继后的目标操作数 D + 1。当 DIV 指令为 16 位运算时，源操作数 S1、S2 是 16 位，商和余数各占 16 位；当 DIV 指令为 32 位运算时，源操作数 S1、S2 是 32 位，商和余数各占 32 位。被除数或除数中有一个为负数时，商为负数；被除数为负数时，余数也为负数。除数为 0 时，运算错误，不执行指令。若目标操作数用位元件指定，则得不到余数。

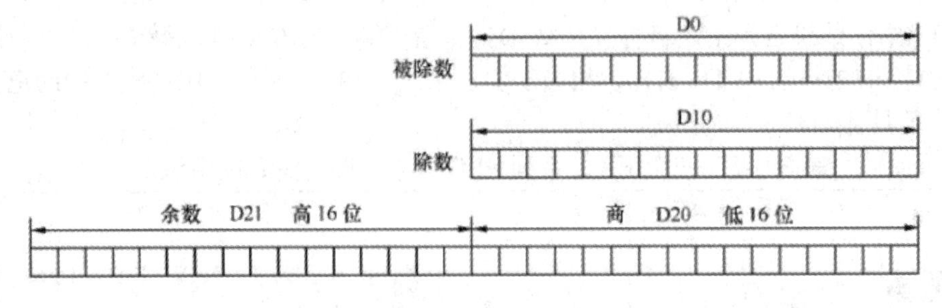

图 3.6-8　FX_{3U} 系列 PLC 的 DIV 指令的两个源操作数和目标操作数的存储方式

☞**注意**　当除法指令中第二个源操作数(即除数 S2)为 0 时，会发生运算错误且不能执行指令。

☞**说明**　使用浮点型的除法指令(格式为[DEDIV S1 S2 D])时，两个源操作数，即被除数([S1 + 1], [S1])、除数([S2 + 1], [S2])都需要是32位浮点数，运算后得到的目标操作数([D + 1], [D])也是32位浮点数，此时没有余数的说法。

5. FX_{3U}系列PLC的模拟量输入编程

对于三菱FX_{3U}系列PLC，当电流I的取值范围为4～20 mA时，PLC数字量D的取值范围为0～3200，即$D_0 = 0$、$D_m = 3200$。使用三菱模拟量模块FX_{3U}-3A-ADP的通道1来实现模拟量电流输入的A/D转换，需要对特殊寄存器M8260、M8267进行设置(可参看任务3.4的表3.4-3，设定M8260 = 1、M8267 = 0)，而转换后的PLC数字量D则自动放于数据寄存器D8260，再用数据寄存器D100来存储CO_2气体浓度值φ。

将$D_0 = 0$、$D_m = 3200$、D = D8260、φ = D100都代入等式$\varphi = 4900(D - D_0)/(D_m - D_0) + 100$中，整理后得到关系式：D100 = 4900 D8260/3200 + 100。对此关系式，编写PLC程序如图3.6-9所示。

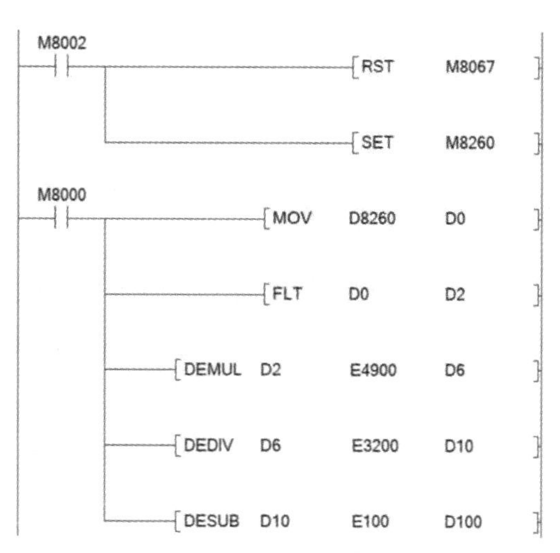

图3.6-9　FX_{3U}系列PLC的模拟量输入编程

【任务实施】

某商场的地下停车场安装了高精度一氧化碳(CO)气体检测和报警装置，不仅能实时监测地下停车场内一氧化碳气体的浓度，并根据一氧化碳浓度进行通风，避免通风频率过高导致的能源浪费，以实现节能；而且能对一氧化碳浓度偏高或过高时分级别报警(如果一氧化碳浓度高于25 ppm，则为一级报警；如果一氧化碳浓度高于50 ppm，则为二级报警)，这样能充分保障人身安全，防止一氧化碳中毒情况发生。

该报警装置以PLC为控制系统，所测量一氧化碳气体浓度值的量程为0～100 ppm，其输出电流的范围为DC4～20 mA，经PLC模拟量模块的A/D转换后传给PLC，在PLC上得到数字量D。请设计此一氧化碳气体检测和报警装置。

分析该系统，可知一氧化碳气体浓度值φ、检测装置输出电流值I、PLC的数字量D三者取值范围的对应关系为：0～100 ppm——4～20 mA——D_0～D_m，即$\varphi_0 = 0$、$\varphi_m = 100$。由式(3.4-3)得等式$\varphi = 100(D - D_0)/(D_m - D_0)$。

1. 使用西门子 SR40 进行任务实施

使用EM AM06模块的通道0来进行A/D转换，进行A/D转换后传给西门子CPU SR40，SR40上得到数字量D的范围为5530～27 648，即$D_0 = 5530$、$D_m = 27\ 648$、D = AIW16。再将得到的一氧化碳气体浓度存入PCL地址VD100，根据等式$\varphi = 100(D - D_0)/(D_m - D_0)$得一氧化碳气体浓度值$\varphi$(VD100)与PLC数字量$D$(AIW16)之间的关系式为：VD100 = 100(AIW16 − 5530)/22 118。由该关系式编写PLC程序如图3.6-10所示。

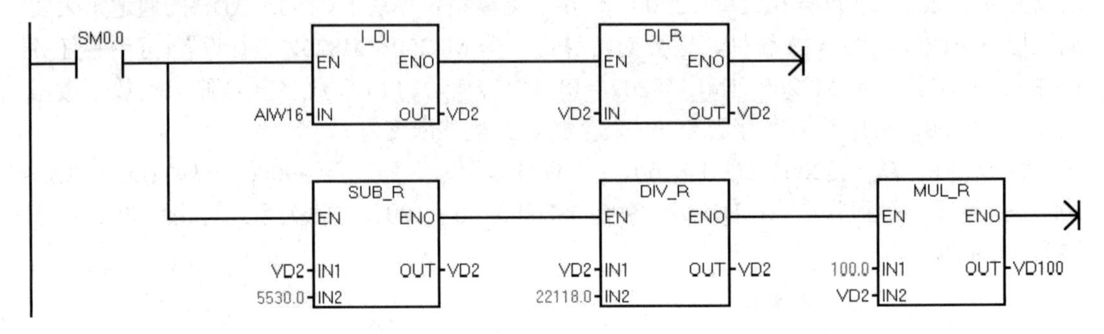

图3.6-10　使用SR40进行任务实施的PLC程序

2. 使用三菱 FX_{3U}-48MR 进行任务实施

使用三菱模拟量模块FX_{3U}-3A-ADP的通道1来实现模拟量电流输入，需要设置特殊寄存器M8260和M8267的值分别为1和0(可参看任务3.4的表3.4-3)。

对于三菱FX_{3U}-48MR，PLC数字量D的取值范围为0～3200，即$D_0 = 0$、$D_m = 3200$。而转换后的PLC数字量D则自动放于数据寄存器D8260，再用数据寄存器D100来存储一氧化碳气体浓度值φ。

将这些数据代入关系式$\varphi = \dfrac{100(D - D_0)}{D_m - D_0}$中，得到等式$\text{D100} = \dfrac{100\text{D8260}}{3200}$。由该关系式编写PLC程序如图3.6-11所示。

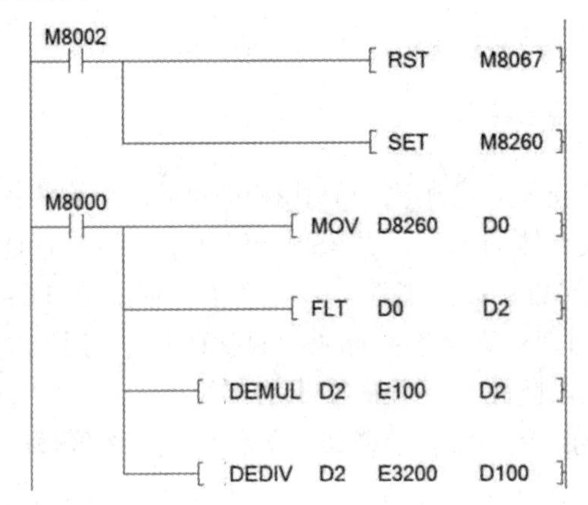

图3.6-11　使用FX_{3U}-48MR进行任务实施的PLC程序

【小结】

本任务主要介绍了半导体式气体检测仪、红外线气体检测仪、电化学式气体检测仪的测量原理、结构、特点及应用。

【理论习题】

一、判断题(对的打“√”，错的打“×”)

1. 一般情况下，SO_2 气体传感器的使用寿命为 2～3 年。　(　　)

2. NO_X 气体传感器在使用完之后，要放置于收纳盒内，不能暴露于空气中。　(　　)

3. 在大气污染监测中，SO_2、H_2S、NO_X、CO、CO_2 需要定量测量，此时宜选用半导体式气体检测仪。　(　　)

二、单选题

1. 交警用于测试公路上司机是否酒驾的酒精探测器，最可能是一种(　　)。

A. 恒定电位电解池型电化学式气体检测仪

B. 二氧化锡电阻式半导体气体检测仪

C. 铂栅 MOS 场效应管非电阻式半导体气体检测仪

D. 红外线气体浓度检测仪

2. 以下不属于气体浓度单位的是(　　)。

A. ppm　　B. mg/L　　C. mg/m^3　　D. mg/m

3. CO 气体变送器输出(　　)的标准电流信号，然后送给 PLC 的模拟量模块。

A. AC4～20 mA　　B. DC4～20 mA

C. DC0～20 mA　　D. AC220 V

三、填空题

1. CO_2 气体变送器输出__________的标准电流信号，然后送给控制器。

2. 气体浓度的单位常用体积浓度单位__________和质量浓度单位__________，其中__________为我国环保部门要求采用的质量浓度单位。

四、简答题

1. 简述半导体式气体检测仪和红外线气体检测仪的测量原理。

2. 简述电化学式气体检测仪的测量原理、结构、特点和应用场合。

【实践训练题】实践：PLC 与 CO 和 CO_2 气体浓度检测

一、实践目的

(1) 熟悉各一氧化碳(CO)和二氧化碳(CO_2)气体传感器及其变送器测量一氧化碳(CO)和二氧化碳(CO_2)气体浓度的原理；

(2) 学会用气体传感器来测量气体的浓度，并使用 PLC 进行 A/D 转换获得浓度值。

二、实践器材

一氧化碳(CO)气体传感器 1 个、二氧化碳(CO_2)气体传感器 1 个、各气体传感器配套的变送器各 1 个、PLC 1 台、PLC 的模拟量模块 1 个、端子排 3 个、PC 1 台、PLC 程序下载电缆 1 条、数字万用表 1 个、导线若干。

三、安全注意事项

穿戴必须符合电工实践操作要求；各种电工工具必须按规定操作，防止被工具或器材误伤和损坏工具；确保在断电状态下进行电路接线；接线前先检查电路，确保电路无故障后才能通电；接通电源后，手不能碰到系统中的任何金属部分。实验过程中确保要打开实验室门窗保持通风顺畅，以防一氧化碳(CO)气体中毒！

四、实践内容及操作步骤

(1) 设置 PLC 数字量地址为 AIW16、AIW20，分别用于检测 CO、CO_2 气体浓度。

(2) 进行 CO 变送器、CO_2 变送器与 PLC 模拟量模块的电路接线。CO 变送器、CO_2 变送器与 PLC 的电路接线分别如图 3.6-12 和图 3.6-13 所示。

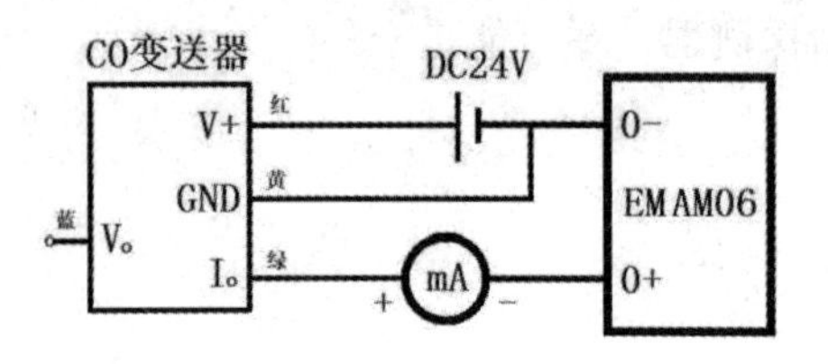

(a) CO 变送器与西门子 EM AM06 连接

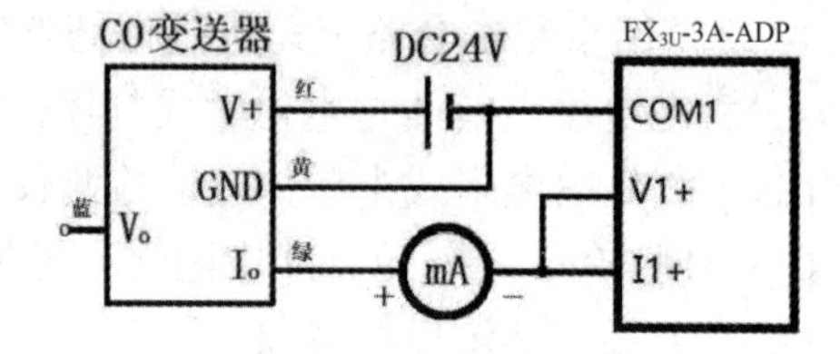

(b) CO 变送器与三菱 FX_{3U}-3A-ADP 连接

图 3.6-12　CO 变送器与 PLC 的电路接线

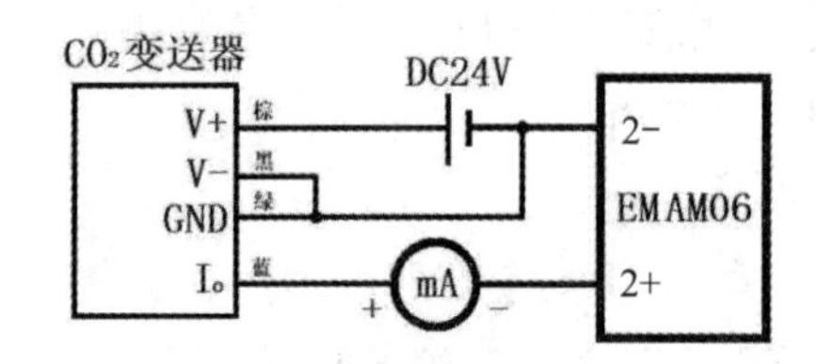

(a) CO_2 变送器与西门子 EM AM06 连接

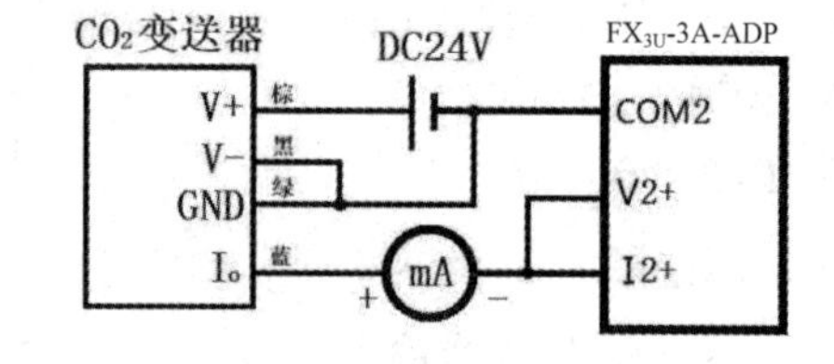

(b) CO_2 变送器与三菱 FX_{3U}-3A-ADP 连接

图 3.6-13　CO_2 变送器与 PLC 的电路接线

(3) 写出 CO 气体浓度值 φ_1 与 PLC 数字量 AIW16 之间的关系式；写出 CO_2 气体浓度值 φ_2 与 PLC 数字量 AIW20 之间的关系式。

(4) 编写 PLC 程序，然后下载到 PLC 中。

(5) 使用 CO 变送器检测 CO 气体浓度，使用 CO_2 变送器检测 CO_2 气体浓度，并在 PLC 中监测两种气体的浓度和 PLC 数字量，完成思考题 1。

五、思考题

1. 写出 CO 气体浓度值 φ_1 与 PLC 数字量 AIW16 之间的关系式；写出 CO_2 气体浓度值 φ_2 与 PLC 数字量 AIW20 之间的关系式。并完成表 3.6-9。

表 3.6-9　气 体 浓 度 值

气体名称	PLC 的数字量 D	浓度 φ/ppm
CO		
CO_2		

2. 请编写 PLC 程序。

任务 3.7　PLC 与 pH 值检测

【任务导入】

pH 值是水溶液最重要的理化参数之一，它表示水的酸碱性的强弱，而酸度或碱度是水中酸或碱物质的含量。

最初人们对酸碱的认识是入口食物的味道，譬如醋是酸的，尝起来涩涩的碱面是碱性的，这是 pH 值最直观的由来。在工业上，pH 值是最常用的水质指标之一。在我国水污染防治的水处理标准和环境标准中，就严格规定 pH 值为 6.5～8.5。

图 3.7-1 为某个水质数据在线监测界面。

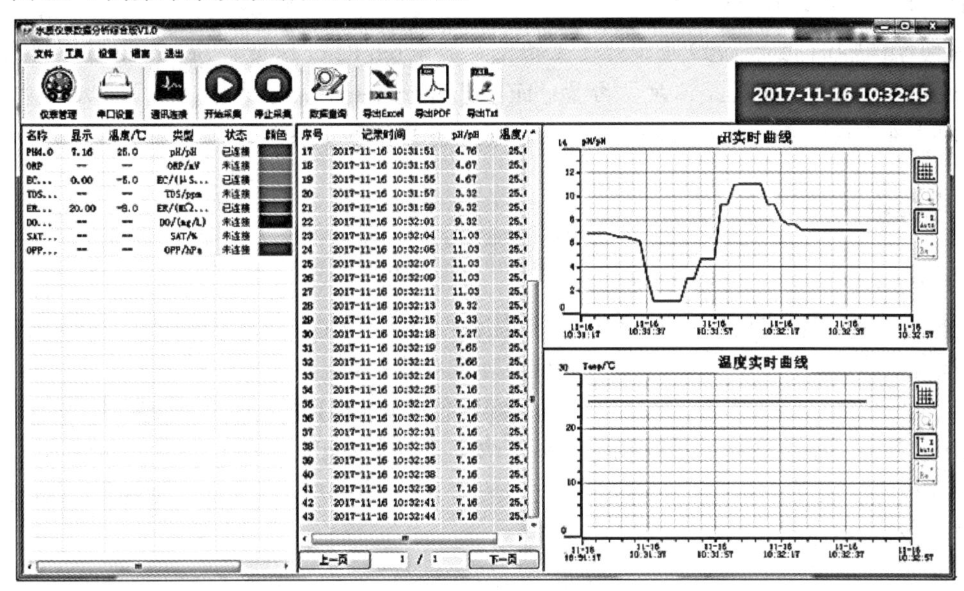

图 3.7-1　水质数据在线监测界面

涉及水溶液的自然现象、化学变化以及生产过程都与 pH 值有关，如湿法脱硫工艺控制流程中，pH 计就是重要的测量仪表。因此，工业、农业、医学、环保和科研领域都涉及 pH 值的测量，而作为环境工程相关人员，必然需要掌握检测 pH 值的相关知识及技能。

本任务为在脱硫处理时由搅拌池中碱性液体的 pH 值决定是否启动水泵。

【学习目标】

◆ 知识目标

(1) 熟悉 pH 值的基本概念，pH 计的分类、测量原理、选型、安装与使用；

(2) 熟悉 PLC 的比较指令和子程序调用指令的使用。

◆ 技能目标

(1) 学会 pH 电极和常见 pH 值在线监测仪的基本使用方法；

(2) 学会 pH 值在线监测仪和 PLC 检测设计。

【知识链接】

一、pH 值的基本概念

pH 值是表征溶液酸碱度(酸碱性的强弱)的重要参数，它是最常用的水质指标之一，是环境监测中重要的参数。

pH 值定义为氢离子活度的负对数，即 $pH = -lg[H^+] = lg([H^+])^{-1}$。

由此建立了酸碱度的测量标准——pH 值。pH 值的取值范围为 0～14。pH = 7 为中性，pH＜7 为酸性，pH＞7 为碱性。pH 值越偏离 7，酸性或碱性越强，并且 pH 值小一个数值，氢离子浓度增加 10 倍，即 pH 值为 4 的物质的酸性比 pH 值为 5 的物质的酸性高 10 倍，比 pH 值为 6 的物质的酸性高 100 倍。

☞小知识 pH 值是 1909 年由丹麦生物化学家 Soren Peter Lauritz Sorensen 首先提出的，p 来自德语 Potenz，意思是浓度、力量；H(Hydrogen ion)代表氢离子，用来量度物质中氢离子的活性，这一活性直接关系到水溶液的酸性、中性和碱性。

二、电极电位法

1. pH 计

pH 值的测定，常用比色法(pH 试纸、比色皿)和电极电位法。电极电位法能够实现连续在线测量和过程监控，可获得精确且结果可重复的 pH 值，是目前最为常用的方法。

电极电位法的核心器件为 pH 电极(又称 pH 传感器、pH 探头)，它是 pH 计上与被测物质接触的部分，是用来检测被测物中氢离子浓度并转换成相应的输出信号的传感器。

pH 检测仪表又称 pH 计、酸度计，它一般由 pH 电极(传感器)和 pH 变送器(转换元件、变换电路和数显电路)组成。

(1) 根据先进程度不同，pH 计分为经济型 pH 计、智能型 pH 计、精密型 pH 计。

(2) 根据显示方式不同，pH 计分为指针式 pH 计、数显式 pH 计。

(3) 根据应用场合不同，pH 计分为笔式 pH 计、便携式 pH 计、实验室台式 pH 计和工业 pH 计等。各应用场合的 pH 计如图 3.7-2 所示。工业 pH 计即 pH 值在线监测仪，一般要求稳定性好、工作可靠、测量精度高、环境适应能力强、抗干扰能力强，具有模拟量输出、数字通信、连续监测、上下限报警和控制功能等。

图 3.7-2　各应用场合的 pH 计

2. 测量原理

电极电位法的本质是一个半电池系统，是基于半电池所发生的氧化或还原反应，将化学能转变为电能，并通过测量电极间的电位差，经测量仪表放大指示得到溶液的 pH 值的。

原电池是一个将化学反应能量转换为电能的系统，它实际是由两个半电池组成的。如图 3.7-3 所示，将一金属极板(如 Ag)插在含有某金属离子的盐溶液中(如 $AgNO_3$)，在极板和溶液的界面处，由于金属和盐溶液两种物相中金属离子(Ag^+)的活度不同，因此形成了离子的充电过程。失去电子的金属离子进入溶液，溶液由于多带了一定的金属离子(Ag^+)而带正电，多余的电子留在了极板而使其带负电，金属极板和盐溶液形成一定的电位差。当没有施加外电流进行反充电，也就是说没有回路时，慢慢地溶液里的正电会排斥金属离子进来，金属上的电子也吸引着金属离子不让其离开，这一过程最终会达到一个平衡。在这种平衡状态下存在的电压称为半电池电位或电极电位。

将由半电池结构制成的玻璃电极插入相应的被测溶液，则其输出电位随被测溶液的金属离子活动变化而变化，故此电极可作为指示电极(Indicator Electrode)。为了测出这个电极电位，还需要另一根电极作为参比电极(Reference Electrode)。pH 电极的测量本质上基于两个电极上所发生的化学反应，相当于原电池的工作原理，如图 3.7-4 所示。

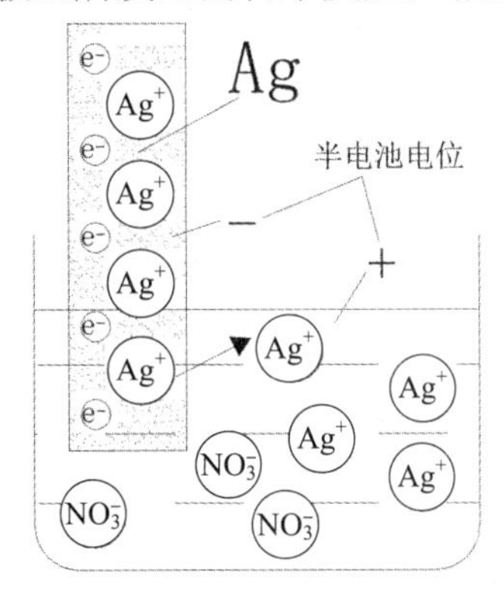

图 3.7-3　半电池电位

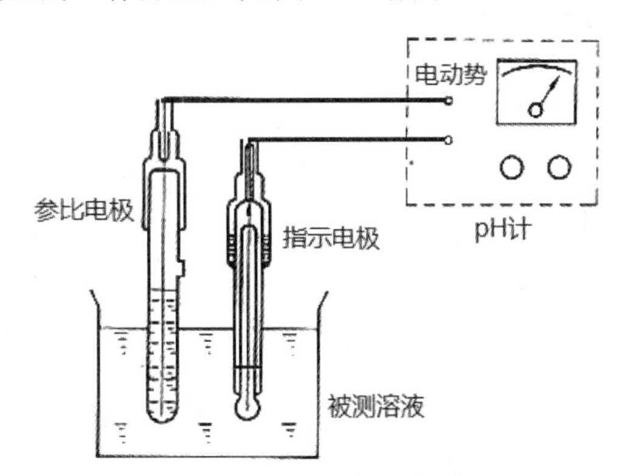

图 3.7-4　电极电位法

参比电极一般与测量溶液相通，其电位是固定不变的。此电极的金属导线一般都是覆盖一层此种金属的微溶性盐(如 AgCl)，并且插入含有此种金属盐阴离子的电解质溶液(如 $AgNO_3$)中。通过这个参比电极，可以对比测出上述的半电池电位。

图 3.7-4 中的原电池电位大小与离子的关系遵循能斯特(NERNST)方程。经过一系列推导，可得到被测溶液的电极电位 E(即电池电动势)与 pH 值之间的关系式：

$$E = E_0 - \frac{2.3026RT}{nF}\text{pH} = E_0 - kT \cdot \text{pH} \tag{3.7-1}$$

其中，E_0 为标准电极电位(即标准缓冲液的电极电位)，R、n、F 均为常数。由此可知，在一定温度 T 下，pH 值与氢离子敏感电极的电极电压呈线性关系。可见，pH 电极把溶液的 pH 值的变化转换为 mV 级电动势的变化，传送给 pH 变送器，再由 pH 变送器显示出 pH 值或将 pH 值数据远传。

3. 温度补偿

关系式(3.7-1)是在标准温度 25℃下推导的。由水的离子积常数和能斯特方程都可以看

出，温度对 pH 值的影响很大。根据能斯特方程，保留 T，则式(3.7-1)可化成

$$E = E_0 - \frac{2.3026RT}{nF}\mathrm{pH} = E_0 - 0.0002T \cdot \mathrm{pH} \tag{3.7-2}$$

温度补偿可采用手动或自动方式进行。手动温度补偿通常取决于 pH 计内手动设置的温度参数，仪表会显示经温度补偿后的 pH 值。自动温度补偿要求 pH 计或 pH 电极具有内置温度传感器，传感器同时测量溶液温度，仪表经内部折算后直接显示经温度补偿后的 pH 值。自动温度补偿在野外测量环境下对于 pH 测量非常有用，目前很多 pH 在线监测仪都带有自动温度补偿功能。

4. 信号调理

一般 pH 测量系统包括 pH 电极和变送器(含信号放大电路、模/数转换电路、微控制器、4～20 mA 模拟量输出接口、RS485 通信接口和上限/下限报警输出接口等)，如图 3.7-5 所示。pH 电极产生的电动势信号经过缓冲和增益放大后进入 A/D 芯片进行模/数转换，同时传感器输出的温度信号也送入 A/D 芯片进行转换；MCU 对采集到的 pH 信号进行滤波和温度补偿，计算出 pH 值，然后通过 RS485 接口送到远程控制主机，同时也可通过变送电路转换成 4～20 mA 的电流信号。

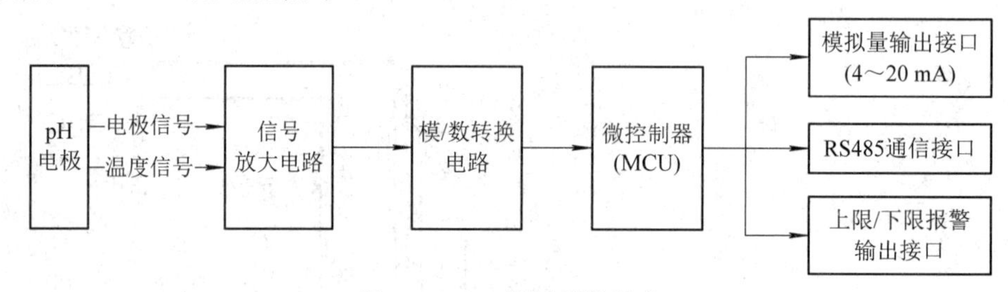

图 3.7-5　pH 测量系统组成

因此，本质上 pH 计是一种高精度、高阻抗的电压表，可通过所测电压换算出 pH 值。但因为玻璃电极本身是绝缘体，具有极高的内阻(范围从 1 MΩ 到 1 GΩ 不等)，产生电流极微弱，一般的电压表根本无法测量 pH 计的电动势，所以要实现精确的 pH 测量，通常信号放大电路必须选用一个高输入阻抗、超低输入偏置电流的缓冲放大器，信号经过低漏电流缓冲级后，再提供给增益放大级，以实现更高的分辨率。

三、pH 电极

由上述内容可知，只要找到对氢离子活度有电势响应的电极，就可根据能斯特方程获得半电池电位，并由此推出所测溶液的 pH 值。

pH 电极包括指示电极和参比电极。目前在工业上应用的指示电极一般为玻璃电极和锑电极，两者各有应用场合。但玻璃电极应用更为广泛，其优点是种类多、价格较低，缺点是需要定时清洗。根据电极的类型不同，电极电位法又可分为氢电极法、氢醌电极法、锑电极法、玻璃电极法。

☞**提示**　在特殊情况下，如水的含氟量比较高时，需用采用锑电极。但锑电极价格较高，其精确性和重现性均不如玻璃电极。

1. 玻璃电极

在现实应用中，玻璃电极因不受氧化剂、还原剂和其他杂质的影响，测量范围广而广泛应用于 pH 电极。玻璃电极是特殊软玻璃吹制成末端球状的玻璃管，管内充填有含饱和 AgCl 的 3 mol/L KCL 缓冲溶液，溶液 pH 值为 7。玻璃电极的结构如图 3.7-6 所示。

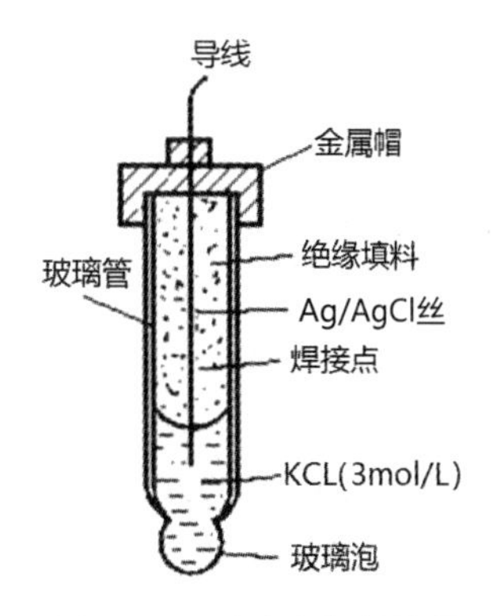

图 3.7-6　玻璃电极的结构

玻璃电极的主要部分为端部的玻璃泡。玻璃电极在使用前必须在水溶液中浸泡一段时间，这样玻璃表面会吸水而溶胀，在它的外表面形成水合硅胶层，其厚度薄(约为玻璃膜厚度的 1/1000)。同样由于内参比溶液的作用，玻璃的内表面也形成了内水合硅胶层。

2. 锑电极

锑电极的结构简单、强度高、响应快，一开始普遍用于 pH 测量，后面随着玻璃电极的出现，逐渐被玻璃电极所替代。但对于一些含氟酸的溶液，由于无法使用玻璃电极，且玻璃电极易碎易结垢，因此仍然使用锑电极。锑电极在一些特殊场合仍保留着一席之地，如钢铁、电镀废水、含油含氟离子等污染源监测和治理场合。

锑电极是一种金属-金属氧化物电极。金属锑在空气中不和氧起反应，但与水接触时，其表面会被氧化为 Sb_2O_3，并且会在接触面上产生可逆的氧化或还原反应，反应方程式为

$$Sb_2O_3 + 6H^+ \rightleftharpoons 2Sb^{3+} + 3H_2O + 3e^- \tag{3.7-3}$$

这种界面上的离子迁移形成电极电位，电位大小取决于 Sb_2O_3 的浓度，而 Sb_2O_3 的浓度又取决于溶液的浓度，即与 pH 值有关。

由于 Sb_2O_3 不溶于水，因此要连续测量溶液的 pH 值，需要随时对锑电极表面的氧化物和污垢进行清洗，使得金属锑暴露出来，不断与溶液接触反应，并生成新的 Sb_2O_3，从而保持对溶液 pH 值测量的精确性和可靠性。

3. 参比电极

参比电极的结构如图 3.7-7 所示。它是测量电极电位时作为参照比较的电极(电位固定不变)，常用的类型有氢电极、甘汞电极、汞/氧化汞电极、汞/硫酸亚汞电极。由能斯特方程可知，每个电极都有一个电极电位 E，但目前测定电极电位 E 的绝对值尚有困难。然而在实际应用中，只需知道电极电位 E 的相对值而不必去追究它的绝对值。因此上述的 pH 电极多加一根作为参照比较的电极，即可测出电极电位。

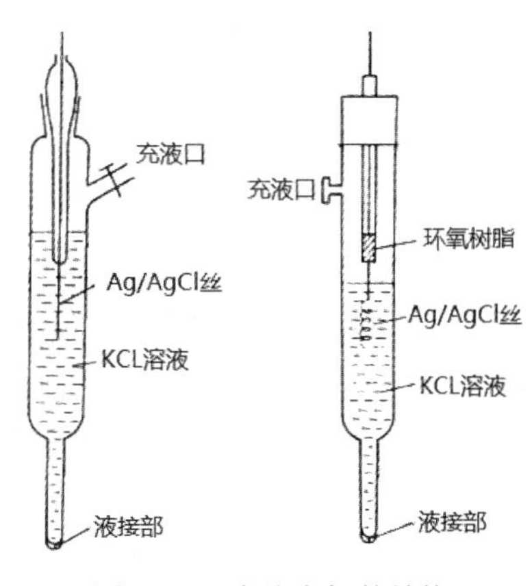

图 3.7-7　参比电极的结构

基于此，国际上统一规定：标准氢电极的电极电势 E_H 为零，任何电极的电位就是该电极与标准氢电极所组成的电池的电位差。然而氢电极只是一个理想的、不易实现的参比电极，通常采用微溶盐电极作为

参比电极。

☞提示 氢电极只是一种假定的理想状态。通常是将镀有一层海绵状铂黑的铂片浸入浓度为 1.0 mol/L 的酸溶液中，在 298.15 K 时不断通入压力为 100 kPa 的纯氢气，使铂黑吸附 H_2 至饱和，同时对电化学反应产生催化作用，使氢气很快与溶液中的 H^+ 达成平衡。这个过程可逆程度很高，这时铂片就好像是用氢制成的电极一样。

参比电极上进行的电极反应必须是单一的可逆反应。参比电极的交换电流密度较大，制作方便，重现性好，电极电势稳定，不容易发生极化。与玻璃电极组合的参比电极，其内极与玻璃电极的内极相同，用 Ag/AgCl 制成导线，电极内充液为浓度适当的 KCL 溶液。在参比电极的端部，有一个液接部使之与检测溶液进行电连接。液接部常用多孔陶瓷、石棉丝、琼脂溶胶或多孔塞等材料，从液接部有微量的内充液渗出，从而与检测溶液接通电路。

液接部是参比电极的关键部件，其稳定性和易清洁性(或不易堵塞性)是液接部的两个重要属性。其中稳定性决定了电极的基本性能，如果选择不合理，测量过程中往往表现为读数跳动、读数不稳定、长时间缓慢漂移等现象；易清洁性对 pH 计长时间工作状态下的测量结果的可靠性有一定的影响，若常阻塞，用户体验也会较差。

4. pH 电极分类

按照参比电极内部填充介质的类型不同，pH 电极分为液体电极、凝胶电极、固体电极、氢离子敏场效应晶体管(H^+-ISFET)电极。

(1) 液体电极的内参比液都是液体的。外参比液可以多种多样(如 KCL、LiCL、KNO_3 及有机物成分等)。该类型电极的特点为：温度范围在−30～140℃，测量准确，响应速度快，重复性好，耐较高温度和压力，电极寿命长，适应范围广，能根据不同的工业生产工艺需求而选用不同的敏感膜和参比液。

(2) 凝胶电极是预先把外参比介质制成半流动的凝胶状，并预加压放入电极中充当参比介质。该类电极维护量低，而且适合在要求严格的应用中进行在线测量。

(3) 固体电极的外参比介质通常做成固体高聚物。固体电极测量所得参比电位的准确性和稳定性低于液体电极、凝胶电极的。该类电极由于采用了固体聚合物参比电解质，因此 pH 测量准确度高，且使用寿命长，可用于恶劣的工业环境下。

(4) 氢离子敏场效应晶体管电极为利用半导体场效应原理测量溶液 pH 值的敏感器件，其特点为响应速度很快，但电极零点漂移大且需频繁校正，因此实际应用较少。

5. pH 复合电极

测量 pH 时，玻璃电极必须和参比电极配合使用。为了方便安装和使用，现在的 pH 电极通常都是将两种电极组装在一个塑壳管中，看起来好像是一支电极，称为复合电极，比如工业在线检测所用的 pH 电极。

pH 复合电极及其结构如图 3.7-8 所示。复合电极的杆身由内、外两个玻璃管构成，内玻璃管为玻璃电极，电极内部为内参比电极和内参比液(也称内参比系统)，玻璃电极最底端即玻璃敏感球泡；外玻璃管为参比电极，内、外两个玻璃管间填充外参比液，并在外参比液中插入外参比电极(也称外参比系统)。玻璃管底部预留一个连接外部的液接部，内、外参比电极会在电极顶端连接电极引线。如果是液体电极，通常还在玻璃管外侧预留一个外参比液加液孔。

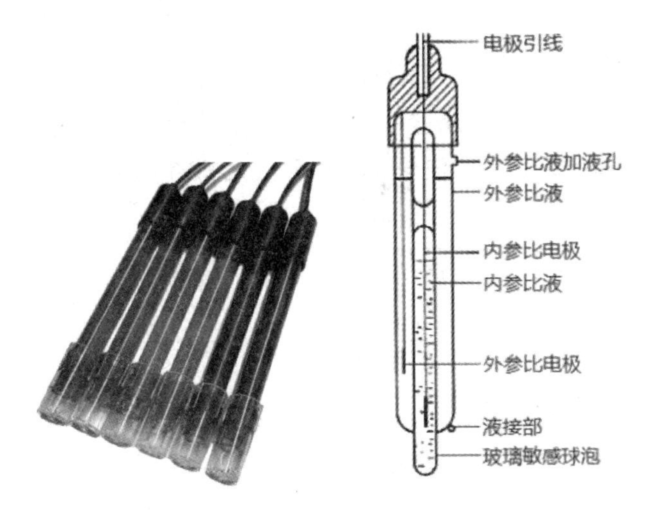

图 3.7-8　pH 复合电极及其结构

pH 复合电极的特点如下：

(1) 电极的易碎部分有塑料栅保护，碰撞不易破，测量时可作搅拌棒使用；

(2) 电极为可充式，电极上端有充液小孔，配有小橡皮塞，在测量时应把小塞取下；

(3) 电极下端配有电极保护帽，取下帽后，可直接使用。

6. 膜电位

结合玻璃电极和参比电极，即可测得膜电位。膜电位示意图如图 3.7-9 所示。设复合电极的玻璃电极和参比电极之间的电压，即膜电位为 E_{TOT}；由内到外，内参比电极与内参比液间的电位差为 E_1、内参比液与内水合层间的电位差为 E_2、内水合层与外水合层之间的电位差为 E_3、外水合层与外部被测溶液之间的电位差为 E_4、外部被测溶液与外参比液间的电位差为 E_5、外参比液与外参比电极间的电位差为 E_6。即膜电位为 6 个电位差之和：$E_{TOT} = E_1 + E_2 + E_3 + E_4 + E_5 + E_6$。

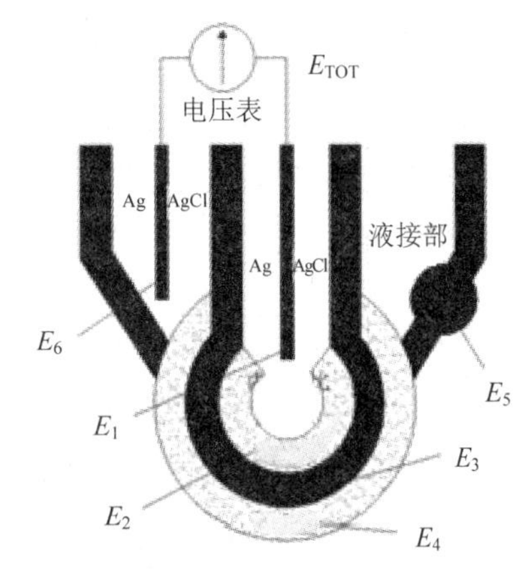

图 3.7-9　膜电位示意图

当复合电极标定完成后，E_4 与外部 pH 值有关(内参比溶液与外参比溶液不同，它没有液接部，与外部溶液不通，因此内参比溶液与外部溶液无关)，E_2 恒定，其余电位差(E_1、E_3、E_5、E_6)与复合电极本身的性质相关，均是固定值。因此合并所有固定常数项，可得 $E_{TOT} = C_0 + E_4$。根据式(3.7-1)，可知 E_4 与 pH 值为线性关系，在 25℃的标准温度下($T = 298.15$ K)，将常数 R、n、F 代入，得到 $E_4 = E_0 - 0.0592\text{pH}$($E_0$ 亦为常数)。结合 E_{TOT} 与 E_4 的表达式，合并常数项可得

$$E_{TOT} = C - 0.0592(\text{pH})_{测} \tag{3.7-4}$$

式(3.7-4)表明玻璃电极的膜电位与被测溶液的 pH 值成正比，在 25℃时，被测溶液的 pH 值每改变 1 个单位，电位就变化 59 mV。因此，膜电位可作为测量 pH 的指示电压。

玻璃电极的内参比液的 pH 值为 7，若外部被测溶液的 pH 值也为 7，则此时膜电位 E_{TOT}

应该为 0，从而 25℃时常数 C 为

$$C = E_{TOT} + 0.0592(pH)_{测} = 0.414\ mV \tag{3.7-5}$$

由该式得到 pH 值(取值范围为 0～14)与膜电位 E_{TOT} 之间的对应情况如表 3.7-1 所列。

表 3.7-1　pH 值与膜电位 E_{TOT} 之间的对应情况

pH 值	0	1	2	3	4	5	6	7	8	9	10	11	12	13	14
E_{TOT} $(\times 10^{-3})$/mV	414	355	295	237	178	118	59	0	−59	−118	−178	−237	−295	−355	−414

四、pH 计选型、安装与使用

1. 选型

pH 计型号种类繁多，正确地选用 pH 计是保证仪表正常使用的前提条件。通常从以下几个方面进行选型考虑：pH 计种类、pH 敏感膜、检测介质、参数要求、安装要求、使用环境、成本价格。pH 计选型条件说明如表 3.7-2 所示。

表 3.7-2　pH 计选型条件说明

选型条件	详 细 分 类
pH 计种类	笔式 pH 计、便携式 pH 计、实验室台式 pH 计、工业 pH 计
pH 敏感膜	常规、超低内阻、抗氢氟酸
检测介质	温度、压力、成分、浓度、浊度、化学腐蚀、结垢
参数要求	测量范围、分辨率、响应时间、温度补偿功能、通信功能
安装要求	侧壁式安装、顶部法兰式安装、管道式安装、顶插式安装、流通式安装、沉入式安装
使用环境	环境温度、环境湿度、安全性、电气干扰
成本价格	pH 计价格、安装费用、运行费用、检测费用、维护费用、备用件费用

例如在制药、发酵、食品等工业中的微生物繁殖罐 pH 测量，要求玻璃电极能够承受 120～130℃的高温消毒作用。在这种条件下，溶液对玻璃电极的侵蚀作用特别严重，尤其是在碱性 pH 范围时更为强烈。这种侵蚀作用引起玻璃电极电势漂移以致电极性能变差。因此，在这种工况下，就要选用耐高温、耐腐蚀 pH 电极。又如超纯水、有机溶剂等溶液的测量，可选用超低内阻的玻璃电极，此类样品电阻很低，可以使响应更为迅速。对于含氢氟酸等物质的特殊样品，由于此类样品对玻璃有腐蚀作用，会造成敏感膜破损，因此可选用抗氢氟酸玻璃敏感膜电极或 PVC 敏感膜，在精度要求不高的情况下可选择锑电极。对于工业 pH 计，则还要考虑除电极污染物或电极表面结垢问题外的远程通信功能、电极安装方式等。

2. 安装

pH 计的安装方式可细分为侧壁式、顶部法兰式、管道式、顶插式、流通式和沉入式等形式，如图 3.7-10 所示。其中常见的为侧壁式、流通式和沉入式。

(1) 侧壁式主要用于不方便顶部安装的容器，从容器侧面开孔。斜插安装时，一般要求接口与水平方向成 15° 夹角。

(2) 流通式主要用于管路安装，可以采用直接插入管道、截断管道或旁路取样方式。pH计安装在管道上时，需注意管道内液体流速，流速大会造成传感器头玻璃泡损坏。调节出水口的阀门，使水样流量维持在一个较低的、稳定的流速(100～200 mL/min)，并应避免测量池间出现气泡而造成数据不准。

(3) 沉入式主要用于反应槽、池和密封容器等，从液面浸入安装。pH计直接放在水池上方时，传感器线不宜浸入池内液体中。若安装在氧化沟的出口溢流槽内，则此处的pH值比较具有代表性，且水流平稳，对pH计不会造成大的冲击。

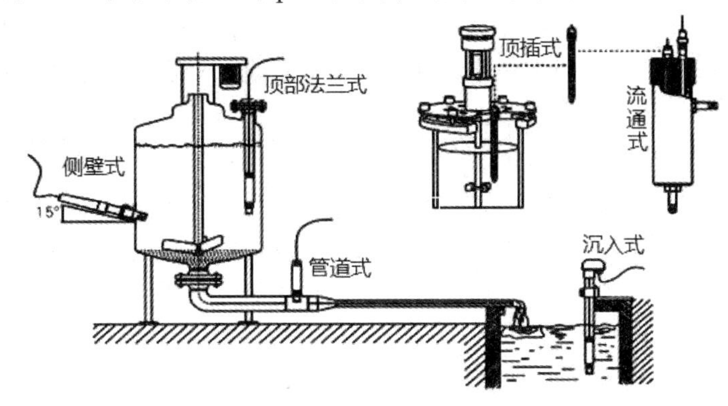

图 3.7-10　pH计的安装方式

pH计不要靠近进口，应置于最能代表实时pH值的位置，如图3.7-11所示。pH电极与仪表越近越好，一般传感器线最长不超过30 m，可单独走线，这样容易拆装，便于校验pH计。pH计的仪表部分安装位置离地不得超过1.6 m，方便观察。

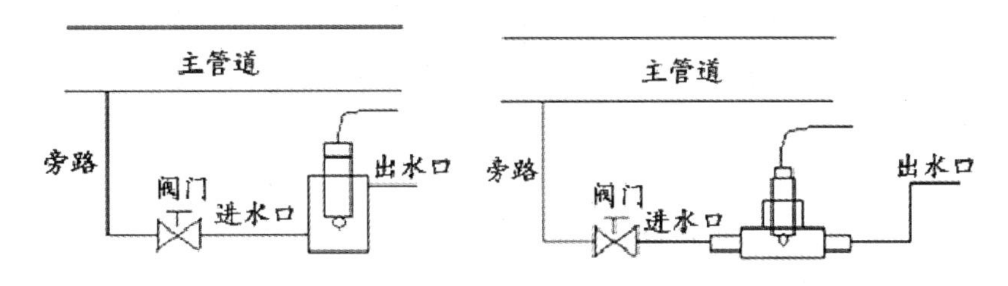

图 3.7-11　pH计置于最能代表实时pH值的位置

3. 使用

1) 标定

pH测量是一种相对测量。pH电极的原理决定它仅仅指示标准溶液与未知溶液之间的pH差别。实际测量pH值时，需要用标准缓冲溶液定期进行校准。

通常是将电极插入中性(pH = 6.86)的磷酸盐标准缓冲液中，同时测定液温，设置仪表，使仪表读数与标准缓冲溶液的pH相符。之后清洗电极并将电极放进邻苯二甲酸盐标准溶液(pH = 4.003)中，同样按照此液温下的pH进行调整。测定碱性溶液的pH值时，亦可用硼酸盐标准溶液(pH = 9.182)进行调整。

2) 保养与维护

pH计在使用过程中，玻璃膜的逐渐老化，参比液的流失造成的氯离子浓度的降低，不对称电位及扩散电位的增大等都会使pH计工作曲线的零点和斜率发生变化。在长期连续测定时，为了保持测定精确度，必须定期对仪器进行保养与维护，主要包括以下几个方面：

(1) 内充液的补充。对于液体 pH 电极，参比电极的内充液会从液接部渗出来，当内充液减少到一定程度时就需要补加。如选用凝胶电极或固体电极则不需要。

(2) 电极清洗。pH 电极在长期使用后，污染物会附着在电极上，从而使电极的灵敏度和精度降低甚至使电极失效。在发现电极受到污染而影响测量精度时，就需要对其进行清洗。

如测量介质较为干净，也可以选择定期人工清洗。清洗时可用细软的毛刷轻刷电极头部，再用清水清洗。对各种污染的清洗方法如下：对油脂或含油物可用表面活性剂清洗；对钙沉淀物或金属氢氧化物可用 10%的稀盐酸清洗；对硫化物沉淀(如污水处理过程中)可用 10%的稀盐酸和饱和硫脲的混合物清洗；对蛋白质附着物可用 10%的稀盐酸和胃蛋白酶的混合物清洗。

由于人工清洗费时费力，因此现在越来越多的 pH 计附带了自动清洗装置，尤其是工业 pH 计。自动清洗方法有超声波清洗、溶液清洗、空气清洗、机械刷清洗和复合清洗等。对于溶液清洗和空气清洗，通常是在 pH 电极附近安装喷嘴，通过定期向电极喷射溶液、压缩空气等进行清洗。超声波清洗则是在 pH 电极附近安装一个超声波发生器，通过发射超声波进行自动清洗。

(3) 活化。如果电极储存在干燥的环境下，则使用前必须浸泡 24 h 以上，使其活化，否则标定和测量都将产生较大误差。浸泡可用 0.1 mol/L 的盐酸(HCL)溶液。

(4) 再生。当发现 pH 电极响应变慢，近乎迟钝时，应用 10%的 HNO_3 和 NH_4F(50 g/L)的混合物对其进行浸泡，使其再生。

3) 直接电位法测定溶液 pH 值的步骤

(1) 预热。将 pH 计的电源打开，预热 5 min 以上。

(2) 清洗与沾干。将电极下面的管套取下，妥善放好，不要让里面的溶液(如 KCl 溶液)倒出。在电极下置一烧杯，以洗瓶的纯水洗净电极，另以滤纸或面纸吸干(勿用力擦拭玻璃薄膜)。

(3) 确认液位是否满足要求。塑料保护栅里的玻璃球泡部分不能与硬物接触，因为任何破损和擦毛都有可能影响电极的测量精度或造成电极的损坏。待测溶液的最低液位应该高于甘汞电极处。

(4) 校准(标定)。取用 pH = 6.86 的溶液测其零点，至少在溶液中选 2 点校准，归零后再以 pH = 9.18 或 pH = 4.00 的标准缓冲液测其灵敏度(或称为斜率)，拭净后即可使用。电极校准后可以暂时浸渍于纯水中待用。

(5) 测量。用直接电位法测定溶液 pH 值时，要测量溶液的温度。因为 pH 值会随着温度变化而变化、测量仪表对温度敏感、玻璃电极在使用时受温度影响大。

(6) 实验结束。实验结束后，将电极洗净沾干，置于电极套中，电极套中应该有足够的 KCL 等溶液，再盖上加液孔。

五、PLC 与 pH 值检测

对于环境工程领域而言，大多数传感器输出信号为模拟量信号，自动控制系统内部通常需要进行数据之间的比较判断，并做出进一步控制。因此，PLC 系统中提供了丰富的比较指令。作为环境工程人员，掌握 PLC 系统比较指令使用方法的重要性不言而喻。

(一) 西门子 S7-200 SMART 系列 PLC 的比较指令和子程序调用指令

1. 比较指令

比较指令可以对两个数据类型相同的数值进行大小比较。如果两个数的数据类型不同，那么先要用转换指令进行数据转换，使两个数的数据类型相同。要比较的数据类型，可以是字节(B)、整数(I)、双整数(DI)和实数(R)。

比较类型有 6 种，分别为“== (等于)”“< > (不等于)”“>= (大于或等于)”“<= (小于或等于)”“> (大于)”“< (小于)”。按照比较类型进行比较，当比较结果为 TRUE(即为 1)时，比较指令将接通触点(LAD 程序段能流通过)。这 6 种比较类型都可以对 B、I、DI、R 的数据进行对比。

图 3.7-12 为一个比较指令的例子。当 VB0 = 1 时，比较结果为 1(TRUE)，则 Q0.0 = 1；当 VW10≠5 时，Q0.1 = 1；当 VD50≥30 时，Q0.2 = 1；当 VD100＜7.0 时，Q0.3 = 1。

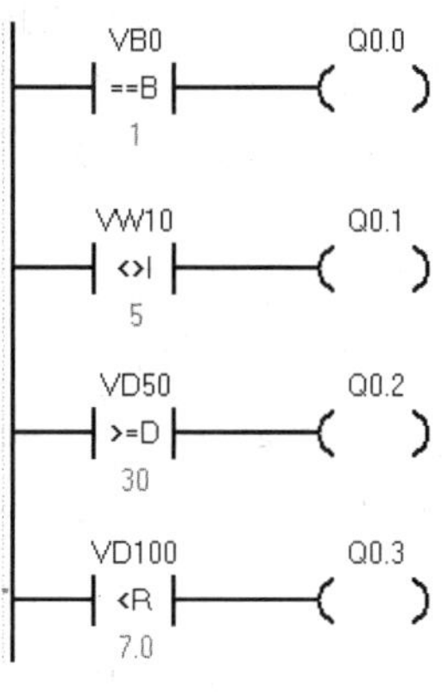

图 3.7-12　比较指令例子

2. 子程序调用指令

在 PLC 编程中，调用子程序需要使用子程序调用指令(CALL)。

子程序调用指令将程序控制权转交给子程序，可以使用带参数或不带参数的子程序调用指令。子程序执行完后，控制权返回给子程序调用指令后的下一条指令。

下面介绍与子程序调用相关的操作。

1) 子程序编号与命名

一个 PLC 程序中可以有多个子程序。STEP 7-Micro/WIN SMART 软件会自动给子程序进行编号并命名。子程序编号格式为“SBRN”，命名格式为“SBR_N”。其中“N”表示子程序的编号数字，取值范围为常数 0～127。比如子程序编号 SBR0、SBR1、SBR2、SBR3 等。子程序编号是唯一的，但子程序可以重命名。

2) 添加新子程序

添加新子程序的方法为：选择“编辑”(Edit)菜单，然后选择“插入对象”(Insert Object)和“子程序”(Subroutine)。STEP 7-Micro/WIN SMART 不仅可以自动在每个子程序中添加一个无条件返回，还可以手动在子程序中添加有条件返回指令(CRET)，根据前面的逻辑终止子程序。新添加的子程序会出现在“项目树”的“程序块”里。

3) 编辑子程序

在“项目树”的“程序块”下，双击所要编辑的某个子程序，就会进入该子程序的编辑界面。同时在程序编辑区的最上面会显示该子程序名称的选项，以便在主程序和各个子程序之间进行切换。

4) 调用子程序

可以从“项目树”的“程序块”或“指令-调用子程序”，双击或拉出子程序到程序编辑区来实现对子程序的调用。在主程序中，可以嵌套调用子程序(即在子程序中调用另外的子程序)，最大的嵌套深度为 8。

(二) 三菱 FX_{3U} 系列 PLC 的比较指令和子程序调用指令

1. 比较指令

比较指令(CMP)的格式为[CMP S1 S2 D]，它用于比较两个源操作数 S1、S2 的大小关系，将结果(大于、等于、小于)输出到目标位软元件 D 中。比较指令(CMP)的助记符、功能、操作数具体如表 3.7-3 所列。

表 3.7-3　比较指令(CMP)使用说明(FX_{3U})

前 缀	助 记 符	后 缀	操 作 数
D(32 位整型)、DE(浮点型)	CMP (16 位，连续)	P (脉冲执行)	源(S1、S2)：K、H、E、KnX、KnY、KnM、KnS、T、C、D、V、Z；目标(D)：Y、M、S、Dx.b

比较指令(CMP)默认为连续执行的 16 位指令，可通过前后缀进行修饰。当 S1＞S2 时，目标操作数 D 为 ON；当 S1 = S2 时，目标操作数 D + 1 为 ON；当 S1＜S2 时，目标操作数 D + 2 为 ON。当指令输入为 OFF 时，目标操作数 D、D + 1、D + 2 将保持 CMP 上次执行结果。

☞注意　目标操作数同时占用 D、D + 1、D + 2 三个位地址，注意不要与其他地址重复。

2. 区间比较指令

区间比较指令(ZCP)的格式为[ZCP S1 S2 S D]，它用于将比较源与给出的区间(上限制/下限制)比较，并将结果(大于上限、区间内、小于下限)输出到目标位软元件 D 中。区间比较指令(ZCP)的助记符、功能、操作数具体如表 3.7-4 所列。

表 3.7-4　区间比较指令(ZCP)使用说明(FX_{3U})

前 缀	助 记 符	后 缀	操 作 数
D(32 位整型)、DE(浮点型)	ZCP (16 位，连续)	P (脉冲执行)	源(S1、S2、S)：K、H、E、KnX、KnY、KnM、KnS、T、C、D、V、Z；目标(D)：Y、M、S、Dx.b

区间比较指令(ZCP)默认是 16 位指令，连续执行方式，可通过前后缀进行修饰。当 S＜S1 时，目标操作数 D 为 ON；当 S1≤S≤S2 时，目标操作数 D + 1 为 ON；当 S＞S2 时，目标操作数 D + 2 为 ON。当指令输入为 OFF 时，目标操作数 D、D + 1、D + 2 将保持 ZCP 上次执行结果。

☞注意　目标操作数同时占用 D、D + 1、D + 2 三个位地址，注意不要与其他地址重复。

3. 触点比较指令

比较指令(CMP)和区间比较指令(ZCP)为功能指令，三菱 PLC 中还提供了触点比较指令。该指令相当于一个“触点”，比较操作数后，当条件满足时，触点为 ON；当条件不满足时，触点为OFF。触点比较指令的助记符、功能、操作数具体如表3.7-5所列。

表3.7-5　触点比较指令使用说明(FX_{3U})

逻辑	前缀	助记符	后缀	操作数
LD：直连母线上、 AND：串联触点、 OR：串联触点	D (32位整型)	=、>、<、<>、 >=、<= (16位，连续)	P (脉冲执行)	源(S1、S2)：K、H、E、KnX、KnY、KnM、KnS、T、C、D、V、Z

触点比较指令默认是16位指令，连续执行方式，可通过前缀修饰为32位指令。触点比较指令没有目标操作数，而是作为触点条件出现在程序中，操作结果直接体现为触点的ON和OFF。根据触点比较指令与其他触点的关系，放置比较触点时可以灵活使用AND、OR和LD。

☞**注意**　触点比较指令的操作数只能为整数或双整数，不能为浮点数。如要比较浮点数大小，则使用比较指令(CMP)或区间比较指令(ZCP)。

4. 子程序调用指令

对于想要共同处理的程序，可以放入子程序里，然后进行调用。这样可以减少程序的步数，更加有效地设计程序。

三菱FX_{3U}系列PLC的子程序调用指令(CALL)格式为CALL(P)Pn。其中Pn为子程序调用的指针，可以制定P0～P62、P64～P4095的编号，相当于子程序的编号。

☞**提示**　① CALL默认为连续执行，CALLP为脉冲执行；② P63为CJ专用(END跳转)，不可以作为CALL的指针使用。

如图3.7-13所示，在主程序中，当指令为ON时，程序将执行CALL，向标记为Pn的步跳转；接着，执行标记Pn的子程序。执行SRET后，返回主程序中CALL的下一条步。

☞**注意**　FEND指令即结束主程序，主程序的结尾需要用FEND指令；CALL指令用的标记(Pn)及子程序部分，必须放在FEND指令后再编程。

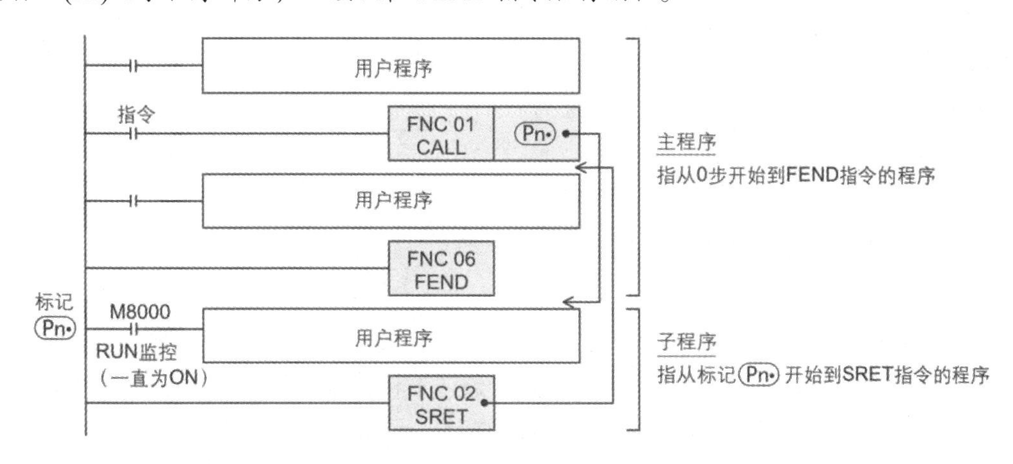

图3.7-13　子程序调用指令(CALL)的使用说明

【任务实施】

湿法脱硫是利用碱性液体吸收剂洗涤除去SO_2的技术。某大气环境监测治理设备采用湿法脱硫和活性炭吸附两种方法对排放气体进行处理。其控制工艺要求检测搅拌池中碱性液体的pH值，当液体的pH值大于8.00时，开始启动水泵将液体抽到洗涤塔。该系统所使用的pH计输出为电压信号，输出范围为0～10 V。要求使用PLC及其模拟量输入模块检测pH值。试编程完成该系统的控制要求。

该报警装置以PLC为控制系统，pH计的量程为0～14，其变送器输出电压的范围为DC0～10 V，经PLC模拟量模块的A/D转换后传给PLC，在PLC上得到数字量D。于是溶液pH值、输出电压、PLC的数字量D三者取值范围的对应关系为：0～14——0～10 V——D_0～D_m，即$(pH)_0 = 0$、$(pH)_m = 14$。由式(3.4-1)得：$pH = 14(D - D_0)/(D_m - D_0)$。

1. 使用西门子SR40进行任务实施

使用模拟量模块EM AM06的模拟量通道0(模拟量电压)来显示A/D转换，则其PLC数字量D的取值范围为0～27 648，即$D_0 = 0$，$D_m = 27\ 648$，D = AIW16，且pH存入地址VD20。将上述数据代入等式$pH = 14(D - D_0)/(D_m - D_0)$并整理，得到pH与PLC数字量的对应关系为：VD20 = 14 AIW16/27 648。

分配PLC的输出点Q0.0来控制水泵。由控制要求算得VD20(pH值)，与常数8.00进行比较，若VD20大于8.00，则启动水泵。也就是说，满足条件VD20＞8.00时，即使Q0.0 = 1。

画出电路接线图如图3.7-14所示，编写PLC程序如图3.7-15所示。

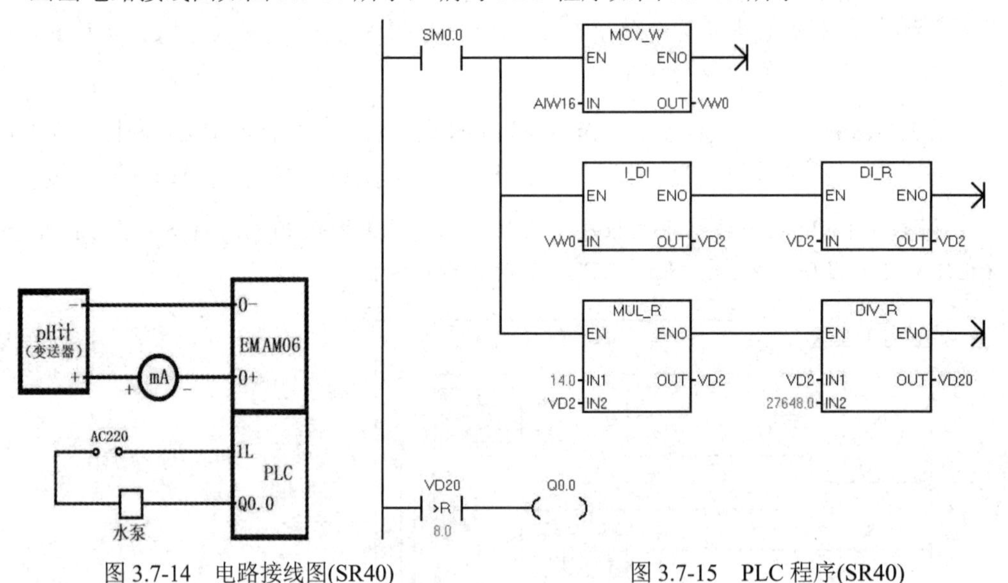

图3.7-14　电路接线图(SR40)　　　　图3.7-15　PLC程序(SR40)

2. 使用三菱FX_{3U}-48MR进行任务实施

使用模拟量适配器FX_{3U}-3A-ADP的模拟量通道1(模拟量电压)来显示A/D转换，则其PLC数字量D的取值范围为0～4000，即$D_0 = 0$，$D_m = 4000$，D = D8260，且pH存入地址D100。将上述数据代入等式$pH = 14(D - D_0)/(D_m - D_0)$并整理，得到pH与PLC数字量的对应关系为：D100 = 14 D8260/4000。

分配 PLC 的输出点 Y0 来控制水泵。根据工艺控制要求算得 pH 值，与常数 8.00 进行比较，若大于 8.00，则启动水泵。即满足条件 D100＞8.00 时，即使 Y0 = 1。

画出电路接线图如图 3.7-16 所示，然后进行电路接线。

由于 FX_{3U}-3A-ADP 模块使用的是通道 1，且是电压信号，因此应设置 M8260 和 M8267 皆为 OFF，转换后的数字量则自动放在数据寄存器 D8260。具体 PLC 程序设计如图 3.7-17 所示。在程序中，用到了比较指令(CMP)。

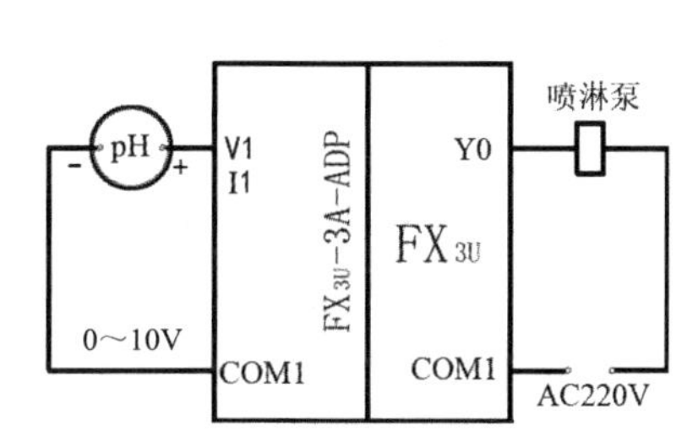

图 3.7-16　电路接线图(FX_{3U}-48MR)

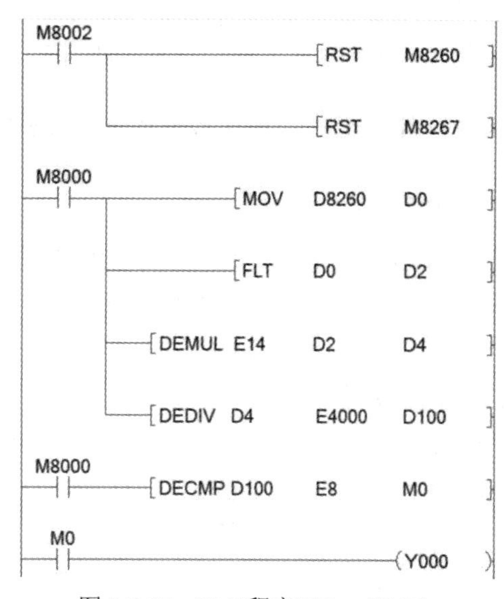

图 3.7-17　PLC 程序(FX_{3U}-48MR)

【小结】

本任务主要介绍 pH 值的基本概念，电极电位法，pH 电极，pH 计的选型、安装与使用，PLC 与 pH 值检测的方法、实践操作。pH 值是评价水质好坏的重要参数之一，pH 值检测在水环境工程领域极为重要。因此，作为环境工程人员，应熟练掌握 pH 计的选型、安装和使用技能。

【理论习题】

一、单选题

1. pH 值的定义为(　　)。

A. 氢离子浓度的负对数　　B. 氢离子浓度的正对数

C. 氢离子活度的负对数　　D. 氢离子活度的正对数

2. 关于 pH 值，以下说法错误的是(　　)。

A. pH 值是表征溶液酸碱性强弱的参数

B. pH 值的取值范围一般为 0.0～14.0

C. 污水处理的所有工艺流程都要测量 pH 值

D. pH 值是最常用的水质指标之一

3. 关于 pH 计，以下说法正确的是(　　)。

A. pH 计也叫碱度计

B. pH 电极输出的电压一般不是 mV 级的

C. 使用 pH 计测量溶液的 pH 值时，一定要考虑溶液温度的变化

D. 使用 pH 计测量溶液 pH 值的实验中，做标定的标准溶液 pH 值一般为 4.00、6.18、9.08

二、简答题

1. 简述电极电位法测定 pH 值的原理。

2. 什么是 pH 复合电极？它有哪些特点？

【实践训练题】实践：PLC 与溶液的 pH 值检测

一、实践目的

(1) 掌握 pH 计(pH 电极与监测分析仪)的安装与设置；

(2) 熟悉用 pH 计测量液体 pH 值的原理；

(3) 学会用 pH 计来测量液体的 pH 值，并使用 PLC 进行 A/D 转换获得 pH 值。

二、实践器材

pH 计(含 pH 电极、监测分析仪)1 个、PLC 1 台、PLC 的模拟量模块 1 个、三种标准缓冲溶液(pH = 4.00、pH = 6.86 和 pH = 9.18)、洗瓶 1 个、量杯 1 个、废液杯 1 个、端子排 1 个、PC 1 台、PLC 程序下载电缆 1 条、万用表 1 个、实践导线若干。

三、安全注意事项

穿戴必须符合电工实践操作要求；各种电工工具必须按规定操作，防止被工具或器材误伤和损坏工具；确保在断电状态下进行电路接线；接线前先检查电路，确保电路无故障后才能通电；接通电源后，手不能碰到系统中的任何金属部分。实验过程中防止任何水滴与电接触！注意液体不要散落到电路上或桌面上，以防止触电危险发生！

四、实践内容及操作步骤

1. pH 计介绍

1) 工业 pH 复合电极

工业 pH 复合电极如图 3.7-18 所示。它将玻璃电极(指示电极)和参比电极组合在一个塑壳管内，是一种具备温度补偿功能的在线监测仪表。其 pH 测量范围为 0～14，温度范围为 0～80℃，内阻≤250 MΩ，零点位为 7 ± 0.4 pH。工业 pH 复合电极广泛应用于污水处理、化工检测、水产养殖、食品检测等领域。

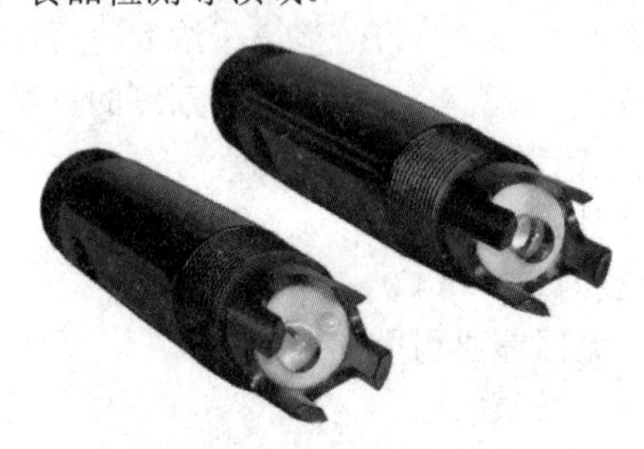

图 3.7-18　工业 pH 复合电极

2) pH 监测分析仪

pH 监测分析仪如图 3.7-19 所示。它属于一种可通信的智能仪表，具有 pH 检测、温度检测、联网通信、智能控制等功能。

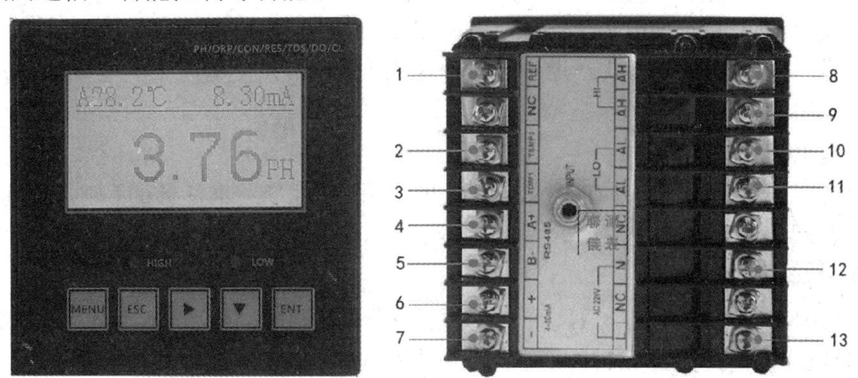

1—参比端(REF)；2—温补端(TEMP1)；3—温补端(TEMP2)；4—RS485 通信 A+；
5—RS485 通信 B-；6—4～20 mA 输出端+；7—4～20 mA 输出端-；
8、9—高报警；10、11—低报警；12、13—AC 220 V 电源(L、N)

图 3.7-19　pH 监测分析仪

(1) pH 监测分析仪屏幕上可以显示温度，输出电流和 pH 值；

(2) 指示灯 HIGH 为上限报警灯，指示灯 LOW 为下限报警灯；

(3) 键盘 MENU 为菜单键，ESC 为返回键，右箭头为移位键，下箭头为向下选择或修改数据键，ENT 为回车键。

2. 实践操作

1) pH 计接线

pH 电极与 pH 监测分析仪的接线如图 3.7-20 所示。pH 电极的“测量”(指示电极)引线接到 pH 监测分析仪的“INPUT”，pH 电极的“参比”(参比电极)引线接到 pH 监测分析仪的“REF”，pH 电极的温度 1、温度 2 接到 pH 监测分析仪的 TEMP1、TEMP2。最后，接 pH 监测分析仪的电源线。

图 3.7-20　pH 电极与 pH 监测分析仪的接线

接下来进行 pH 计的模拟量电流(4～20 mA)端子与 PLC 的模拟量输入模块接线(可参考本任务的【任务实施】部分)。

☞注意　在断电状态下才能进行电路接线！

2) 设置 pH 监测分析仪的参数

(1) 设置电极类型：观察 pH 监测分析仪是否正常。若正常，则按下密码(初始密码为 0000)，然后按 MENU→信号设置→电极类型→pH 电极→ENT 键。

(2) 设置温度补偿：MENU→信号设置→温度补偿→自动补偿→ENT 键。

(3) 设置变送电流：MENU→远传设置→电流变送→4 mA 对应 pH 值 0.00→20 mA 对应 pH 值 14.00。

3) 编写 PLC 程序

分配 PLC 模拟量地址，并在电脑上编写 PLC 程序(可参考本任务的【任务实施】部分)，然后将 PCL 程序下载到 PLC 中。

4) 在线标定

选择 MENU→在线标定→pH 标定，分别进行 pH4.00 标定、pH6.86 标定、pH9.18 标定。① pH4.00 标定：清洗 pH 电极头，将其放入 pH = 4.00 标准缓冲溶液中 30 s 以上并观察仪表，等 30 s 以上稳定后按 ENT 键；② pH6.86 标定：再清洗 pH 电极头，将其放入 pH = 6.86 标准缓冲溶液中 30 s 以上并观察仪表，等 30 s 以上稳定后按 ENT 键；③ pH9.18 标定：再清洗 pH 电极头，将其放入 pH = 9.18 标准缓冲溶液中 30 s 以上并观察仪表，等 30 s 以上稳定后按 ENT 键，仪表会告知标定成功。

记录数据到表 3.7-6 中。

5) 测量“其他液体”的 pH 值

清洗 pH 电极头，测量“其他液体”(自来水、温开水、可乐、饮料等安全液体)的 pH 值。实践过程中，记录 pH 监测分析仪显示的 pH 值、输出电流，电流表显示的输出电流，PLC 显示的数字量值、pH 值，并将这些数据填到表 3.7-6 中。

表 3.7-6　实践数据表

参数	pH = 4.00 溶液	pH = 6.86 溶液	pH = 9.18 溶液	其他液体 1 (　　)	其他液体 2 (　　)
pH 监测分析仪显示的 pH 值					
pH 监测分析仪显示的输出电流					
电流表显示的输出电流					
PLC 显示的数字量值					
PLC 显示的 pH 值					

五、思考题

1. 写出 pH 值与 PLC 数字量值之间的关系表达式。
2. 编写 PLC 程序，并完成表 3.7-6。

任务 3.8　PLC 与溶解氧等水环境参数检测

【任务导入】

图 3.8-1 为污水处理厂的某个污水池。污水的成分复杂，在污水处理工艺中需要检测的环境参数较多，常用的检测参数有：液位、流量、压力、温度、pH 值、溶解氧、电导率、浊度、ORP(氧化还原电位)、BOD(生物需氧量)、COD(化学需氧量)、TOC(总有机碳)、污泥浓度、污泥层高度、气体成分、呼吸、溶解性营养浓度(氮和总磷)、总氮和总磷等。而检测这些环境参数，需要相应的环境检测仪表。

本任务在之前已介绍过的液位、流量、压力、温度、pH 值等重要环境参数的基础上，重点介绍水环境参数中的溶解氧、电导率、污泥浓度、污泥界面的检测。

图 3.8-1　污水处理厂的污水池

【学习目标】

◆ 知识目标

(1) 熟悉溶解氧的检测方法，电导率分析仪、污泥浓度计、污泥界面计的测量原理、结构、特点及应用；

(2) 熟练掌握 PLC 移位指令的使用。

◆ 技能目标

(1) 学会溶解氧的检测方法，电导率分析仪、污泥浓度计、污泥界面计的基本测量方法；

(2) 能运用 PLC 的移位指令进行编程。

【知识链接】

一、溶解氧及其检测

(一) 溶解氧的概念

溶解氧(Dissolved Oxygen，简称溶氧，简写为 DO)是指溶解在水中的分子氧，是一项重要的水质参数指标，也是水体净化的重要因素之一。溶解氧(DO)检测广泛用于自然水体，生产、生活废水处理中。

溶解氧高有利于水体中各类污染物的降解，从而使水体较快得以净化；反之，溶解氧低，水体中污染物降解较缓慢。没有受到耗氧有机物污染的水体，溶解氧呈饱和状态，如清洁地表水溶解氧接近饱和。在水体中有机物含量较多时，其耗氧速度超过氧的补给速度，水中溶解氧将不断减少，甚至可能接近于零，从而使有机物在缺氧条件下分解，出现腐败发酵现象，使水质严重恶化。因此，在对水体的质量评价中，常把溶解氧作为水质污染程度的一项指标。

(二) 溶解氧的表示方法

溶解氧含量有三种不同的表示方法，具体如下：

(1) 氧分压(mmHg)表示法：$P=(P_{O_2}\ P_{H_2O})\times 0.209$，其中 P 为总压，0.209 为空气中氧的含量，P_{O_2}、P_{H_2O} 分别为氧分压(mmHg)、水蒸气分压。氧分压表示法为最基本、最本质的溶解氧表示法。

(2) 百分饱和度(%)表示法：在氧分压不能获得的情况下，使用百分饱和度表示法。由于曝气发酵十分复杂，因此氧分压有时不能通过计算得到，在此情况下适合用百分饱和度表示法。例如将标定时溶解氧定为 100%，零氧时为 0%，则反应过程中的溶解氧含量即为标定时的百分数。

(3) 氧浓度(mg/L)表示法：氧浓度即每升水中含氧的毫克数，在污水处理、生活饮用水处理过程中的溶解氧浓度常用氧浓度来表示。氧浓度与其分压成正比，即有：$C=aP_{O_2}^3$。其中：C 为氧浓度(mg/L)；P_{O_2} 为氧分压(mmHg)；a 为溶解度系数，它不仅与温度有关，还与溶液成分有关。对于温度恒定的水溶液，a 为常数，可测量氧浓度。

(三) 溶解氧的检测方法

检测溶解氧(DO)的仪表常称为溶解氧检测仪、溶氧分析仪、溶氧仪、DO 仪。应用比较成熟的溶解氧检测方法有：滴定碘量法(文科勒法)、电化学法(极谱法)、荧光法。

☞**说明**　检测溶解氧(DO)方法的标准有：《水质　溶解氧的测定　碘量法》(GB/T 7489—1987)、《水质　溶解氧的测定　电化学探头法》(HJ 506—2009)和美国 ASTM 标准(D888-05)。前两种是中国国家和行业标准方法，后一种是美国环保署认可的标准方法。

1. 滴定碘量法(文科勒法)

1) 原理

向一定量的水样中加入硫酸锰($MnSO_4$)和碱性碘化钾(KI)，水中溶解氧将低价锰氧化为高价锰，生成四价锰的氢氧化物棕色沉淀($Mn(OH)_4$)。之后向水样中加酸，氢氧化物沉淀溶解，并与碘离子反应而释放出游离碘。以淀粉为指示剂，用硫代硫酸钠标准溶液滴定释放出的碘，根据滴定溶液消耗量计算溶解氧含量。简而言之，即水样中溶解氧与硫酸锰(低价锰)反应，酸化后生成的氢氧化锰(高价)将碘化钾游离出等当量的碘，用硫代硫酸钠滴定方法来定游离碘的量。

☞**提示**　生成四价锰的氢氧化物棕色沉淀反应式：$MnSO_4 + O_2 + H_2O \rightarrow Mn(OH)_4\downarrow$。加酸后，$Mn(OH)_4$沉淀溶解，并与碘离子反应而释放出游离碘的反应式：$Mn(OH)_4 + 4H^+ + 2I^- \rightarrow Mn^{2+} + I_2 + 4H_2O$。

2) 试剂

滴定碘量法用到的试剂有：硫酸锰溶液($MnSO_4·4H_2O$，遇淀粉不得产生蓝色)、碱性碘化钾溶液(可用氢氧化钠和碘化钾混合)、浓硫酸 H_2SO_4(如 pH = 1.84)、1%淀粉溶液、硫代硫酸钠溶液($Na_2S_2O_3·5H_2O$，又称大苏打)。

3) 测定步骤

用滴定碘量法测定溶解氧的步骤如下：

(1) 用吸液管插入溶解氧瓶的液面下，加入 1 mL 硫酸锰溶液和 2 mL 碱性碘化钾溶液，盖好瓶塞，颠倒混合数次，静置。

(2) 打开瓶塞，立即用吸管插入液面下，加入 2 mL 硫酸。盖好瓶塞，颠倒混合摇匀，至沉淀物全部溶解，放于暗处静置 5 min。

(3) 吸取 100 mL 上述溶液于 250 mL 锥形瓶中，用硫代硫酸钠标准溶液滴定至溶液呈淡黄色，加入 1 mL 淀粉溶液，继续滴定至蓝色刚好退去，记录硫代硫酸钠溶液用量。

4) 应用及特点

滴定碘量法适用于市政污水、工业废水、养殖、天然水源等溶解氧含量较高的水处理应用场合。由于受到检测过程中的一些方面的影响(取样、试剂配置、滴定操作、环境、分析样品中存在各种杂质)，滴定碘量法在测量溶解氧时存在一定的局限性。该方法不适于进行 10^{-9} 级的低氧测量且只能人工实验测定。

滴定碘量法测定步骤繁杂，检测时间相对较长，不适合现场测定。在水藻繁盛的水体中，由于光合作用使放氧量增加，可能使水中的氧达到过饱和状态，此时用滴定碘量法测定水中溶解氧比较困难，测定结果不够准确。

2. 电化学法(极谱法)

电化学法(极谱法)是目前应用最为广泛的溶解氧测量方法。电化学溶氧分析仪能做成在线分析仪，它基于传感器的结构可以分为扩散型和平衡型，一般包括阴极、阳极、电解液、半透膜等。

1) 原理

如图 3.8-2 所示，电化学法测量溶解氧的原理为：两极间加直流极化电压(恒定)，电子由阴极流向阳极，产生电流，溶解在水中的氧气穿过半透膜到达阴极发生氧化反应 $O_2 + 2H_2O + 4e^- = 4OH^-$，同时阳极发生还原反应 $4Ag + 4Cl^- = 4AgCl + 4e^{-1}$。当反应达到平衡稳定时，产生的电流与溶解氧的分压浓度成正比：$I = nFADS\ P_{O_2}/d$，其中 I 为电流(nA)、n 为电子迁移的数量($n = 4$)、F 为法拉第常数($F = 96\ 485$ C/mol)、A 为阴极表面积大小(cm^2)、D 为氧分子在膜上的扩散系数(cm^2/s)、S 为膜的氧溶解度(mol/(cm^3 • bar))、P_{O_2} 为氧气分压(bar)、d 为膜厚度(cm)。由电流 I 即可算出氧气分压P_{O_2}。

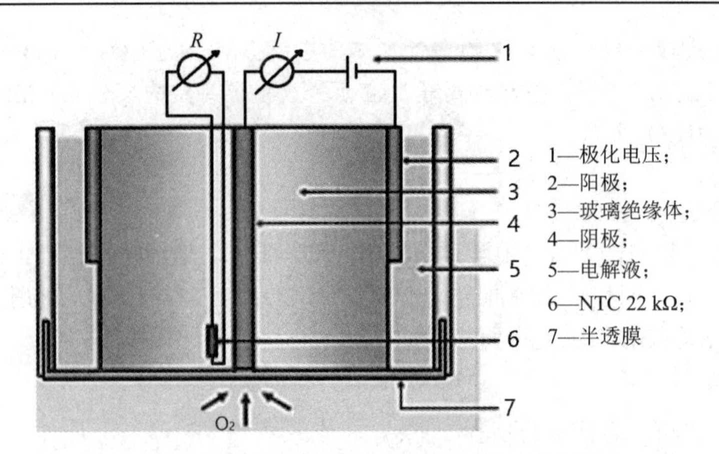

图 3.8-2　电化学法测量溶解氧的原理示意图

2) 特点

电化学法(极谱法)测量溶解氧，精度高、量程广、技术成熟，这种方法目前在水处理工艺的各种溶解氧的测量应用中使用最为普及和广泛。电化学法测量步骤简便快捷，相应仪表价格较低，属于国家标准方法之一。但是随着氧气的消耗，会在膜和电极上产生污垢，形成氧气梯度而降低反应速度。如果半透膜损坏，电解液容易被污染，会造成电池电势漂移，而漂移会被错误地显示为水样中溶解氧的浓度，因此需定期更换电解液及半透膜。

3. 荧光法

荧光物质受到激发光照射产生荧光，氧气分子导致荧光发生淬灭，荧光淬灭的时间间隔和氧分子含量有关系，根据荧光淬灭的时间可以测量出氧气的含量。这就是基于荧光淬灭测量溶解氧的荧光法的原理。

荧光法的具体实现为：调制的蓝光照到荧光物质上使其激发，并发出红光。由于氧分子可以带走能量(猝息效应)，所以激发红光的时间和强度与氧分子的浓度成反比。采用与蓝光同步的红色光源作为参比，测量激发红光与参比光之间的相位差，并与内部标定值对比，从而计算出氧分子的浓度。

荧光法测定溶解氧步骤简单快捷。相对前两种方法，荧光法测定水中溶解氧无需标定，响应时间快，测量结果稳定，对流量没有要求，无干扰，清洗频率低，维护量低。但这种方法所用仪器价格相对较高，而且不属于国家标准方法。

二、电导率及其检测

(一) 电导与电导率

1. 电导

由于电解质在水溶液中以带电离子的形式存在，因此溶液具有导电性质，其导电能力的强弱称为电导度，简称电导。电导即电阻的倒数，符号为 G。

☞**小知识** 不同的化合物在溶液中的电离程度不同，化合物溶解在水中形成的导电溶液称为电解液。

电导与溶液的性质、浓度、温度有关。溶液的浓度较大时，离子间静电引力的关系影响离子的导电，因此浓度较大时不宜测电导，浓度较小时测量电导较准确。温度升高，电导增加，因此测量电导的过程需保持溶液和电导电极处于恒温状态，否则会影响电导测量值。在只有一种酸、碱、盐的溶液中，电导与该酸、碱、盐的浓度有一定的关系。测定水和溶液的电导，可以了解水被杂质污染的程度和溶液中所含盐分或其他离子的量。

2. 电导率

电阻 $R=\rho L/A$。其中：ρ 为电阻率(Ω·cm)，表示电阻能力的特性；L 为电极间的距离(cm)；A 为电极的截面积(cm^2)。

电导率也称为比电导，它为电阻率的倒数，用符号 k 来表示，单位有 S/cm、mS/cm、或 μS/cm。$k=\rho^{-1}=R^{-1}L/A=GL/A=GQ$，其中 Q 为电极常数(电导池常数)，单位为 cm^{-1}，一般是已知确定的。因此可由电导 G 和电极常数 Q 算出溶液的电导率 k。电导率是水质监测的常规项目之一。

(二) 电导率分析仪

1. 电导仪的应用场合

测量溶液电导率的检测仪表称为电导率检测仪或电导率分析仪，简称电导仪。工业中，电导仪的应用场合一般有：纯水及超纯水测量、相分离、污水测量和浓度测量。纯水的电导率一般小于 0.05 μS/cm，饮用水或地表水的电导率为 100～1000 μS/cm，酸溶液或碱溶液的电导率可达 1000 mS/cm。

2. 电导电极的分类

电导电极是电导仪的主要测量元件(传感器)。它是将惰性金属封接在玻璃或塑料管中制成的，一般用铂金电极。常用的电导电极有：光亮铂片电极和镀铂黑电极。镀铂黑电极可增加电极的有效面积，减弱电极的极化效应，适用于精确测量电导较高的溶液的电导。

☞**提示**　极化效应指溶液浓度很大时，离子间的库仑力较大，带电粒子会互相排斥，这时离子的移动能力变差，导电能力反而下降。

可以通过溶液浓度的高低来选用电导电极。比如：电导小于 5 $\mu\Omega^{-1}$ 的溶液，用光亮铂片电极测量；电导在 5～150 $\mu\Omega^{-1}$ 的溶液，可选用镀铂黑电极。

3. 工业常用的电导电极

工业中常用的电导电极分为接触式电导电极(包括二极电导电极、四极电导电极)和电感式电导电极。

1) 二极电导电极

二极电导电极由两个极板构成，它的灵敏度较高，适用于低电导率溶液的测量，比如纯水、超纯水、饮用水等的测量，其液接部分材质多为不锈钢。二极电导电极的特点是测量可靠准确、维护量小。图 3.8-3 为一个二极电导电极。

图 3.8-3　二极电导电极

2) 四极电导电极

四极电导电极由四个极板构成，如图3.8-4所示。

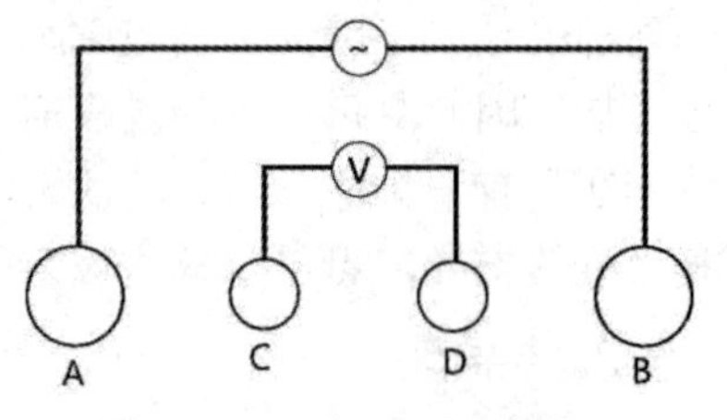

图3.8-4　四极电导电极构成

普通电导式探头中有两个相对安装的电极(图3.8-4中的电极A和B)。在两个电极上接上交流电压后，液体的阳离子向负极流动，阴离子向正极流动，此时液体介质中会产生电流。阳离子和阴离子数量越多，电导率越高，电流就越大。但当离子浓度很高时，带电粒子会互相排斥而减少电流，即出现高浓度介质的极化效应现象。为了降低极化效应的不良影响，四极电导电极的探头中有两个额外的不带电流的电极(图3.8-4中的电极C和D)，用于测量介质中两个带电电极(图3.8-4中的电极A和B)的电位差(电压)，然后由变送器计算出电导率。

当测量高电导率的溶液(如污水)时，一般可以选用四极电导电极。它的测量量程大，可以避免电极极化带来的测量误差，在在线式电导仪上较多使用。

由于溶液中离子浓度加大，电极污染的问题严重，很多厂家将四极电导电极的电极头做成平面或凹槽形(防污染、易清洗)，但污染仍然存在，仍需要定期清洗、维护电极。因此，厂家逐渐倾向于选用免维护的电感式电导电极。

3) 电感式电导电极

电感式电导电极的特点有：① 非接触式测量，不存在极片腐蚀污染的问题，抗污染、免维护；② 液接部位材质多为PVDF、PFA、PEEK、PP等材料，耐高温高压、耐强酸强碱等的腐蚀，使用范围广；③ 适用于测量高电导率的酸、碱、盐等溶液；④ 最低检测下限为100 μS/cm，不适用于纯水和超纯水等的低电导率测量。

三、污泥浓度及其检测

污水处理过程中会产生大量的污泥，污泥的处理是污水处理过程中重要的环节，因此污泥浓度检测占重要地位。

(一) 污泥的分类

按照污水处理工艺的不同，污泥可分为以下几种：

(1) 初沉污泥：来自污水处理的初沉池。

(2) 剩余污泥：来自污水生物处理系统的二沉池或生物反应池。

(3) 消化污泥：经过厌氧消化或好氧消化处理后的污泥。

(4) 化学污泥：用混凝、化学沉淀等化学方法处理后的污泥。

(二) 污泥浓度的相关概念

污泥浓度一般指活性污泥浓度。活性污泥浓度也称混合液悬浮固体浓度或混合液污泥浓度，它是指曝气池中污水和活性污泥混合后的混合液悬浮固体的含量(Mixed Liquor Suspended Solids)，用符号MLSS表示，其单位是mg/L(即单位体积悬浮混合的干污泥净重的毫克数)。

MLSS 是计量曝气池中活性污泥数量的指标，由于测定简便，往往以它作为粗略计量活性污泥微生物量的指标。MLSS 一般为 1500～4000 mg/L，属于低浓度，采用光学式 MLSS 仪检测。

MLSS 的总量包括四个方面：活性的微生物、吸附在活性污泥上不能为生物降解的有机物、微生物自身氧化的残留物、无机物。MLSS 仅指曝气池中混合液的浓度，而不考虑二沉池内混合液的浓度。在监测曝气池混合液浓度时，需要注意是以曝气池出口端混合液浓度为标准来衡量整个曝气池内活性污泥浓度的。

(三) 常用的污泥浓度检测仪表

检测污泥浓度的仪表称为污泥浓度检测仪或污泥浓度计。图 3.8-5 为一个悬浮物污泥浓度计。

检测污泥浓度的仪表有光电式(光学式)、超声波式、放射式等。一般对低浓度污泥的检测多采用光电式，对高浓度污泥的检测多采用超声波式。下面分别介绍光电式污泥浓度计和超声波式污泥浓度计。

图 3.8-5　悬浮物污泥浓度计

1. 光电式污泥浓度计

1) 光电式污泥浓度计的组成与测量原理

图 3.8-6 为一个光电式污泥浓度计。

光电式污泥浓度计由变送器和传感器组成。它的传感器使用了四光束技术，如图 3.8-7 所示，传感器利用两个发射器和两个检测器，每个发射器发送的红外光线经过被测物的吸收、反射和散射后，有一部分透射光线能照射到两个检测器上，透射光的透射率与被测污水的污泥浓度有一定的关系，因此可通过测量透射光的透射率计算出污泥浓度。

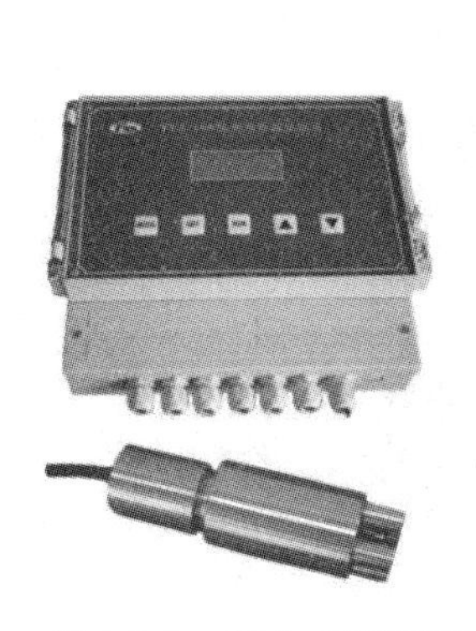

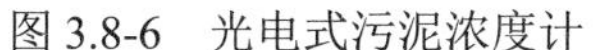

图 3.8-6　光电式污泥浓度计

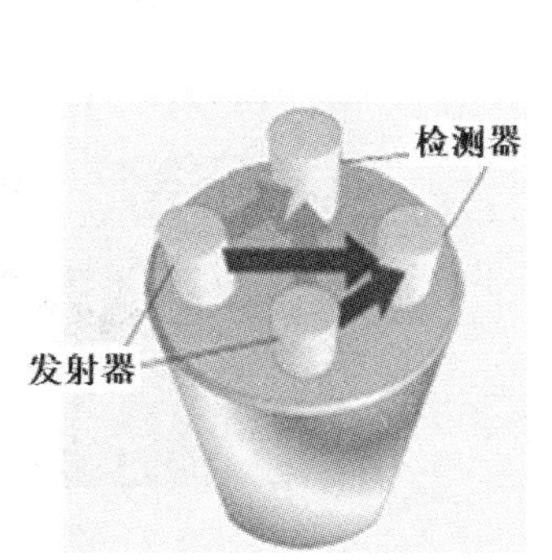

图 3.8-7　光电式污泥浓度计的原理

其实透射光是有一系列光路的，由这些光路可得到一个数据矩阵。通过分析数据矩阵，可得到介质中悬浮物的准确浓度，并能有效消除干扰，补偿因污染产生的偏差，使传感器能在恶劣环境工作。

根据透射光的方式不同，光电式污泥浓度计又分为透射光式、散射光式、透光散射光式。

2) 光电式污泥浓度计的传感器安装

(1) 传感器可用浸没式安装或插入式安装。如图 3.8-8 所示，浸没式安装把传感器通过安装支架浸入池中、罐内、排水管、压力管道或自然水体中，这种安装方式适用于曝气池、沉淀池、浓缩池等。传感器探头应浸没至水面下 30～50 cm 深度，并避免阳光直射。光电式污泥浓度计的传感器带有空气清洗功能，能根据预设时间自动定时清洗，从而减少维护工作量。

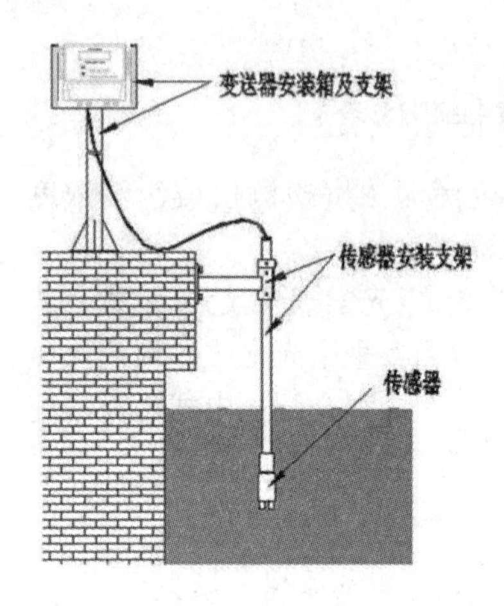

图 3.8-8　光电式污泥浓度计传感器的浸没式安装

(2) 应避免将传感器安装在气泡多的位置，因为气泡会对传感器产生干扰信号。但在某些应用条件下，气泡的产生是难以避免的，如在测量过滤液、离心液的应用中，此时应将传感器安装在脱气装置内。

(3) 传感器的探头应背向工艺介质流向。

2. 超声波式污泥浓度计

污泥浓度较高时，常采用超声波式污泥浓度计进行检测。图 3.8-9 为一个超声波式污泥浓度计。它采用超声波衰减的方式测量沉淀池内或管道内污泥的浓度。

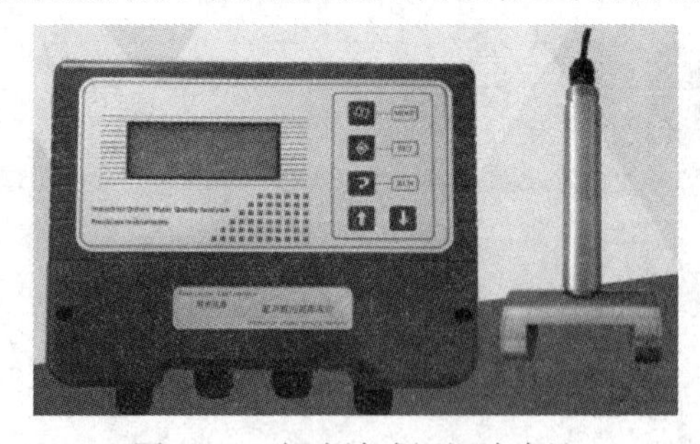

图 3.8-9　超声波式污泥浓度计

在线超声波式污泥浓度计可以在线监测污泥浓度的变化，同时可自动记录设定时间内的污泥浓度变化曲线，还可以通过设定输出继电器的触发值来直接进行工艺控制。

1) 测量原理

超声波式污泥浓度计的测量原理如图 3.8-10 所示。将一对超声波发射器和接收器安装在污泥管的两侧。超声波在传播时，被污泥中的固形物吸收和分散而发生衰减，其衰减量与污泥的浓度成正比。因此，可以通过测定超声波的衰减量来检测污泥浓度。

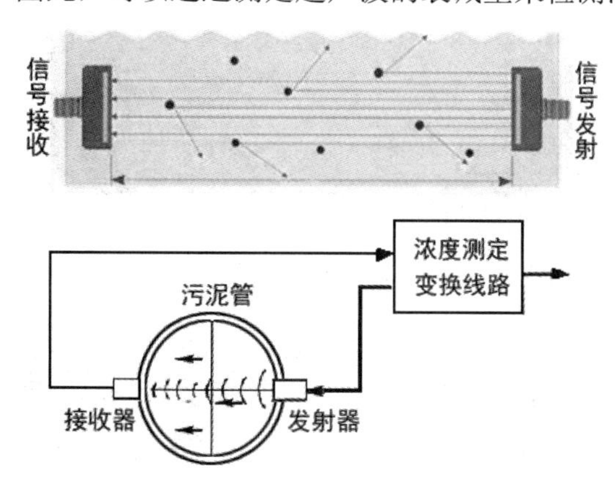

图 3.8-10 超声波式污泥浓度计的测量原理示意图

超声波在污泥和悬浮物中的衰减与液体中的污泥和悬浮物的浓度有关。由此原理，超声波式污泥浓度计实现了污泥和悬浮物浓度的在线测量和监控。

2) 特点

超声波式污泥浓度计因具有受污染小、速度快、效率高、测量精度高等优点而应用广泛。其缺点主要有二：一是间歇式检测；二是当试样中有气泡时，将异常地增大超声波的衰减量而引起检测误差。当气泡较多时，应采用加压消泡装置，如图 3.8-11 所示。当有加压消泡装置时，检测按“更换污泥—加压—检测”的顺序进行，每次检测需要约 5 min。

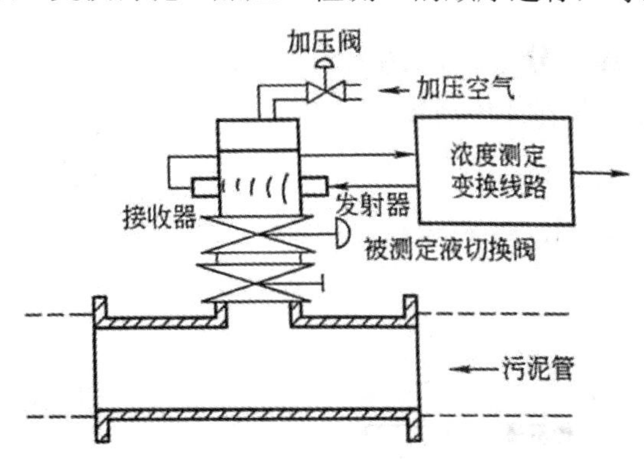

图 3.8-11 带有加压消泡装置的超声波式污泥浓度计结构示意图

四、污泥界面及其检测

污泥界面为泥水分界面，它可以用距离水面有多深来表征，也可以用污泥厚度来表征。检测污泥界面是污泥管理中的一个重要环节。对沉淀池的污泥界面检测，可作为排泥控制的依据；对二沉池的污泥界面检测，可掌握污泥沉淀特性。

检测污泥界面使用的测量仪表为污泥界面计。它也属于一种物位计，因为物位计包括了料位计、液位计和界面计。

污泥界面计与污泥浓度计的检测原理基本相同，它也是利用光电(光学)和超声波的方式来进行污泥界面的检测。其安装方式也与污泥浓度计的安装方式类似(例如使用浸没式安

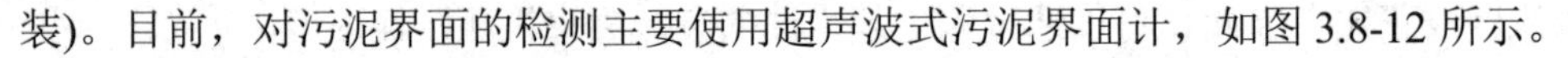
装)。目前，对污泥界面的检测主要使用超声波式污泥界面计，如图 3.8-12 所示。

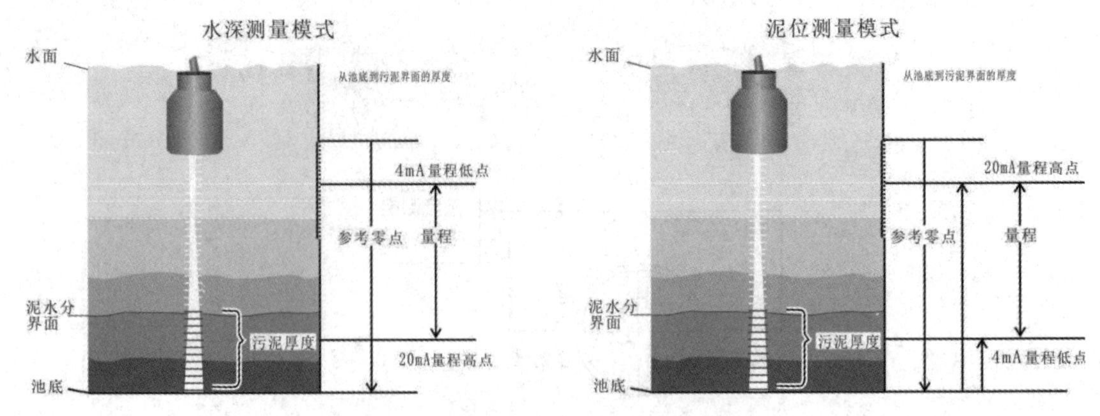

图 3.8-12　使用超声波式污泥界面计检测污泥界面

超声波式污泥界面计基于超声波式液位计的测量原理，发射换能器向泥水分界面发射出超声波，超声波信号从泥水分界面反射(遇到泥层会反射)回来后被接收换能器再接收，根据发射至接收的时间可确定传感器与泥水分界面的距离。

在进行污泥界面检测时，应注意气泡、藻类和污泥界面凹凸不平等引起误差的影响。

五、PLC 与环境工程应用中的移位指令

(一) 西门子 S7-200 SMART 系列 PLC 的移位指令

西门子 S7-200 SMART 系列 PLC 的移位指令有三种类型：普通移位指令(简称移位指令)、循环移位指令、移位寄存器位指令。

1. 移位指令

先根据移位是向左还是向右，再根据操作数是字节(B)、字(W)还是双字(DW)，选择不同的移位指令。如图 3.8-13 所示，移位指令将输入值 IN 的位值右移或左移位置移位次数 N，然后将结果装载到分配给 OUT 的存储单元中。

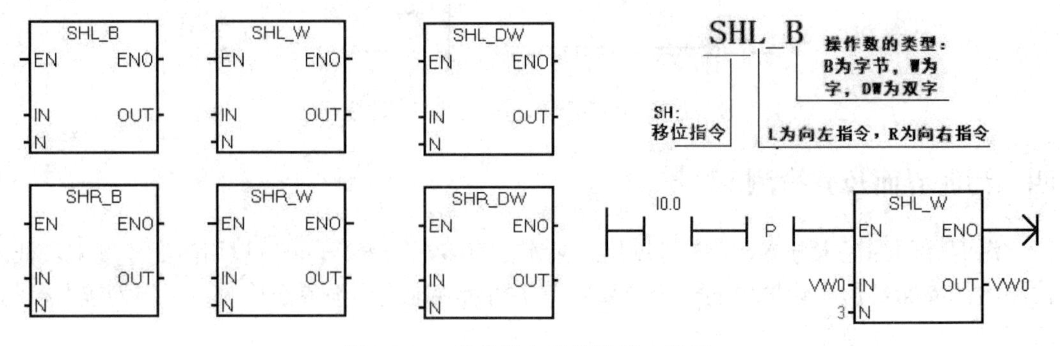

图 3.8-13　移位指令及其说明、例子

移位指令有如下几个规则：

(1) 由 N 来决定移位的次数，每次移一个位。

(2) 对于每一位移出后留下的空位，移位指令会补零。如果移位次数 N 大于或等于操作数的长度(字节操作为 8 位、字操作为 16 位、双字操作为 32 位)，则会以操作数的长度

作为移位的最大次数。

(3) 如果移位次数大于 0，则将“溢出存储器位(SM1.1)”设为移出的最后一位的值。

(4) 当操作数为字节时，移位是无符号操作；当操作数为字或双字的有符号数据值时，也对符号位进行移位。

(5) 如果移位指令前面的输入触点不为上升沿或下降沿，则移位指令可能会被多次操作(每个扫描周期执行一次)。

图 3.8-13 右下角的例子中，SHL_W 为左移位指令。该移位指令对字地址 VW0 执行向左移位 3 次，并把得到的最后结果还存在地址 VW0 中。假设 VW0 为有符号数，且 VW0 = 17 317(即 2# 0100 0011 1010 0101)，则执行第 1 次移位指令后，VW0 变为 2# 1000 0111 0100 1010，溢出存储器位 SM1.1 = 0；执行第 2 次移位指令后，VW0 变为 2# 0000 1110 1001 0100，溢出存储器位 SM1.1 = 1；执行第 3 次移位指令后，VW0 变为 2# 0001 1101 0010 1000，溢出存储器位 SM1.1 = 0。也就是说，最后 VW0 = 2# 0001 1101 0010 1000 = 7464。

2. 循环移位指令

先根据移位是向左还是向右，再根据操作数是字节(B)、字(W)还是双字(DW)，选择不同的循环移位指令。如图 3.8-14 所示，循环移位指令将输入值 IN 的位值循环右移或循环左移位置循环移位计数 N，然后将结果装载到分配给 OUT 的存储单元中。循环移位操作为循环操作。

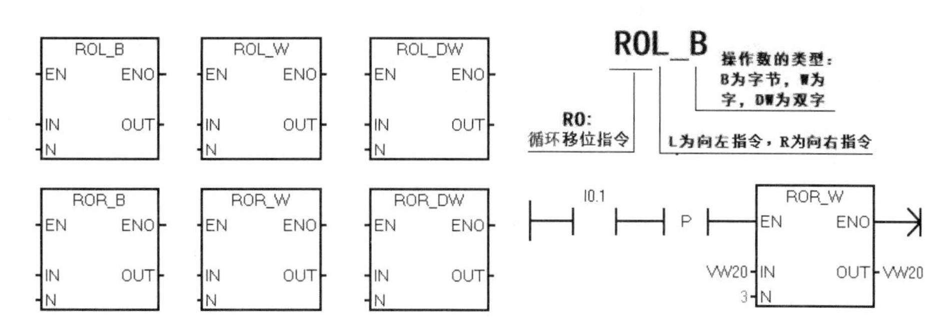

图 3.8-14　循环移位指令及其说明、例子

循环移位指令有如下三个规则：

(1) 如果循环移位计数大于或等于操作数的最大值(字节操作为 8、字操作为 16、双字操作为 32)，则 CPU 会在执行循环移位前对移位计数进行求模运算以获得有效循环移位计数。该结果为移位计数，字节操作为 0 至 7，字操作为 0 至 15，双字操作为 0 至 31。如果循环移位计数为 0，则不执行循环移位操作。如果执行循环移位操作，则溢出存储器位 SM1.1 将置位为循环移出的最后一位的值。

(2) 如果循环移位计数不是 8 的整倍数(对于字节操作)、16 的整倍数(对于字操作)或 32 的整倍数(对于双字操作)，则将循环移出的最后一位的值复制到溢出存储器位 SM1.1。如果要循环移位的值为零，则零存储器位 SM1.0 将置位。

(3) 当操作数为字节时，循环移位是无符号操作；当操作数为字或双字的有符号数据值时，也对符号位进行循环移位。

图 3.8-14 右下角的例子中，ROR_W 为循环右移位指令。该循环移位指令对字地址

VW20 执行向右循环移位 3 次，并把得到的最后结果还存在 VW20 中。假设 VW20 为有符号数，且 VW20 = 17 317(即 2# 0100 0011 1010 0101)，则执行第 1 次移位指令后，VW20 变为 2# 1010 0001 1101 0010，溢出存储器位 SM1.1 = 1；执行第 2 次移位指令后，VW20 变为 2# 0101 0000 1110 1001，溢出存储器位 SM1.1 = 0；执行第 3 次移位指令后，VW20 变为 2# 1010 1000 0111 0100，溢出存储器位 SM1.1 = 1。也就是说，最后 VW20 = 2# 1010 1000 0111 0100 = −10 356(最高位为符号位，负数)。

3. 移位寄存器位指令

移位寄存器位指令(SHRB)将 DATA 的位值移入移位寄存器。图 3.8-15 为移位寄存器位指令(SHRB)的一个例子，其中 S_BIT 指定移位寄存器最低有效位的位置，N 指定移位寄存器的长度和移位方向(N 为正数时，正向移位；N 为负数时，反向移位)。

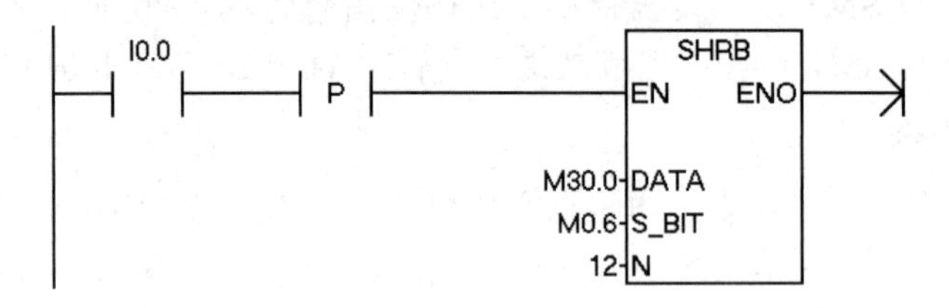

图 3.8-15　移位寄存器位指令(SHRB)的例子

下面通过图 3.8-15 的例子来讲解移位寄存器位指令的使用。如图 3.8-16 所示，N 为正数时，正向移位，指令将 DATA 位的值移入 S_BIT 位，再从移位寄存器的最高有效位移出，然后将移出的数据放在溢出存储器位 SM1.1 中。

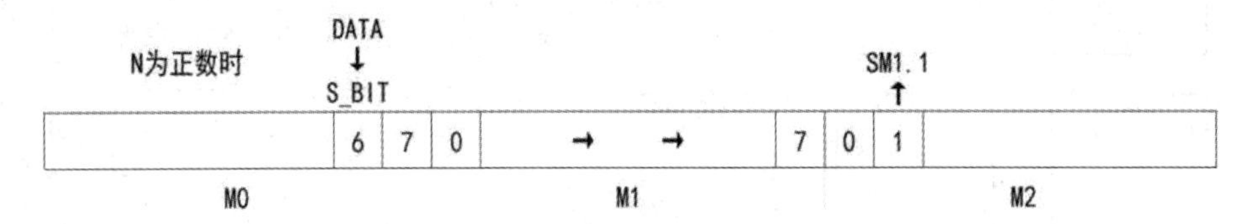

图 3.8-16　SHRB 做正向移位(N 为正数)

如图 3.8-17 所示，N 为负数时，反向移位，指令将 DATA 位的值移入移位寄存器的最高有效位，再从 S_BIT 位移出，然后将移出的数据放在溢出存储器位 SM1.1 中。

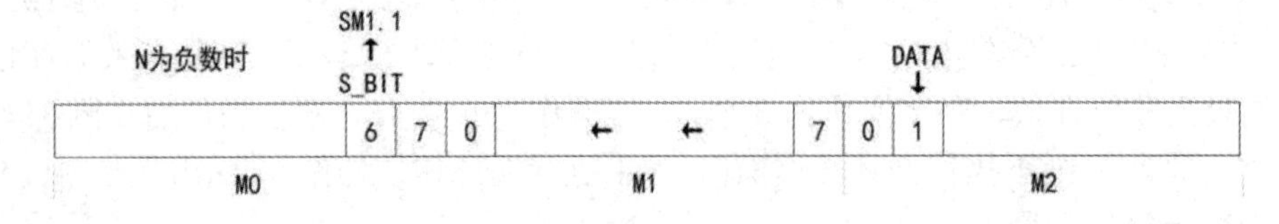

图 3.8-17　SHRB 做反向移位(N 为负数)

☞注意　*每次执行移位寄存器位指令(SHRB)，只做一次移位，这点与移位指令、循环移位指令不一样。*

移位寄存器位指令(SHRB)的这种特性，使它特别适用于实际的连续工艺流程中，比如污水处理工艺流程。

由 N 指定的移位寄存器的最大长度为 64 位(正向或反向)。

(二) 三菱 FX_{3U} 系列 PLC 的移位指令

1. 循环移位指令

循环移位是一种环形移动。循环移位指令有循环左移指令(ROL)和循环右移指令(ROR)，执行时一般采用脉冲方式(指令后加字母“P”)，否则每个扫描周期都会执行移位指令。

(1) 循环左移指令(ROL)的格式为 ROL [D] n，其中[D]为要循环左移的操作数，n 为要移位的位数。该指令使16位数据向左循环移位。循环左移指令的例子及移位情况如图3.8-18所示。

(2) 循环右移指令(ROR)的格式为 ROR [D] n，其中[D]为要循环右移的操作数，n 为要移位的位数。该指令使 16 位数据向右循环移位。循环右移指令的例子及移位情况如图 3.8-19 所示。

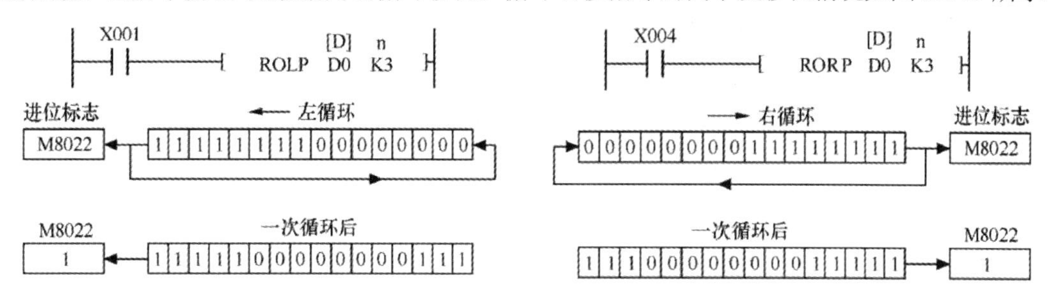

图 3.8-18　循环左移指令(ROL)的例子及移位情况　图 3.8-19　循环右移指令(ROR) 的例子及移位情况

2. 位移位指令

(1) 位左移指令(SFTL)的格式为 SFTL [S] [D] n1 n2。如图 3.8-20 所示，该指令将以[D]起始的 n1 位(移位寄存器的长度)数据左移 n2 位；移位后，将[S]开始的 n2 位数据传送到移位后留下的空位(即从[D]开始的 n2 位)。

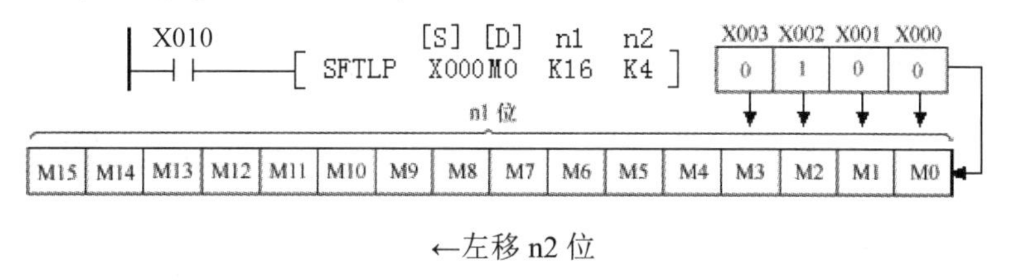

←左移 n2 位

图 3.8-20　位左移指令(SFTL)的例子及移位情况

(2) 位右移指令(SFTR)的格式为 SFTR [S] [D] n1 n2。如图 3.8-21 所示，该指令将以[D]起始的 n1 位(移位寄存器的长度)数据右移 n2 位；移位后，将[S]开始的 n2 位数据传送到移位后留下的空位(即从[D] + n1 − n2 开始的 n2 位)。

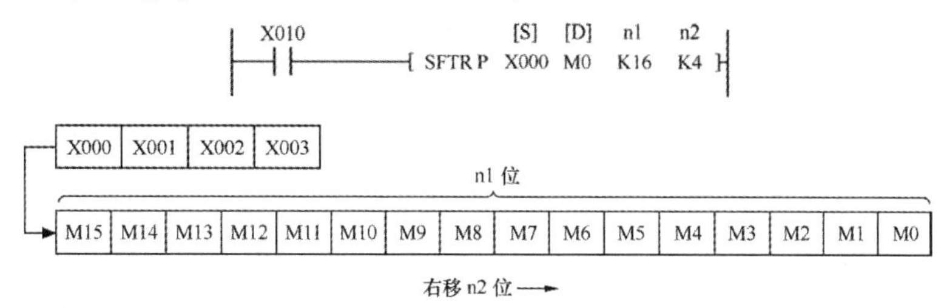

图 3.8-21　位右移指令(SFTR)的例子及移位情况

(3) 字移位指令包括字左移指令(WSFL)和字右移指令(WSFR)，它们与位左移指令(SFTL)、位右移指令(SFTR)的格式相似，移位方式也类似，不同的是后者的操作数(源操作数和目标操作数)是位，而前者的操作数是字。图 3.8-22 为字右移指令(WSFR)的例子及移位情况。

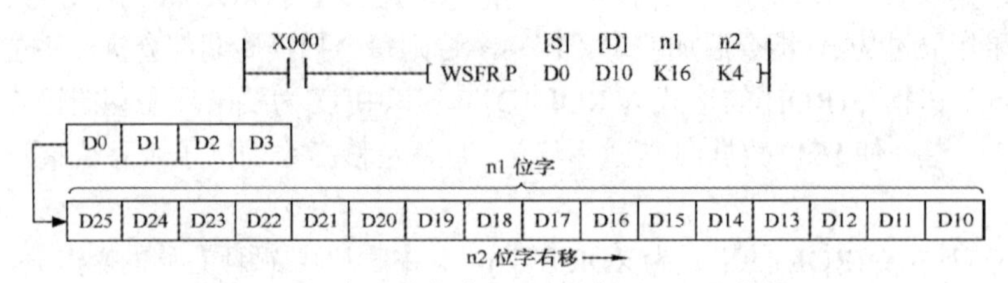

图 3.8-22　字右移指令(WSFR)的例子及移位情况

3. 移位写入和移位读出指令

移位写入指令(SFWR)的格式为 SFWR S D n，它在 D + 1 开始的 n－1 点中依次写入 S 的内容，并对 D 中保存的数据数加 1。移位读出指令(SFRD)的格式为 SFRD S D n，它在依次写入 S + 1 传送(读出)到 D 后，从 S + 1 开始的 n－1 点逐字右移，D 中保存的数据数减 1。

【任务实施】

污水处理工艺流程部分 PLC 程序如图 3.8-23 至图 3.8-25 所示。

这三个程序段使用了移位寄存器位指令(SHRB)，在 PLC 程序段 1 中使 M5.0～M6.0 依次为 1，从而在 PLC 程序段 2 和 PLC 程序段 3 中使这些辅助继电器位对应的工艺流程(步骤)得以逐一进行。具体情况如下。

由 N = 10，S_BIT 为 M5.0，可知 SHRB 移位的长度为 10，移位的对象为从 M5.0 开始的连续 10 个位，即 M5.0～M5.7 和 M6.0、M6.1。

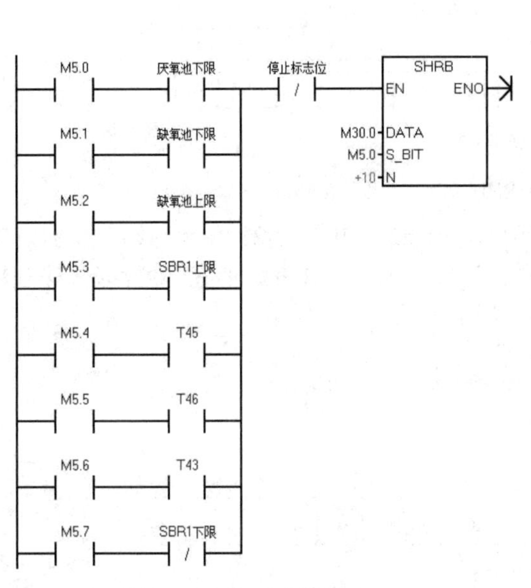

图 3.8-23　PLC 程序段 1

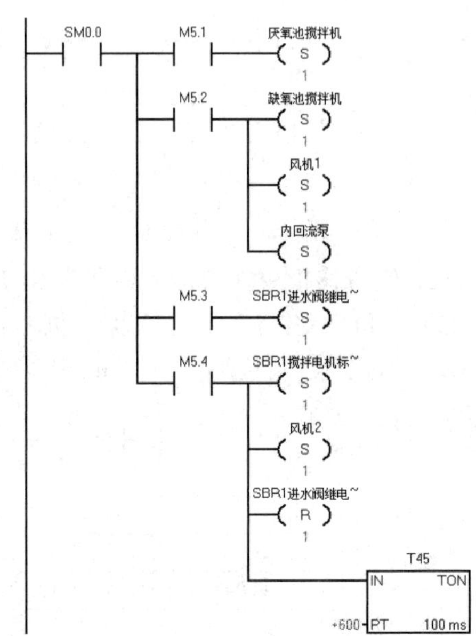

图 3.8-24　PLC 程序段 2

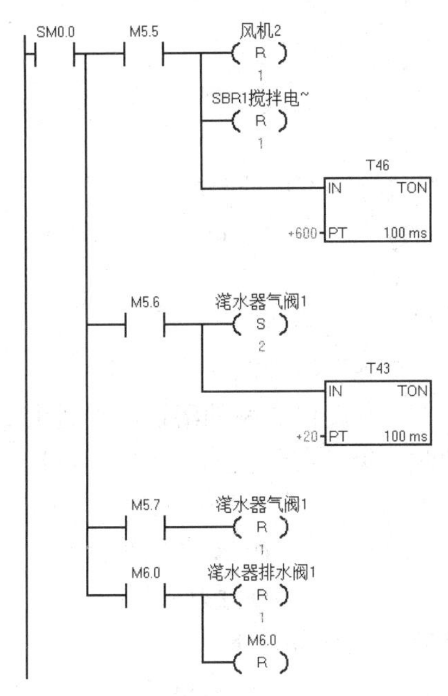

图 3.8-25　PLC 程序段 3

M30.0 没有赋初始值，因此 M30.0 = 0。当 M5.0 = 1 且厌氧池下限 = 1(厌氧池液位达下限)时，进行第 1 次移位。在第 1 次移位前，M5.0 为 1，M5.1～M6.1 都为 0；第 1 次移位后，M5.1 为 1，M5.0 和 M5.2～M6.1 为 0。之后，每执行 SHRB 一次，就移位一次。也就是说，每执行 SHRB 一次，M5.0、M5.1、M5.2、M5.3、M5.4、M5.5、M5.6、M5.7、M6.0 这 9 个位依次为 1，而且每次只有一个位为 1。虽然移位的长度为 10，但 SHRB 只执行了 8 次，因此 M6.1 不能为 1。具体情况见表 3.8-1。

表 3.8-1　SHRB 移位引起 10 个位(M5.0～M5.7、M6.0、M6.1)变化的情况

移位情况	M6.1	M6.0	M5.7	M5.6	M5.5	M5.4	M5.3	M5.2	M5.1	M5.0
移位前	0	0	0	0	0	0	0	0	0	1
第 1 次移位	0	0	0	0	0	0	0	0	1	0
第 2 次移位	0	0	0	0	0	0	0	1	0	0
第 3 次移位	0	0	0	0	0	0	1	0	0	0
第 4 次移位	0	0	0	0	0	1	0	0	0	0
第 5 次移位	0	0	0	0	1	0	0	0	0	0
第 6 次移位	0	0	0	1	0	0	0	0	0	0
第 7 次移位	0	0	1	0	0	0	0	0	0	0
第 8 次移位	0	1	0	0	0	0	0	0	0	0

【小结】

本任务主要介绍了溶解氧的检测方法，电导率分析仪、污泥浓度计和污泥界面计的测量原理、结构、特点，以及 PLC 移位指令的编程。

【理论习题】

一、单选题

1. 表示水中溶解氧的单位或符号不可能是(　　)。

A. %　　B. mmHg　　C. m　　D. mg/L

2. 以下说法错误的是(　　)。

A. 溶液离子浓度越高，导电能力越强

B. 二极电导电极适用于低电导率溶液的测量

C. 电感式电导电极适用于测量高电导率的溶液，不适用于测量纯水的电导率

D. 测量高电导率的溶液时，更倾向于使用四极电导电极而不是二极电导电极

3. 滴定碘量法测量 DO 时，(　　)不属于试剂之一。

A. 浓硫酸　　B. 硫酸锰溶液

C. 硫代硫酸钠　　D. 酸性碘化钾

4. (　　)属于西门子 SR40 的循环移位指令。

A. SHR_B　　B. SHL_W　　C. ROR_W　　D. ROR_R

5. (　　)不属于三菱 FX_{3U}-48MR 的移位指令。

A. SHRB　　B. ROL　　C. SFTL　　D. SFWR

二、简答题

1. 谈一谈溶解氧在污水中的功能。

2. 简述光电式污泥浓度计的测量原理。

【技能训练题】

某广场需安装 6 盏霓虹灯 L0～L5，要求按下启动按钮后，L0～L5 以正序每隔 1 s 依次轮流点亮，然后不停地循环，直到按下停止按钮才全部熄灭。试用 PLC 的移位指令进行编程。

项目四

人机界面、PLC通信与环境工程综合应用

PLC

随着网络信息时代的发展，数据交互和通信应用越来越广泛。在环境工程领域，人机界面、PLC的通信应用技术在“PLC+环境工程”系统中的重要性越来越明显。

PLC的功能强大，可以在环境工程中实现各类控制。因此，在环境工程应用中，“PLC+环境工程”系统是一个发展趋势。不过，虽然PLC能实现各种的控制任务，但无法显示控制过程中的监测数据和控制数据。这时候，人机界面就有发挥作用的空间了。

PLC具有强大的通信功能，除了可通过模拟量的方式获取现场的传感检测数据，也可利用数字通信的方式获取传感检测数据，或与其他设备交换数据。作为数字通信，串口通信具有抗干扰能力强，传输距离远，通信质量不受距离影响，能适应各种通信业务的要求，便于采用大规模集成电路，便于实现保密通信和计算机管理等优点。

任务4.1　水环境处理设备系统的人机界面窗口组态设计

【任务导入】

图4.1-1为某水环境处理设备系统的人机界面。人机界面上能显示设备的实时数据和数据趋势曲线，操作人员也能通过人机界面上的图形接口，如按钮、图形等控制设备的运行。

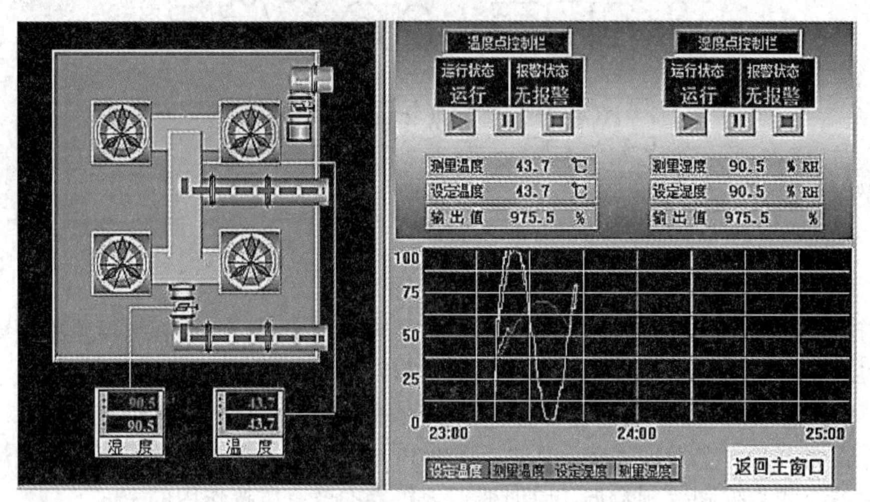

图4.1-1　某水环境处理设备系统的人机界面

那么，什么是人机界面？它们用在哪里？日常生活中有哪些用到人机界面的应用呢？MCGS又是什么？本任务在介绍人机界面的基础上，详细讲述人机界面的组态方法。

【学习目标】

◆ 知识目标

(1) 熟悉人机界面的概念和种类；

(2) 熟悉使用MCGS组态软件进行组态的方法。

◆ 技能目标

(1) 学会MCGS组态；

(2) 能够使用MCGS完全自主地组态实际工程，能够解决环境工程应用现场中遇到的实际问题。

【知识链接】

一、人机界面与触摸屏

1. 人机界面的概念

人机界面(Human Machine Interface，HMI)又称为人机接口、用户界面或使用者界面，是人与机器之间进行信息交互的数字设备，是传递交换信息的媒介和对话接口。

当前，很多工程设备使用 PLC 作为控制器。PLC 不仅可以汇总设备的各种运行数据，还可以控制设备的运行。但是，PLC 虽然能实现设备的各种控制任务，却无法显示数据。在此情况下，用户要想了解设备具体的实时运行数据，就得通过电脑联机 PLC，进入调试监控状态。这种方式对一般用户来说是很不方便的。

如果加入 HMI 作为用户与 PLC 之间的沟通桥梁，那么用户得以及时获得设备的运行数据和情况，根据数据做出相应的处理，并且能直接通过易于交互的 HMI 来实现对设备进行准确的、快速的自动化控制。HMI 作为用户与 PLC 之间的交互桥梁的示意图如图 4.1-2 所示。

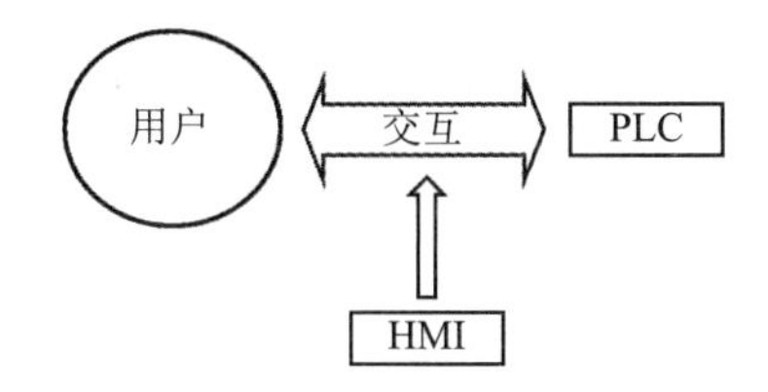

图 4.1-2　HMI 作为交互桥梁的示意图

2. 人机界面系统的基本功能

一般而言，人机界面系统需要如下几项基本功能：

(1) 实时数据显示：把获取的数据立即显示在屏幕上。

(2) 图形接口控制：用户可以通过图形接口上的图形元件(比如按钮、文本、输入框等)直接控制机器设备的运行。

(3) 资料自动记录及报表产生：能自动将数据储存至数据库中，以便日后查看；也能把数据转换成报表的形式，并能够打印出来。

(4) 历史数据显示：把之前存入数据库中的历史数据重新调出并可视化显示于屏幕上。

(5) 警报产生与记录：用户可以定义一些警报产生的条件，比如机器的温度过高、液位太低等，此时系统会产生警报，通知作业人员处理。

上述基本功能中，前两项功能最为重要。

3. 常见人机界面产品

常见人机界面产品如下：

(1) 触摸屏，如 K-TP178、XBTGT、MT8000 系列触摸屏等；

(2) 文本终端(文本显示器)，如 TD400、OP73、XBTN 等；

(3) 面板工控机，如 Magelis IPC、SIMATIC Panel PC 等；

(4) 上位组态软件，如 ProTool、WinCCflexible 等。

4. 触摸屏简介

触摸屏(Touch Screen)又称为触控屏或触控面板，是一种可接收触摸等输入讯号的感应式液晶显示装置。它由触摸检测部件和触摸屏控制器两部分组成。

触摸屏是目前最方便、自然的一种人机交互方式，主要应用于公共信息查询、智能办公、工业控制、军事指挥、电子游戏、点歌点菜、多媒体教学等。

5. 常用的触摸屏品牌

触摸屏的品牌很多。常用的触摸屏品牌中，欧美系的主要有德国的西门子(SIEMENS)、美国的艾伦-布莱德利(Allen-Bradley，AB)、法国的施耐德(Schneider)，日本系的主要有三菱(Mitusibishi)、欧姆龙(Omron)和普洛菲斯(Proface)，国内的主要有北京的昆仑通态(MCGS)、台湾的威纶通(Weinview)、台湾的台达(Delta)和海泰克(Hitech)等。

二、组态软件

1. 组态的概念

组态是配置、设定、设置、设计等的意思，是指用户通过类似于“搭积木”式的配置方式来完成所需要的功能。组态分为硬件组态和软件组态。本书提到的 MCGS 组态主要是指软件组态。

2. 组态软件简介

组态软件指一些数据采集与过程控制的专用软件，它是一种快速建立计算机监控系统界面的通用工具软件。

MCGS(Monitor and Control Generated System，监视与控制通用系统)组态软件是北京昆仑通态公司研发的一套基于 Windows 平台的、用于快速构造和生成上位机监控系统的组态软件系统，它主要用于现场数据的采集与监测、前端数据的处理与控制。MCGS 组态软件包括组态环境和模拟运行环境两个部分。

3. 组态软件的安装

MCGS 组态软件的完整安装步骤如下：

(1) 安装组态软件。如图 4.1-3 所示，打开软件安装界面，然后点击“安装组态软件”。

图 4.1-3　MCGS 组态软件的安装界面

(2) 安装设备驱动。安装设备驱动的目的是使 MCGS 触摸屏能与各种设备(如 PLC、仪表、变频器、模块等)进行联机通信。在软件安装界面上点击“安装设备驱动”，然后在弹出的对话框中勾选“所有驱动”。

安装完毕后，电脑桌面上会出现两个图标：MCGSE 组态环境和 MCGSE 模拟运行环境(MCGSE 中的字母“E”表示该 MCGS 组态软件为嵌入版)。“MCGSE 组态环境”提供用户进行软件组态的平台环境。软件组态完成后，再利用“MCGSE 模拟运行环境”进行软件模拟。在没有触摸屏实体硬件的情况下，用户在电脑上以软件的形式来模拟工程的运行情况(不连接触摸屏硬件)，以此检查工程组态的效果。

三、MCGS 组态

使用 MCGS 组态软件能进行各种重要组态，包括创建 MCGS 工程、新增数据对象、组态用户窗口、组态设备窗口、下载与联机、编辑表达式、编写脚本程序、组态动画、绘制趋势曲线、输出报表、权限管理、设置报警等。

1. 创建 MCGS 工程

创建新的 MCGS 工程的步骤如图 4.1-4 所示。

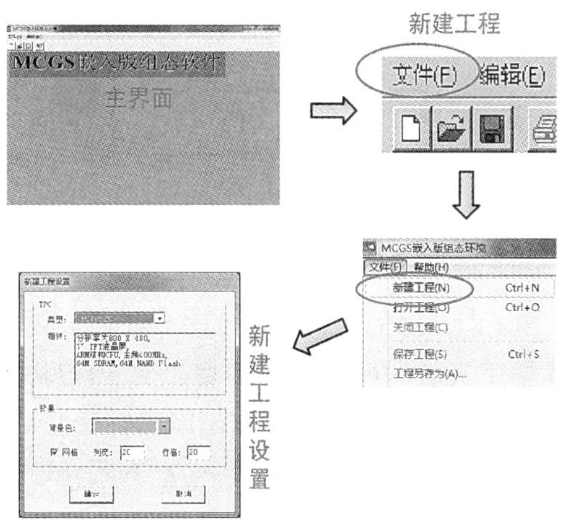

图 4.1-4　创建新的 MCGS 工程的步骤

新建工程设置完成后，系统弹出如图 4.1-5 的工作台界面。“工作台”类似于办公室的工作台，顾名思义，它是一个供用户操作 MCGS 软件中几个重要功能的桥梁工具。MCGS 的“工作台”中包括了“主控窗口”“设备窗口”“用户窗口”“实时数据库”“运行策略”这几个重要功能条项。

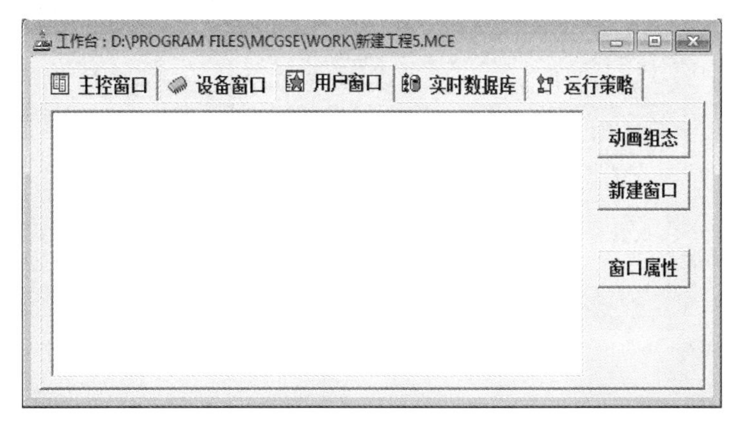

图 4.1-5　工作台界面

2. 新增数据对象

MCGS 与 PLC 之间的数据流向原理如图 4.1-6 所示。

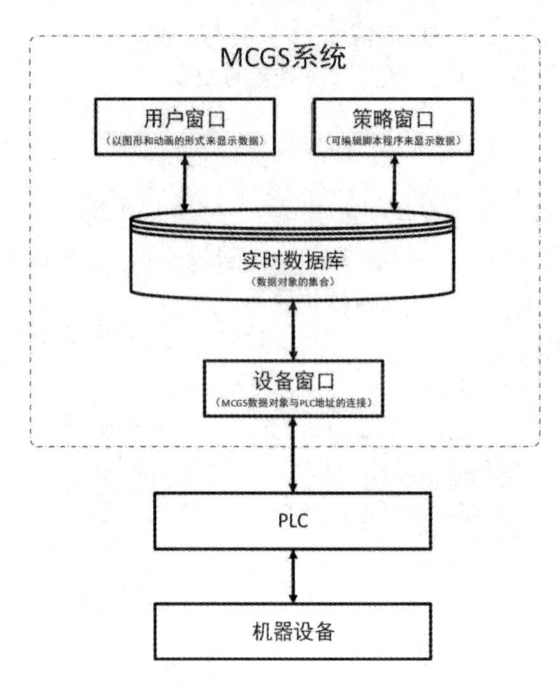

图4.1-6　MCGS与PLC之间的数据流向原理

MCGS的实时数据库里定义了MCGS的所有数据对象(也称为数据变量或变量)。从图中可以看出，实时数据库是MCGS组态软件中数据流向的核心，是沟通用户窗口界面上的图形元件与设备窗口中各设备(如PLC、仪表、变频器等)的“桥梁”，它在MCGS组态中有着重要地位。

在实时数据库中新增数据对象也称为定义数据对象，具体方法为：在工作台的“实时数据库”对话框中点击“新增对象”，然后修改数据对象的名字、类型、注释等，如图4.1-7所示。为了快速生成多个相同类型的数据对象，可以点击“成组增加”按钮，系统弹出“成组增加数据对象”对话框，在此对话框中可以一次定义多个数据对象。需要注意的是，数据对象的名字中不能带有空格，否则会影响对此数据对象存盘数据的读取。

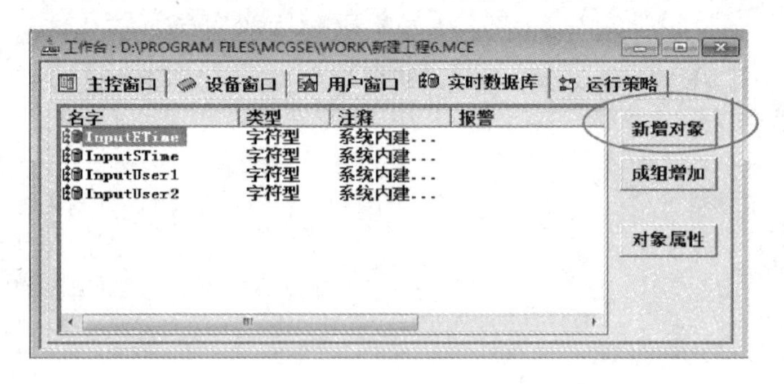

图4.1-7　新增数据对象

选中某个数据对象，然后点击“对象属性”，进入“数据对象属性设置”对话框，在此对话框中可以修改对象名字、对象初始值、对象类型、对象内容注释等。

数据对象的类型有开关型、数据型、字符型、事件型和组对象，其中使用最多的为前两种。

☞注意　实时数据库中的数据对象具有唯一性，不能同名。

3. 组态用户窗口

1) 图形对象简介

MCGS 组态的一项重要工作就是用清晰生动的图形界面、逼真的动画效果来表示实际工程的控制过程。用户窗口是 MCGS 图形界面的基本单位，它相当于一个“桌面”，用来放置图元、图符和动画构件等各种图形对象(也称为图形元件)。组态这些图形对象，建立它们与实时数据库的连接，即可完成组态工作。

MCGS 的图形对象放置在用户窗口中，是组成用户窗口的最小单元。它有图元对象、图符对象和动画构件三种类型，不同类型的图形对象有不同的属性，它们所能完成的功能也各不相同。MCGS 的工具箱中提供了常用的图形对象。

(1) 图元对象是构成图形对象的最小单元，如弧线、矩形、圆角矩形、椭圆、折线、多边形、标签、位图、直线等。

(2) 多个图元对象按照一定规则组合在一起所形成的图形对象称为图符对象，如平行四边形、等腰梯形、菱形等。

(3) 动画构件实际上是将工程应用中经常用来操作或观测的一些功能性器件做成与实际元件的外观相似、功能相同的构件，预先存于 MCGS 的工具箱中，供用户在组态图形对象时选用，以完成一项特定的动画功能。MCGS 的动画构件及其功能如表 4.1-1 所列。

表 4.1-1　MCGS 的动画构件及其功能

构件名称	功 能 说 明
输入框构件	用于输入和显示数据
标签构件	用于显示文本、数据和实现动画连接相关的一些操作
流动块构件	实现模拟流动效果的动画显示
百分比填充构件	实现按百分比控制颜色填充的动画效果
标准按钮构件	接受用户的按键动作，执行不同的功能
动画按钮构件	显示内容随按钮的动作变化
旋钮输入构件	以旋钮的形式输入数据对象的值
滑动输入器构件	以滑动块的形式输入数据对象的值
旋转仪表构件	以旋转仪表的形式显示数据
动画显示构件	以动画的方式切换显示所选择的多幅画面
实时曲线构件	显示数据对象的实时数据变化曲线
历史曲线构件	显示历史数据的变化趋势曲线
报警显示构件	显示数据对象实时产生的报警信息
自由表格构件	以表格的形式显示数据对象的值
历史表格构件	以表格的形式显示历史数据，可以用来制作历史数据报表
存盘数据浏览构件	用表格形式浏览存盘数据
组合框构件	以下拉列表的方式完成对大量数据的选择

☞注意　动画构件本身是一个独立的实体，它比图元对象和图符对象包含更多的特性和功能，它不能和其他图元对象一起构成新的图符对象。

2) 用户窗口的新建与属性设置

可以在工作台的“用户窗口”对话框中点击“新建窗口”，并设置窗口属性，然后在用户窗口中放置所需要的各种图形对象。新建窗口并设置其属性的步骤如图 4.1-8 所示：① 选择工作台的“用户窗口”页；② 点击“新建窗口”按钮；③ 选定窗口；④ 点击“窗口属性”按钮；⑤ 进入“用户窗口属性设置”对话框，设置用户窗口的基本属性和扩充属性。

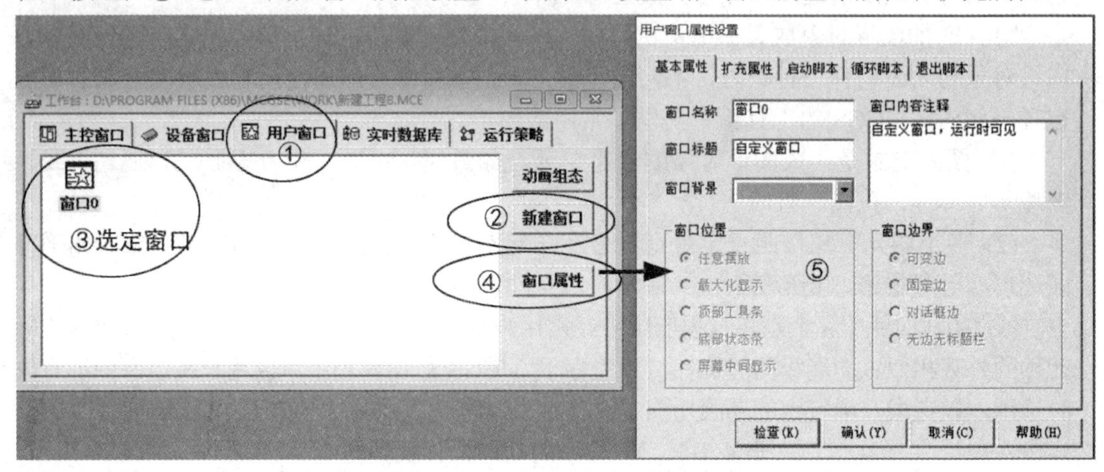

图 4.1-8　新建窗口并设置其属性的步骤

☞提示　可以新建多个用户窗口，但每个用户窗口具有唯一性，不能与其他用户窗口同名。

在多个用户窗口中，如果要设定其中的某一个为启动窗口(即系统启动后进入的画面窗口)，则可以选中该窗口并右击鼠标，在弹出的菜单中选择“设为启动窗口”。

双击窗口 0，打开“动画组态窗口 0”的界面，如图 4.1-9 所示，然后从工具箱中选择图形对象并添加到用户窗口中。

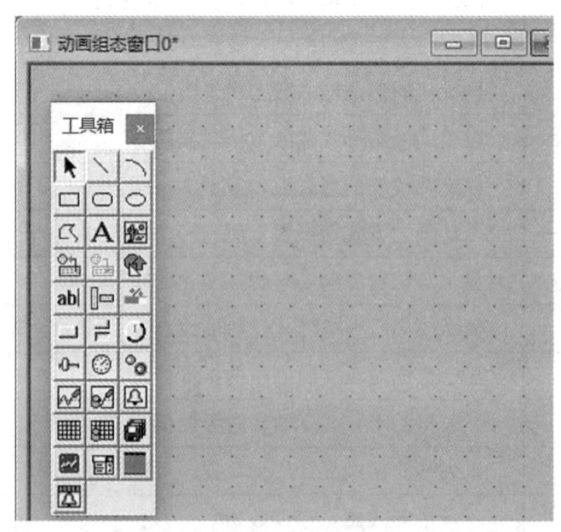

图 4.1-9　“动画组态窗口 0”的界面

3) 基本图形对象

按钮、文本、指示灯、输入框的使用频率较高，它们是 MCGS 里最基本的图形对象，是 MCGS 用户窗口组态的基础。

除了上述基本图形对象，还有其他一些常用的图形对象，如流动块、滑动块、旋转仪表等。

4) 标准按钮的组态

标准按钮(简称按钮)是 MCGS 用户窗口组态中使用最为频繁的图形对象。新建标准按钮并设置其属性的步骤如图 4.1-10 所示：① 从工具箱的标准按钮中拖出按钮，放置于窗口中；② 双击标准按钮；③ 在弹出的“标准按钮构件属性设置”对话框中设置标准按钮的基本属性、操作属性、脚本程序、可见度属性。

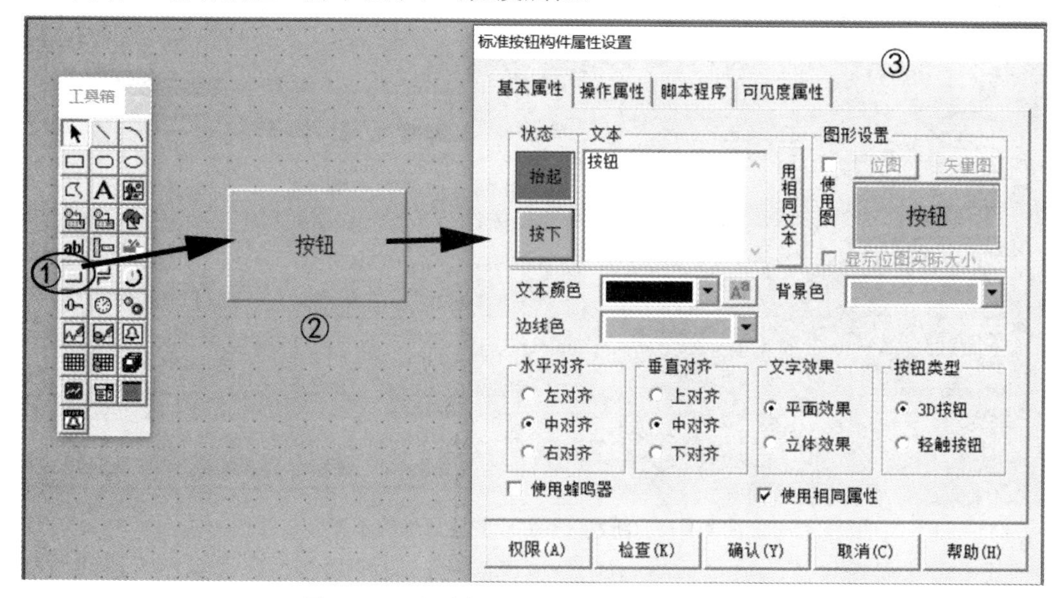

图 4.1-10 新建标准按钮并设置其属性的步骤

在“基本属性”页中，可以设置按钮标题(文字、颜色和字体)、对齐方式、按钮类型、背景位图像。

☞**提示** 可以在网上下载一些漂亮的位图，作为按钮的背景。

在“操作属性”页中，可以设置标准按钮动作所完成的功能。一个标准按钮构件可以同时设定多种功能，只需勾选功能项前面的复选框。按钮动作常见的功能有：打开用户窗口(用于打开一个指定的用户窗口)、关闭用户窗口(用于关闭一个指定的用户窗口)、退出系统(用于退出运行系统)、数据对象操作(用于对开关型对象的值进行取反、清 0、置 1 等操作)。

☞**提示** 可以按下输入栏右侧的按钮“？”，从弹出的列表中选取数据对象。“按 1 松 0”操作表示鼠标按下按钮不放时，对应数据对象的值为 1；而松开时，对应数据对象的值为 0。“按 0 松 1”操作表示的含义则相反。“取反”指每按一次按钮，数据对象的值就会进行 0→1 或 1→0 的切换。

在“可见度属性”页中，可以用表达式(或数据对象)作为标准按钮是可见还是不可见的条件。

“脚本程序”页的设置将在后面内容中讲述。

5) 标签(文本)的组态

标签也称为文本，主要用于文字或颜色显示，也可用于动画连接(颜色动画连接、位置动画连接、输入输出连接、特殊动画连接)。动画连接将在后面内容中讲述。

新建标签并设置其属性的步骤如图 4.1-11 所示：① 从工具箱中拖出“标签”(图标为“A”)，放置于窗口中；② 双击标签；③ 在弹出的“标签动画组态属性设置”对话框中设置标签的“属性设置”页和“扩展属性”页。

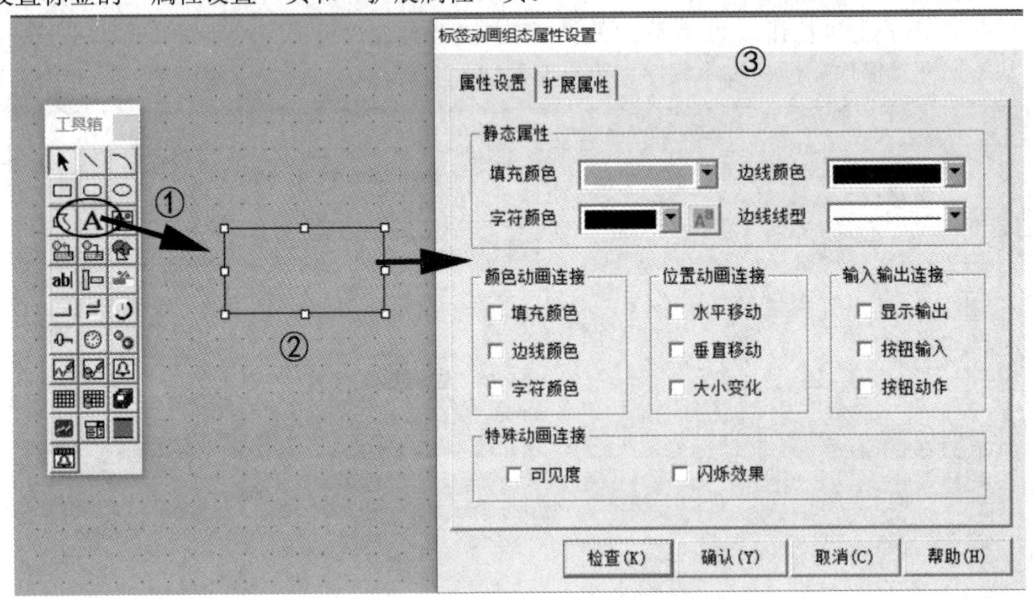

图 4.1-11　新建标签并设置其属性的步骤

其中，“属性设置”页包括静态属性(填充颜色、边线颜色、字符颜色、边线线型)和动态属性(颜色动画连接、位置动画连接、输入输出连接)的设置。“颜色动画连接”“位置动画连接”将在后面的组态动画中介绍。对于“输入输出连接”，“显示输出”指标签根据所对应的数据对象来显示输出不同的数据或文字；“按钮输入”指当用户单击标签时弹出输入窗口，然后把用户的输入数值赋值给标签的数据对象，这个属性一般较少使用。

在“扩展属性”页中，可以设置标签的文本内容，也可以给标签设置位图背景。

6) 指示灯的组态

指示灯经常用于显示状态属性。例如，使用指示灯显示设备当前状态，常以绿色指示灯表示设备当前处于工作运行状态，以红色指示灯表示设备当前处于停止状态。

新建指示灯并设置其属性的步骤如图 4.1-12 所示：① 从工具箱中拖出指示灯的图元对象，放置于窗口中；② 双击指示灯；③ 在弹出的“动画组态属性设置”对话框中设置指示灯的静态属性(填充颜色、边线颜色、字符颜色、边线线型)和动态属性(颜色动画连接、位置动画连接、输入输出连接)，如勾选“颜色动画连接”属性下面的“填充颜色”选项；④ 系统显示出相应的标签页，如“填充颜色”页。

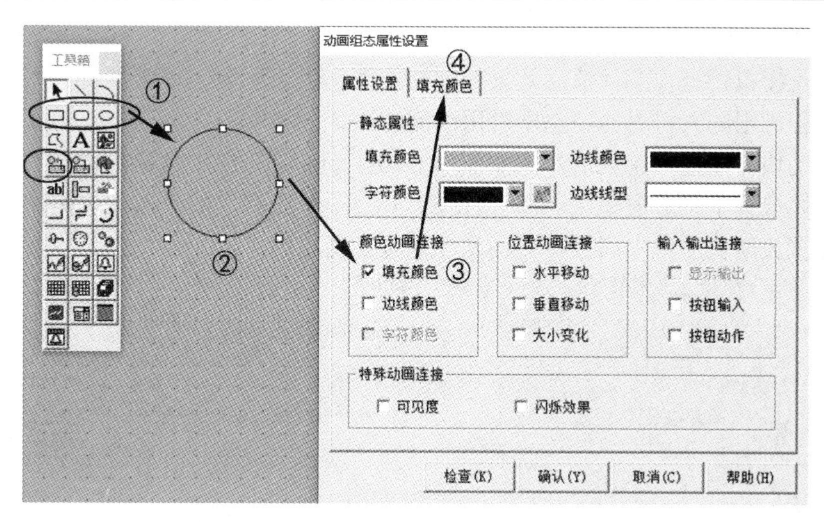

图 4.1-12　新建指示灯并设置其属性的步骤

☞**提示**　(1) 工具箱中的图元对象(如弧线组成的封闭图形、矩形、圆角矩形、圆、椭圆等)、图符对象(多个图元组合)，以及对象元件库中的对象元件都能作为指示灯。

(2) 指示灯可以进行动态组态属性设置(颜色动画连接、位置动画连接、输入输出连接)，其中颜色动画连接中的“填充颜色”使用最多，它可以设置指示灯在不同的状态下显示不同的颜色。

7) 输入框的组态

输入框可以用于接收用户从键盘输入的数据或字符，并赋值给输入框所连接的数据对象；也可以作为数据输出的构件，显示所连接的数据对象的值。它相当于一个显示和修改实时数据库中数据对象的值的小窗口。

新建输入框并设置其属性的步骤如图 4.1-13 所示：① 将输入框从工具箱中拖出，放置于窗口中；② 双击输入框；③ 在弹出的“输入框构件属性设置”对话框中设置输入框的基本属性、操作属性和可见度属性。在“操作属性”页中，设置输入框所对应的数据对象。

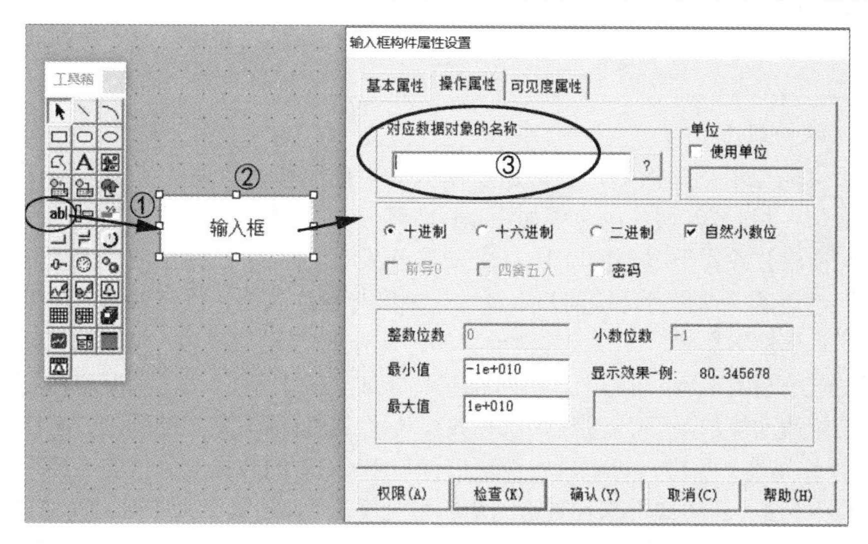

图 4.1-13　新建输入框并设置其属性的步骤

8) 流动块的组态

流动块是模拟管道内流体流动效果的动画构件。由于环境工程常涉及气体或液体，因此在环境工程应用的人机界面组态中常用到流动块。

新建流动块并设置其属性的步骤如图 4.1-14 所示：① 在工具箱中选择“流动块”图标，将流动块放置于用户窗口中；② 双击流动块；③ 在弹出的“流动块构件属性设置”对话框中设置流动块的基本属性、流动属性、可见度属性。

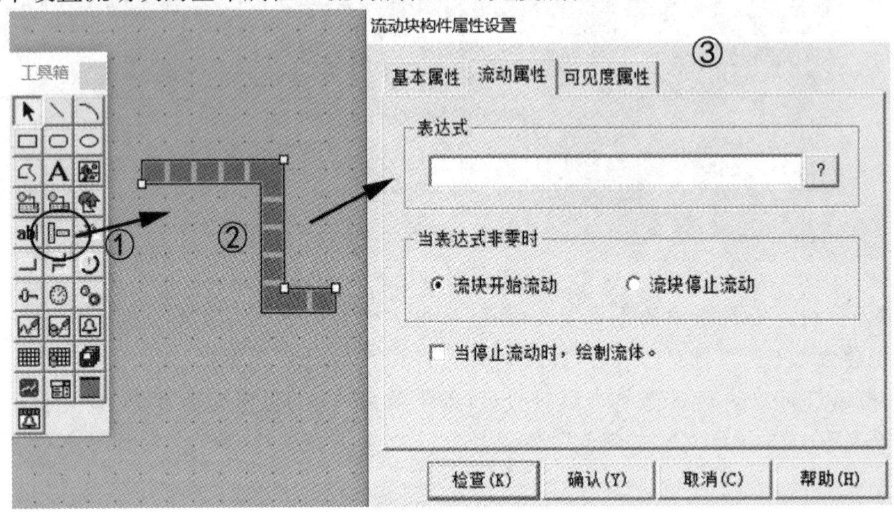

图 4.1-14　新建流动块并设置其属性的步骤

在“基本属性”页中，可以设置流动块的流动外观(块长度、块间距、侧边距离、块的颜色、填充颜色、边线颜色)、流动方向、流动速度(快、中、慢)。

☞**提示**　流动速度分为快、中、慢三档，每档的实际时间和闪烁速度相同，可在“主控窗口”属性窗口页中设置。流动速度由系统的闪烁频率决定。

在“流动属性”页中，“表达式”为流动块内流体流动的条件，即流体是否流动由“表达式”决定。“表达式”大于等于 1 时流体流动，“表达式”为 0 时流体静止。

在“可见度属性”页中，由“表达式”来设置流动块的可见度，当“表达式”为 1 时流动块可见，当“表达式”为 0 时流动块不可见。

9) 滑动块的组态

滑动块又叫作滑动输入器，它是通过模拟滑块直线移动实现数值输入的一种动画构件。新建滑动块并设置其属性的步骤如图 4.1-15 所示：① 选中“工具箱”中的“滑动块”图标，将其拖出并放置于用户窗口中；② 双击该滑动块；③ 在弹出的“滑动输入器构件属性设置”对话框中设置滑动块的基本属性、刻度与标注属性、操作属性、可见度属性。

在“基本属性”页中，可以设置滑动块的构件外观(滑动块高度、滑动块宽度、滑轨高度)、滑块指向(无指向、指向左上、指向右下、指向左右/上下)；在“刻度与标注属性”页中，可以设置滑动块的刻度(主划线、次划线)、标注属性(标注文字的颜色、字体、显示位置)；在“操作属性”页中，可以进行滑块位置与 MCGS 的数据对象值的连接；在“可见度属性”页中，由“表达式”来设置滑动块的可见度，“表达式”为 1 时滑动块可见，“表达式”为 0 时滑动块不可见。

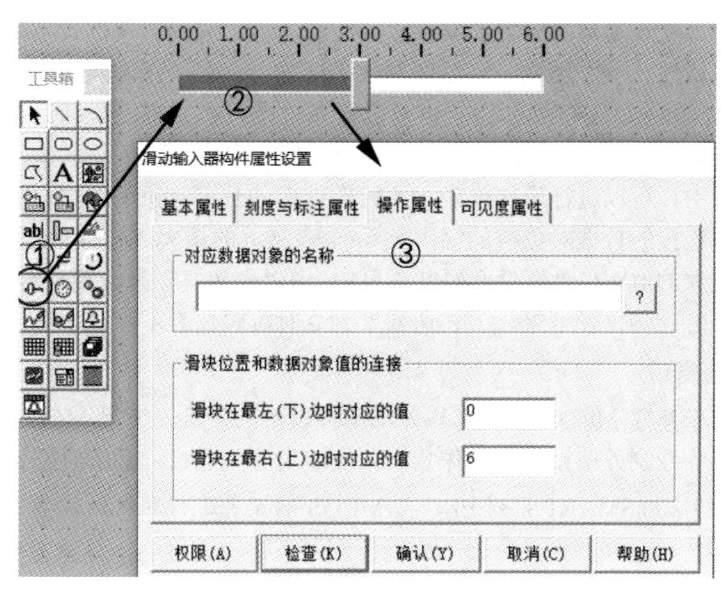

图4.1-15 新建滑动块并设置其属性的步骤

10) 旋转仪表的组态

不仅在环境工程中，而且在其他行业的工业现场中，都会大量地使用仪表进行数据显示。MCGS为满足这一需求提供了旋转仪表构件，用户可以利用此构件在画面窗口中模拟现场的仪表运行状态。旋转仪表构件是模拟旋转式指针仪表的一种动画图形，用来显示所连接的数值型数据对象的值。旋转仪表构件的指针随数据对象值的变化而不断改变位置，指针所指向的刻度值即所连接的数据对象的当前值。

新建旋转仪表并设置其属性的步骤如图4.1-16所示：① 从工具箱中选择“旋转仪表”图标，将旋转仪表构件拖放于用户窗口中；② 双击该旋转仪表；③ 在弹出的“旋转仪表构件属性设置”对话框中设置旋转仪表的基本属性、刻度与标注属性、操作属性、可见度属性。

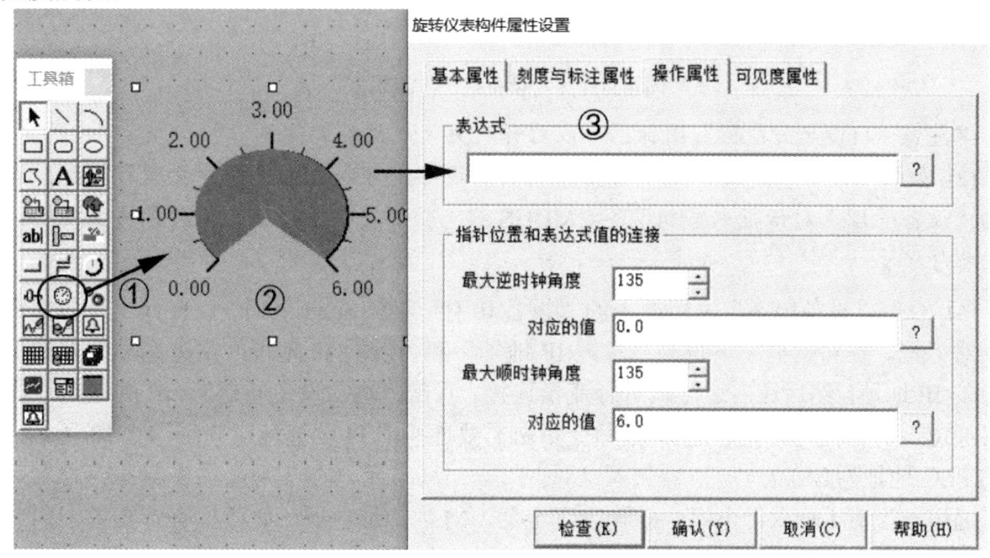

图4.1-16 新建旋转仪表并设置其属性的步骤

旋转仪表的属性设置与滑动块的属性设置比较类似，它的“属性设置”窗口有基本属性、刻度与标注属性、操作属性、可见度属性等选项页。在“基本属性”页中，可以设置构件的外观(指针颜色、填充颜色等)，也可以载入位图；在“刻度与标注属性”页中，可以设置滑动块的刻度(主划线、次划线)、标注属性(标注文字的颜色、字体、显示位置)；在“操作属性”页中，可以进行旋转仪表与实时数据库的数据对象的连接，并设置旋转仪表的指针位置与所连接的数据对象值的极限关系(仪表指针的最大逆时钟角度、最大顺时钟角度对应的数据对象的值)；在“可见度属性”页中，由“表达式”来设置旋转仪表的可见度，“表达式”为1时旋转仪表可见，“表达式”为0时旋转仪表不可见。

4. 组态设备窗口

设备窗口用于建立MCGS触摸屏与外部硬件设备的联机，使得MCGS触摸屏能从外部设备读取数据并控制外部设备的工作状态，实现对应工业过程的实时监控。

1) 西门子S7-200 SMART系列PLC与MCGS触摸屏进行联机的设备窗口组态

MCGS组态软件是在“设备窗口”中对控制对象进行连接的，具体方法如下：

(1) 在组态环境“工作台”对话框中选择“设备窗口”标签，进入“设备窗口”页。

(2) 双击“设备窗口”，进入“设备组态”编辑框。

(3) 从“设备工具箱”中依次拖出两种设备：通用TCP/IP父设备和西门子_Smart200，放置到“设备组态”编辑框，如图4.1-17所示。

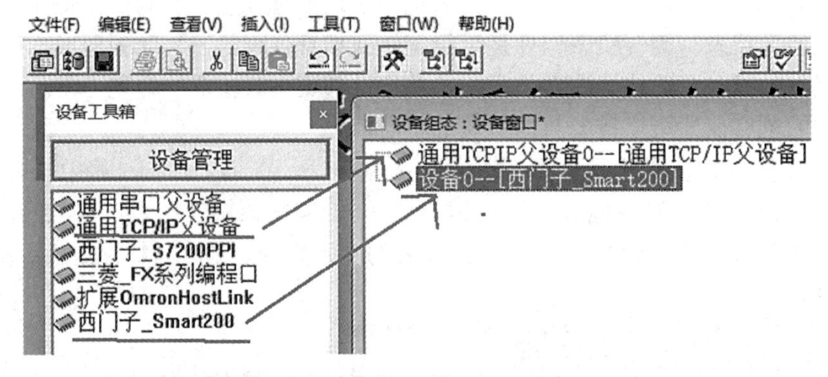

图4.1-17　“设备组态”编辑框

☞注意　(1) 点击“⚒”图标，可以打开或关闭“设备工具箱”。

(2) 如果“设备工具箱”里没有显示想要的设备，可以点击“设备管理”按钮，在弹出的“设备管理”对话框中添加设备。MCGS组态软件提供了大量的工控领域常用的设备驱动程序。

(4) 双击“设备组态”编辑框中的“设备0--[西门子_Smart200]”，打开“设备编辑窗口”对话框。在对话框左下角的“本地IP地址”和“远端IP地址”中分别填入触摸屏和PLC的IP地址，然后在右边区域进行变量连接。点击“增加设备通道”，在弹出的“添加设备通道”对话框内设置通道参数(即变量所需要连接的PLC地址)，如图4.1-18所示，添加的PLC地址为M0.0。

通道类型有I输入继电器、Q输出继电器、M内部继电器、V数据寄存器等。用户可以根据数据对象要连接的PLC地址来选择通道类型。

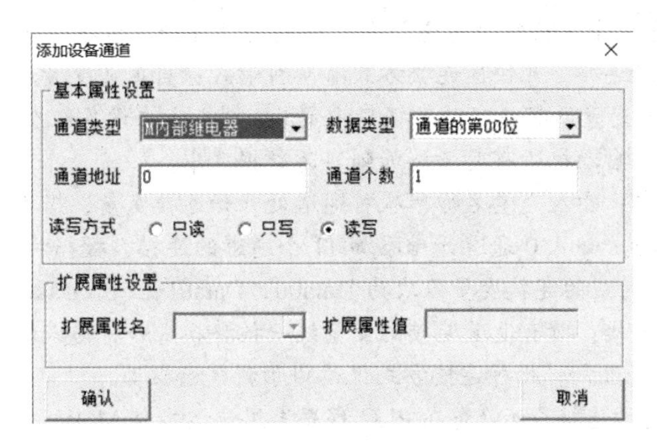

图 4.1-18 “添加设备通道”对话框

添加了 M0.0 后，在“设备编辑窗口”中 M0.0 左边“连接变量”的位置双击。在弹出的“变量选择”对话框中选择之前在“实时数据库”中定义的开关量数据对象“启动按钮”，如图 4.1-19 所示。

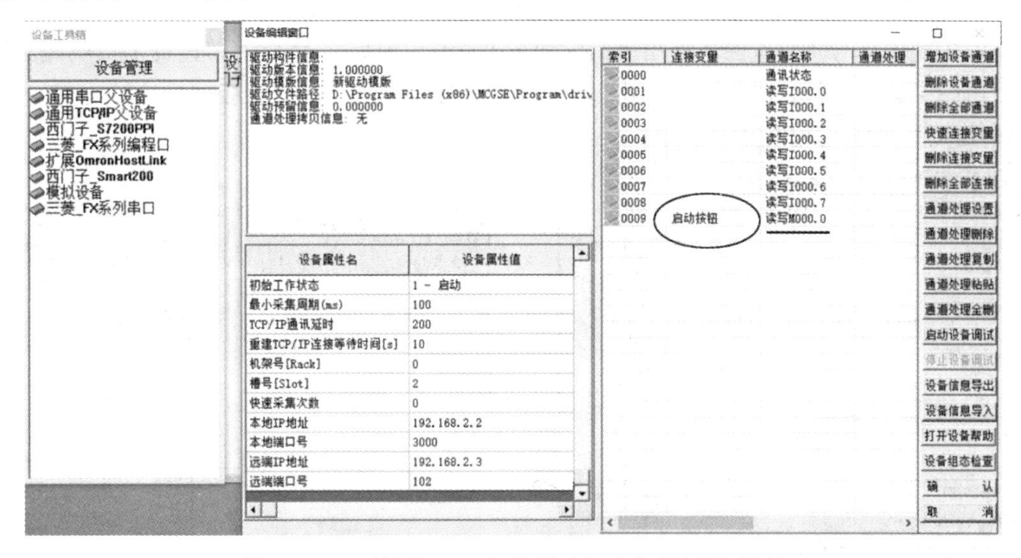

图 4.1-19 开关量 M0.0 与数据对象“启动按钮”连接

到此，已经实现了如下连接：图形按钮—数据对象“启动按钮”—PLC 的地址 M0.0。

☞**提示** 触摸屏的 IP 地址和 PLC 的 IP 地址，前三个字节必须一致，最后一个字节应在 1 至 254 之间取值且不能相同(避开 0 和 255)。

☞**拓展** (1) 不能用触摸屏按钮连接 PLC 的 I 点(比如 I0.0)。这是因为虽然它们都是开关量，但按钮点击是属于可修改的，而 PLC 的 I 点是只读的(即 PLC 软继电器 I 点的逻辑 ON/OFF 是与 PLC 的硬件 I 点是否接通有关的)。

(2) “设备编辑窗口”对话框内一些按钮的功能如下。

① “增加设备通道”按钮用于增加通道，且立即反映到通道信息表格中和内部属性的通道信息栏中。

② “删除全部通道”按钮用于删除选中通道信息表格中所有的通道内容(通讯状态除外)。

③ “快速连接变量”按钮为通道信息表格的通道连接变量提供一种方便快捷的连接方式，可实现多通道连接。此快捷连接方式有两种形式：自定义变量连接和默认设备变量连接。如果所定义的变量没有在实时数据库中定义，则在点击设备组态窗口下面的“确认”按钮时会给出提示，自动把所有变量添加到实时数据库中。

自定义变量连接：输入变量名称，从首通道处开始连接变量，根据通道个数添加相应个数通道的变量连接。如从 0 通道开始添加 11 个通道的连接，数据对象从 Data00 开始，通道 0，1，…，10 对应的连接变量依次为 Data00，Data01，…，Data10。

默认设备变量连接：所有通道连接的变量统一被替换成一种格式的变量，格式为“设备名 + 变量名称 + 地址”。此种连接方式仅适用于新模板驱动。

(3) 对于模拟量的连接，可以先在 PLC 程序里用传送指令 MOV，使 AIW、AQW 的数据与数据存储器 VW 对接，然后在触摸屏的“设备窗口”中连接对接的 PLC 的 VW 地址即可。

2) 三菱 FX_{3U} 系列 PLC 与 MCGS 触摸屏进行联机的设备窗口组态

三菱 FX_{3U} 系列 PLC 与 MCGS 触摸屏进行联机的设备窗口组态步骤如图 4.1-20 所示。首先双击图中标号④位置的“通用串口父设备 0--[通用串口父设备]”，设置串口属性。接着双击图中标号⑤位置的“设备 0--[三菱_FX 系列编程口]”，设置设备属性(标号⑥⑦⑧位置)和连接变量(标号⑨位置)。

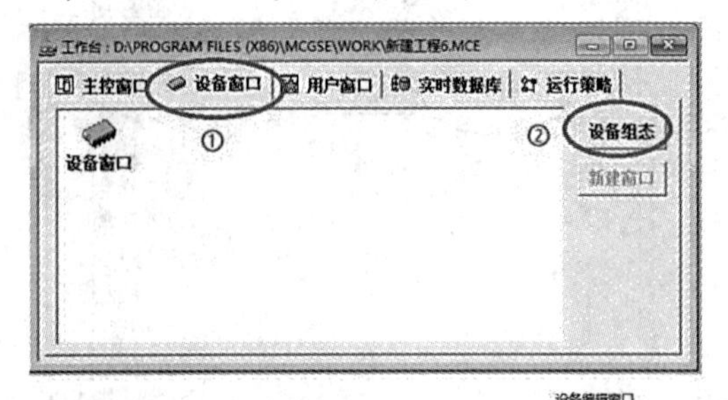

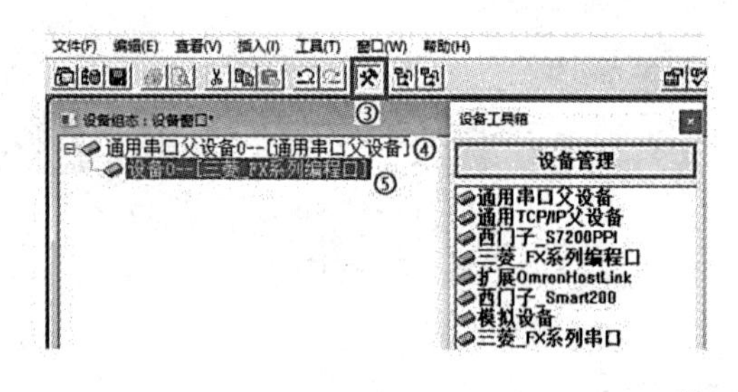

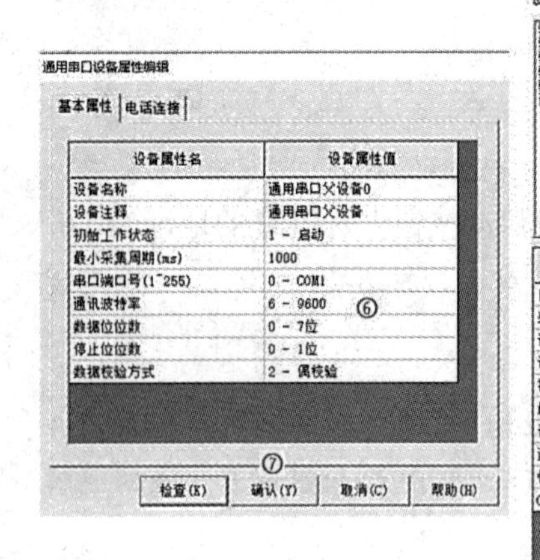

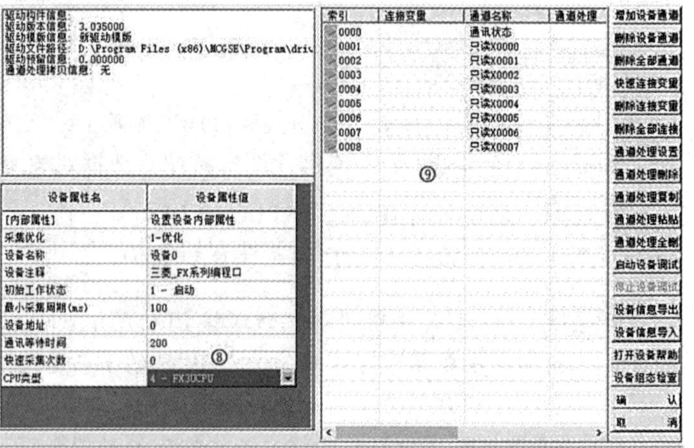

图 4.1-20　三菱 FX_{3U} 系列 PLC 与 MCGS 触摸屏进行联机的设备窗口组态步骤

☞提示　MCGS 实现软件驱动外部硬件设备的方法如下：在设备窗口中选择并配置外部设备(主要有 PLC、仪表类、变频器、模块类、用户自定制设备、通用设备等)，设置外部设备的相关属性(如配置硬件参数)，以实时数据库的数据对象与外部设备建立数据的传输通道连接。在MCGS运行过程中，可在设备窗口中进行调度管理，通过通道连接，向实时数据库提供从外部设备采集到的数据，再从实时数据库中读取数据，进行控制运算和流程调度，实现对设备工作状态的实时监测和过程的自动控制。

5. 下载与联机

对已经组态好的MCGS工程，要将工程下载到触摸屏硬件后，才能按着组态功能，使触摸屏与PLC通信起来。

按下工具栏的“下载工程”图标(如图4.1-21所示)，系统弹出“下载配置”对话框，如图4.1-22所示。

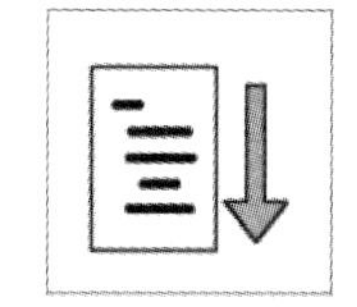

图4.1-21　“下载工程”图标

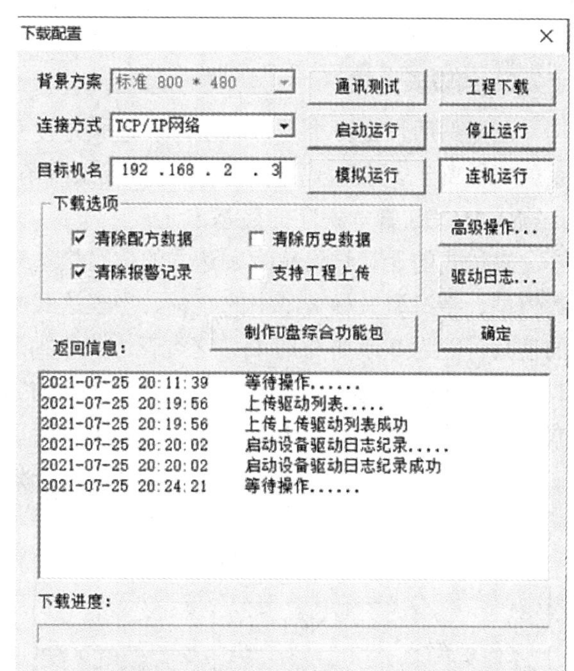

图4.1-22　“下载配置”对话框

在“下载配置”对话框中，可以通过“模拟运行”按钮、“连机运行”按钮来选择MCGS是进入模拟运行还是进入连机运行的状态。模拟运行即在PC上模拟工程的运行情况(不连接触摸屏)，对工程进行检查；连机运行即电脑上的MCGS软件与触摸屏硬件联机。

如果选择模拟运行后，再点击“工程下载”按钮，则MCGS组态软件会将工程的数据下载到模拟运行环境中。

如果选择连机运行后，再点击“工程下载”按钮，则MCGS组态软件会将工程的数据下载到真正的MCGS触摸屏硬件中。要保证连机运行成功，需要先设置连接方式和目标机名。连接方式可以为USB通讯或TCP/IP网络。当连接方式为USB通讯时，无须设置目标机名；当连接方式为TCP/IP网络时，目标机名则需要设置为触摸屏的IP地址。注意，此时电脑的IP地址与触摸屏的IP地址要在一个网段上且不能冲突，即两者IP地址的前三个字节一样，最后一个字节不能相同，比如电脑的IP地址设为192.168.2.10，触摸屏的IP地址设为192.168.2.3。

“下载配置”对话框中的按钮及其功能如表4.1-2所列。

表 4.1-2　“下载配置”对话框中的按钮及其功能

按　钮	功　　能
通讯测试	用于测试通讯情况
工程下载	用于将工程下载到模拟运行环境或下位机的运行环境中
启动运行	启动系统中的工程运行
停止运行	停止系统中的工程运行
模拟运行	工程在模拟运行环境下运行
连机运行	工程在实际的下位机中运行
驱动日志	用于搜集驱动工作中的各种信息

6. 编辑表达式

从组态用户窗口中可以看出，表达式是建立实时数据库的数据对象与其他对象连接关系的“桥梁”。表达式是由数据对象(或系统函数)、括号和各种运算符组成的运算式，它是构成 MCGS 脚本程序的最基本元素。

表达式的计算结果称为表达式的值。表达式值的类型即表达式的类型，必须是开关型、数值型、字符型三种类型中的一种。当表达式中包含逻辑运算符或比较运算符时，表达式的值只可能为 0 或非 0(即 1)，这类表达式称为逻辑表达式。当表达式中只包含算术运算符时，表达式的值为具体数值，这类表达式称为算术表达式。常量或数据对象是狭义的表达式，这些单个量的值即表达式的值。各类型运算符如表 4.1-3 所列。

表 4.1-3　各类型运算符

类　型	运 算 符	说　明
逻辑运算符	AND	逻辑与
	NOT	逻辑非
	OR	逻辑或
	XOR	逻辑异或
比较运算符	>	大于
	>=	大于等于
	=	等于
	<=	小于等于
	<	小于
	<>	不等于

类　型	运 算 符	说　明
算术运算符	^	乘方
	*	乘法
	/	除法
	\	整除
	+	加法
	-	减法
	MOD	取模运算

☞**提示**　按照优先级从高到低的顺序，各个运算符优先级排列如下：小括号( )→ ^ →*、/、\、MOD→ +、- →比较运算符(<、>、<=、>=、=、<>)→逻辑运算符(NOT、AND、OR、XOR)。

7. 编写脚本程序

MCGS 软件可以在脚本程序或使用表达式的地方，调用数据对象相应的属性和方法，以达到控制设备运行的目的。使用脚本程序，能让用户的控制能力更为自由和详细。

可以在脚本编辑器里编写脚本程序，如图 4.1-23 所示。

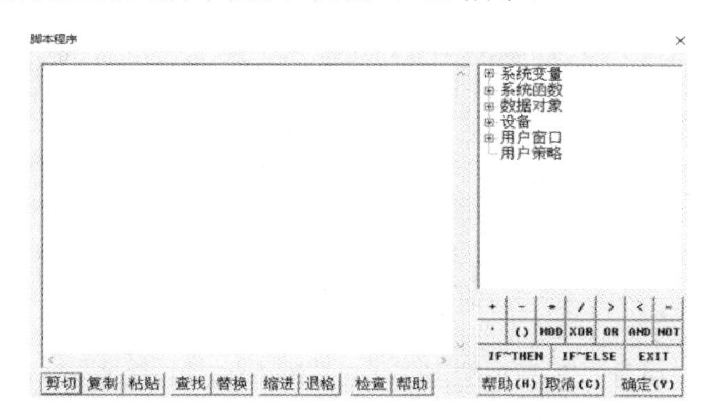

图 4.1-23　脚本编辑器

一般情况下，一个程序行只包含一条语句，当需要在一个程序行中包含多条语句时，各条语句之间须用“:”分开。程序行也可以是没有任何语句的空行。

脚本程序中的脚本语句和脚本函数较多，这里主要介绍脚本程序的基本语句，包括赋值语句、条件语句、循环语句、退出语句、注释语句。其中赋值语句、条件语句最为常用。

1) 赋值语句

赋值语句的格式为“数据对象 = 表达式”。“=”为赋值号，其含义为：把右边“表达式”的运算值赋给左边的“数据对象”。例如：赋值语句“启动水泵 = 1”表示“启动水泵”这个数据对象被置位为 1(ON)，执行此赋值语句后，水泵就启动运行起来了。除非之后“启动水泵”被复位(比如“启动水泵 = 0”)，否则“启动水泵”一直都是 1。

2) 条件语句

条件语句也称为 IF 语句，用于分支流程控制，即满足一定的表达式时，才执行对应的语句。IF 语句的表达式一般为逻辑表达式，但也可以是值为数值型的表达式。当表达式的值为非 0 时，条件成立，则执行“THEN”后的语句；否则，条件不成立，将不执行“THEN”后的语句，而跳过该条件语句。条件语句有两种格式，如表 4.1-4 所列。

表 4.1-4　条件语句的两种格式

序号	格　式	举　例	说　明

1	IF　[表达式]　THEN
	　[语句]
	ENDIF
		IF　电机运行 = 1 THEN
		　运行指示灯 = 1
		ENDIF
			如果电机已经在运行了，那么使运行指示灯亮起来

2	IF　[表达式]　THEN
	　[语句 1]
	ELSE
	　[语句 2]
	ENDIF
		IF　打开水阀 = 1 THEN
		　启动水泵 = 1
		　水泵指示灯 = 1
		ELSE
		　启动水泵 = 0
		　水泵指示灯 = 0
		ENDIF
			如果水阀已经被打开了，那么启动水泵并使水泵指示灯亮起来；否则(即如果水阀没有被打开)，则停止水泵并使水泵指示灯灭掉

☞**提示**　条件语句中的四个关键字“If”“Then”“Else”“Endif”不分大小写，如拼写不正确，检查程序时会提示出错信息。值为字符型的表达式不能作为 IF 语句的表达式。IF 语句允许多级嵌套(即条件语句中可以包含新的条件语句)，但最多包含 8 级嵌套。

3) 循环语句

循环语句中的关键字为 While 和 EndWhile，其结构如图 4.1-24 所示。当表达式成立(非零)时，则循环执行 While 和 EndWhile 之间的语句。直到条件表达式不成立(为零)时才退出循环语句。

```
While [表达式]
        [语句]
EndWhile
```

图 4.1-24　循环语句的结构

4) 退出语句

退出语句为“Exit”，用于中断脚本程序的运行，停止执行其后面的语句。

5) 注释语句

注释语句为以单引号“'”开头的语句，它在脚本程序中只起到注释说明的作用。实际运行时，系统不对注释语句做任何处理。

8. 组态动画

MCGS 能提供完整的动画解决方案。如果在 MCGS 的用户窗口中引入了动画效果，那么不仅能使工程应用中各种设备的运行情况更为生动逼真，而且能使用户画面更绚丽多彩，这样整个 MCGS 系统就再上升了一个档次。做得好的动画效果，甚至会让整个工程有一种“高大上”的感觉。

简单的动作大都可以理解为闪烁、移动、大小变化等，这些其实是动画效果。接下来将逐一介绍这几个动画效果的组态。

1) 闪烁效果的组态

闪烁效果是通过设置标签的属性来实现的。设置闪烁效果的步骤如图 4.1-25 所示：① 添加“标签”，在“标签动画组态属性设置”对话框的“属性设置”页中勾选“闪烁效果”，在“扩展属性”页中设置标签的文字内容；② 点击“闪烁效果”按钮；③ 在“闪烁效果”页中，让表达式连接要实现闪烁效果的标签所对应的数据对象或表达式，闪烁实现方式可以选择“用图元可见度变化实现闪烁”或“用图元属性的变化实现闪烁”。

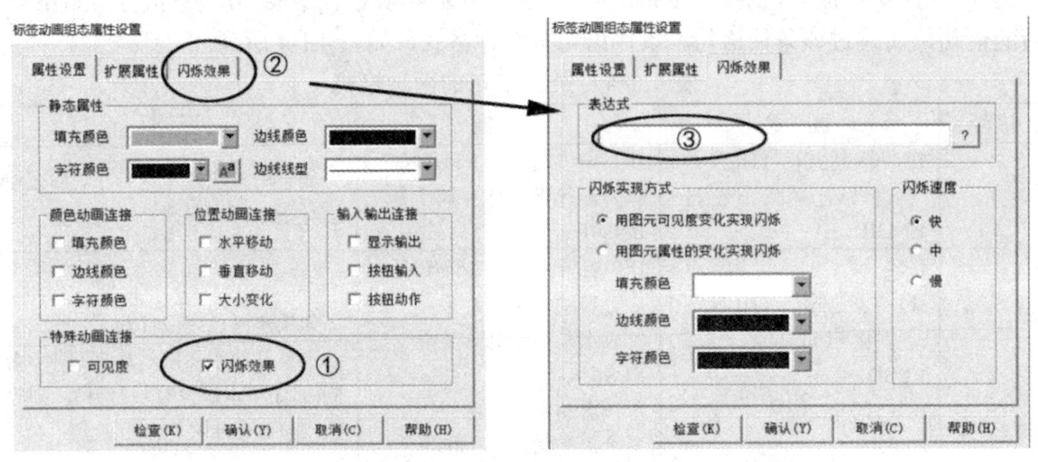

图 4.1-25　设置闪烁效果的步骤

2) 移动效果的组态

移动主要分为水平移动、垂直移动、曲线移动三种，这里仅介绍水平移动。垂直移动与水平移动的设置方法类似。如果同时设置水平移动、垂直移动，就可以实现曲线移动，而且可以做成按一定规律移动的曲线，如圆周轨迹移动、抛物线轨迹移动。

设置水平移动效果的步骤如图 4.1-26 所示：① 新建一个数据对象(变量)i，在构件的属性设置里勾选“水平移动”；② 点击“水平移动”属性页，打开其动画组态属性设置的对话框；③ 在该对话框中，设置表达式连接变量 i；④ 由表达式的值来控制构件的位置(移动偏移量)；⑤ 双击窗口空白处，进入“用户窗口属性设置”对话框，在“循环脚本”页中添加标签水平移动的脚本，循环时间改为 1000 ms；⑥ 在编辑框内编写脚本程序。

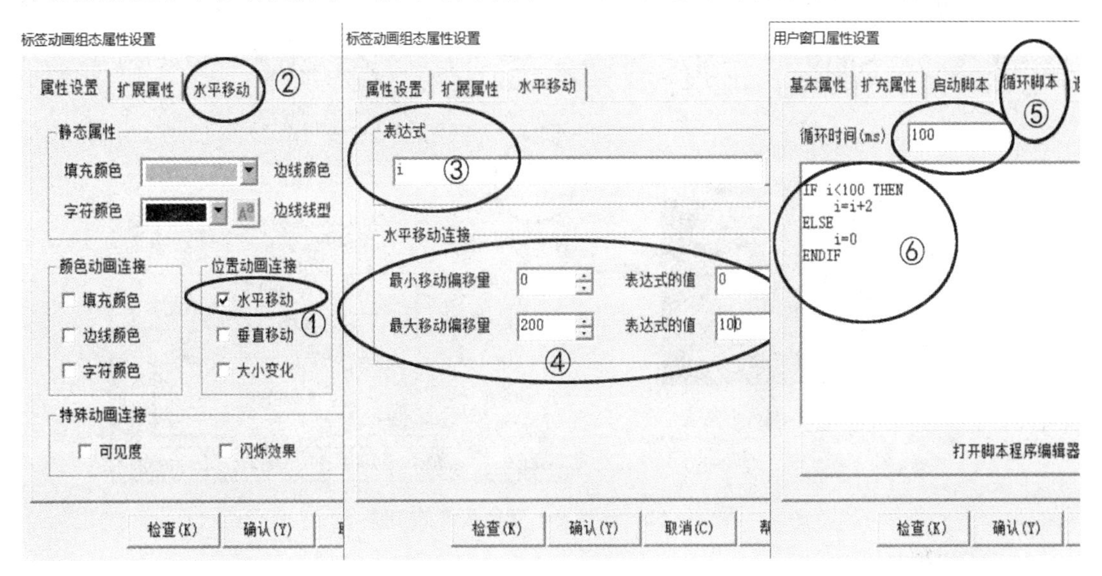

图 4.1-26　设置水平移动效果的步骤

☞**拓展**　移动偏移量相当于一个用户坐标系。构件放置在窗口的初始位置的移动偏移量为(0，0)。构件向屏幕右边移动时，水平坐标增大；构件向屏幕下边移动时，垂直坐标增大。屏幕坐标系的原点在屏幕的最左上角。

3) 大小变化效果的组态

环境工程中常涉及液体，液体的液位有变化时，可以用“大小变化”效果来体现。图元对象、图符对象和标签都能设置大小变化。

下面以矩形的大小变化来模拟液体液位变化的效果，具体设置步骤如图 4.1-27 所示：① 从工具箱的对象元件库中取出一个储存罐放于用户窗口，再从工具箱面板中拖出矩形框放置于用户窗口，注意将矩形框放于最前面的图层(选择矩形框，点击右键菜单中的“排列”选型，然后点击选项“最前面”)；② 双击矩形框，打开其动画组态属性设置对话框；③ 在对话框的“属性设置”页中设置矩形框的填充颜色为绿色，并勾选“大小变化”；④ 点击对话框的“大小变化”页；⑤ 在表达式中选择新建的数据对象 c，设置大小变化的百分比和变化方向；⑥ 获得液位变化的效果。

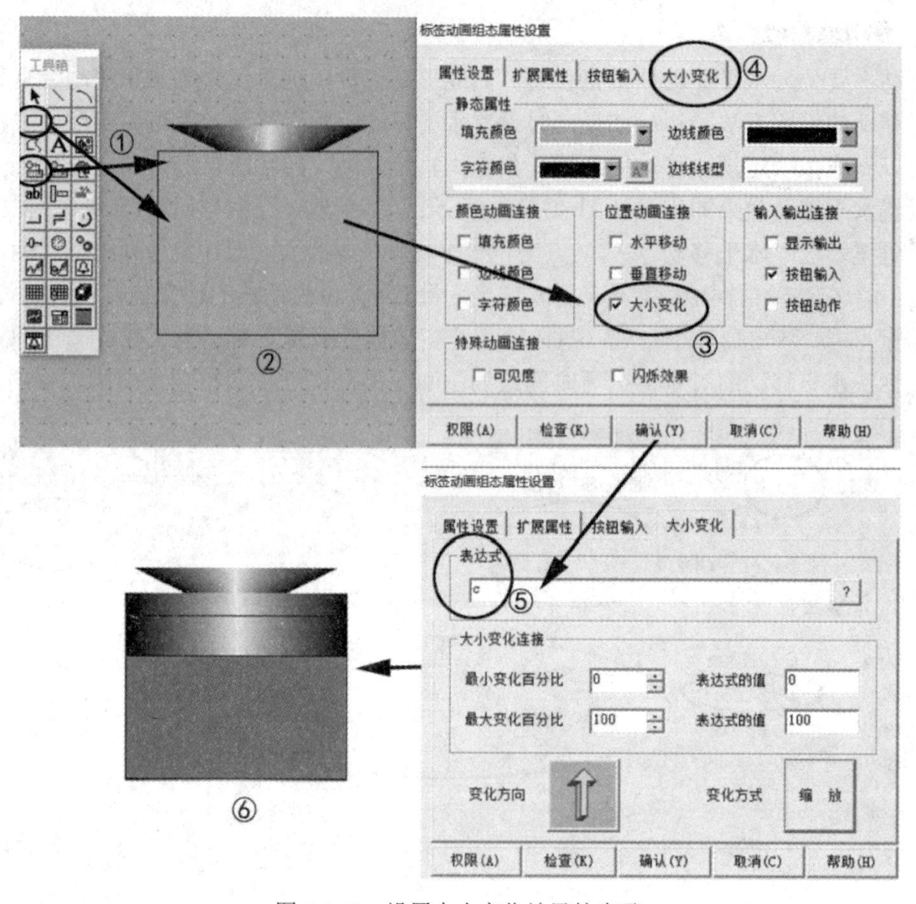

图 4.1-27　设置大小变化效果的步骤

9. 绘制趋势曲线

在实际工程应用中，对实时数据或历史数据进行查看及分析是不可缺少的工作。但对大量数据而言，仅做定量分析还远远不够，必须根据大量的数据信息，绘制出趋势曲线，从趋势曲线的变化中发现实时数据的变化规律。

MCGS 提供了两种用于趋势曲线绘制的构件：实时曲线和历史曲线。实时曲线是在 MCGS 运行时，从实时数据库的数据对象中读取数据或组成表达式，以此来绘制成曲线的构件。历史曲线将历史存盘数据从数据库中读出并绘制为曲线，主要用于事后查看数据分布和状态变化趋势，以及总结变化规律。一般这两种构件都以时间为 X 轴、数据值为 Y 轴进行曲线绘制。此时，构件显示的是数据对象的值与时间的函数关系。

新建实时曲线并设置其属性的步骤如图 4.1-28 所示：① 从工具箱中拖出实时曲线构件，并放置于用户窗口中；② 双击实时曲线构件；③ 在弹出的“实时曲线构件属性设置”对话框中对实时曲线构件进行设置，在“基本属性”页中设置背景网格、背景颜色、边线颜色、边线线型、曲线类型等，在“标注属性”页中设置 X 轴和 Y 轴的标注；④ 点击“画笔属性”页按钮；⑤ 在“画笔属性”页中设置曲线(最多同时 6 条)所对应的表达式或数据对象(作为曲线的 Y 坐标值)，并且设置每条曲线的颜色和线型，如图中设置了 3 个数据对象(变量 1、变量 2、变量 3)，分别对应 3 条曲线(曲线 1、曲线 2、曲线 3)。

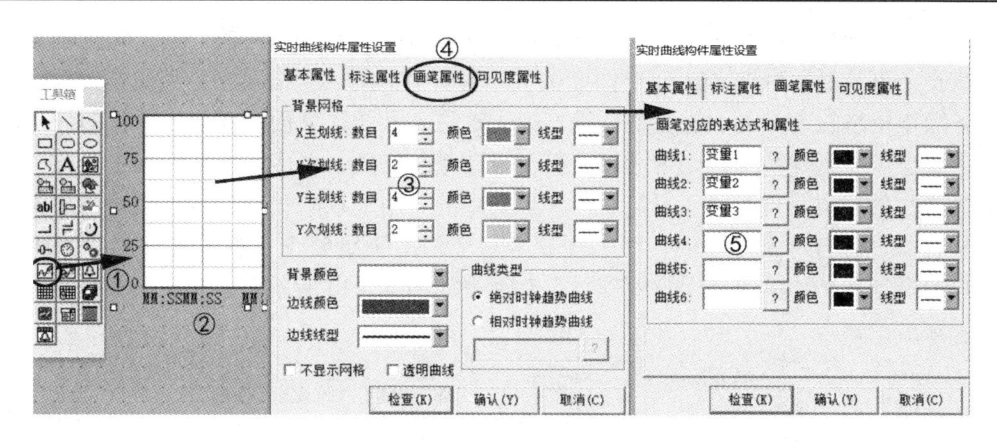

图 4.1-28　新建实时曲线并设置其属性的步骤

10. 输出报表

数据报表指以一定格式将数据显示并打印出来，以便对状态进行综合记录和规律总结的数据表格。

MCGS 的数据报表分成自由表格(实时数据报表)和历史表格(历史数据报表)两种类型。自由表格是实时地将数据对象的当前值按用户组态的报表格式显示和打印出来的。历史表格是从历史数据库中提取已存盘的历史数据，并以一定的格式显示和打印出来的。

自由表格的组态步骤如图 4.1-29 所示：① 双击自由表格构件；② 右键选择“连接”(快捷键 F9)，将构件切换到连接组态状态；③ 在各个单元格中直接填写数据对象或者表达式(表达式可以是字符型、数值型和开关型)，或按下鼠标右键，从弹出的数据对象浏览对话框中选用数据对象。

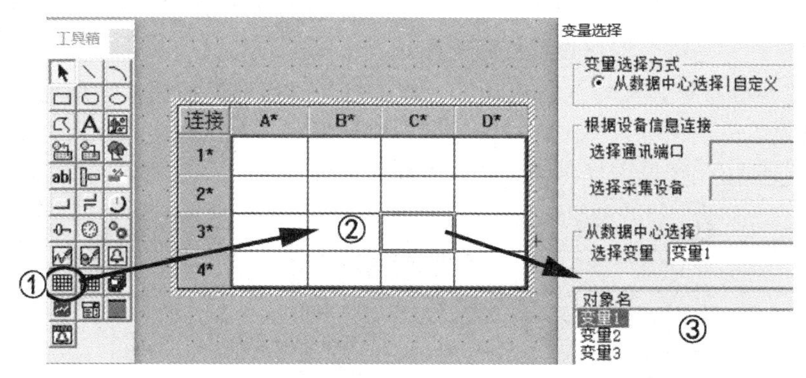

图 4.1-29　自由表格的组态步骤

☞**技巧**　可以快速同时，也可以一次填充多个单元格的连接，具体方法为：在连接组态状态，选定一组单元格(按住鼠标拖动)；在选定的单元格上按下鼠标右键，弹出数据对象浏览对话框；在对话框的列表中，选定多个数据对象(可以借助键盘的 Shift 键和 Ctrl 键来选定，选定的数据对象会显示为蓝色背景)；然后按下“确定”按钮，MCGS 将会按照从左到右、从上到下的顺序填充各个单元框。

11. 权限管理

权限管理属于一种安全管理。工业过程控制中，应该尽量避免由于现场人员的误操作所引发的故障或事故，因为某些误操作所带来的后果甚至是致命性的。为了防止这类质量问题或安全事故的发生，MCGS 软件提供了一套安全机制，严格限制各类操作的权限，使不具备操作资格的人员无法进行某些操作或无法进入系统，从而避免现场操作的任意性，防止因误操作而影响系统的正常运行，甚至导致系统瘫痪，造成不必要的损失。

MCGS 的权限管理在“工具”菜单里。其中的“用户权限管理”用于设置用户窗口里图形构件(如按钮)的操作权限，“工程安全管理”用于给整个工程设置一个“密码”。“用户权限管理”菜单和“用户管理器”对话框如图 4.1-30 所示。

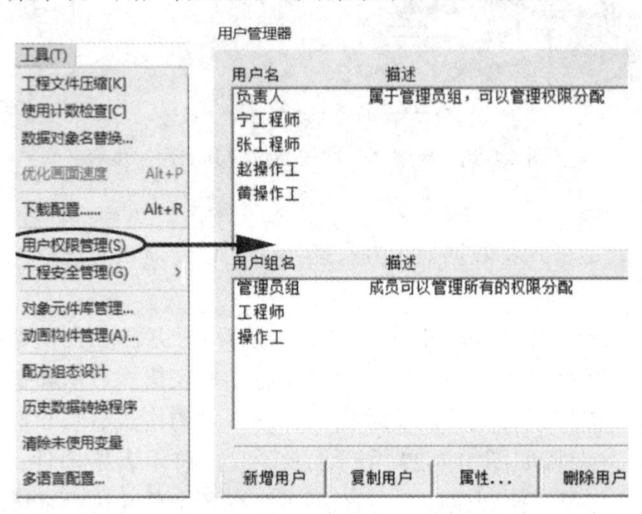

图 4.1-30　“用户权限管理”菜单和“用户管理器”对话框

下面以标准按钮为例介绍用户权限管理。

(1) 首先在“用户管理器”中定义用户组(可以选择用户组包括哪些用户)及用户组所属的各个用户，并为每个用户设置权限密码。

(2) 新建标准按钮，文本为“启动”。双击打开“启动”按钮，在属性对话框的左下角点击“权限”按钮，进入“用户权限设置”对话框。在对话框中勾选用户组，即允许所勾选的用户组操作此图形构件，如图 4.1-31 所示。

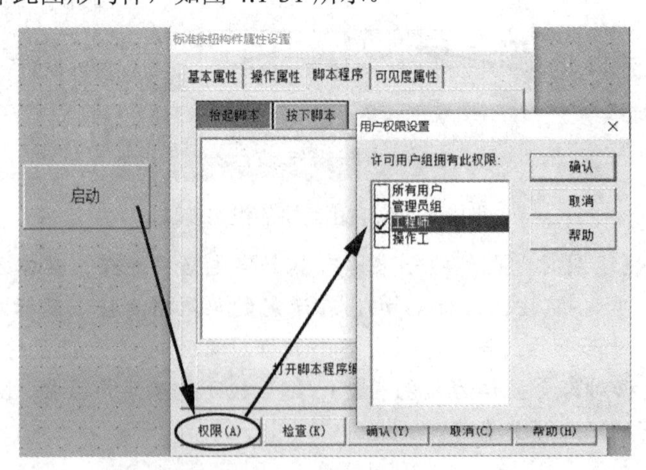

图 4.1-31　用户权限设置

(3) 设置用户登录。新建标准按钮，文本为“登录”。双击打开“登录”按钮，点击

“脚本程序”页，在脚本编辑器里输入一行脚本语句! LogOn()。系统函数!LogOn()用于弹出用户登录对话框。

(4) 启动运行 MCGS，发现“启动”按钮不能操作。然后点击“登录”按钮，弹出用户登录对话框，只有在对话框中输入正确的用户账号及密码，才能操作“启动”按钮。

12. 设置报警

MCGS 把报警处理作为数据对象的属性，封装在数据对象内，由实时数据库自动处理。当数据对象的值或状态发生改变时，实时数据库判断对应的数据对象是否产生了报警或已产生的报警是否已经结束，并把所产生的报警信息通知给系统的其他部分。这是 MCGS 的报警原理。根据此原理，在 MCGS 中设置报警的步骤如下：

(1) 定义报警变量，即解决“哪个数据对象需要进行报警控制”的问题。

(2) 设置报警条件，即解决“数据对象要满足什么条件才显示报警”的问题。

(3) 处理报警应答，即添加构件来显示报警信息，解决“用什么构件来显示报警信息”的问题。

MCGS 的报警显示构件主要有报警条、报警显示框、报警浏览框、弹出式报警窗口等。其中，前三个属于工具栏上的构件。报警条也叫作走马灯、报警灯或报警滚动条，它和报警显示框一样，用于显示某个变量的报警信息；报警浏览框可显示多个变量的报警信息；弹出式报警窗口用于弹出一个子窗口来显示报警信息，需要组态报警窗口，然后使用系统函数中的“显示子窗口函数”!OpenSubWnd( )来弹出此报警窗口。

例 4.1-1　设置报警：水池水位达到 8 米时，就显示报警，报警信息为“水位太高了”。

答　设置报警的具体步骤如图 4.1-32 所示。

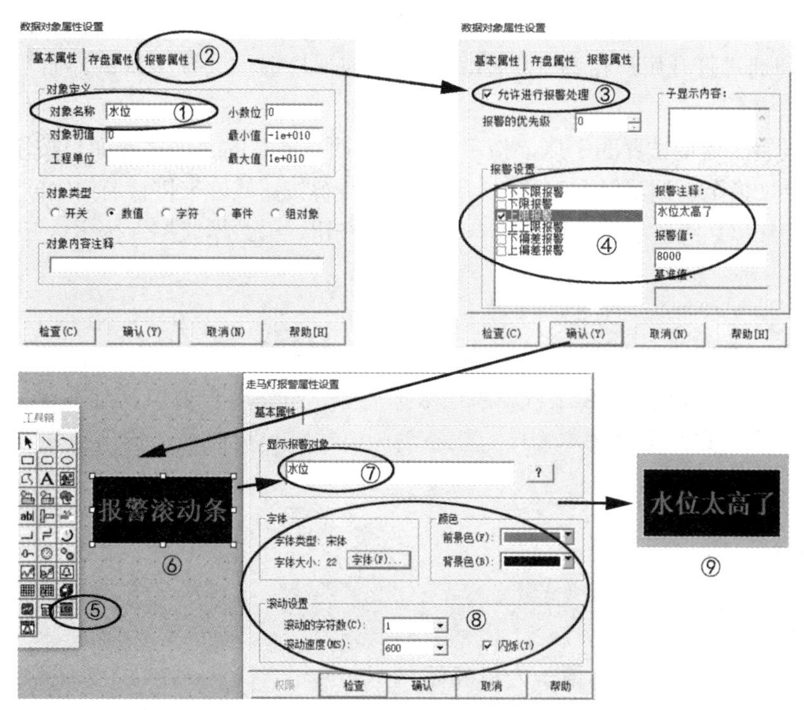

图 4.1-32　设置报警的具体步骤

定义报警变量：① 在实时数据库里新建一个数值型的数据对象“水位”作为报警变

量；② 在“数据对象属性设置”对话框中点击“报警属性”页。

设置报警条件：③ 在“报警属性”页中勾选“允许进行报警处理”，使“水位”能进行报警处理；④ 勾选“上限报警”并设置报警值为8000(单位为mm，即8米)，设置“报警注释”为“水位太高了”，然后点击对话框底部的“确认”按钮。

处理报警应答：⑤ 从工具箱中拖出一个报警滚动条并放置于用户窗口；⑥ 双击报警滚动条；⑦ 在弹出的“走马灯报警属性设置”对话框中，使报警滚动条显示的报警对象连接到数据对象 “水位”；⑧ 进行报警滚动条的字体和滚动设置，点击对话框底部的“确认”按钮；⑨下载组态到MCGS触摸屏中，当水位达到8 m时，显示“水位太高了”。

【任务实施】

根据水处理工艺，对水处理系统监控中心窗口的8个窗口进行图形对象的放置及属性设置。这8个窗口分别为“启动界面”窗口、“调试界面”窗口、“自动控制界面”窗口、“数据监控界面”窗口、“MSBR系统监控界面”窗口、“AO系统监控界面”窗口、“SBR系统监控界面”窗口、“AAO系统监控界面”窗口。下面以“启动界面”窗口为例进行具体组态，其他窗口的组态类似。

双击进入“启动界面”窗口，在窗口区放置4个按钮、5个文本、1个位图。4个按钮分别设置显示文本为“调试界面”“系统监控”“自动控制”“数据监控”。5个文本中，其中一个文本放置位图。将设备的图片导入图形对象库，作为图形对象库里面的一个位图，接着在文本的“扩展属性”页面里勾选“使用位图”，然后点击“位图”按钮，导入图形对象库里的设备位图。

双击“调试界面”按钮，在弹出的“按钮构件属性设置”对话框中，点击“操作属性”页面并勾选“打开用户窗口”，然后在右边的下拉框里选择“调试界面”窗口，最后点击“确认”按钮。

在这样设置了“调试界面”后，按下“启动界面”窗口的“调试界面”按钮，“启动界面”窗口就会切换至“调试界面”窗口。这种通过设置按钮属性来进行窗口之间切换的方法，也类似地应用在“系统监控”按钮、“自动控制”按钮、“数据监控”按钮这三个按钮上。

【小结】

本任务主要介绍了以下内容：人机界面的概念和种类；MCGS组态软件的安装与使用；MCGS组态，包括创建MCGS工程、新增数据对象、组态用户窗口、组态设备窗口、下载与联机、编辑表达式、编写脚本程序、组态动画、绘制趋势曲线、输出报表、权限管理、设置报警等。

【理论习题】

一、单选题

1. 以下选项中，(　　)不属于人机界面。

A. 工控机　　B. PC　　C. PLC　　D. 触摸屏

2. 进行MCGS组态时，可通过(　　)窗口来设置MCGS变量与PLC变量的连接。

A. 主控　　B. 用户　　C. 设备　　D. 策略

3. MCGS 是(　　)的触摸屏。

A. 中国　　B. 美国　　C. 德国　　D. 日本

二、填空题

1. 人机界面是_____的简称。

2. MCGS 组态软件中，设计窗口时常用的 4 个基本图形元件为_____、_____、_____、_____。

三、简答题

一般情况下，设计一个组态工程需要哪些内容的操作？

【技能训练题】

1. 进行 MCGS 组态：新建一个名称为“系统启动画面”的画面，设置该画面为启动画面，并使此画面启动后，画面上显示一个可以水平循环滚动的字符串“欢迎使用 ABC 控制系统”。

2. 在“系统启动画面”中设置一个权限，使操作者在启动“系统启动画面”时，输入正确的权限密码才能进入“系统启动画面”。

3. 在 MCGS 输入框中定义一个变量 a，当 a>=10 时，显示报警。

4. 用 MCGS 做动画效果：新建一个画面，命名为“我的画面 2”，在此画面中有“启动”和“停止”按钮。按下“启动”按钮后，小球做圆周运动(圆周的半径 R = 100)；按下“停止”按钮后，小球停止运动。

5. 组态 MCGS 工程，要求如下：

(1) 工程包含两个窗口：启动窗口和主界面窗口。

(2) 启动窗口包含 1 行文字、1 个“进入”按钮、1 个“登录”按钮。文字显示为“欢迎进入污水处理系统设计”，进入启动窗口后，这行文字会循环着从屏幕左边移到右边。在默认情况下，“进入”按钮不能被点击操作，只有在输入正确的权限密码之后，才能点击“进入”按钮进入主界面窗口；而只有按下“登录”按钮，才会弹出密码输入框，然后才能输入权限密码。每位同学的权限各不相同：用户名为自己的姓名，权限密码为自己学号的最后两位数字。

(3) 主界面窗口包含“9 灯铁塔之光”、做圆周运动(圆周的半径 R = 100)的红色小球、“启动”按钮(绿色)、“停止”按钮(红色)、“返回”按钮。

“9 灯铁塔之光”的 9 个灯灭时都为淡灰色；点亮时，灯 1、4、7 为红色，灯 2、5、8 为绿色，灯 3、6、9 为蓝色。灯的顺序如图 4.1-33 所示。

　　1
2　　3
6　5　4
7　　8
　　9

图 4.1-33　灯的顺序

按下“启动”按钮后，“9 灯铁塔之光”的 9 个灯会每秒钟依次单独点亮。当最后一个灯(第 9 个灯)亮 1 秒后熄灭时，第 1 个灯会再次点亮，然后 9 个灯又开始每秒钟依次单独点亮。以此循环，直到“停止”按钮被按下后全灯熄灭。

(4) 点击“返回”按钮可返回启动窗口。

【实践训练题】实践 1：PLC 与 MCGS 联机在环境工程中的应用

一、实践目的

(1) 熟悉 MCGS 与 PLC 进行联机通信的方法；

(2) 会运用 MCGS 上位机对 PLC 数据进行显示和控制。

二、实践器材

MCGS 触摸屏 1 台、MCGS 触摸屏下载电缆 1 根、PLC 1 台、PLC 的编程下载电缆 1 根、电脑 1 台。

三、安全注意事项

穿戴必须符合电工实践操作要求；各种电工工具必须按规定操作，防止被工具或器材误伤和损坏工具；确保在断电状态下进行电路接线；接线前先检查电路，确保电路无故障后才能通电；接通电源后，手不能碰到系统中的任何金属部分。

四、实践内容及操作步骤

图 4.1-34 为液体混合加热系统的 PLC 控制系统图，请根据系统要求进行实践操作。

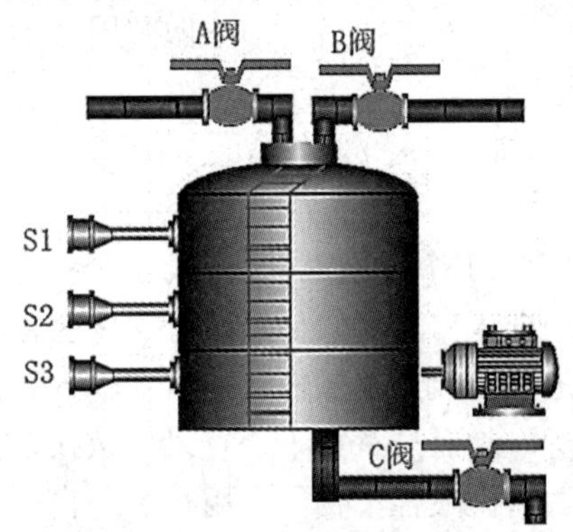

图 4.1-34　液体混合加热系统的 PLC 控制系统图

(1) 系统功能要求：

① 系统有两种控制模式：自动控制、手动控制。两种控制模式在 MCGS 触摸屏上以一个旋钮进行选择切换。

② 处于自动控制模式时，按下 MCGS 屏的“启动”按钮，系统将进入自动运行状态。

此时，如果混液罐里面的液位低于低液位信号 S3，则在搅拌电机停止且 C 阀关闭的情况下，系统自动同时打开 A 阀、B 阀，使 A、B 两种不同的化工液体分别经 A 阀、B 阀流入混液罐内。

当混液罐里面的液位升到中液位信号 S2 时，搅拌电机启动运行，对 A、B 两种液体进行搅拌。同时加热器也进行启动并对混液罐内的液体加热。

当混液罐内液位高于高液位信号 S1 时，A 阀和 B 阀自动关闭。此后搅拌电机再运行 5 s 后停止；搅拌电机停止后 10 s，加热器也停止加热。经过加热搅拌混合后，得到混合液 C。在搅拌电机和加热器都停止后，C 阀打开，混合液 C 通过 C 阀流出。当混合液 C 的液位低于低液位信号 S3 时，C 阀恢复关闭。然后开始进行下一次的混液、搅拌与加热。

任何时候按下 MCGS 屏的“停止”按钮(红色)，系统停止，即 A 阀、B 阀、C 阀均关闭且搅拌电机和加热器都停止。

③ 处于手动控制模式时，需要手动点击 MCGS 屏上相对应各阀、搅拌电机、加热器的图形，才能运行这些设备，此时它们不会以自动控制模式下的动作功能来运行。

④ 为了仿真的逼真性，需要实现一些动画效果。假设 A 液体、B 液体、C 液体的颜色分别为黄色、蓝色、绿色。

当高液位信号 S1、中液位信号 S2、低液位信号 S3 为 1(ON)时，所对应的液位传感器在 MCGS 触摸屏上显示绿色；当高液位信号 S1、中液位信号 S2、低液位信号 S3 为 0(OFF)时，显示默认的灰色。

当 A 阀、B 阀、C 阀处于打开状态时，MCGS 触摸屏上的阀门扳手打向左边并呈绿色，并且对应的管道显示液体流动；当 A 阀、B 阀、C 阀处于关闭状态时，阀门扳手打向右边并呈红色。

当搅拌电机运行时，MCGS 触摸屏上的搅拌电机上部位置显示绿色；当搅拌电机停止时，显示红色。

(2) 手动/自动切换旋钮、“启动”按钮、“停止”按钮，以及高液位信号 S1、中液位信号 S2、低液位信号 S3，均用使用 PLC 的 M 存储器位；搅拌电机、加热器、A 阀、B 阀和 C 阀属于控制设备，都分配 PLC 的输出点。

(3) 根据系统功能要求，进行 MCGS 画面组态并连接 PLC 地址。

(4) 根据系统功能要求，编写 PLC 程序并下载，然后完成思考题。

(5) 将 MCGS 与 PLC 进行联机通信，检测运行效果。

五、思考题

编写 PLC 程序。

【实践训练题】实践 2：水环境监测与治理系统窗口的 MCGS 组态应用

一、实践目的

(1) 认识 MCGS 触摸屏的硬件接口，并能进行接线；

(2) 能进行 MCGS 组态；

(3) 能实现 MCGS 与 PLC 联机。

二、实践器材

MCGS 触摸屏 1 台、PLC 程序下载线 1 条、MCGS 与 PLC 联机通信线 1 条、MCGS 触摸屏下载线 1 根、电脑 1 台。

三、安全注意事项

穿戴必须符合电工实践操作要求；各种电工工具必须按规定操作，防止被工具或器材误伤和损坏工具；确保在断电状态下进行电路接线；接线前先检查电路，确保电路无故障后才能通电；接通电源后，手不能碰到系统中的任何金属部分。

四、实践内容及操作步骤

(1) 认识MCGS触摸屏的硬件接口，并进行接线。

(2) 创建水环境监测与治理系统窗口，并设置窗口属性。水环境监测与治理系统有8个窗口，分别为“启动界面”窗口、“调试界面”窗口、“自动控制界面”窗口、“数据监控界面”窗口、“MSBR系统监控界面”窗口、“AO系统监控界面”窗口、“SBR系统监控界面”窗口、“AAO系统监控界面”窗口。

(3) 创建水环境监测与治理系统窗口内图形对象，并进行属性设置。创建每个窗口内的图形对象，然后设置图形对象的属性，包括图形对象的外形、背景色、显示文本、窗口切换等。其中几个窗口之间的切换情况如下。

在“启动界面”窗口中，设置按钮操作权限，使 “系统启动画面”启动后，用户输入正确的权限密码才能进行如下的窗口切换：

如果按下“调试界面”按钮，系统将从“启动界面”窗口切换至“调试界面”窗口；如果按下“系统监控”按钮，系统将切换至“系统监控界面”；如果按下“自动控制”按钮，系统将切换至“自动控制界面”；如果按下“数据监控”按钮，系统将切换至“数据监控界面”。

在“MSBR系统监控界面”窗口、“AO系统监控界面”窗口、“SBR系统监控界面”窗口、“AAO系统监控界面”窗口的最下端都有4个按钮：“AO系统”按钮、“AAO系统”按钮、“SBR系统”按钮、“MSBR系统”按钮。当按下这4个按钮中的某一个按钮时，系统将切换到所按按钮对应的窗口去。

(4) “启动界面”窗口启动后，画面上的字符串“水环境监测与治理技术综合实训平台”可以水平循环移动。

(5) 将MCGS组态软件下载到MCGS触摸屏。

五、思考题

怎样实现PLC与MCGS触摸屏的联机通信？

任务4.2 人机界面与PLC控制电动调节阀

【任务导入】

污水处理工艺过程要控制的工艺变量有污水处理流量，药剂投加量，水池中液位，污水处理装置中pH、DO、ORP值、水温*T*、电导率、COD、TN、TP、TSS、TU(浊度)。这些工艺变量的控制都要由控制系统来实施，而控制系统中执行器是必不可少的。

在生产现场，执行器直接控制工艺介质，若选型或使用不当，往往会给生产过程的自动控制带来困难。因此执行器的选择和使用是一个重要的问题。本任务将使用PLC来实现对电动调节阀(执行器的一种)开度的控制。

【学习目标】

◆ 知识目标

(1) 熟悉执行器的定义、组成及其分类；

(2) 熟悉电动调节阀的结构、特点、原理；

(3) 熟悉PLC控制电动调节阀开度的工作原理。

◆ 技能目标

学会利用PLC的模拟量输出控制电动调节阀开度。

【知识链接】

一、执行器概述

1. 定义

执行器是自动控制系统中的执行机构和控制阀组合体。它在自动控制系统中的作用是接收来自调节器发出的信号，以其在工艺管路中的位置和特性，调节工艺介质的流量，从而将被控数控制在生产过程所要求的范围内。

执行器接收控制器(如 PLC、单片机)输出的控制信号，改变操纵变量，使生产过程按预定要求正常进行。污水处理工艺过程要控制的工艺变量都要由控制系统来实施，而控制系统中执行器是必不可少的。

2. 组成

执行器由执行机构和控制(调节)机构组成。执行机构是根据控制器(如PLC)的控制信号产生推力或位移的装置。控制机构有时也叫作调节机构，它是根据执行机构的信号改变能量或物料输送量的装置，通常指控制阀，甚至现场有时候就直接将执行器称为控制阀。通过控制机构(调节机构)来调节阀门开口大小的执行器，也称为调节阀。

本任务中介绍的电动调节阀属于一种执行器，其执行机构为电动机控制系统，其控制机构(调节机构)为阀门。

3. 分类

(1) 按所用驱动能源不同，执行器分为气动执行器、电动执行器和液压执行器。本任务主要介绍的是电动执行器。

(2) 按输出位移的形式不同，执行器分为转角型执行器和直线型执行器。

(3) 按动作规律不同，执行器可分为开关型执行器、积分型执行器和比例型执行器。

(4) 按输入控制信号不同，执行器可以分为输入空气压力信号式执行器、直流电流信号式执行器、电接点通断信号式执行器、脉冲信号式执行器等。

二、气动调节阀

气动调节阀是以压缩空气作为动力源的调节阀。

1. 气动薄膜调节阀

气动调节阀主要由执行机构与调节机构两大部分组成。执行机构中最常用的是薄膜式执行机构，由此构成的执行器叫气动薄膜执行器，也就是气动薄膜调节阀。

图 4.2-1 为一个气动薄膜调节阀的结构简图。它包括薄膜(上膜盖、膜片、下膜盖)、压缩弹簧、阀门(阀杆、阀芯、阀体、阀口)等。

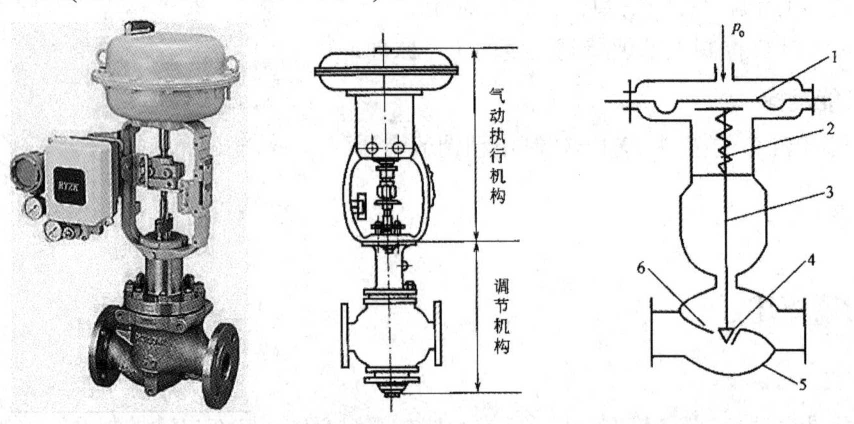

1—薄膜；2—压缩弹簧；3—阀杆；4—阀芯；5—阀体；6—阀口

图 4.2-1　气动薄膜调节阀的结构简图

气动薄膜式执行机构有正作用和反作用两种类型。

(1) 正作用执行机构(ZMA 型)：当信号压力增大时，阀杆向下动作；信号压力从膜片上方的薄膜气室通入。

(2) 反作用执行机构(ZMB 型)：当信号压力增大时，阀杆向上动作；信号压力从膜片下方的薄膜气室通入。

2. 气动活塞调节阀

有些气动执行器的执行机构不用薄膜式，而用活塞式(无弹簧)。此类气动执行器称为气动活塞调节阀。

气动活塞式执行机构使用活塞和气缸，它的推力较大，主要适用于大口径、高压降控制阀或蝶阀的推动装置。

除薄膜式和活塞式执行机构外，还有长行程执行机构，它的行程长、转矩大，适用于输出转角在 0°～90° 范围和力矩需求大的情况，如用于蝶阀或风门的推动装置。

3. 调节阀的类型

控制机构(调节机构)即控制阀(调节阀)，它实际上是一个局部阻力可以改变的节流元件，通过阀杆上部件与执行机构相连。由于阀芯在阀体内移动，改变了阀芯与阀座之间的流通面积，即改变了阀的阻力系数，因此操纵介质的流量也就相应地改变，从而达到控制工艺参数的目的。

按流体的进出方向不同，调节阀分为直通单座阀、直通双座阀和角形阀，如图 4.2-2 所示。按流体通道数量不同，调节阀分为二通阀、三通阀等。三通阀又分为合流型和分流型，如图 4.2-3 所示。按工作原理不同，调节阀分为隔膜阀、蝶阀和球阀等，如图 4.2-4 所示。

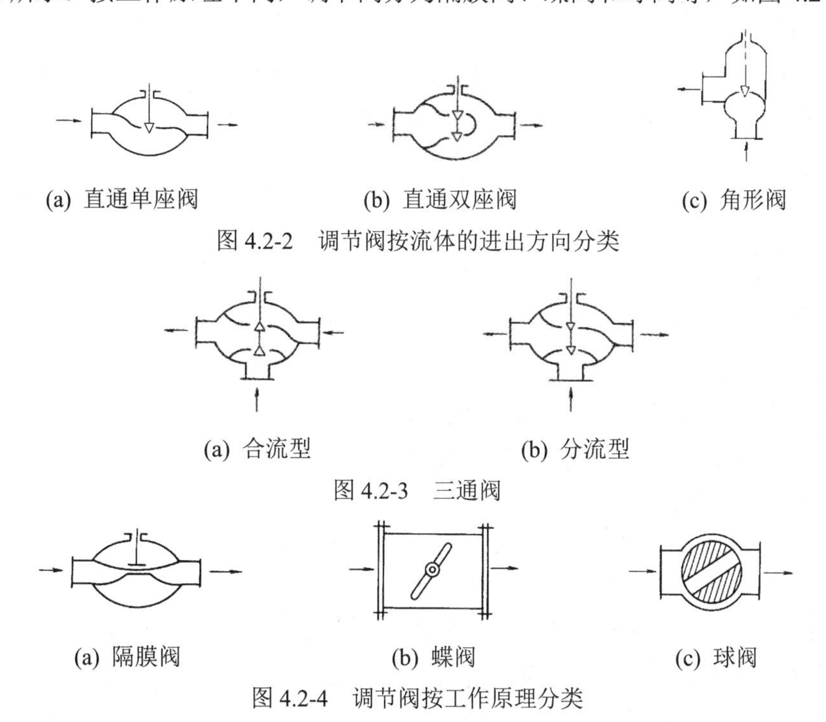

(a) 直通单座阀　(b) 直通双座阀　(c) 角形阀

图 4.2-2　调节阀按流体的进出方向分类

(a) 合流型　(b) 分流型

图 4.2-3　三通阀

(a) 隔膜阀　(b) 蝶阀　(c) 球阀

图 4.2-4　调节阀按工作原理分类

4. 气动调节阀的两种形式

按阀门动作方式不同，气动调节阀(执行器)分为气开式与气关式两种。有压力控制信号时阀开，无压力控制信号时阀全关的为气开式；有压力控制信号时阀关，无压力控制信号时阀全开的为气关式。

三、电动执行器

1. 简介

电动执行器是用电来驱动的执行器。它接收来自控制器的直流信号(电流或电压)，并将其转换成相应的角位移或直行程位移，去操纵阀门、挡板等控制机构，以实现自动控制。

电动执行器有角行程、直行程和多回转等类型。角行程电动执行器的执行机构为电动机，即角行程电动执行器以电动机为动力元件，将输入的直流电流信号转换为相应的角位移(比如0°～90°范围的角位移)。这种执行器适用于操纵蝶阀、挡板之类的旋转式控制阀。

2. 选型

1) 根据阀门类型选择电动执行器

阀门的种类较多，工作原理也不太一样。一般以转动阀板角度、升降阀板等方式来实现启闭控制的阀门与电动执行器配套时，首先应根据阀门的类型选择电动执行器。

(1) 角行程电动执行器。

角行程电动执行器输出轴的转动小于一周(即转角小于360°)，通常0°～90°就能实现阀门的启闭过程控制，如0°时阀门开口最小，90°时阀门开口最大。此类电动执行器适用于蝶阀、球阀、旋塞阀等。

根据电动执行器输出轴与阀杆安装的接口方式不同，角行程电动执行器又分为直连式(输出轴与阀杆直连)、底座曲柄式(输出轴通过曲柄与阀杆连接)两种。

(2) 多回转电动执行器。

多回转电动执行器输出轴的转动大于一周(即转角大于360°)，一般需多圈才能实现阀门的启闭过程控制。此类电动执行器适用于闸阀、截止阀等。

(3) 直行程电动执行器。

直行程电动执行器输出轴的运动为直线形式，不是转动形式。此类电动执行器适用于单座调节阀、双座调节阀等。

2) 根据生产工艺控制要求选择电动执行器的控制模式

电动执行器的控制模式一般分为开关型和调节型两大类。

(1) 开关型电动执行器。

开关型电动执行器实现阀门的开或关控制，阀门要么处于全开状态，要么处于全关状态，此类阀门不能对介质流量进行精确控制。

☞ **注意** 开关型电动执行器分为分体结构和一体化结构，选型时必须说明是哪种结构，以免在现场安装时与系统不匹配。

(2) 调节型电动执行器。

调节型电动执行器能对阀门的开口程度进行精确控制，从而能精确调节介质流量。

调节型电动执行器的控制信号有直流电流信号(DC 4～20 mA、0～10 mA)或直流电压信号(DC 0～5 V、1～5 V)，选型时需要明确其控制信号的类型及参数，一般用直流电流信号(DC 4～20 mA)居多。

另外，调节型电动执行器的工作方式有电开型和电关型两种，一般用电开型居多。电开型指电信号达到最大时，阀门开口最大；电信号达到最小时，阀门开口最小。也就是说，阀门开口程度与电信号大小成正比。以直流电流4～20 mA的控制为例，电开型是指4 mA信号对应的是阀关，20 mA信号对应的是阀开最大。电关型则与电开型刚好相反，即电信号达到最大时，阀门开口最小；电信号达到最小时，阀门开口最大。

还有些调节型电动执行器有失信号保护，即当出现线路故障等造成控制信号丢失时，电动执行器将控制阀门启闭到设定的保护值(全开、全关或保持原位)。

3) 根据阀门所需的扭力确定电动执行器的输出扭力

阀门启闭所需的扭力决定着电动执行器需要多大的输出扭力，一般由使用者提出或阀门厂家自行选配。阀门正常启闭所需的扭力由阀门口径大小、工作压力等因素决定。若电动执行器的扭力太小，就会造成无法正常启闭阀门，因此电动执行器必须选择一个合理的扭力范围。

4) 根据所选电动执行器确定电气参数

选型时要确定电动执行器的电气参数，如电机功率、额定电流、二次控制回路电压等。

四、电动调节阀

1. 结构与特点

由电动执行机构和调节阀连接组合后，再经过机械连接装配、调试安装，就构成电动调节阀。电动调节阀里的电动执行机构也称为阀门电动执行器，它是用来驱动阀门启闭的一种专用驱动装置，由专用电机、蜗轮蜗杆、行程和力矩检测机构及控制部分等组成。电动调节阀里的调节机构(即调节阀)通常为蝶阀或球阀。

电动调节阀是工业自动化过程控制中的重要执行器。与传统的气动调节阀相比，电动调节阀具有明显的优点：环保节能(无碳排放且只在工作时才消耗电能)、安装快捷方便(无需复杂的气动管路和气泵工作站)。此外，电动调节阀还具有体积小、重量轻、连线简单、流量大、调节精度高等特点，因此广泛应用于电力、石油、化工、环保、冶金、轻工、建材、教学和科研设备等的工业过程自动控制系统中。图 4.2-5 为某型电动调节阀的外观图。

图 4.2-5　某型电动调节阀的外观图

☞**打比喻** 家庭用的手拧水龙头，一般用手来旋转阀杆，使阀芯进或退，从而通过调节阀口大小变化而达到水量大小的调节。而对于电动调节阀，其调节方法类似于手拧水龙头，即通过电信号的大小变化引起电动机(执行机构)旋动角度。因此，电动调节阀类似于“电动水龙头”。

2. 原理

电动调节阀接收来自控制器的模拟量信号(DC 4～20 mA 电流或DC 1～5 V 电压)或来自网络通信的数据信号，并将其转换成相应的角位移或直行程位移，来驱动阀门改变阀芯和阀座之间的截面积大小，以实现自动化调节管道内流体的流量、压力、温度等工艺参数。

☞知识拓展　(1) 电动调节阀内的电动机一般使用DC 24 V、AC 220 V或AC 380 V等电压等级的工作电源。电动调节阀的输入控制信号一般为DC 4～20 mA或者DC 1～5 V，输出控制信号(反馈信号)一般为DC 4～20 mA。

(2) 除了接收直流信号(模拟量信号)来实现控制，电动调节阀还可根据控制需要，与PLC等控制器组成智能化网络控制系统，以实现远程监控。

(3) 按调节的工艺参数不同，电动调节阀可分为电动流量调节阀和电动温度调节阀。电动流量调节阀多用于调节流体的流量、压力，有时也用于调节液位，可在给水管路中作调节流量使用，也可在油品管路中使用。调节温度的电动调节阀称为电动温度调节阀，它是对蒸汽、热气、热油与气体等介质的温度实行自动调节和控制的设备，广泛应用于化工、石油、食品、轻纺、宾馆与饭店等部门的热水供应。

3. 安装与使用

新设计、安装的控制系统，为了确保调节阀在运行时能正常工作，并使系统安全运行，在安装新阀之前，首先应检查阀上的铭牌标记是否与设计要求相符。同时还应对基本误差限、全行程偏差、回差、死区、泄漏量(在要求严格的场合下)等项目进行调试。

如果是对原系统中调节阀进行了大修，除对上述各项进行校验外，还应对旧阀的填料函和连接处等部位进行密封性检查。

在现场使用中，关于调节阀的很多问题往往不是由调节阀本身的质量所引起的，而是由于调节阀的安装和使用不当所造成的，如安装环境、安装位置及方向不当，或者是由管路不清洁等所导致的。因此，电动调节阀在安装与使用时要注意以下几个方面：

(1) 电动调节阀属于现场仪表，要求环境温度应在-25℃～60℃范围，相对湿度不大于95%。如果是安装在露天或高温场合，则应采取防水、降温措施；在有震源的地方要远离震源或增加防震措施。

(2) 调节阀一般应垂直安装，特殊情况下可以倾斜，如倾斜角度很大或者阀本身自重太大时，应对调节阀增加支承件保护。

(3) 安装调节阀的管道一般不要离地面或地板太高，在管道高度大于2 m时应尽量设置平台，以方便操作手轮和便于进行维修。

(4) 调节阀安装前应对管路进行清洗，排除污物和焊渣；安装后，为保证不使杂质残留在阀体内，还应再次对阀门进行清洗，即通入介质时应使所有阀门开启，以免杂质卡住。手轮机构在使用后，应恢复到原来的空挡位置。

(5) 为了在发生故障或维修的情况下生产过程能继续进行，调节阀应加旁通管路。同时还应特别注意，调节阀的安装位置是否符合工艺过程的要求。

(6) 电动调节阀的电气部分安装应根据有关电气设备施工要求进行。

(7) 执行机构的减速器拆修后应注意加油润滑，低速电机一般不要拆洗加油。装配后还应检查阀门开度指示是否相符。

五、PLC控制电动调节阀开度

(一) PLC控制电动调节阀开度的工作原理

1. 控制工作原理

1) PLC的模拟量输出

PLC的模拟量输出指PLC的数字量经过D/A转换之后得到模拟量，再输出给外部设备，从而控制外部设备运行的方法。此方法可简记为：数字量→模拟量→外部设备。

2) 阀门开度

阀门开度有两种表示形式，一种是用阀门开口的角度(单位为“°”)来表示，另一种是用阀门开口的程度(以百分比表示)来表示。例如，蝶阀开度用角度表示时，开口角度范围为0°～90°，0°时阀门处于全关状态(开口最小)，90°时阀门处于全开状态(开口最大)；用程度表示时，开口程度范围为0%～100%(对应的是0°～90°)。

3) 原理

PLC的数字量经过模拟量输出模块(如EM AM06模块)的D/A转换，得到对应的模拟量电流(DC 4～20 mA)或模拟量电压(DC 0～5 V)，然后这个模拟量电流或电压再输出到电动调节阀，控制电动调节阀的阀门相应角位移或直行程位移。此原理可简记为：PLC的数字量→模拟量→电动调节阀。

☞**提示**　为方便数据远传与抗干扰，一般电动调节阀较多使用DC 4～20 mA的模拟量电流输入，而用模拟量电压的情况相对偏少。

2. D/A转换的线性比例关系

D/A转换可以看作A/D转换的相反过程，两者的比例计算类似，即D/A转换的计算可以参考A/D转换的计算。同样地，也可以直接使用PLC编程软件里的比例运算库函数“Scale_I_to_R”进行比例运算。

PLC的数字量D_x(范围为D_0～D_m)经D/A转换后，得到对应的模拟量数据A_x(范围为A_0～A_m)。假设D/A转换后为线性关系，则有关系式：

$$\frac{D_x-D_0}{D_\mathrm{m}-D_0}=\frac{I_x-I_0}{I_\mathrm{m}-I_0}=\frac{A_x-A_0}{A_\mathrm{m}-A_0} \tag{4.2-1}$$

根据该关系式，可以方便地由模拟量A_x计算出数字量D_x。

(二) 使用西门子S7-200 SMART系列PLC控制电动调节阀开度

1. AQ存储器

西门子S7-200 SMART系列PLC用AQ存储器来表示D/A转换中的数字量。AQ存储器的寻址方式为：AQW[起始字节地址]，例如AQW18。由于AQ存储器为16位的(即1个字长、2个字节)，因此总是从偶数字节(例如16、18或20)开始编号，如地址AQW16、AQW18或AQW20。

☞**注意**　AIW为只读值，而AQW为只写值。

如图 4.2-6 所示，在系统块的 EM0 栏中添加 EM AM06 模块。当该模块处于被选中状态时，可以看到“输出”的地址为“AQW16”，其含义为：模拟量输出的通道 0 和通道 1，经 D/A 转换后，输出的数字量地址分别为 AQW16、AQW18。

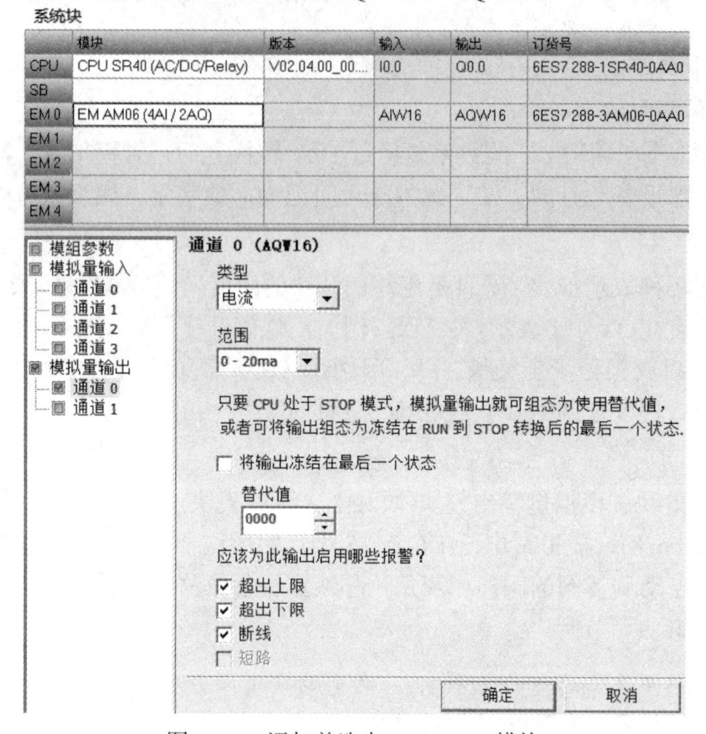

图 4.2-6　添加并选中 EM AM06 模块

2. D/A 转换

S7-200 SMART 系列 PLC 的数字量 D_x(范围为 5530～27 648)通过模拟量输出模块(如 EM AM06)进行 D/A 转换，把 D/A 转换得到的模拟量直流电流(范围为 4～20 mA)再输给电动调节阀，从而准确地控制电动调节阀的开度(范围为 0°～90°)，则

$$D_x = \frac{(27\ 648 - 5530)(A_x - 0)}{90 - 0} + 5530 = \frac{22\ 118 A_x}{90} + 5530$$

☞**注意**　一般电动调节阀的输入电流 I_x 的范围是 4～20 mA，而不是 0～20 mA，因此与模拟量电流 4～20 mA 对应的 PLC 数字量是 5530～27 648，而不是 0～27 648。

(三) 使用三菱 FX_{3U} 系列 PLC 控制电动调节阀开度

FX_{3U} 系列 PLC 的数字量数据 D_x(范围为 0～3200)可以通过 FX_{3U}-3A-ADP 模块进行 D/A 转换，把 D/A 转换得到的模拟量电流(范围为 DC4～20 mA)输给电动调节阀，从而准确地控制电动调节阀的开度(范围为 0%～100%)。

FX_{3U}-3A-ADP 模块是一种 PLC 模拟量模块，它有 2 个通道的模拟量输入和 1 个通道的模拟量输出，可以通过设置特殊辅助继电器 M8262、M8269 和特殊数据寄存器 D8262 来实现模拟量输出。具体设置如表 4.2-1 所示。

表 4.2-1　设置 M8262、M8269 和 D8262

软元件	功 能	设 置 含 义
M8262	设定输出通道输出模式	0：电压输出模式；1：电流输出模式
M8269	设定输出通道是否使用	0：使用通道；1：不使用通道
D8262	设定输出数据(数字量)	给输出通道设定一个数字量值(D8262 的数据)，然后 FX_{3U}-3A-ADP 会对此数字量值进行 D/A 转换，得到模拟量

【任务实施】

在一个 PLC 控制电动调节阀开度的系统中，电动调节阀的开度由输入电流(范围为 4～20 mA)决定。MCGS 触摸屏上的图形构件“输入框”为电动调节阀开度的设置值(可以取小数)，该值连接到 PLC 的地址。试设计该系统。

首先，进行功能要求分析：PLC 的数字量 D_x 经过 D/A 转换后得到电流 I_x，电流 I_x 再输入到电动调节阀，控制电动调节阀的开度。此过程可简写为：数字量 D_x→电流 I_x→电动调节阀开度 s。

下面分别用西门子 SR40 和三菱 FX_{3U}-48MR 这两种不同的 PLC 来进行任务实施。

1. 使用西门子 SR40 进行任务实施

(1) 分配地址。PLC 的数字量地址为 AQW16，开度(单位为“°”)的 PLC 地址为 VD20。

(2) 组态 MCGS，用户窗口如图 4.2-7 所示。输入框中可填入开度值(实数)。

图 4.2-7　MCGS 用户窗口(SR40)

(3) 进行硬件电路接线，包括 PLC、EM AM06 模块与电动调节阀之间的接线。

(4) 编写 PLC 程序。首先求出关系表达式，PLC 的数字量 D_x(地址为 AQW16)、电流 I、电动调节阀的开度 s 的范围对应关系可简写为：5530～27 648——4～20 mA——0°～90°，即 $D_0 = 5530$，$D_m = 27\,648$，$I_0 = 4$，$I_m = 20$，$s_0 = 0$，$s_m = 90$。根据式(4.2-1)，得 $\dfrac{D_x - 5530}{27648 - 5530} = \dfrac{s - 0}{90 - 0}$，即 AQW16 与开度 s 之间的关系表达式为 $\text{AQW16} = \dfrac{22118s}{90} + 5530 = \dfrac{22118\text{VD20}}{90} + 5530$。编写 PLC 程序如图 4.2-8 所示，并下载程序到 PLC。

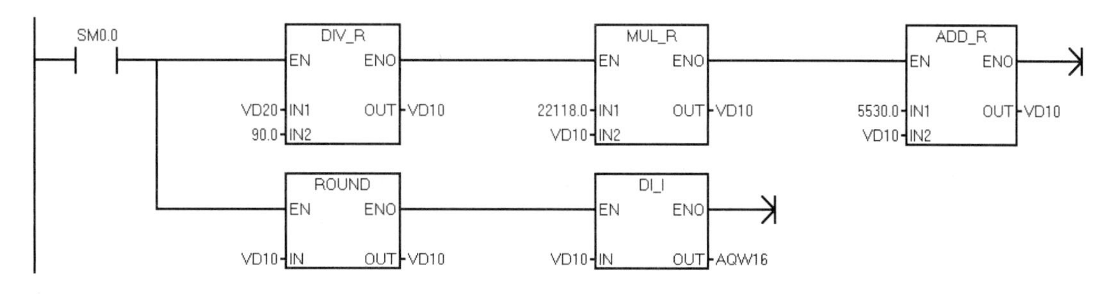

图 4.2-8　PLC 程序(SR40)

2. 使用三菱 FX_{3U}-48MR 进行任务实施

(1) 分配地址。PLC 的数字量地址为 D8262，阀门开度的地址分配为 32 位的(D101, D100)(取值范围为 0～100 的实数，表示对应的开度范围为 0%～100%)。

(2) 组态 MCGS，用户窗口如图 4.2-9 所示。

图 4.2-9　MCGS 用户窗口(FX_{3U}-48MR)

(3) 进行硬件电路接线，包括 PLC、FX_{3U}-3A-ADP 模块与电动调节阀之间的接线。

(4) 编写 PLC 程序。首先求出关系表达式，PLC 的数字量 D_x(地址为 D8262)、电流 I、电动调节阀的开度 s 的范围对应关系可简写为：0～3200——4～20 mA——0%～100%，即 $D_0 = 0$，$D_m = 3200$，$I_0 = 4$，$I_m = 20$，$s_0 = 0$，$s_m = 100$。根据式(4.2-1)，得 $D_x/3200 = s/100$，即 D8262 与开度 s 之间的关系表达式为 D8262 = 32s = 32(D101, D100)。

编写 PLC 程序，如图 4.2-10 所示。

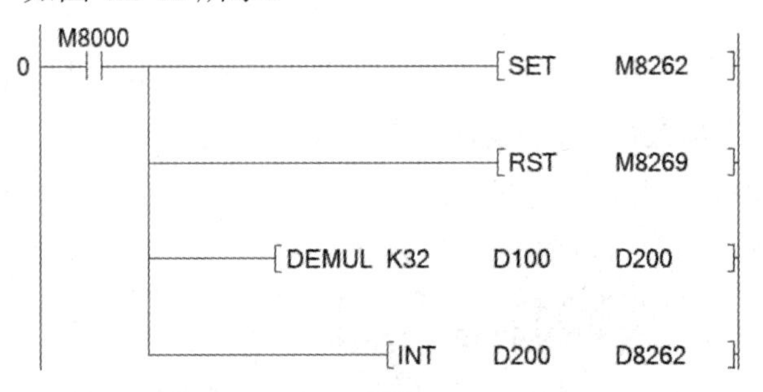

图 4.2-10　PLC 程序(FX_{3U}-48MR)

M8262、M8269 分别设为 ON、OFF，并使用乘法指令 DEMUL，将 32 与(D101, D100)相乘所得的积传送给 D8262。然后下载程序到 PLC 并进行调试。

【小结】

本任务主要介绍气动调节阀和电动调节阀，以及 PLC 控制电动调节阀开度的工作原理及方法。

【理论习题】

一、单选题

1. PLC 控制电动调节阀的开度，不可以通过(　　)的方式。

A. 开关量　　B. 模拟量　　C. 通信　　D. 以上都不对

2. 按动力源的不同，执行器主要分为(　　)。

A. 气动执行器、液动执行器、手动执行器

B. 气动执行器、液动执行器、电动执行器

C. 气动执行器、手动执行器、电动执行器

D. 气动执行器、液动执行器、电动执行器、手动执行器

二、简答题

1. 简述 PLC 控制电动调节阀开度的工作原理。

2. 模拟量电流 I(范围为 4～20 mA)与阀门开度 s(范围为 0°～90°)之间有什么样的关系？如何计算？

【技能训练题】

对上面的任务实施，在 MCGS 触摸屏上添加 1 个“启动”按钮和 1 个“停止”按钮。按下“启动”按钮，系统进入正常待机状态；按下“停止”按钮，系统处于停止状态。正常待机状态下，在输入框中设置电动调节阀的开度数值之后，电动调节阀的阀门才会发生转动。停止状态下，即使在输入框中设置了电动调节阀的开度数值，电动调节阀的阀门也不会发生转动。试进行硬件接线、PLC 编程、MCGS 组态。

【实践训练题】实践：PLC 控制电动调节阀开度

一、实践目的

(1) 熟悉用模拟量控制电动调节阀开度变化的原理；

(2) 熟悉 D/A(数/模)转换时的比例关系运算；

(3) 能通过 PLC 及其模拟量模块控制电动调节阀的开度。

二、实践器材

电动调节阀 1 套、PLC 1 台、PLC 的模拟量模块 1 个、MCGS 触摸屏 1 台、直流电流表 1 个(DC 0～20 mA)、电脑 1 台、PLC 程序下载线 1 条、万用表 1 个、端子排 3 个、实践导线若干。

三、安全注意事项

穿戴必须符合电工实践操作要求；各种电工工具必须按规定操作，防止被工具或器材误伤和损坏工具；确保在断电状态下进行电路接线；接线前先检查电路，确保电路无故障后才能通电；接通电源后，手不能碰到系统中的任何金属部分。

四、实践内容及操作步骤

某型电动调节阀如图 4.2-11 所示。

图 4.2-11　某型电动调节阀

(1) 以PLC控制电动调节阀的开度，实现功能要求如下：

① PLC的模拟量模块输出直流电流I_x(范围为DC 4～20 mA)到电动调节阀；

② I_x的大小决定电动调节阀的开度(取值范围为0%～100%)。

(2) 分配PLC的数字量地址、电动调节阀开度(模拟量)的PLC地址。

(3) 画出电路接线图，并进行PLC、PLC的模拟量模块、直流电流表(DC 0～20 mA)、电动调节阀的电路连线。

(4) 计算出D/A转换中，PLC数字量与电动调节阀开度的比例关系式。

(5) 在电脑上编写PLC程序，再下载到PLC。

(6) 在电脑上组态MCGS，用输入框连接电动调节阀开度的PLC地址，再下载到触摸屏，然后进行PLC与触摸屏的联机。

(7) 在触摸屏上，多次设置电动调节阀的不同开度数值，观察直流电流表的电流数值、电动调节阀的旋转方向及开度大小变化。

五、思考题

1. 简述用模拟量控制电动调节阀开度变化的原理。

2. 画出电气原理图。

3. 写出电动调节阀开度s与PLC的数字量值D之间的关系表达式，并编写PLC程序。

任务 4.3　PLC 控制 SBR、MSBR 水处理系统

【任务导入】

污水生物化学法处理的主要目的为除去污水中悬浮物和可生物降解有机物，常用污水处理工艺有 A/O、A^2/O、SBR、MSBR 等。如果在污水处理工艺过程中引入 PLC，以实现水处理系统的高效化、自动化控制运行，那么该如何做呢？

本任务在简单介绍几种常用水处理工艺的基础上，详细介绍 PLC 在 SBR、MSBR 水处理系统中的应用，并给出西门子 S7-200 SMART 系列 PLC 在控制 SBR、MSBR 水处理系统方面的实践。对于三菱 FX_{3U} 系列 PLC，其控制 SBR、MSBR 水处理系统的方法和操作与西门子 PLC 的类似，读者可以参考本任务中西门子 PLC 的任务实践。

【学习目标】

◆ 知识目标

(1) 熟悉水处理工艺(A/O、A^2/O、SBR、MSBR)；

(2) 熟练掌握 PLC 顺序功能图编程。

◆ 技能目标

(1) 学会使用 PLC 顺序功能图编程；

(2) 学会利用 PLC 控制 SBR、MSBR 水处理系统。

【知识链接】

一、水处理工艺

水处理是指通过一系列水处理设备将被污染的工业废水或污水进行净化处理，以达到国家规定的水质标准。水处理跟社会生产、日常生活是密切相关的，因此它具有实用意义。

常用的污水处理方法有生物化学法(如活性污泥法、生物结层法、混合生物法)、物理化学法(如粒质过滤法、活性炭吸附法、化学沉淀法、膜滤/析法)、自然处理法(如稳定塘法、氧化沟法、人工湿地法)等。

污水生物化学法处理以去除不可沉悬浮物和溶解性可生物降解有机物为主要目的，其工艺构成多种多样，可分成活性污泥法、AB 法、A/O 法、A^2/O 法、SBR 法、MSBR 法、氧化沟法、稳定塘法、土地处理法等。

水处理工艺有多种，本任务主要介绍 A/O 水处理工艺、A^2/O 水处理工艺、SBR 水处理工艺、MSBR 水处理工艺，以及利用 SBR、MSBR 水处理工艺进行 PLC 控制的方法和操作。

(一) A/O、A^2/O 水处理工艺

1. A/O 水处理工艺

1) A/O 水处理工艺的概念

A/O(Anaerobic-Oxic)工艺法，也称为 AO 工艺法，是厌氧-好氧工艺法的简称，是一种

污水处理工艺方法。A/O 水处理工艺包括两个阶段：A 阶段和 O 阶段。A 阶段是厌氧段，用于脱氮除磷；O 阶段是好氧段，用于去除水中的有机物。

A/O 水处理工艺的优越性在于它不仅能使有机污染物得到降解，而且具有一定的脱氮除磷功能，是将厌氧水解技术用于活性污泥法的前处理，所以 A/O 水处理工艺法是改进的活性污泥法。

2) A/O 水处理工艺的特点

A/O 水处理工艺的特点有效率高、对废水中的有机物和氨氮等有较好的去除效果、流程简单、投资节约、操作费用较低、降解效率较高、容积负荷高、耐负荷冲击能力强等。

然而，A/O 水处理工艺没有独立的污泥回流系统，从而不能培养出具有独特功能的污泥，难降解物质的降解率较低。而且如果要提高脱氮效率，就必须加大内循环比，因而增加了运行费用。另外，内循环液来自曝气池，含有一定的溶解氧，这会使厌氧段(即 A 阶段)难以保持理想的缺氧状态，影响反硝化效果，脱氮率很难达到 90%。

3) A/O 水处理工艺的设施

A/O 水处理工艺的设施有格栅井、调节池、提升泵、沉淀池(初沉池)、A 级生物处理池(厌氧池)、O 级生物处理池(好氧池)、沉淀池(二沉池)、消毒池、污泥池等，利用这些设施可进行全自动程序控制运行。

☞**小知识** 生物反应池也称为生物反应器或生物处理池，是利用活性污泥法进行污水生物处理的构筑物。根据池内能满足生物活动所需的环境条件(厌氧、缺氧和好氧)，生物反应池可分为厌氧池、缺氧池和好氧池。

4) A/O 水处理工艺的流程

A/O 水处理工艺流程图如图 4.3-1 所示。污水进入格栅井被去除颗粒杂物后，进入调节池，进行均质均量。调节池中设置预曝气系统，再经液位计传递信号，由提升泵送至初沉池沉淀。废水自流至厌氧池，进行酸化水解和硝化、反硝化，降低有机物浓度，去除部分氨氮，然后流入生物接触好氧池进行好氧生化反应，在此绝大部分有机污染物通过生物氧化、吸附得以降解。出水自流至二沉池进行固液分离后，二沉池上清液流入消毒池，进行加药消毒(投加氯片溶解，杀灭水中有害菌种后达标外排)。由格栅留下的杂物装入小车并倒至垃圾场，二沉池中的污泥一部分回流至缺氧池，另一部分至污泥消化池进行污泥消化后定期抽吸外运，污泥池上清液回流至调节池再处理。

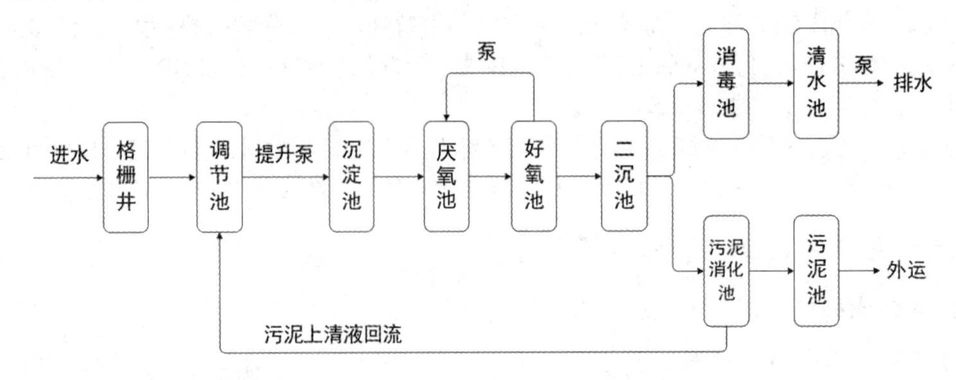

图 4.3-1　A/O 水处理工艺流程图

2. A²/O 水处理工艺

A^2/O(Anaerobic-Anoxic-Oxic)工艺法，也称为 AA/O 工艺法或 A2/O 工艺法，是厌氧-缺氧-好氧工艺法的简称，是一种常用的污水处理工艺方法。

1) A^2/O 水处理工艺的流程

A^2/O 水处理工艺可用于二级污水处理或三级污水处理，以及中水回用，具有良好的脱氮除磷效果。其工艺流程如图 4.3-2 所示。

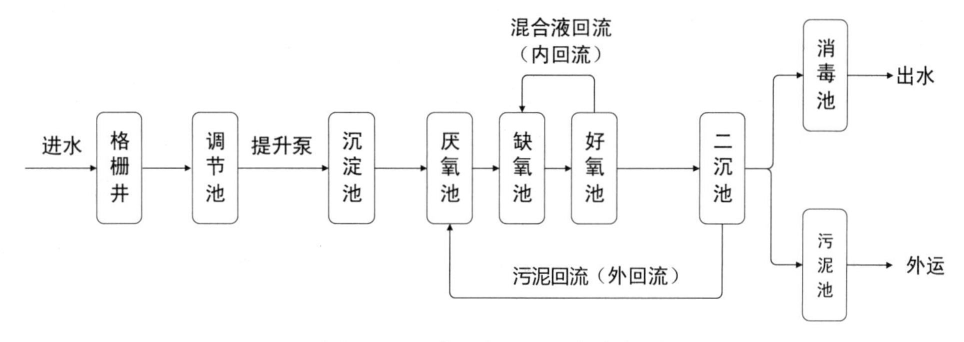

图 4.3-2　A^2/O 水处理工艺流程图

☞**小知识**　生活污水与三级污水处理。生活污水是人类在日常生活中排出的废水。按处理程序划分，生活污水处理一般分为三级。污水一级处理应用物理方法，如筛滤、沉淀等去除污水中不溶解的悬浮固体和漂浮物质；污水二级处理主要应用生物处理方法，即通过微生物的代谢作用进行物质转化，将污水中的各种复杂的有机物氧化降解为简单的物质，生物处理对污水水质、水温、水中的溶氧量、pH 值等有一定的要求；污水三级处理是在污水一、二级处理的基础上，应用混凝、过滤、离子交换、反渗透等物理、化学方法去除污水中难溶解的有机物、磷、氮等营养性物质。目前国内常见的生活污水处理工艺以活性污泥法为核心。

2) A^2/O 水处理工艺的原理

A^2/O 水处理工艺采用三段式反应池，它是传统活性污泥工艺、生物硝化及反硝化工艺及生物除磷工艺的结合。

A^2/O 水处理工艺中最重要的工序单元就是生化反应池。初沉池出水进入生化反应池，水体中可导致水体富营养化的含氮和磷的有机物在此过程中被降解。生化反应池分为三个池体：厌氧池、缺氧池和好氧池。

(1) 厌氧池。

原污水与从二沉池排出的含磷回流污泥同步进入厌氧池。在厌氧池，回流污泥中的聚磷菌释放磷(释放磷是厌氧段的主要功能，它为好氧吸磷储存动力)，并吸收低级脂肪酸等易降解的有机物，同时部分有机物进行氨化。

(2) 缺氧池。

缺氧池的首要功能是脱氮，硝态氮是通过内循环由好氧池送来的，循环的混合液量较大，一般为 $2Q$(Q 为原污水流量)。在缺氧池，反硝化细菌利用污水中的有机物作为碳源，将内回流混合液带入的 NO_3-N 和 NO_2-N(硝态氮)通过反硝化作用转化为氮气，从而达到脱氮的目的(即反硝化脱氮)，并使 BOD5 继续下降。

(3) 好氧池。

好氧池即曝气池，这一反应池是多功能的，去除 BOD(生化需氧量)、氨氮硝化和吸收磷(主要是这三者)等均在此处进行。在好氧池，在充足供氧条件下，有机物进一步氧化分解，氨氮被硝化菌转化为 NO_3-N，而在厌氧池中充分释磷的聚磷菌则可以在好氧池中过量吸收磷，形成高磷污泥，并通过剩余污泥排出以达到除磷的目的。流量为 $2Q$ 的混合液从这里回流到缺氧池。

生化反应池的后续处理单元是二沉池。二沉池也是沉淀池的一种，它的作用是使泥水分离。污泥(沉淀物)基本都是微生物絮体。二沉池中的污泥一部分回流到厌氧池中，另一部分作为污泥排放到污泥池中。而二沉池的出水(即上清液)则进入消毒池，消毒池装有紫外线消毒设备，可利用紫外线对经整个污水处理系统过滤后的水进行消毒，使其达到可以利用的程度。二沉池排放的部分污泥进入污泥井，污泥井的作用是控制污泥回流量。污泥经污泥井后进入污泥浓缩池中，污泥浓缩池的作用是降低污水中污泥的含水率，减小污泥体积。然后污泥进入脱水设备——离心脱水机，并在离心脱水机的内筒高速旋转产生的离心力作用下实现脱水。

通过增设混合液内回流，A^2/O 工艺脱氮使好氧段硝化作用后产生的硝酸盐回流至缺氧段进行反硝化。A^2/O 工艺在去除有机污染物的同时，能够实现脱氮除磷效果，其在系统上可认为是最简单的同步脱氮除磷工艺。A^2/O 工艺的总水力停留时间少于其他同类工艺，且在反应流程上厌氧、缺氧、好氧交替运行，不利于丝状菌生长，污泥膨胀较少发生，在生物除磷过程运行中无需投药，运行费用低，且污泥中含磷浓度高。

☞**小知识** BOD5(Biochemical Oxygen Demand of 5 days)指五日生化需氧量，为一种用微生物代谢作用所消耗的溶解氧量来间接表示水体被有机物污染程度的重要指标，用来说明水中有机物由于微生物的生化作用进行氧化分解，使之无机化或气体化时所消耗水中溶解氧的总数量。BOD5 的单位为 ppm 或 mg/L，其值越高，说明水中有机污染物质越多，污染也就越严重。

3) A^2/O 水处理工艺的特点

(1) 优点：A^2/O 水处理工艺在系统上可称为最简单的同步脱氮除磷工艺，总水力停留时间少于其他同类工艺；在厌氧、缺氧、好氧交替运行条件下，丝状菌不能大量增殖，不易发生污泥丝状膨胀，SVI 值(污泥体积指数)一般小于 100；污泥含磷浓度高，具有较高肥效；运行中无需投药，两个 A 段只用轻轻搅拌，以不增加溶解氧为度，运行费用低。

(2) 缺点：除磷效果难再提高，污泥增长有一定限度，不易提高，特别是 P/BOD 值高时更甚；脱氮效果也难再进一步提高，内循环量一般以 $2Q$ 为限，不宜太高；进入沉淀池的处理水要保持一定浓度的溶解氧，减少停留时间，防止厌氧状态产生和污泥释放磷的现象出现，但溶解氧浓度也不宜过高，以防循环混合液对缺氧池产生干扰。

(二) SBR、MSBR 水处理工艺

1. SBR 水处理工艺

1) SBR 水处理工艺的概念

序批式活性污泥法(sequencing batch reactor activated sludge process，SBR)又称为间歇式

活性污泥法，是在同一反应池(器)中，按时间顺序由进水、曝气、沉淀、排水和待机(排泥和闲置)五道基本工序组成的活性污泥污水处理方法。

SBR 是一种按间歇曝气方式来运行的活性污泥污水处理技术。它的主要特征是在运行上的有序和间歇操作。SBR 技术的核心是 SBR 反应池，该池集均化、初沉、生物降解、二沉等功能于一体，无污泥回流系统。反应池一批一批地处理污水，采用间歇式运行方式，每一个反应池都兼有曝气池和二沉池作用，因此不再设置二沉池和污泥回流段，而且一般也可以不建水质或水量调节池。

2) SBR 水处理工艺的应用领域

SBR 水处理工艺在国内应用广泛，尤其适用于建设空间不足、间歇排放或者流量变化较大的场合。滗水器是 SBR 水处理工艺的一项关键设备，它是一种能随水位变化而调节的出水堰，排水口淹没在水面下一定深度，可防止浮渣的进入。

SBR 水处理工艺主要应用于工业废水(如制药、造纸、印染、洗涤、餐饮、啤酒等)处理和城市废水处理。

3) SBR 水处理工艺的流程

SBR 水处理工艺的整个处理过程实际上是在一个反应器(SBR 反应池)内控制运行的，它的流程图如图 4.3-3 所示。污水进入 SBR 反应池后按顺序进行不同的处理。一般来说，SBR 反应池的一个控制运行周期包括五道工序，即进水、曝气、沉淀、排水、排泥和闲置。SBR 水处理工艺在运行时，五道工序的运行时间，反应器内混合液的体积、浓度及运行状态等都可根据污水性质、出水质量与运行要求灵活变动。曝气方式可采用鼓风曝气或机械曝气。

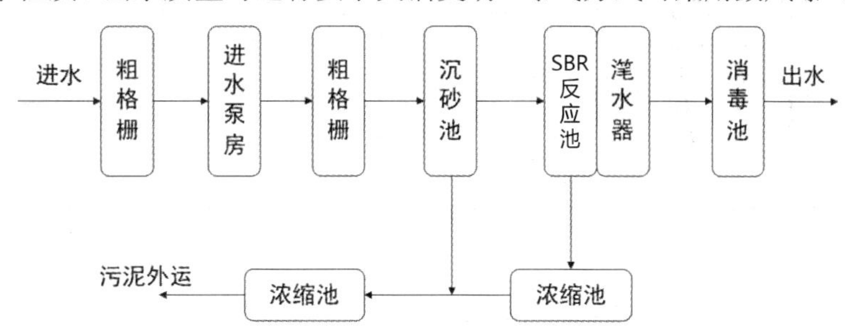

图 4.3-3　SBR 水处理工艺流程图

4) SBR 水处理工艺的特点

SBR 水处理工艺具有工艺流程简洁、抗冲击和负荷能力强、控制灵活、可实现脱氮除磷、出水水质水量有保证、污泥沉降性能好、投资省、占地少、维护量小、运行成本低、自动化程度高、操作管理简单等特点。另一方面，SBR 水处理工艺能够有效地控制丝状菌的过量繁殖，这一特性是由缺氧与好氧并存、反应中底物浓度较大、泥龄短、比增长速率大决定的。

2. MSBR 水处理工艺

1) MSBR 水处理工艺的概念

MSBR(Modified Sequencing Batch Reactor，即 Modified SBR)指的是改良式序列间歇反应器，是根据 SBR 的特点，结合传统活性污泥法开发的一种连续进出水污水处理工艺。该工艺被认为是目前最新、集约化程度最高的污水处理工艺。它在系统的可靠性、土建工程量、总装机容量、节能、降低运行成本和节约用地等多方面都具有明显的优势。

MSBR 水处理工艺是一种可连续进水、高效、可靠的污水处理工艺，它还具有简单，容积小，单池，易于实现计算机自动控制的优点。在成本投资和运行费用较低的情况下，MSBR 水处理工艺能有效地处理含高浓度 BOD5、TSS、氮和磷的污水。总之，MSBR 水处理工艺在低 HRT(水力停留时间)、低 MLSS 和低温情况下，具有优异的处理能力。

2) MSBR 水处理工艺的基本组成

MSBR 水处理工艺的反应器由三个主要部分组成：曝气格和两个交替序批处理格。主曝气格在整个运行周期过程中保持连续曝气，而每半个周期过程中，两个交替序批处理格分别作为 SBR 池和澄清池。

具体来讲，MSBR 工艺结构由原水箱、格栅、厌氧池、缺氧池、好氧池、SBR1 池、SBR1 滗水器、SBR2 池、SBR2 滗水器、泥水浓缩池等组成；电气控制元件主要由控制柜、进水阀、调节池搅拌机、流量计、浮球液位开关、厌氧池搅拌电机、缺氧池搅拌电机、好氧池曝气盘和风机、SBR1 池调速搅拌机、SBR2 池调速搅拌机、SBR1 池与 SBR2 池曝气盘和风机等组成。

3) MSBR 水处理工艺的原理

MSBR 水处理工艺流程图如图 4.3-4 所示。

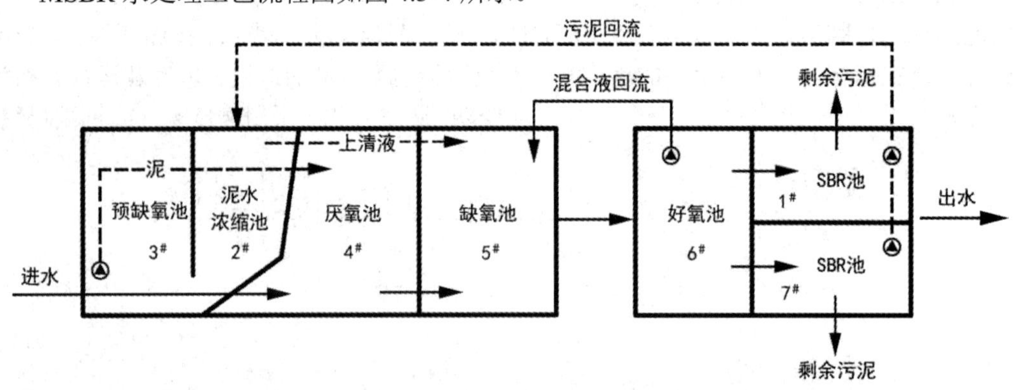

图 4.3-4　MSBR 水处理工艺流程图

要弄明白 MSBR 水处理工艺的原理，首先需要了解 MSBR 水处理工艺的各单元及其作用。在工程实践中，通常将整个 MSBR 水处理工艺设计为一座矩形池，并分为不同的单元，各单元承担的作用如下：

(1) 单元 1 和单元 7 都是 SBR 池(SBR1 池、SBR2 池)，其功能相同，均起着好氧氧化、缺氧反硝化、预沉淀和沉淀的作用；

(2) 单元 2 为泥水浓缩池，被浓缩的活性污泥进入单元 3，上清液(富含硝酸盐)则进入单元 6(也可以进入单元 5)，实现泥水分离；

(3) 单元 3 是预缺氧池，在本单元中除了回流活性污泥中溶解氧被消耗，回流活性污泥中的硝酸盐也被微生物的自身氧化所消耗；

(4) 单元 4 是厌氧池，原污水由本单元进入 MSBR 系统，回流的浓缩污泥在本单元中利用原污水中的快速降解有机物完成磷的释放；

(5) 单元 5 是缺氧池，污水与由单元 6 回流至此的混合液混合，完成生物脱氮过程；

(6) 单元 6 是好氧池，其作用是氧化有机物并对污水进行充分的消化，让聚磷菌在本单元中过量吸磷。

MSBR 水处理工艺的原理为：污水进入厌氧池，回流活性污泥中的聚磷菌在此充分释放磷，然后混合液进入缺氧池进行反硝化。反硝化后的污水进入好氧池，有机物被好氧降解、活性污泥充分吸磷后，再进入起沉淀作用的 SBR 池，澄清后污水排放。此时另一边的 SBR 池在 1.5Q 回流量的条件下进行反硝化、硝化或静置预沉。回流污泥首先进入浓缩池进行浓缩，上清液直接进入好氧池，而浓缩污泥则进入缺氧池。这样，一方面可以进行反硝化，另一方面可先消耗掉回流浓缩污泥的溶解氧和硝酸盐，为随后进行的缺氧放磷提供更为有利的条件。在好氧池与缺氧池之间有 1.5Q 的回流量，以便进行充分的反硝化。

由上述原理可以看出，MSBR 是同时进行生物除磷及生物脱氮的污水处理工艺。MSBR 工艺可视为 A^2/O 工艺和 SBR 系统的联合，具有脱氮除磷功能的 SBR 系统在 MSBR 工艺中起着间歇交替运行、沉淀的作用。MSBR 工艺由预缺氧、泥水分离、厌氧、缺氧、好氧、SBR 等处理单元组成，具有较好的除磷和脱氮功能。运行过程中，SBR 单元可根据实际需要来调整厌氧、缺氧、好氧、沉淀等过程所需时间，实现多种运行模式。

4) MSBR 水处理工艺的操作步骤

在每半个运行周期中，主曝气格连续曝气，两个交替序批处理格中的一个作为澄清池(相当于普通活性污泥法的二沉池)，另一个则按以下步骤进行操作：

步骤 1：原水与循环液混合，进行缺氧搅拌；

步骤 2：部分原水和循环液混合，进行缺氧搅拌；

步骤 3：交替序批格停止进原水，循环液继续缺氧搅拌；

步骤 4：曝气，并继续循环；

步骤 5：停止循环，延时曝气；

步骤 6：静置沉淀。

5) MSBR 水处理工艺的特点

MSBR 水处理工艺的特点如下：

(1) 采用连续进出水，避免了传统 SBR 对进出水的控制要求及其间歇排水所造成的问题，极大地提高了系统承受水力冲击负荷和有机物冲击负荷的能力；

(2) 可根据原水的特性和出水的要求随时调整运行周期时间，系统能进行不同配置的设计和运行，以达到不同的处理目的；

(3) 采用恒水位运行，避免了传统 SBR 变水位操作水头损失大、池子利用率低的问题；

(4) 可以维持较高的污泥浓度，同时排出的剩余污泥含水率也相对较低，有利于污泥的后续处理；

(5) 提供传统连续流、恒水位活性污泥工艺对生物脱氮除磷所具有的专用缺氧、厌氧和好氧反应区，提高了工艺运行的可靠性和灵活性；

(6) 为泥水分离提供了与传统 SBR 类似的静止沉淀条件，改善了出水水质；

(7) 提供与传统 SBR 类似的间歇反应区，提高了系统对生物脱氮除磷及有机物去除的效率。

二、PLC 顺序功能图编程

PLC 常用的语言有梯形图(LD)语言、指令表(IL)语言、功能块图(FBD)语言、顺序功能图(SFC)语言、结构化文本(ST)语言。

之前介绍的都是梯形图(LD)语言编程，下面将介绍 PLC 使用顺序功能图(SFC)语言进行编程的方法。

1. 顺序功能图

顺序功能图(Sequential Function Chart，SFC)是顺序功能流程图的简称，又称为状态转移图或功能表图，是描述控制系统的控制过程、功能和特性的一种 PLC 图形编程语言。它将一个系统的控制过程分为若干状态，绘制状态转移图，再由状态转移图设计梯形图程序及指令表程序。

利用顺序功能图的编程方法，PLC 程序设计工作思路变得清晰，不容易遗漏或者冲突，初学者也易于编写出复杂的顺序控制程序，大大提高了工作效率，也为调试、试运行带来了方便。

顺序功能图主要由状态、有向连线、转换、转换条件和动作(或命令)组成，它提供了一种组织程序的图形方法。顺序功能图将一个系统的控制过程分为若干阶段，这些阶段也称为“状态”或“步”。各阶段(状态、步)具有不同的动作，阶段间有一定的转换条件，转换条件满足就可实现阶段转移，上一阶段动作结束，下一阶段动作开始。顺序功能图主要用来描述开关量顺序控制系统，根据它可以很容易设计出顺序控制梯形图程序。

1) 状态

状态也称为步。顺序控制设计法将系统的一个工作周期划分成若干顺序相连的状态，并且用软元件 S 来代表各状态(步)。

系统的初始状态对应的“状态(步)”称为初始状态(初始步)或准备状态(准备步)。初始状态一般是系统等待启动命令的相对静止的状态，用双线方框表示，每一个顺序功能图至少应有一个初始状态。S7-200 SMART 的初始状态用 S0 表示。

当系统正处于某一状态时，称该状态为活动状态。当某状态为活动状态时，相应的动作被执行；当某状态为不活动状态时，相应的非存储型的动作被停止执行。

2) 转换和转换条件

在两步之间的垂直短线为转换，线上的横线为编程元件触点，它表示从上一步转到下一步的条件，横线表示某元件的动合触点或动断触点。触点接通，PLC 才可执行下一步。

转换条件可能是单个或多个条件的组合。例如，转换条件可以为条件 A、条件 B、条件 C 这三个条件经过逻辑运算所得的表达式。

3) 动作

动作也称为命令。当某状态被执行，即某状态为活动状态时，系统将执行该状态内的动作。

2. S7-200 SMART 系列 PLC 的顺序控制指令

顺序控制指令，简称为顺控指令，即在 PLC 利用顺序功能图语言进行编程时所用到的特定命令。一般来说，不同品牌的 PLC，其顺序控制指令符号也不一样，比如西门子 PLC 的顺序控制指令符号与三菱 PLC 的就不一样。但不同品牌的 PLC 利用顺序控制指令进行 PLC 编程的方法是相似的。

S7-200 SMART 系列 PLC 的顺序控制指令如表 4.3-1 所列，它们广泛应用在 S7-200 SMART 系列 PLC 的编程中。

表 4.3-1 S7-200 SMART 系列 PLC 的顺序控制指令

格　式	名　称	功能说明
S_bit SCR	SCR 指令 (顺控开始指令)	状态 S_bit 的开始
S_bit —(SCRT)	SCRT 指令 (状态转换指令)	当满足某些条件时，当前状态将转换到状态 S_bit
—(SCRE)	SCRE 指令 (顺控结束指令)	状态 S_bit 的结束，SCRE 指令一般与 SCR 指令配套使用

注：S_bit 为状态寄存器的状态地址位。

3. S7-200 SMART 系列 PLC 顺序功能图的流程控制方式

S7-200 SMART 系列 PLC 顺序功能图的流程控制方式主要有顺序流程控制、分散流程控制、合并流程控制三种。

1) 顺序流程控制

顺序流程控制也称为单流程控制，它是一个状态接着一个状态的、单线流程的次序控制，其示意图如图 4.3-5 所示。

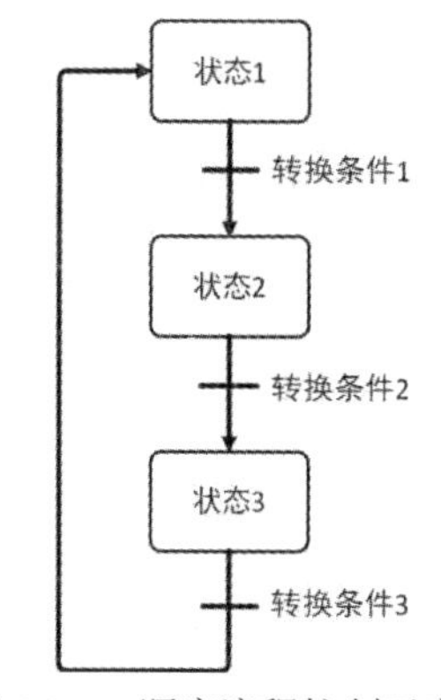

图 4.3-5 顺序流程控制示意图

顺序流程控制有如下几个性质：

(1) 当一个状态满足某种转换条件时，可以转换到下一个状态。例如，当系统处于状态 1 时，如果满足转换条件 1，则系统将转换到状态 2。

(2) 顺序流程控制的状态转换是单线顺序进行的，不能实现跳跃式转换。例如，当系统处于状态 1 时，即使满足转换条件 2，也不会转换到状态 3。因为系统还没有进入状态 2，而系统要首先满足转换条件 1，从状态 1 转换为状态 2，并且满足转换条件 2，才会从状态 2 转换为状态 3。

(3) 后面的状态在满足一定的转换条件下，也可以跳转到前面的状态。例如，如果系统处于状态 3，且满足“转换条件 3”，则系统可以跳转到前面的状态 1。

2) 分散流程控制

在多分支结构中，根据转换条件来选择其中的某一个或多个分支的流程控制，称为分散流程控制，其示意图如图 4.3-6 所示。

根据分支流程的数量，分散流程控制分为选择流程控制(单分支流程控制)和并行流程控制(多分支流程控制)两种。

(1) 选择流程控制。

在多分支结构中，根据不同的转换条件选择其中的某一分支的流程控制，称为选择流程控制。例如，当系统处于状态 1 时，如果满足转换条件 1，则系统进入状态 2；如果满足转换条件 2，则系统进入状态 3。

(2) 并行流程控制。

在多分支结构中，允许同时执行两个或两个以上分支的流程控制，称为并行流程控制。并行流程控制的多分支流程的转换条件可以相同，例如状态 1 在满足转换条件 1 后，能同时执行状态 2 和状态 3。

3) 合并流程控制

合并流程控制指在多分支结构中，在满足一定条件下，多个流程可以转换为一个流程的流程控制。其示意图如图 4.3-7 所示。

合并流程控制中，要等所有分支流程都执行完毕后，才能同时转移到下一个状态。例如，系统在某个时刻同时执行状态 1 和状态 2 的动作，当状态 1 满足转换条件 1 且状态 2 满足转换条件 2 时，系统才能转换到状态 3。

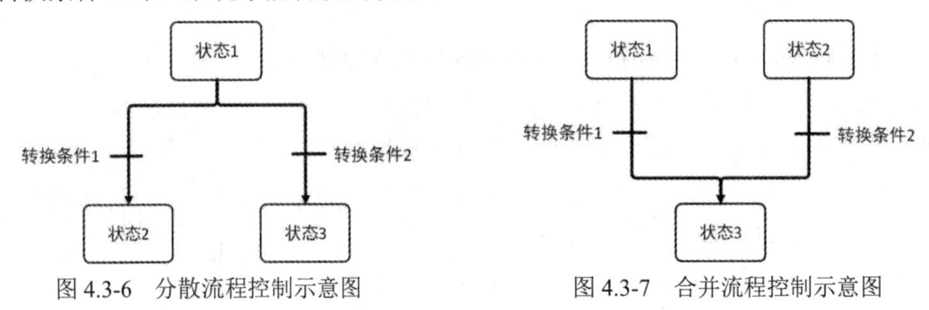

图 4.3-6　分散流程控制示意图　　图 4.3-7　合并流程控制示意图

4. 编程例子

例 4.3-1　如图 4.3-8 所示的 PLC 程序为顺序流程控制的例子，请分析该程序的运行情况。

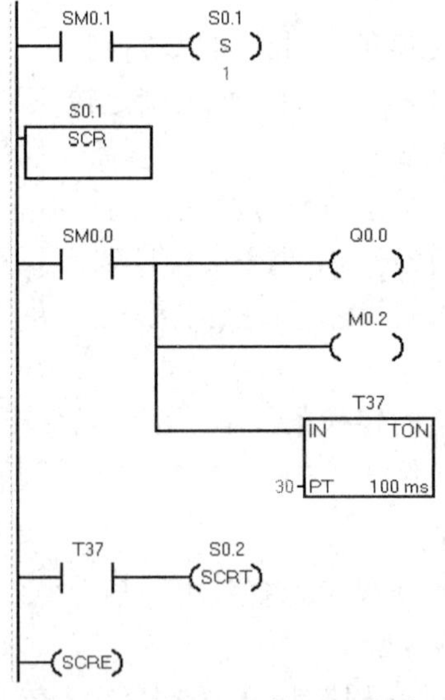

图 4.3-8　例 4.3-1 的 PLC 程序

答　该程序的运行情况如下：

程序段 1：首次扫描时，启用状态 S0.1(即置位 S0.1)。

程序段 2：状态 S0.1 动作程序区域的开头(即状态 S0.1 的动作程序从这里开始)。

程序段 3：在当前状态(状态 S0.1)下，使 Q0.0 和 M0.2 都为 ON，同时启动定时器 T37 进行定时，定时时间为 3 s。

程序段 4：当定时器 T37 计时到 3 s 时，T37 常开触点接通为 ON，当前状态 S0.1 则转换至状态 S0.2。

程序段 5：状态 S0.1 动作程序区域的结尾(即状态 S0.1 的动作程序到这里结束，之后的程序将不再属于状态 S0.1)。

例 4.3-2　请分析图 4.3-9 所示的 PLC 程序的运行情况。

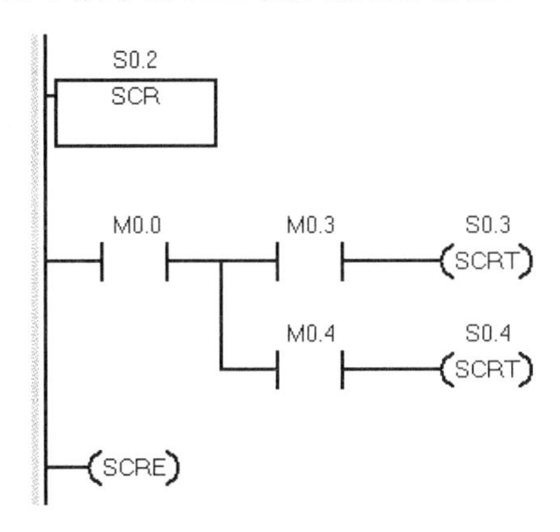

图 4.3-9　例 4.3-2 的 PLC 程序

答　从图中 PLC 程序可以看出，PLC 顺序功能图的流程控制方式为选择流程控制。该程序的运行情况如下：

程序段 1：状态 S0.2 动作程序区域的开头。

程序段 2：在当前状态(即状态 S0.2)下，如果 M0.0 和 M0.3 为 ON，则转换至状态 S0.3；如果 M0.0 和 M0.4 为 ON，则转换至状态 S0.4。

程序段 3：状态 S0.2 动作程序区域的结尾。

【任务实施】

本任务为实现 PLC 控制 MSBR 水处理系统。

MSBR 水处理系统中，含 S7-200 SMART PLC(CPU SR30)1 台、EM DR08 开关量输出模块 1 台、EM AE04 模拟量输入模块 2 台、EM AQ04 模拟量输出模块 1 台、MCGS 触摸屏 1 台、浮球式液位开关 6 个、pH 分析仪 1 个、溶解氧分析仪 1 个、进水阀 5 个、排气阀 2 个、搅拌机 4 台、风机 3 台、提升泵 1 台、回流泵 2 台、加药泵 1 台。此外，还有按钮、状态指示灯、调速模块、直流继电器、交流继电器、增压泵、风机、标准减速电机、调速电机、计量泵等主要电气元件。

通过控制系统可实现 MSBR 水处理系统的自动化控制功能。控制系统分为手动和自动两种工作状态，在手动工作状态下，可通过触摸屏调试界面观看和操作各部分电气元件的工作状态，手动工作状态主要用于系统的调试运行；在自动工作状态下，可通过 PLC 控制器和组态软件实现设备的控制与状态检测。无论在手动工作状态下还是在自动工作状态下，控制柜上的指示灯均可指示出设备的工作状态。

本任务中触摸屏组态部分已经在任务 4.1 中介绍过，这里主要分析 MSBR 水处理系统进行 PLC 控制的部分。

1. 分析系统动作要求

根据 MSBR 水处理工艺流程(可参考图 4.3-4)，分析各个动作要求，得到自动控制流程如图 4.3-10 所示。

2. 分配软元件地址

(1) 分配 PLC 的 I/O 点，如表 4.3-2 所列。

表 4.3-2　I/O 点分配

输入点	元 件	输出点	元 件
I0.0	系统启动按钮	Q0.0	进水阀_YV1
I0.1	系统停止按钮	Q0.1	SBR1 进水阀_YV2
I0.2	系统复位按钮	Q0.2	SBR2 进水阀_YV3
I0.3	手自动切换按钮	Q0.3	SBR1 排气阀_YV4
I0.4	厌氧池下限_信号 4	Q0.4	SBR1 排水阀_YV5
I0.5	缺氧池下限_信号 6	Q0.5	SBR2 排气阀_YV6
I0.6	缺氧池上限_信号 5	Q0.6	SBR2 排水阀_YV7
I0.7	调节池下限_信号 2	Q0.7	药水搅拌机_MA1
I1.0	调节池上限_信号 1	Q1.0	调节池搅拌机_MA2
I1.1	沉砂池上限_信号 3	Q1.1	厌氧池搅拌机_MA3
I1.2	SBR1 下限_信号 8	Q8.0	缺氧池搅拌机_MA4
I1.3	SBR1 上限_信号 7	Q8.1	风机 1_MA5
I1.4	SBR2 下限_信号 10	Q8.2	风机 2_MA6
I1.5	SBR2 上限_信号 9	Q8.3	风机 3_MA7
		Q8.4	提升泵_MA8
		Q8.5	内回流泵_MA10
		Q8.6	外回流泵_MA9
		Q8.7	加药泵_MA11

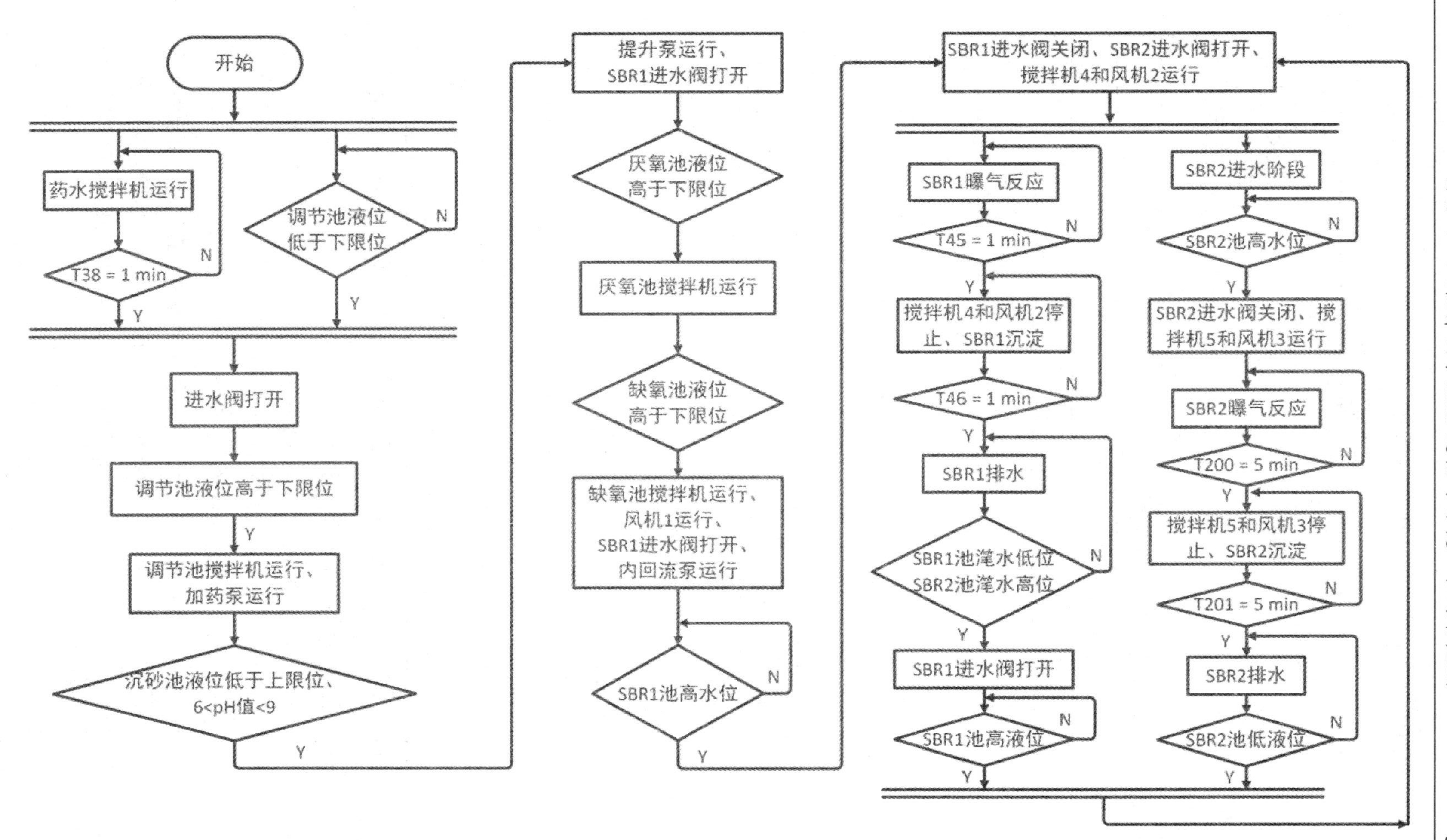

图 4.3-10　MSBR 水处理工艺自动控制流程

(2) 分配 AIW/AQW 地址，如表 4.3-3 所列。

表 4.3-3　AIW/AQW 地址分配

AIW 地址	符　号	AQW 地址	符　号
AIW32	DO1 读取值	AQW64	SBR1 搅拌机
AIW34	DO2 读取值	AQW66	SBR2 搅拌机
AIW36	DO3 读取值		
AIW38	DO4 读取值		
AIW48	pH 读取值		

(3) 分配辅助继电器 M 点地址和数据存储器 V 地址，如表 4.3-4 所列。

表 4.3-4　辅助继电器 M 点地址和数据存储器 V 地址分配

M 点地址	符　号	V 地址	符　号
M0.0	启动标志位	VD6	pH 计算值
M0.1	停止标志位	VD16	DO1 计算值
M0.2	复位标志位	VD46	DO2 计算值
M11.0	触摸屏启动	VD26	DO3 计算值
M11.1	触摸屏停止	VD36	DO4 计算值
M11.2	触摸屏复位		
M11.3	触摸屏手自动切换		
M20.0	上位机启动		
M20.1	上位机停止		
M20.2	上位机复位		
M20.3	上位机手自动切换		

(4) 对 PLC 控制系统电路进行接线安装，得到电路接线图如图 4.3-11 所示。

3. MSBR 水处理系统的 PLC 程序分析

MSBR 水处理系统的参考 PLC 程序包括主程序和 3 个子程序(子程序“手动调试程序”“输入转换”“输出转换”)，部分程序段的详细说明如下。

1) 程序段 1——调用子程序“输入转换”和“输出转换”

程序段 1 如图 4.3-12 所示。主程序中调用子程序“输入转换”和“输出转换”。

子程序“输入转换”用于如下信号的转换：外部硬件按钮→PLC 输入点→触摸屏的按钮指示灯。即硬件按钮在被动作时，对应的 PLC 输入点为 ON/OFF，此时对应在触摸屏上的按钮指示灯亮/灭(ON/OFF)。

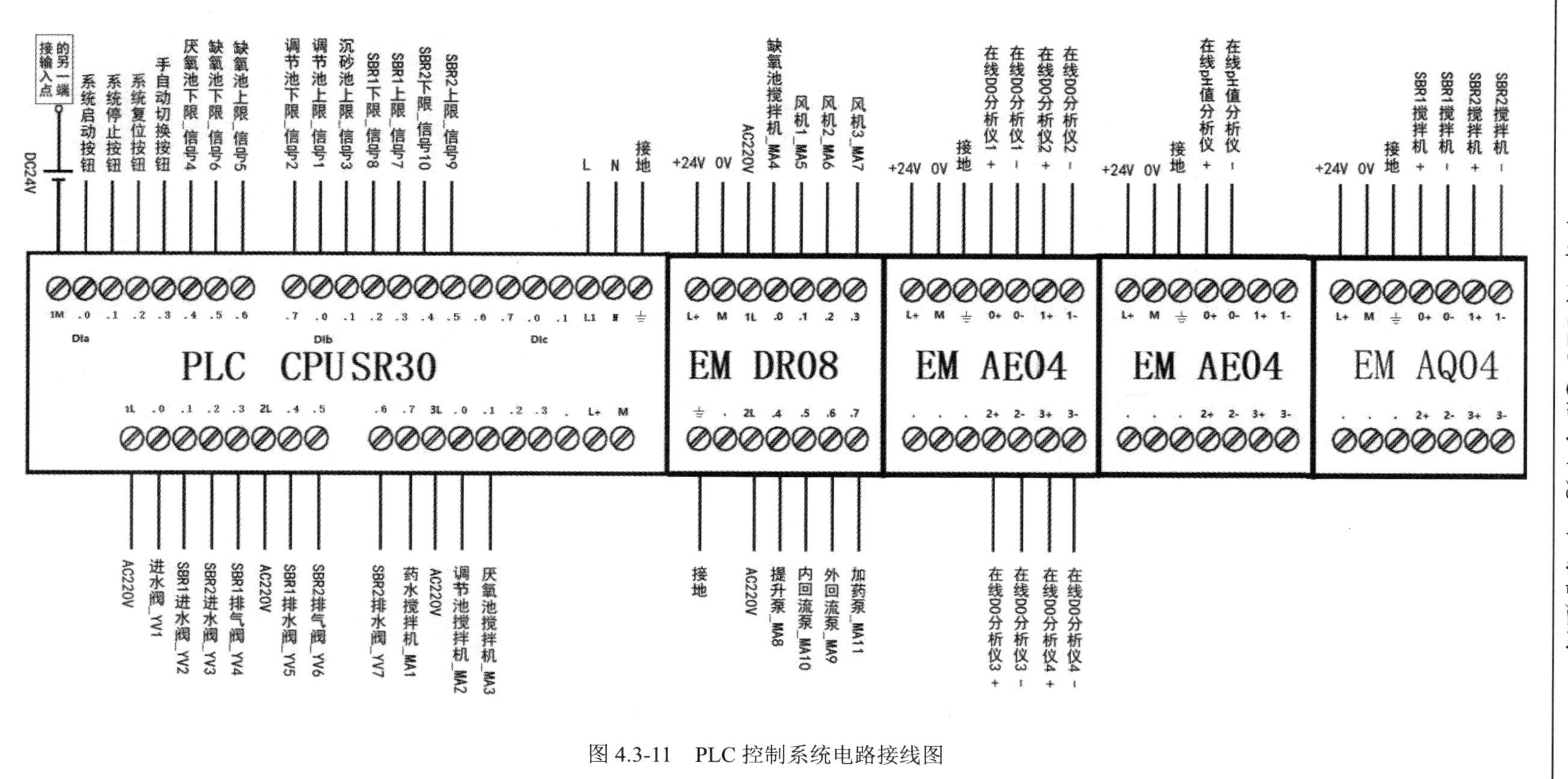

图 4.3-11　PLC 控制系统电路接线图

子程序“输出转换”用于如下信号的转换：外部硬件按钮→PLC 输出点(外部负载单元)→触摸屏的按钮指示灯。即硬件按钮在被动作时，对应的 PLC 输出点为 ON/OFF，此时对应在触摸屏上的按钮指示灯亮/灭(ON/OFF)。

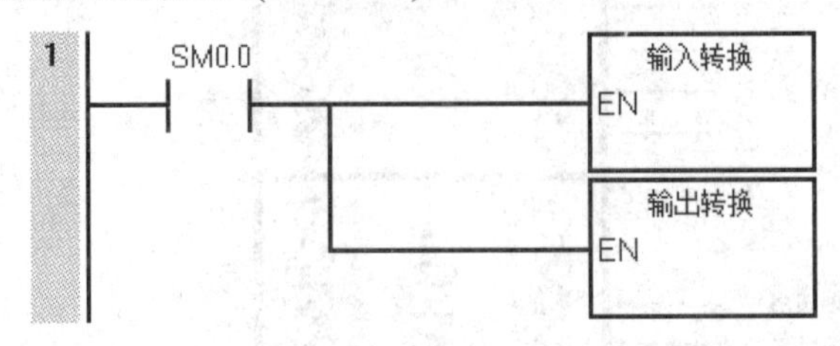

图 4.3-12　程序段 1(调用子程序“输入转换”和“输出转换”)

2) 程序段 2——初始化

程序段 2 如图 4.3-13 所示。当 PLC 在上电后的第一个扫描周期，或 PLC 的复位标志位 M0.2 为上升沿输入时，进行一些初始化(复位标志位 M0.2 可参考程序段 8)。

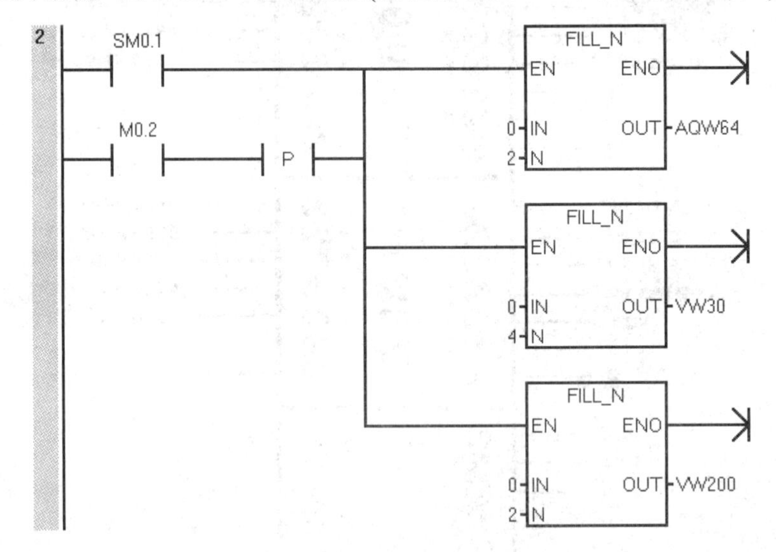

图 4.3-13　程序段 2(初始化)

这里初始化用到了存储器填充指令(FILL)。第 1 个 FILL 将 0 填充到从 AQW64 开始的连续 2 个字的内存空间，即使 AQW64(SBR1 搅拌机)、AQW66(SBR2 搅拌机)均为 0。第 2 个 FILL 将 0 填充到从 VW30 开始的连续 4 个字的内存空间，即使 VW30、VW32、VW34、VW36 均为 0。第 3 个 FILL 将 0 填充到从 VW200 开始的连续 2 个字的内存空间，即使 VW200、VW202 均为 0。

☞**注释**　AQW64 和 AQW66 分别为 SBR1 池和 SBR2 池的搅拌速度在 PLC 上所对应的数字量值；VW200 和 VW202 分别为 SBR1 池和 SBR2 池的搅拌速度显示值。

3) 程序段 3——计算 pH 值

如图 4.3-14 所示，程序段 3 为 pH 值的计算。由表 4.3-3 可知“pH 读取值”的 PLC 地址为 AIW48(16 位字元件)；由表 4.3-4 可知存储“pH 计算值”的 PLC 地址为 VD6。

由 pH 值与 PLC 的线性比例关系，得到关系式 VD6 = 14.0 × (AIW48 − 5530)/22 118。

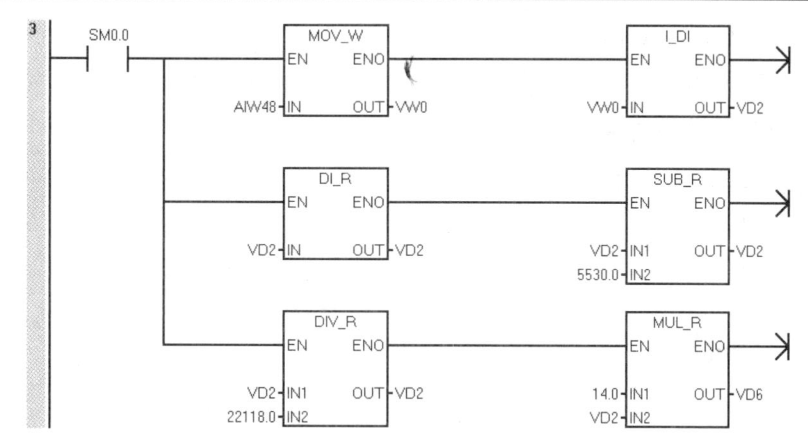

图 4.3-14　程序段 3(计算 pH 值)

4) 程序段 4 至程序段 6——计算 DO 值

如图 4.3-15 所示，程序段 4 为 DO1 值的计算。DO2、DO3 值的计算，与 DO1 值的计算类似，因此程序段(程序段 5 和程序段 6)也类似，这里就不再重述。

由表 4.3-3 可知“DO1 读取值”的 PLC 地址为 AIW32(16 位字元件)；由表 4.3-4 可知“DO1 计算值”的 PLC 地址为 VD16。

由 DO1 值与 PLC 的线性比例关系，得关系式 VD16 = 20.0 × (AIW32 − 5530)/22 118。

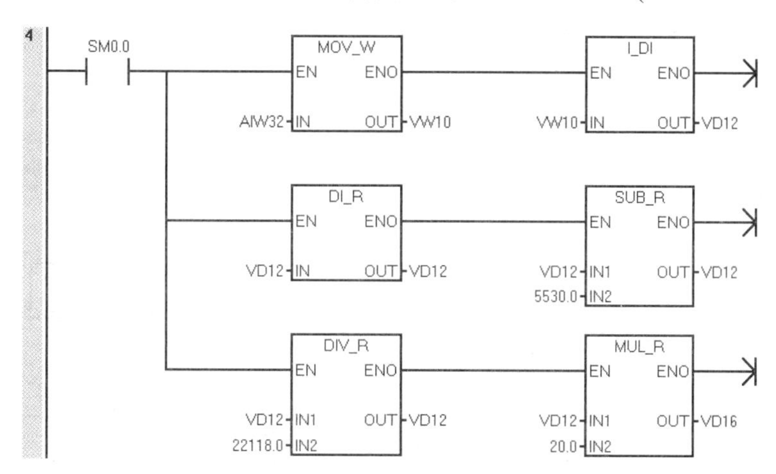

图 4.3-15　程序段 4(计算 DO1 的值)

5) 程序段 7——调用子程序“手动调试程序”

如图 4.3-16 所示，程序段 7 为调用子程序“手动调试程序”。

当硬件的“手自动切换按钮”“触摸屏手自动切换按钮”“上位机手自动切换按钮”都切换至手动状态时，调用子程序“手动调试程序”，手动操作水处理系统中的各个进水阀、排气阀、搅拌机、风机、提升泵、回流泵、加药泵等设备的运行或停止。

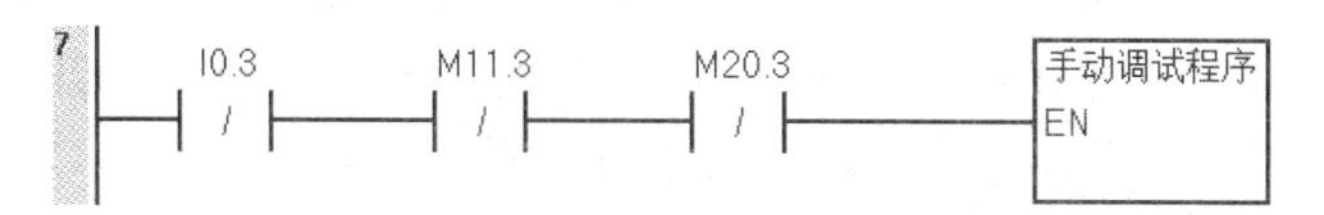

图 4.3-16　程序段 7(调用子程序“手动调试程序”)

6) 程序段 9 至程序段 13

如图 4.3-17 所示，程序段 9 至程序段 13 为 MSBR 水处理工艺流程的开始运行和定时器 T38 启动定时及其定时时间达到时的操作。

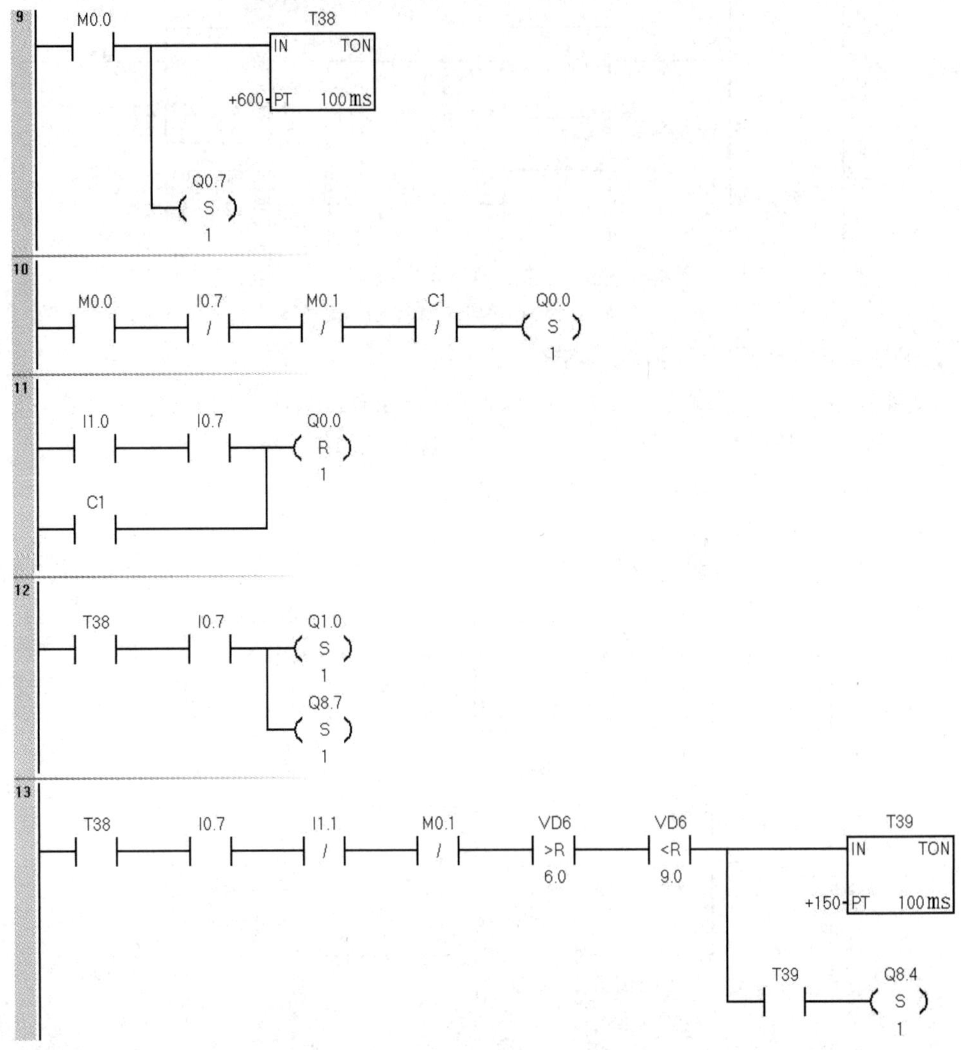

图 4.3-17　程序段 9 至程序段 13

程序段 9 为 MSBR 水处理工艺流程的开始。如果“启动标志位”(“启动标志位”由程序段 8 中得来)为 ON，则启动药水搅拌机，并且启动定时器 T38 进行定时 1 min。

接着进行调节池的控制，由程序段 10 和程序段 11 的程序来实现。

调节池广义上指用以调节进水、出水流量的构筑物，其主要作用为对水量和水质进行调节，如调节污水 pH 值、水温，同时还有预曝气作用，也可用作事故排水。在该 MSBR 水处理工艺系统中，调节池上限信号、下限信号为浮球开关液位信号，即当液位达到调节池的上限位、下限位时，调节池上限信号、下限信号为 ON，否则为 OFF(其他反应池的上限信号、下限信号类似于此，即液位达到上限或下限，使浮球开关为 ON 或 OFF)。

由 MSBR 水处理工艺可知程序需要实现的功能为：当调节池的液位低于调节池下限位时，打开进水阀；当调节池的液位高于调节池上限位时(此时液位也会高于调节池下限位)，关闭进水阀。工艺转换为程序，即为程序段 10 和程序段 11。当启动标志位为 ON、计数器 C1 触点为 OFF 时，如果调节池下限的信号为 OFF(即调节池的液位低于下限位)，则打开进水阀 YV1，进水。如果调节池上限信号和调节池下限信号均为 ON(即调节池的液位高于上限位)，或者计数器 C1 触点为 ON(计数器 C1 计数到达设定次数)，则进水阀 YV1 关闭(计数器 C1 的启动，可参考后面的程序段 21；计数器 C1 的计数设定值为 2，计数由 SBR1 池进水阀上升沿触发)。

如果调节池下限信号为 ON，且定时器 T38 定时时间到达，则启动调节池搅拌机和加药泵。此时，如果又有沉砂池上限信号为 OFF(即沉砂池的液位低于上限位)且 pH 计算值大于 6.0 又小于 9.0，则启动定时器 T39，进行定时 15 s。当定时器 T39 计时达到 15 s 后，启动提升泵。

7) 程序段 14 和程序段 15

如图 4.3-18 所示，程序段 14 和程序段 15 为定时器 T40 启动定时及其定时时间达到时关闭提升泵的操作程序。

当沉砂池上限信号为 ON，或者调节池下限信号为 OFF 且提升泵运行时，启动定时器 T40，进行定时 20 s。当定时器 T40 定时达到 20 s 后，提升泵运行停止。

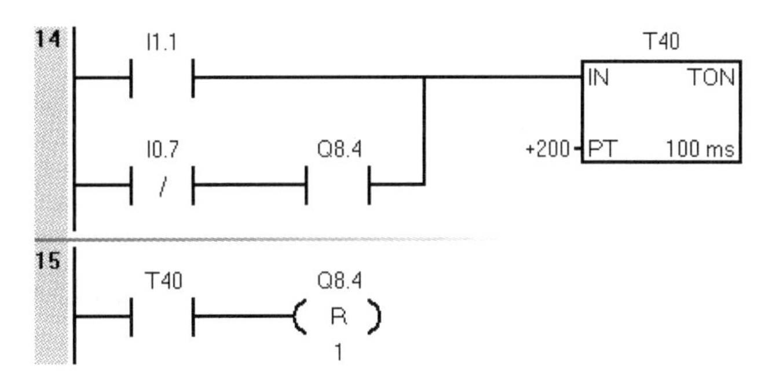

图 4.3-18　程序段 14 和程序段 15

8) 程序段 16 和程序段 17

如图 4.3-19 所示，程序段 16 和程序段 17 为定时器 T63 启动定时及其定时时间达到时的操作程序。当 M6.5 为 ON 且 SBR1 下限信号为 OFF 时，启动定时器 T63，进行定时 2 s。当定时器 T63 定时达到 2 s 后，置位 M5.3 并复位 M6.5。

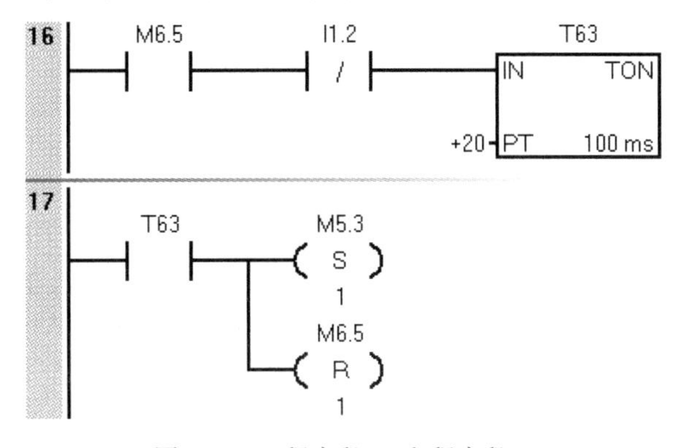

图 4.3-19　程序段 16 和程序段 17

9) 程序段 18 至程序段 20

如图 4.3-20 所示，程序段 18 至程序段 20 使用移位寄存器位指令(SHRB)来控制 MSBR 流程中的 SBR1 池流程步，以使 SBR1 池按工艺流程运行。在使用 SHRB 之前，在程序段 18 先置位 M5.0，即 M5.0 为 ON(即 1)。M5.0 为执行 SHRB 的触发条件之一。

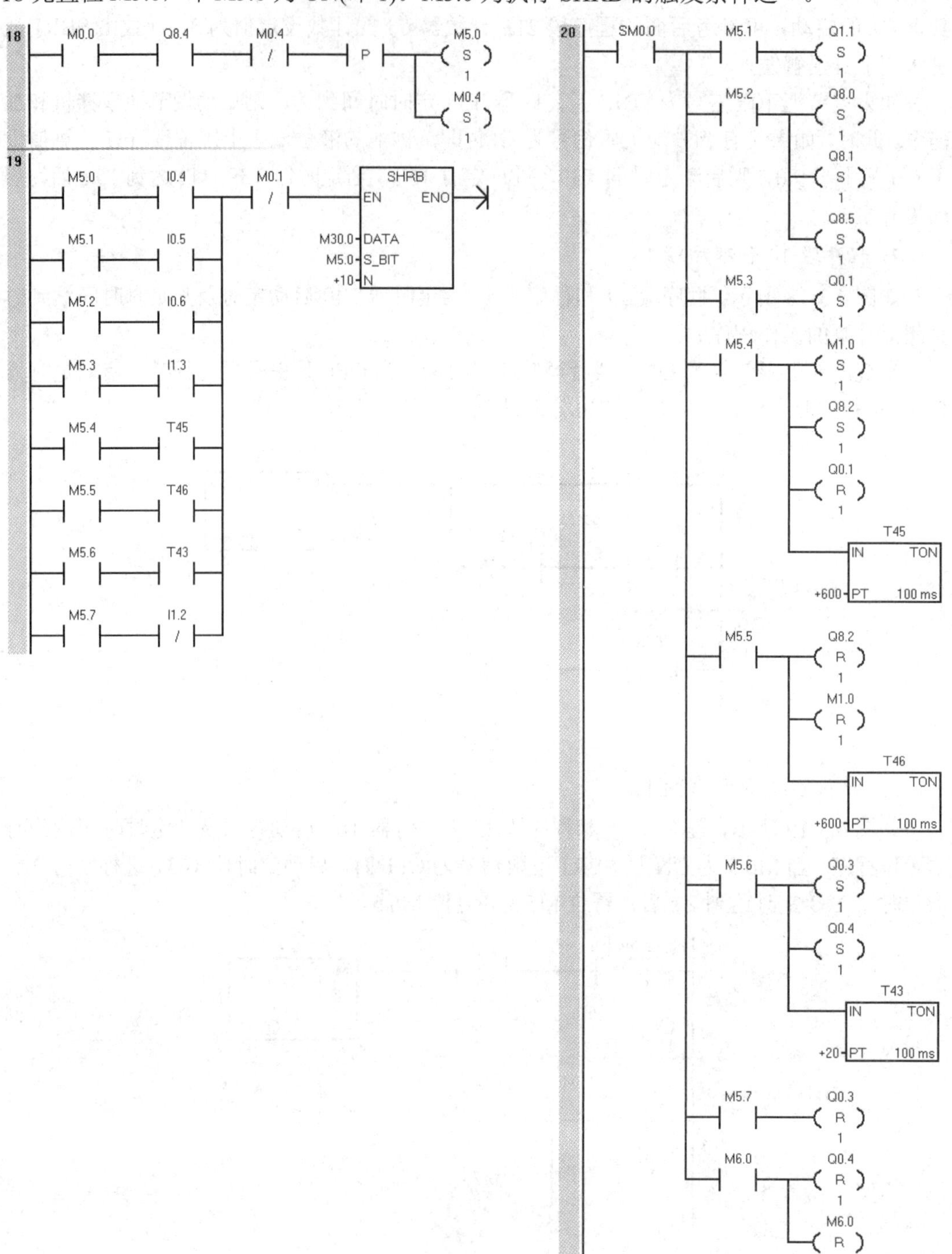

图 4.3-20　程序段 18 至程序段 20

在程序段 19 中，SHRB 通过移位的方法来控制 SBR1 流程步的执行。程序段 20 中使用了连续的 8 个位 M5.1～M6.0(即 M5.1、M5.2、M5.3、M5.4、M5.5、M5.6、M5.7、M6.0)来表示 SBR1 池中的 8 个流程步。每次执行 SHRB 进行移位后，M5.1～M6.0 中的位从 M5.1 开始会逐一单独为 ON(即每次 SHRB 移位后，M5.1～M6.0 位中都只有某 1 个位为 ON，其他位都为 OFF)，从而实现 SBR1 池流程步的顺利运行。

执行 SHRB 的前后，M5.0～M6.0 会逐一单独为 ON(即 1)，具体情况如表 4.3-5 所列。

表 4.3-5　执行 SHRB 前后 M5.0～M6.0 的变化情况

移位前后	触发移位的条件	M6.0	M5.7	M5.6	M5.5	M5.4	M5.3	M5.2	M5.1	M5.0
移位前	—	0	0	0	0	0	0	0	0	1
第 1 次移位	M5.0 为 ON，且厌氧池液位高于下限位	0	0	0	0	0	0	0	1	0
第 2 次移位	M5.1 为 ON，且缺氧池液位高于下限位	0	0	0	0	0	0	1	0	0
第 3 次移位	M5.2 为 ON，且缺氧池液位高于上限位	0	0	0	0	0	1	0	0	0
第 4 次移位	M5.3 为 ON，且 SBR1 池液位高于上限位	0	0	0	0	1	0	0	0	0
第 5 次移位	M5.4 为 ON，且定时器 T45 定时达 1 min	0	0	0	1	0	0	0	0	0
第 6 次移位	M5.5 为 ON，且定时器 T46 定时达 1 min	0	0	1	0	0	0	0	0	0
第 7 次移位	M5.6 为 ON，且定时器 T43 定时达 1 min	0	1	0	0	0	0	0	0	0
第 8 次移位	M5.7 为 ON，且 SBR1 池液位低于下限位	1	0	0	0	0	0	0	0	0

在程序段 20 中，执行 SHRB 后，连续位地址 M5.1～M6.0 逐一单独为 ON。此时，每个位单独为 ON(其他位为 OFF)，在程序段 20 中分别执行 SBR1 池的流程步操作，如表 4.3-6 所列。

表 4.3-6　M5.1～M6.0 对应的流程步操作

位地址为 ON	位地址为 OFF	操　作	功　能
M5.1	M5.2～M6.0	置位 Q1.1 (即 Q1.1 为 ON)	启动厌氧池搅拌机
M5.2	M5.1、 M5.3～M6.0	置位 Q8.0、 置位 Q8.1、 置位 Q8.5	启动缺氧池搅拌机、 启动风机 1、 启动内回流泵

续表

位地址为 ON	位地址为 OFF	操　作	功　能
M5.3	M5.1～M5.2、M5.4～M6.0	置位 Q0.1	打开 SBR1 进水阀
M5.4	M5.1～M5.3、M5.5～M6.0	置位 M1.0、置位 Q8.2、复位 Q0.1、启动定时器 T45	使 M1.0 为 ON、启动风机 2、关闭 SBR1 进水阀、启动定时器 T45 并定时 1 min
M5.5	M5.1～M5.4、M5.6～M6.0	复位 Q8.2、复位 M1.0、启动定时器 T46	停止风机 2、使 M1.0 为 OFF、启动定时器 T46 并定时 1 min
M5.6	M5.1～M5.5、M5.7～M6.0	置位 Q0.3、置位 Q0.4、启动定时器 T43	打开 SBR1 排气阀、打开 SBR1 排水阀、启动定时器 T43 并定时 2 s
M5.7	M5.1～M5.6、M6.0	复位 Q0.3	关闭 SBR1 排气阀
M6.0	M5.1～M5.7	复位 Q0.4、复位 M6.0	关闭 SBR1 排水阀、使 M6.0 为 OFF 并退出

10) 程序段 21

如图 4.3-21 所示，程序段 21 为设置计数器 C1。

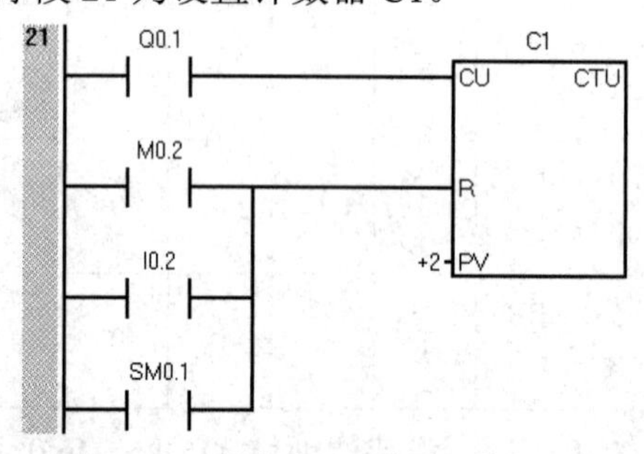

图 4.3-21　程序段 21(设置计数器 C1)

当 SBR1 进水阀从关闭状态变为打开状态时，即当 SBR1 进水阀_YV2(地址为 Q0.1)从 OFF 变为 ON(上升沿)时，启动计数器 C1，进行计数。

计数器 C1 的计数设定值为 2，即当 SBR1 进水阀从关闭状态变为打开状态这种情况发生两次时，计数器 C1 的触点接通为 ON，此后进水阀_YV1 关闭(即 Q0.0 为 OFF，可参考程序段 10 和程序段 11)。

当复位时，复位标志位为 ON，此时计数器 C1 会复位；当 PLC 在上电后的第一个扫描周期时，计数器 C1 也会初始化而复位。

11) 程序段 26

如图 4.3-22 所示，程序段 26 为复位操作。

当触发复位(复位标志位M0.2发生上升沿)时，或当PLC在上电后的第一个扫描周期(初始化)时，复位“启动标志位”(即M0.0为OFF)、复位之前SHRB用到的位地址M5.0～M6.0和M7.0～M7.5、复位进水阀_YV1(即Q0.0为OFF)、复位缺氧池搅拌机_MA4(即Q8.0为OFF)。

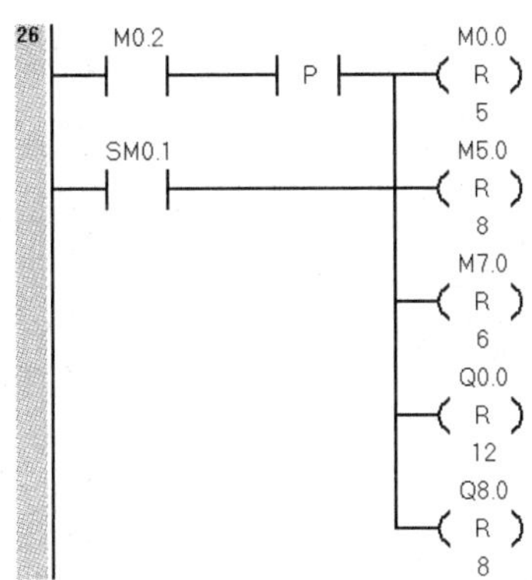

图4.3-22　程序段26(复位操作)

12) 程序段27至程序段29

如图4.3-23和图4.3-24所示，程序段27至程序段29为对SBR1池搅拌机和SBR2池搅拌机的搅拌速度赋值。

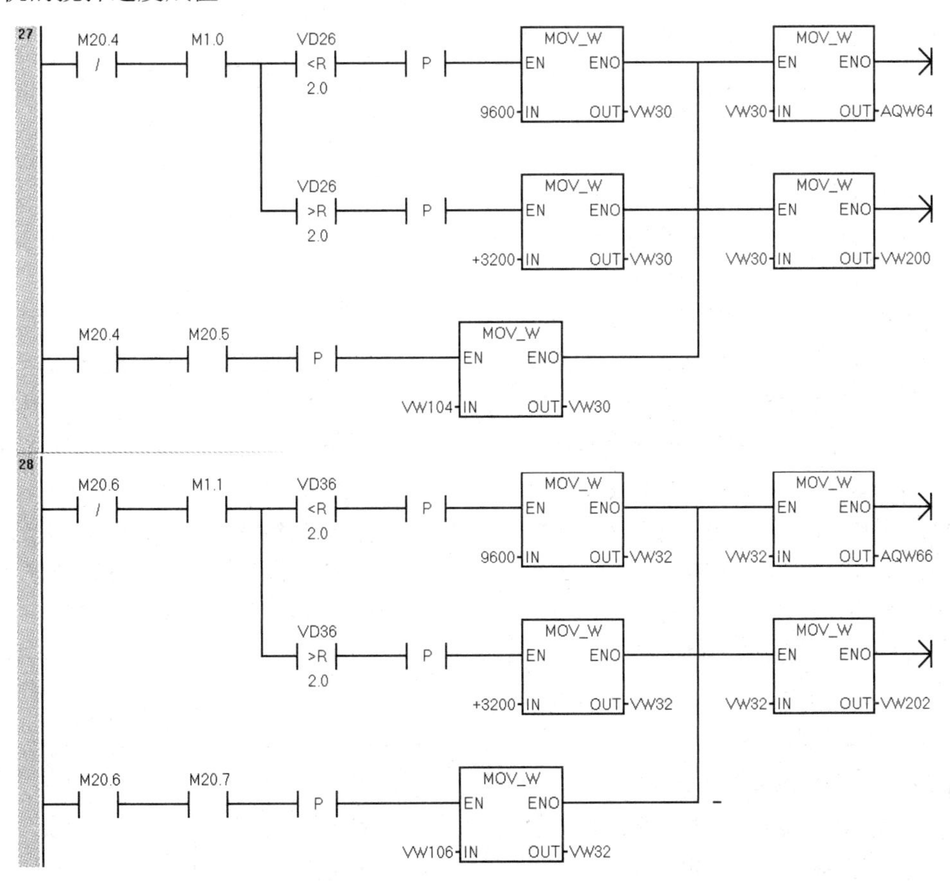

图4.3-23　程序段27和程序段28

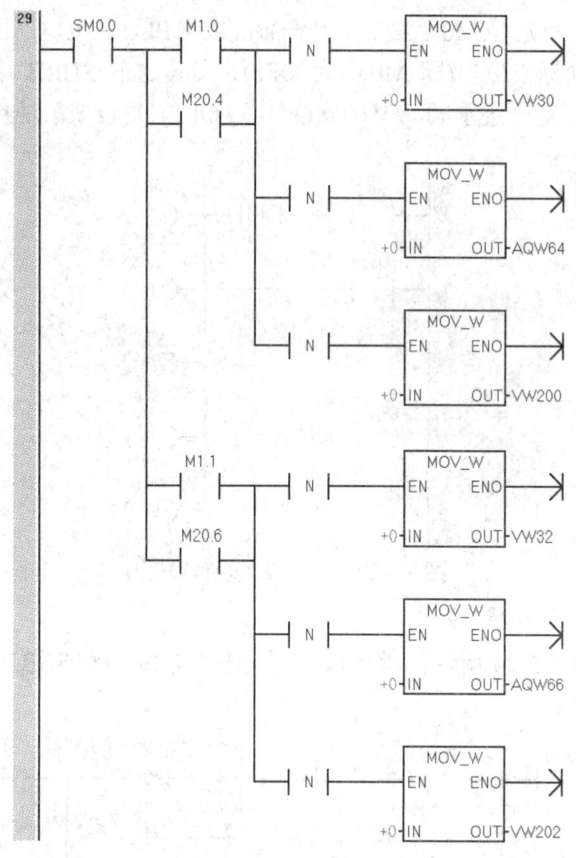

图 4.3-24　程序段 29

“SBR1 搅拌机”“SBR2 搅拌机”分别对应 PLC 的地址 AQW64、AQW66，这两个地址分别为SBR1池搅拌机、SBR2池搅拌机的搅拌速度的PLC数字量值。VW200和VW202分别为 SBR1 池和 SBR2 池的搅拌速度存储值。

当 M1.0 为 ON(可参考程序段 20)时，SBR1 池的搅拌机速度(“SBR1 搅拌机”，地址为AQW64)由DO3计算值决定。DO3计算值如果从2.0以上突然降到2.0以下，则设置SBR1池的搅拌机速度为数值 9600(PLC 数字量值)；DO3 计算值如果从 2.0 以下突然升到 2.0 以上，则设置 SBR1 池的搅拌机速度为数值 3200(PLC 数字量值)。VW104 可参考程序段 32。

当 M1.1 为 ON(可参考程序段 25)时，SBR2 池的搅拌机速度(“SBR2 搅拌机”，地址为AQW66)由DO4计算值决定。DO4计算值如果从2.0以上突然降到2.0以下，则设置SBR2池的搅拌机速度为数值 9600(PLC 数字量值)；DO4 计算值如果从 2.0 以下突然升到 2.0 以上，则设置 SBR2 池的搅拌机速度为数值 3200(PLC 数字量值)。VW106 可参考程序段 32。

当 M1.0 或 M20.4 有下降沿时，“SBR1 搅拌机”(AQW64)及其相关的数据 VW30、VW200 为 0。当 M1.1 或 M20.6 有下降沿时，“SBR2 搅拌机”(AQW66)及其相关的数据 VW32、VW202 为 0。

13) 程序段 30 至程序段 32

程序段 30 至程序段 32 将数据经过处理后显示在触摸屏上，如图 4.3-25 所示。

在程序段 30 中，T45 和 T46 分别为 SBR1 池的反应时间和沉淀时间；T200 和 T201 分别为 SBR2 池的反应时间和沉淀时间。为了在触摸屏上以秒(s)为单位来显示 SBR1 池、SBR2 池的反应时间和沉淀时间，需要经过数据转换并除以 10。

在程序段 31 中，VW200 和 VW202 分别为 SBR1 池和 SBR2 池的搅拌速度，经过数据处理后，得到可以在触摸屏上显示的搅拌速度数据 VD120 和 VD124。

在程序段 32 中，数据 VW104 和 VW106 可用于程序段 27 和程序段 28。

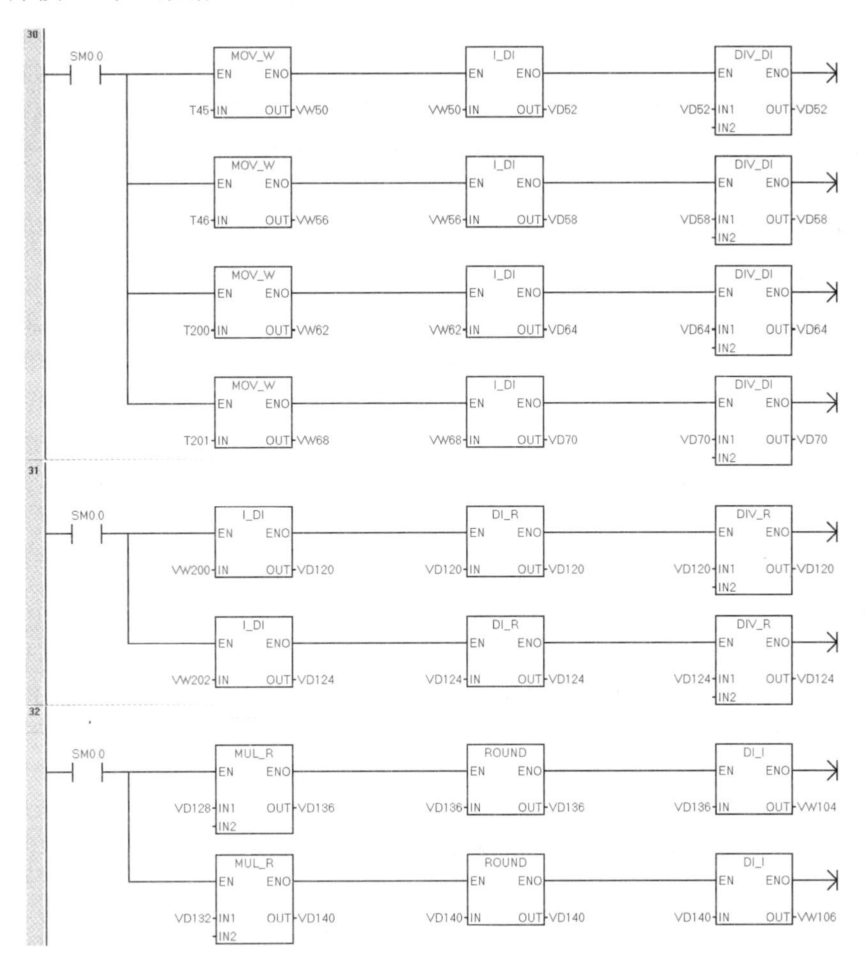

图 4.3-25　程序段 30 至程序段 32

【小结】

本任务介绍了 A/O、A^2/O、SBR、MSBR 水处理工艺，以及 PLC 顺序功能图及其编程。在任务实施中，介绍了 PLC 控制 MSBR 水处理系统的实践内容和步骤。

【理论习题】

填空题

1. A^2/O 水处理工艺是__________的简称。
2. SBR 水处理工艺是__________的简称，MSBR 水处理工艺是__________的简称。

【技能训练题】

1. 生活污水处理工艺监测系统的控制设计。

生活污水是人类在日常生活中排出的废水。按处理程序划分，生活污水处理一般分为三级。污水一级处理应用物理方法，如筛滤、沉淀等去除污水中不溶解的悬浮固体和漂浮物质；污水二级处理主要应用生物处理方法，即通过微生物的代谢作用进行物质转化，将污水中的各种复杂的有机物氧化降解为简单的物质，生物处理对污水水质、水温、水中的溶氧量、pH 值等有一定的要求；污水三级处理是在污水一、二级处理的基础上，应用混凝、过滤、离子交换、反渗透等物理、化学方法去除污水中难溶解的有机物、磷、氮等营养性物质。目前国内常见的生活污水处理工艺以活性污泥法为核心。

某废水处理工艺监测系统采用连续处理工艺，废水经格栅截留较大的悬浮物或漂浮物，如纤维、碎皮、毛发、木屑、塑料制品等，以便减轻后续处理构筑物的处理负荷，并使之正常运行。污水经提升后，进入沉砂池。在沉砂池中，在除砂机的搅拌作用下，污水中砂子、煤渣等比重较大的无机易沉性颗粒下沉，实现砂水分离，而有机悬浮颗粒被水流带到下一工序单元——细格栅。细格栅的功能和粗格栅的相似，都是拦截去除流体中较小尺寸的固体悬浮物。然后流体进入初沉池。初沉池是沉淀池的一种，它在 A^2/O 工艺流程中的作用是预处理，分离悬浮物。初沉池能够去除水体中 55%的 BOD，污泥下沉到池子底部流入泥管，污水溢流到出水口。

A^2/O 工艺中最重要的工序单元就是生化反应池。初沉池出水进入生化反应池，水体中可导致水体富营养化的含氮和磷的有机物在此过程中被降解。生化反应池分为 3 个池体：厌氧池、缺氧池和好氧池。厌氧池在厌氧环境下聚磷菌释放磷，为好氧吸磷储存动力；缺氧池抑制丝状菌生长，反硝化脱氮；好氧池在好氧环境下，利用微生物降解 BOD 及进行氨氮硝化。生化反应池的后续处理单元是二沉池。二沉池也是沉淀池的一种，它的作用是进行固液分离。沉淀物基本都是微生物絮体，大部分回流到生物处理系统中，少部分作为污泥排放。二沉池出水进入消毒池，消毒池装有紫外线消毒设备，能够把整个污水处理系统过滤后的水经过紫外线进行消毒，使其达到可以利用的程度。二沉池排放的部分污泥进入污泥井，污泥井的作用是控制污泥回流量。污泥经污泥井后进入污泥浓缩池中，污泥浓缩池的作用是降低污水中污泥的含水率，减小污泥体积。然后污泥进入脱水设备：离心脱水机。离心脱水机的内筒高速旋转，在离心力的作用下，污泥实现脱水。

该废水处理工艺监测系统各单元的作用与监测指标如表 4.3-7 所列，其示意图如图 4.3-26 所示。该系统使用 PLC 控制，控制要求如下。

(1) 系统自动进水，监测进水流量、pH 值、COD、氨氮浓度。

(2) 每小时启动 1 次除污机，每次运行 4 min。当监测的粗格栅前后水位(模拟量实数)差大于 0.3 m 时，启动除污机。

(3) 当废水液位超过正常液位时，开启废水提升泵 A；当废水液位降至上限以下时，废水提升泵 A 自动关闭。当废水液位降至下限以下时，废水提升泵 A 和废水提升泵 B 全部关闭；当废水液位在液位下限以上时，只启动废水提升泵 B(开关量)。

(4) 每小时启动 1 次除污机，每次运行 4 min。当监测的细格栅前后水位(模拟量实数)差大于 0.3 m 时，启动除污机。

表 4.3-7　废水处理工艺监测系统各单元的作用与监测指标

单　元	作　　用	监测指标
进水口	进水	pH 值、流量、COD、氨氮
粗格栅	用来拦截污水中较大和细小的悬浮物	水位
提升泵房	进行废水提升	液位
细格栅	用来拦截污水中较大和细小的悬浮物	水位
旋流沉砂池	去除污水中相对较小的砂粒	
A^2/O 池	利用微生物细菌降解污水中的有机污染物	ORP、DO、MLSS
二沉池	泥水分离	泥位
纤维转盘滤池	去除水中的胶体状悬浮颗粒	
消毒池	消毒池出水储存、过滤器水泵集水	流量
出水口	出水	巴歇尔槽、pH 值、COD、TP、TN、NH_3-N

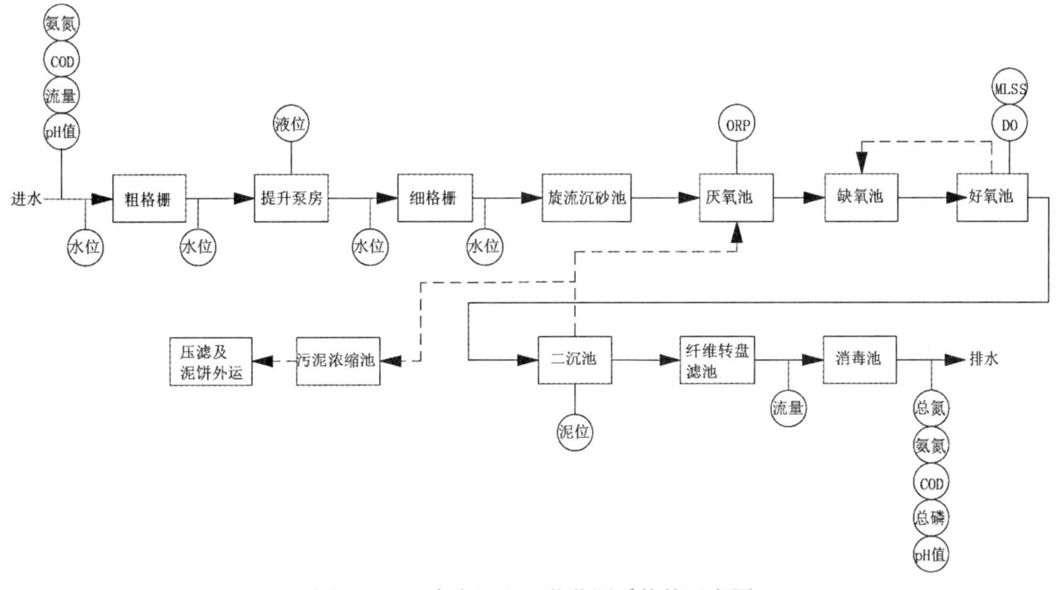

图 4.3-26　废水处理工艺监测系统的示意图

(5) 当有水进入沉砂池(开关量)时，用于气提排砂的风机就启动。

(6) 系统自动监测厌氧池的 ORP 值(模拟量实数)。

(7) 系统自动监测好氧池的 DO 值。DO 的正常值为 2.0 mg/L。当 DO 值在 1.8～2.2 mg/L 时，风机 B 启动；当 DO 值小于 1.5 mg/L 时，风机 A 启动；当 DO 值大于 2.2 mg/L 时，风机 A 关闭；当 DO 值大于 2.5 mg/L 时，风机 A 关闭，同时风机 B 频率降低。

(8) 系统自动监测好氧池的 MLSS 值。当 MLSS 值大于 3000 mg/L 时，外回流泵回流量减小(可关闭一台回流泵或降低泵的频率)；当 MLSS 值小于 1500 mg/L 时，外回流泵回流量增加(可多开启一台回流泵或提高泵的频率)。

(9) 当二沉池的污泥位高于设定值时，刮泥机电机转速加快。

(10) 在消毒池前管路中，使用超声波流量计检测系统流量。

(11) 自动监测排水口的 pH 值、COD、TP、TN、NH_3-N。如果出水 TN 大于 15 mg/L，则增加内回流泵回流量。

请按上述控制要求编写 PLC 程序。

2. 印染废水处理工艺监测系统的控制设计。

印染废水是以印染厂排出加工棉、麻、化学纤维及其混纺产品为主的废水。印染废水耗水量较大，每印染加工 1 吨纺织品，耗水就有 100～200 吨，其中 80%～90%成为废水。纺织印染废水具有水量大、有机污染物含量高、碱性大、水质变化大等特点，属于难处理的工业废水之一，废水中含有染料、浆料、助剂、油剂、酸碱、纤维杂质、砂类物质、无机盐等。

某印染废水处理工艺监测系统采用连续处理工艺，废水经圆网机截留较大的悬浮物或漂浮物，如纤维杂质，以便减轻后续处理构筑物的处理负荷，并使之正常运行。废水在调节池进行收集后，经提升泵房，进入选择性物化池，利用 PAC 和 PAM 进行物化处理，去除颗粒杂质。利用吸泥机将沉降下来的污泥吸至储泥槽，再输送至污泥浓缩池。污水溢流到出水口后进入厌氧脉冲流化床反应器，然后进入好氧循环流化床反应器。厌氧池的作用是在厌氧环境下聚磷菌释放磷，为好氧吸磷储存动力；好氧池的作用是在好氧环境下，利用微生物降解 BOD 及进行氨氮硝化。生化反应池的后续处理单元是二沉池，它的作用是进行固液分离。沉淀物基本都是微生物絮体，大部分回流到生物处理系统中，少部分作为污泥排放。二沉池出水一部分进行排放，一部分经过砂滤罐进行深度处理，然后在集水池进行收集，回用于污泥脱水设备的反冲洗环节。二沉池排放的部分污泥进入污泥井。污泥井的作用是控制污泥回流量。污泥经污泥井后进入污泥浓缩池中。污泥浓缩池的作用是降低污水中污泥的含水率，减小污泥体积。然后污泥利用脱水设备实现脱水。

该印染废水处理工艺监测系统各单元的作用与监测指标如表 4.3-8 所列，其示意图如图 4.3-27 所示。

表 4.3-8　印染废水处理工艺监测系统各单元的作用与监测指标

单　元	作　　用	监测指标
进水口	进水	pH 值、流量、COD、氨氮
圆网机	用来拦截污水中较大和细小的悬浮物、漂浮物、织物碎屑、细纤维等	水位
提升泵房	进行废水提升	液位
选择性物化池	用来去除色度物质、胶体悬浮物、COD、LAS	pH 值
厌氧脉冲流化床	去除 BOD5、COD、色度物质、氨氮级总磷	ORP
好氧循环流化床	去除 BOD5、COD、色度物质、氨氮级总磷	ORP、DO、MLSS
二沉池	泥水分离	泥位
砂滤罐	去除细小悬浮物、大分子有机物、色度物质	—
出水口	出水	pH 值、COD、TP、TN、NH_3-N

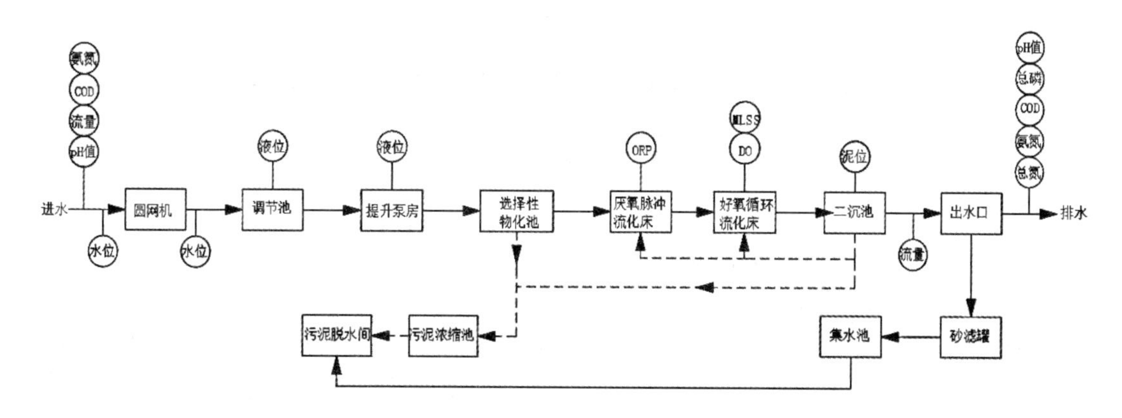

图 4.3-27　印染废水处理工艺监测系统的示意图

该系统使用 PLC 控制，控制要求如下。

(1) 系统自动进水，监测进水流量、pH 值、COD、氨氮浓度。

(2) 每小时启动 1 次圆网机，每次运行 4 min。当监测的圆网机前后水位(模拟量实数)差大于设定值时，启动圆网机。

(3) 当废水液位超过正常液位时，开启废水提升泵 A；当废水液位降至上限以下时，废水提升泵 A 自动关闭。当废水液位降至下限以下时，废水提升泵 A 和废水提升泵 B 全部关闭；当废水液位(开关量)在液位下限以上时，只启动废水提升泵 B。

(4) 系统自动监测厌氧池的 ORP 值(模拟量实数)。

(5) 系统自动监测好氧池的 DO 值。DO 的正常值为 2.0 mg/L。当 DO 值在 1.8～2.2 mg/L 时，风机 B 启动；当 DO 值小于 1.5 mg/L 时，风机 A 启动；当 DO 值大于 2.2 mg/L 时，风机 A 关闭；当 DO 值大于 2.5 mg/L 时，风机 A 关闭，同时风机 B 频率降低。

(6) 系统自动监测好氧池的 MLSS 值。当 MLSS 值大于 3000 mg/L 时，外回流泵回流量减小(可关闭一台回流泵或降低泵的频率)；当 MLSS 值小于 1500 mg/L 时，外回流泵回流量增加(可多开启一台回流泵或提高泵的频率)。

(7) 当二沉池的泥位高于设定值时，刮泥机电机转速加快。

(8) 自动监测排水口的 pH 值、COD、TP、TN、NH_3-N。如果出水 TN 大于 15 mg/L，则增加内回流泵回流量。

请按上述控制要求编写 PLC 程序。

任务 4.4　PLC 与串口通信在环境监测中的应用

【任务导入】

串口，即串行通信接口的简称。在工业工程领域，串口通信在近程、点对点通信方面处于统治地位。小到外设与处理器之间的数据传送，大到环境监测系统各硬件设备之间的组网通信，均离不开串口通信。现阶段，许多仪表设备，如传感器、智能仪表、处理器、工控计算机等都配备了串口。掌握串口通信技术，对于仪表数据采集、环境在线监测系统组建、工业数据网络组网和工厂工艺控制及管理要求的提高有着重要作用。

【学习目标】

◆ 知识目标

(1) 熟悉串行通信的工作模式；
(2) 熟悉串口通信标准；
(3) 掌握 Modbus 通信协议和三菱专用通信协议；
(4) 掌握 PLC 串口通信相关指令的使用。

◆ 技能目标

学会智能仪表与 PLC 串口通信的使用与设计。

【知识链接】

一、计算机通信基本概念

计算机通信是一种以数据通信形式出现的，在计算机与计算机之间或计算机与外设终端设备之间进行信息传递的方式，它是现代计算机技术与通信技术相融合的产物。计算机通信的基本原理是将电信号转换为逻辑信号，其转换方式是将高、低电平表示为二进制数中的 1 和 0，再通过不同的二进制序列来表示所有的信息。也就是将数据以二进制中的 0 和 1 的比特流的电的电压进行表示，产生的脉冲通过媒介(通信设备)来传输数据，达到通信的目的。

按照每次传送的数据位数不同，计算机通信可分为并行通信和串行通信。

并行通信是多比特数据同时通过并行线进行传送的数据传输方式，通常以字节(8 位)或字(16 位)为单位进行数据传输，因此传输线一般有 8 根或 16 根数据线、1 根公共线，另外还有一些用于联络的控制线。其特点为各数据位同时传送，传送速度快、效率高，但抗干扰能力差、成本高、通信距离短(小于 30 m)。并行通信多用于实时、快速、近距离的数据传送，例如 PLC 模块之间的数据传送。并行通信示意图如图 4.4-1 所示。

串行通信是单比特数据在单根数据线上进行传送的数据传输方式，是以二进制的位(bit)为单位进行逐位数据传输的。它最少只需要 2 根线就可以连接多台设备而组成通信网络。

其特点为抗干扰能力强、成本低、传输距离长(可以从几米到几千米)，在长距离内传输速率比并行通信的快。串行通信示意图如图4.4-2所示。

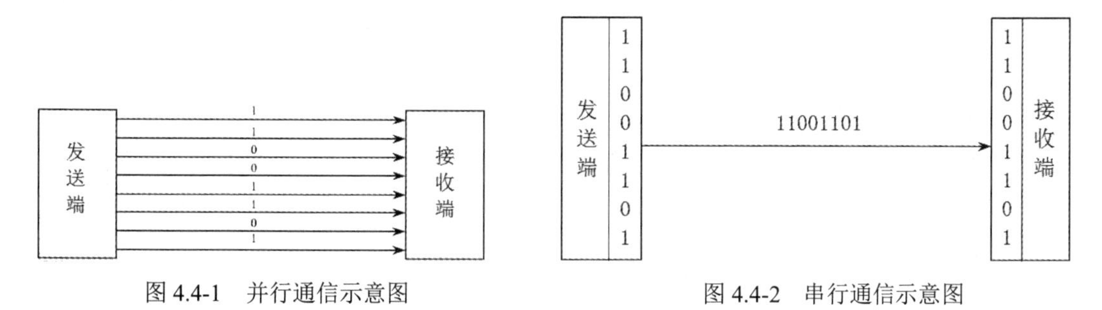

图4.4-1　并行通信示意图　　图4.4-2　串行通信示意图

二、串行通信工作模式

通过单线传输信息是串行数据通信的基础。由于串行通信接线少、成本低，因此其广泛应用于数据采集和控制系统。

1. 单工通信、半双工通信和全双工通信

对于点对点之间的串行通信，按数据流传送的方向不同，可分为三种传送模式：单工通信、半双工通信、全双工通信，如图4.4-3所示。

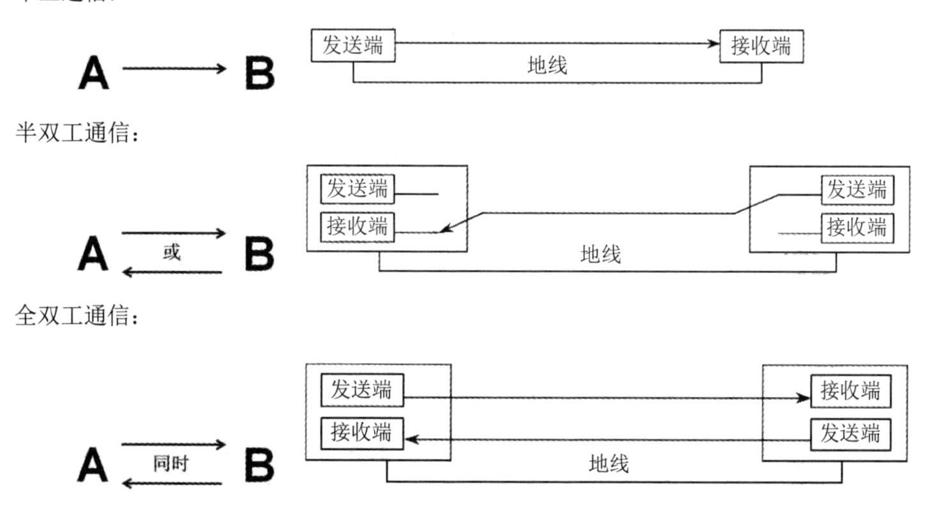

图4.4-3　串行通信的三种传送模式

1) 单工通信

单工通信的数据传送是单向的，一方固定为发送端，另一方固定为接收端，数据只能沿一个方向传送，如广播系统(无线电广播、电视广播等)。

2) 半双工通信

半双工通信允许数据在两个方向上传输，但在同一时刻，只允许数据在一个方向上传输，不能同时发送和接收，它实际上是一种可切换方向的单工通信。半双工通信通常双方均有一个收/发切换电子开关，通过切换此开关来决定数据向哪个方向传送，如对讲机。

3) 全双工通信

全双工通信又称为双向同时通信，它允许数据同时在两个方向上传输(数据双向传输)，即通信的双方可以同时发送和接收数据。全双工通信如现代电话通信，计算机与计算机之间的通信等。

2. 异步通信和同步通信

数据传输时，接收端和发送端必须保持步调一致，否则可能有时间误差，会使发送和接收的数据错位，导致通信失败。按发送端和接收端的同步方式不同，串行通信可分为异步通信和同步通信。

1) 异步通信

异步通信指通信中两个字符(每个字符为 8 个位)之间的时间间隔是不固定的，字符数据可以随时被发送或者接收，而在一个字符内各位的时间间隔是固定的。

(1) 起始(Start)位。

在异步通信中，收/发端必须确定每个字符开始和结束的位置：每个被传输的字符的第 1 位之前都会被加入一个起始(Start)位，表示传送开始；每个字符的最后，都会被加上 1 个可选的校验(Parity)位和 1 个或多个停止(Stop)位，停止位表示传送完毕，为接收下一字符做好准备。

字符是异步通信数据传输的单位。在通信数据中，字符间异步，字符内部各数据位间同步。一旦传送开始，组成这个字符的各个数据位将被连续发送，并且每个数据位持续的时间是相等的，接收端根据这个特点与数据发送端保持同步，从而正确地恢复数据。接收端和发送端则以预先约定的传输速率，在时钟的作用下，传送这个字符中的每一位。

异步通信示意图如图 4.4-4 所示，在通信线上没有数据传送时处于逻辑 1 状态。当发送端发送一个字符数据时，首先发出一个逻辑 0 的起始(Start)位。起始位通过通信线传向接收端，当接收端检测到这个逻辑低电平后，就开始准备接收数据信号。

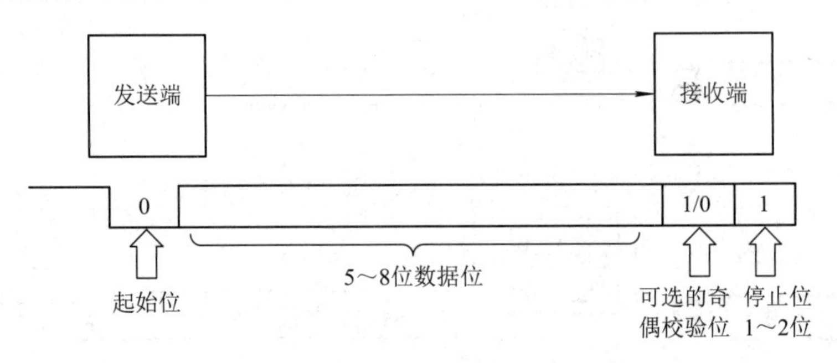

图 4.4-4　异步通信示意图

(2) 数据(Data)位。

起始位后面紧接着的是数据位，它根据实际需要可以是 5 位、6 位、7 位或 8 位。数据传送时，低位在前。

(3) 奇偶校验(Parity)位。

奇偶校验位用于数据传送过程中的数据检错，数据通信时通信双方必须约定一致的奇偶校验方式。奇偶校验有奇校验和偶校验两种，用于检查字符码中 1 的数目是奇数还是偶数。例如，当字符码有偶数个 1 时，选用奇校验则校验位为 1，从而 1 的总数为奇数；选用偶校验则校验位为 0，从而 1 的总数为偶数。奇偶校验具体如表 4.4-1 所列。

表 4.4-1　奇偶校验

	起始(Start)位	数据(Data)位					校验(Parity)位	停止(Stop)位
奇校验	0	1	0	0	1	1	0	1
偶校验	0	1	0	0	1	1	1	1

☞**提示**　就数据传送而言，奇偶校验位是冗余位，但它表示数据的一种性质。也有的系统不要校验位，或将校验位设为 1 或 0。

(4) 停止(Stop)位。

在奇偶校验位或数据位后紧接着的是停止位，停止位可以是 1 位，也可以是 1.5 位或 2 位。接收端收到停止位后，知道上一字符已传送完毕，会为接收下一字符做好准备。若停止位后不是紧接着传送下一个字符，则线路保持为逻辑 1。逻辑 1 表示空闲位，线路处于等待状态。存在空闲位是异步通信的特性之一。

在异步通信中，发送端在任意时刻都可以发送数据，而接收端要时刻处于准备好的状态。这种通信方式虽然效率低，但是对设备的要求不高，容易实现，因此在工业网络领域得到广泛应用。

2) 同步通信

与异步通信不同，同步通信中，数据以稳定的比特(bit)流的形式传输，数据被封装成更大的传输单位，称为信息帧，每 1 帧里包含多个字符数据，字符与字符之间没有起始(Start)位和停止(Stop)位。但因为数据传输单位加长更容易引起时钟偏移，导致传输出错，所以接收端和发送端必须建立同步时钟。通俗而言，就如部队走阵列，必须有统一的口令、保持整齐的步调。这里的口令相当于接收端和发送端的时钟，部队阵列就是数据帧，而每一个军人即数据帧内的每一个数据位。

同步通信示意图如图 4.4-5 所示。时钟信号可以在发送端和接收端之间建立一条独立的时钟线路，由发送端定期地在每个比特时间中向线路发送 1 个短脉冲信号，接收端则将这些有规律的脉冲作为时钟。另一种方法是通过嵌有时钟信息的数据编码位向接收端提供同步信息。

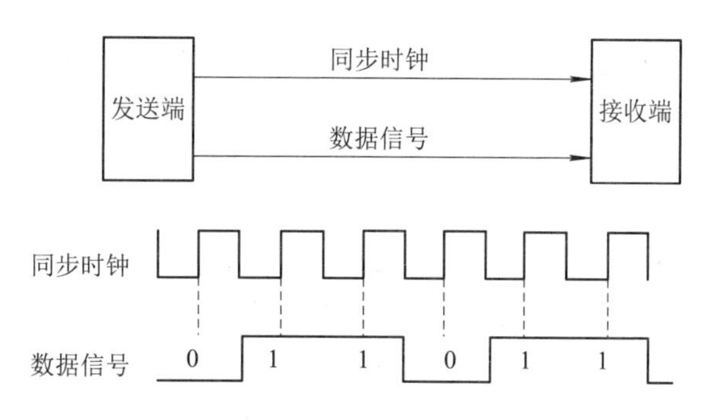

图 4.4-5　同步通信示意图

尽管已经有了同步时钟，发送端还是必须以某种方式标志告知接收端数据流的开始和结束。通常会在同步通信协议中定义一个确定的比特序列，即同步字符进行标识，常约定同步字符为 1～2 个。当线路空闲时，通常也是发送同步字符。同步字符示意图如图 4.4-6 所示。

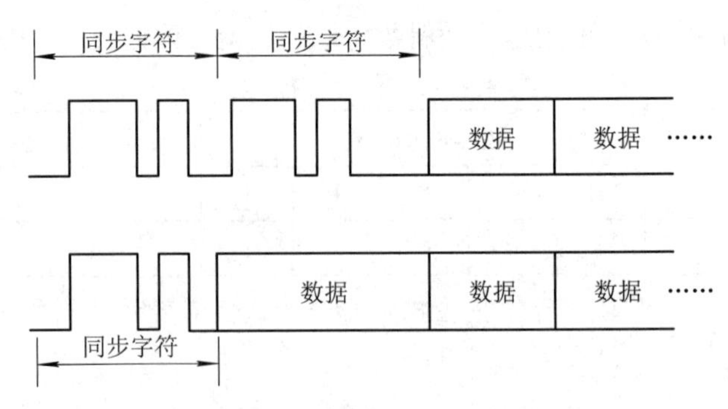

图 4.4-6　同步字符示意图

同步通信可以不用每个字符都加入起始(Start)位和停止(Stop)位，通常它的传输速率比异步通信最少快 25%，这是同步通信最明显的一个优势。但是由于发送端和接收端需要保证高精度同步，因此发送端和接收端比较复杂，实现较复杂，成本较高，实际较少使用，一般只用于传输速率要求较高的场合。

3) 波特率和比特率

串行通信的传输速率通常用波特率进行衡量。波特率表示每秒钟传送的码元符号的个数，单位为波特(Baud)，可以通俗地理解为一个设备在一秒钟内发送(或接收)了多少码元的数据。而码元是根据实际需要在相同的时间间隔内用 1 个位(bit)，或通过不同的调制方式用多个位(bit)的组合代表一定编码意义的符号代码，是承载信息量的基本信号单位。

比特率指的是每秒传输比特数，又称数据信号速率，单位为比特/秒(b/s)、千比特/秒(kb/s)或兆比特/秒(Mb/s)。比特率越高，表示单位时间传送的数据越多。比特率和波特率既有联系，又有区别。比特率描述的是数据，波特率描述的是信号。比如一个信号码元由 2 个 bit 组成(00/01/10/11)，如果该信号通信系统的波特率为 9600 Baud，则对应的比特率为 $9600 \times 2 = 19\,200$ b/s。

三、串口通信标准

串行接口简称串口，也称为串行通信接口(通常指 COM 接口)，是采用串行通信方式的扩展接口。

串口通信是一种相对低速的串行通信手段。相对于以太网模式、红外模式、蓝牙模式而言，串口通信是一种相对低级的通信手段。串口通信的优点为普及率高，成本低，使用简单，能实现较远距离通信(通信长度可达 1200 米)；串口通信的缺点为组网能力差，易受电磁影响而出现通信不稳定甚至串口烧坏的情况，一般只适合低速率和小数据量的通信。

串口的出现是在 1980 年前后，数据传输速率是 115～230 kb/s。串口出现的初期是为了使外设和计算机间通过数据信号线、地线、控制线等实现连接通信，现多用于工控和测量设备以及部分通信设备中，在传统工控领域处于统治地位。

目前国际上通用的串口通信标准是美国电子工业协会(Electronic Industries Association，EIA)制定的著名物理层异步通信接口标准，常用的包括 RS-232、RS-422 和 RS-485。

1. RS-232 串口通信标准

RS-232C 全称为 EIA-RS-232C，是 EIA 于 1962 年公布，并于 1969 年修订的串口通信标

准。其中 RS(Recommended Standard)代表推荐标准，232 是标识号，C 代表 1969 年最后一次修订版本。

这个标准对串行通信接口的信号电平、信号线功能、电气特性、机械特性等都做了明确规定。它适用于数据传输速率在 0～20 000 b/s 的通信。目前 RS-232C 是通信工业中应用最广泛的一种串行接口，被定义为低速率串行通信中增加通信距离的一种单端标准。早期的计算机标配是 RS-232 接口(COM1/COM2)，现已逐渐被 USB 接口取代。

1) 连接器和线路连接

由于 RS-232 并未定义连接器的物理特性，因此出现了各种类型的连接器，其引脚定义也各不相同。后来 IBM 的计算机将接口简化为 DB-9 连接器，DB-9 成为了事实标准。DB-9 连接器及其引脚如图 4.4-7 所示，各引脚的信号功能描述如表 4.4-2 所列。

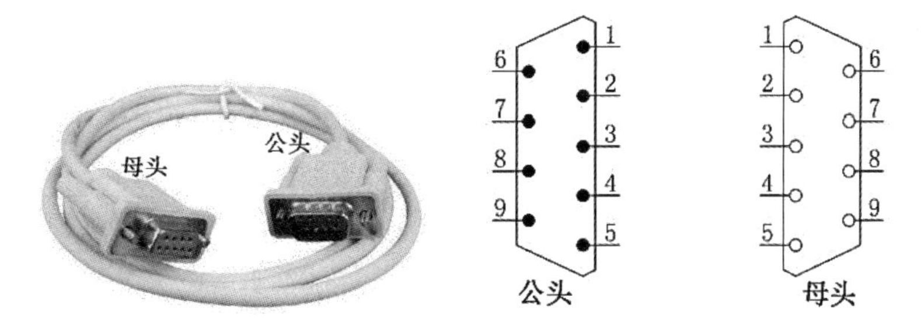

图 4.4-7　DB-9 连接器及其引脚

表 4.4-2　DB-9 连接器各引脚的信号功能描述

引 脚	符 号	通 信 方 向	功　能
1	DCD	主机←外设	载波信息检测
2	RXD	主机←外设	接收数据
3	TXD	主机→外设	发送数据
4	DTR	主机→外设	数据终端准备好
5	GND	主机⇌外设	信号地线
6	DSR	主机←外设	数据装置准备好
7	RTS	主机→外设	请求发送
8	CTS	主机←外设	清除发送
9	RI	主机←外设	振铃信号指示

从功能来看，全部信号线可分为 3 组，即数据线(TXD、RXD)、地线(GND)和联络控制线(DSR、DTR、RI、DCD、RTS、CTS)。

在 RS-232 的应用中，很少严格按照标准执行，原因在于许多定义的信号在大多数应用中并没有用上。RS-232 接口的接线方式有全线连接、3 线连接等。工业通信领域经常使用 3 线连接方式，两台串口通信设备之间的连接只需要使用 3 根线即可，即 RXD、TXD 和 GND。RS-232 的 3 线连接如图 4.4-8 所示，显然，发送和接收通道相互独立，甲、乙两台设备各自在发送的同时也能接收。在这种连接下，串口工作模式为全双工通信。

TXD 信号负载着从主机/本设备到外设/连线另一端设备的数据，对本设备而言，TXD 即是发送数据的通道。RXD信号负载着从外设/连线另一端设备到主机/本设备的数据，与TXD相反，对本设备而言，RXD即是接收数据的通道。GND为逻辑地，提供其余信号的参考电压，可以通过GND判断信号线的电压正负，从而确定传输的信号属于逻辑0还是逻辑1。

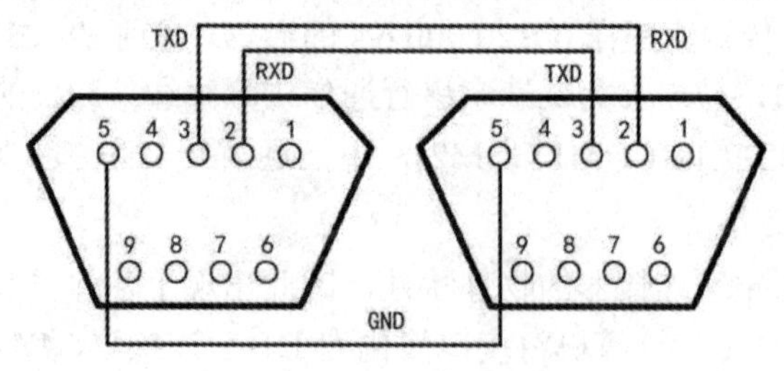

图4.4-8　RS-232的3线连接(DB-9)

2) 电气特性

RS-232串口通信标准对电气特性做了规定，具体如表4.4-3所列。

表4.4-3　RS-232电气特性(DB-9)

性 质	符 号	功 能	逻 辑 电 平	
			−15～−3 V	+3～+15 V
数据线	RXD	接收数据	逻辑1	逻辑0
	TXD	发送数据		
控制线	DTR	数据终端准备好	信号无效(断开)	信号有效(接通)
	DCD	载波信息检测		
	DSR	数据装置准备好		
	RTS	请求发送		
	CTS	清除发送		

以上规定说明典型的RS-232信号在正负电平之间摆动，当传输电平的绝对值大于3 V时，电路可以有效地检查出来。而介于−3 V～+3 V的电压，低于−15 V或高于+15 V的电压均没有意义。实际工作时，应保证电平在−15～−3 V或+3～+15 V，典型的工作电平在−12～−3 V或+3～+12 V。

RS-232的逻辑电平规定与常用的TTL的逻辑电平规定不一样。TTL电平信号规定：+5 V(≥2.4 V)等价于逻辑1，0 V(≤0.4 V)等价于逻辑0。

为了能够同计算机接口或终端的TTL器件连接，通常需要进行电平和逻辑关系的转换，常见的转换芯片有MAX232。

一般RS-232接口用于近距离点对点通信，适合本地设备之间的通信。标准规定了在码元畸变率小于4%的情况下，传输距离可达15 m。但在实际应用中，大多数用户是按码元畸变率为10%～20%的范围工作，因此实际使用最大传输距离会远超过15 m。

2. RS-422串口通信标准

RS-232接口采用不平衡传输方式，即一种由信号线(TXD/RXD)和信号返回线(GND)构成共地的传输形式，这种共地传输容易产生共模干扰，所以抗噪声干扰性能弱，除此之外还有通信距离短、速率低、不支持多机通信的缺点。EIA为了弥补RS-232的不足而提出了 RS-422。因此，RS-422 是由 RS-232 发展而来的，它定义了一种平衡通信接口，将传输速率提高到 10 Mb/s，传输距离延长到约 1220 m(较低速率时)。它是一种单机发送、多机接收的单向、平衡传输规范，允许在一条平衡总线上连接最多 10 台接收器。

1) 连接器和线路连接

RS-422 同样不涉及对插件、电缆或协议的规定，在现场的 RS-422 连接器形式各异。国内常采用 5 孔接线端子，如图 4.4-9 所示；也有采用 DB-9 接口、RJ45 接口的。三菱 FX 系列 PLC 编程接口也使用 RS-422 标准通信，但采用的是 8 针 PS-2 圆口引脚，如图 4.4-10 所示。

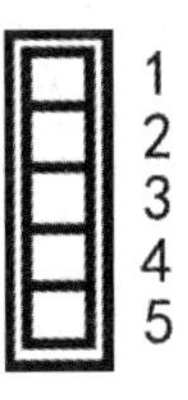

图 4.4-9　5 孔接线端子

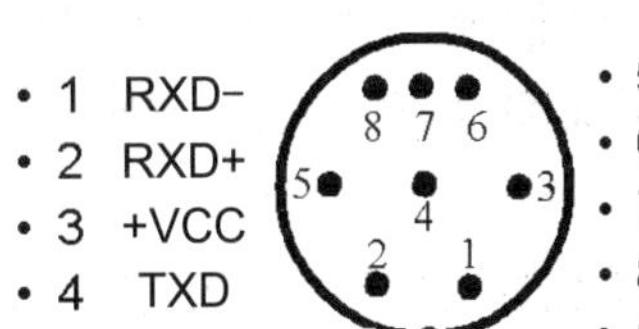

图 4.4-10　8 针 PS-2 圆口引脚

RS-422 定义的接口是典型的 4 线接口(实际还有 1 根信号地线，共 5 根线)，具体引脚定义如表 4.4-4 所列。

表 4.4-4　RS-422 引脚定义

引脚	符号	通信方向	功能	逻辑 1	逻辑 0	线路连接
1	GND	主机⇌从机	信号地线	—	—	TXD+ — RXD+ TXD- — RXD- 双绞线 RXD+ — TXD+ RXD- — TXD- GND — GND
2	TXD+	主机→从机	发送数据＋端	电平差 2～6 V	电平差 -6～-2 V	
3	TXD-	主机→从机	发送数据－端			
4	RXD+	主机←从机	接收数据＋端	电平差 ≥0.2 V	电平差 ≤0.2 V	
5	RXD-	主机←从机	接收数据－端			

2) 电气特性

与 RS-232 的不平衡传输方式不同，RS-422 采取了平衡发送和差分接收的传输方式。发送端将串行接口的 TTL 电平信号转换成差分信号+、-两路输出，经过线缆传输之后在接收端将差分信号还原成 TTL 电平信号。

外部的干扰信号通常是以共模方式出现的，两根传输线上的共模干扰信号相同，而接收端是差分输入，只对差模信号进行处理，共模信号可以相互抵消。只要接收端有足够的抗共模干扰能力，就能克服外部干扰。

RS-422 规定，发送端：逻辑 1 以两线间(TXD+/TXD-)的电压差为 2～6 V 表示，逻辑 0 以两线间(TXD+/TXD-)的电压差为 -6～-2 V 表示；接收端：RXD+ 比 RXD- 高 0.2 V 以上即逻辑 1，RXD+ 比 RXD- 低 0.2 V 以上即逻辑 0。这种接口信号电平比 RS-232 降低了，不容易损坏接口电路芯片，且该电平与 TTL 电平兼容，方便与 TTL 电路连接。

所谓差分传输，通俗来讲就是发送端在两条信号线上传输幅值相等、相位相反的电信号，接收端对接收的两条线信号做减法运算，这样就获得幅值翻倍的信号。由于 RS-422 传输线通常为双绞线，又是差分传输，因此 RS-422 接口有极强的抗共模干扰的能力。

3. RS-485 串口通信标准

为了扩展应用范围，EIA 又于 1983 年在 RS-422 的基础上制定了 RS-485 串口通信标准，被命名为 TIA/EIA-485-A 标准。该标准增加了多点、双向通信能力，即允许多个发送端连接到同一条总线上，同时增加了发送端的驱动能力和冲突保护特性，扩展了总线共模范围。RS-485 总线工业应用成熟，而且大量的已有工业设备均提供 RS-485 接口，因而时至今日，RS-485 总线仍在工控通信领域中占有十分重要的地位。

1) 连接器和线路连接

RS-485 的国际标准并没有规定 RS-485 的接口连接器标准，所以采用接线端子(如三菱 FX_{3U} 系列 PLC)、DB-9(如西门子 PLC 的 S7-200 SMART 系列)和 DB-25 等连接器都是可以的。国内常见的是采用接线端子的形式，如各种智能仪表。

(1) 连接方式。

RS-485 可以采用二线制与四线制连接方式。二线制可实现真正的多点双向通信，可以组成串行通信网络，构成分布式系统，如图 4.4-11 所示。而采用四线制连接时(现在很少采用)，RS-485 与 RS-422 一样只能实现一对多的通信，即只能有一个主设备，其余为从设备，但它比 RS-422 有所改进。无论采用四线制还是二线制连接方式，总线上可最多连接 128 个设备，即具有多站能力。

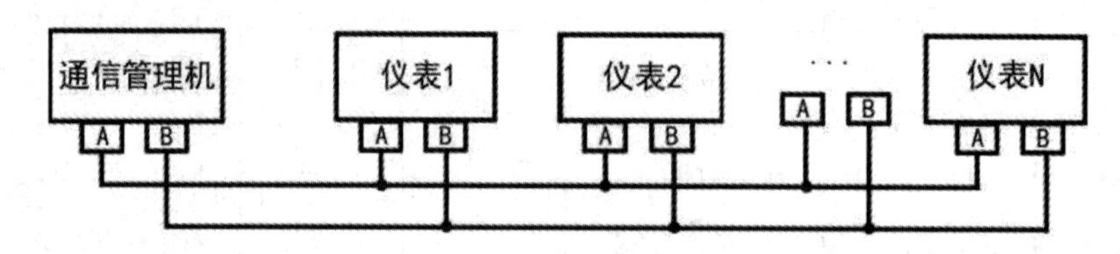

图 4.4-11　RS-485 二线制组网通信示意图

(2) 终端电阻。

在组建 RS-485 总线网络时，通常使用特性阻抗为 120 Ω 的屏蔽双绞线。由于 RS-485 收发端输入阻抗一般较高，在信号传输到总线末端时会因受到的瞬时阻抗发生突变，导致信号发生反射，影响信号的质量。因此，对于 RS-485 总线，通常需要在传输线上接终端电阻。终端电阻主要是为了匹配通信线的特性阻抗，防止信号反射，提高信号质量。长距离通信时，终端电阻连接在传输总线的两端，如图 4.4-12 所示，阻值要求等于传输电缆的特性阻抗(通常为 120 Ω)。在短距离传输时可不接终端电阻，一般在 300 m 以下不需终端电阻。

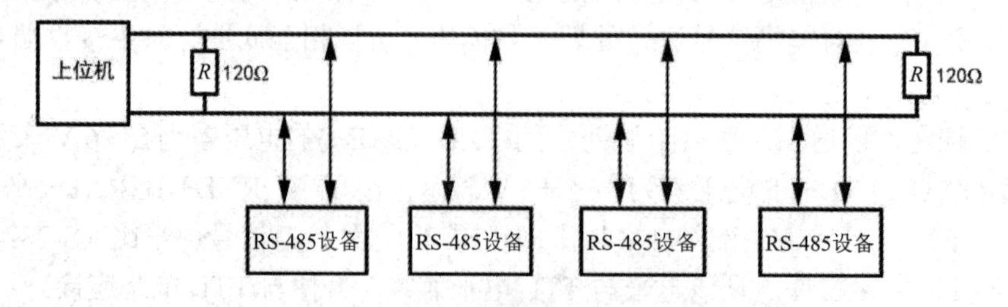

图 4.4-12　RS-485 总线网络终端电阻连接示意图

(3) 接地。

由于工程现场不能忽略共模电压和 EMI 电磁干扰问题，因此尽管 RS-422 和 RS-485 采用差分平衡传输方式，但对于整个通信网络，必须有一条低阻信号地将两个接口的工作地连接起来，使共模电压被短路。这条信号地可以是额外专门的连接线，也可以是屏蔽双绞线的屏蔽层(更为常见)。尤其在工作环境较恶劣和远距离传输的情况下，更需要接地以使网络稳定。

2) RS-485 的电气特性

RS-485 是 RS-422 的变种，所以其许多电气特性与 RS-422 相仿，都是采用平衡驱动器和差分接收器，抗噪声干扰性好。RS-485 同样规定，发送端：逻辑 1 以两线间(TXD+/TXD-)的电压差为 2～6 V 表示，逻辑 0 以两线间(TXD+/TXD-)的电压差为 -6～-2 V 表示；接收端：RXD+ 比 RXD- 高 0.2 V 以上即逻辑 1，RXD+ 比 RXD- 低 0.2 V 以上即逻辑 0。具体参见表 4.4-4。

RS-485 接口的最大传输距离标准为 1219 m(较低速率时)，实际上可达 3 km。RS-485 接口广泛应用于工控领域计算机与终端或外设之间的远距离通信和串行通信网络组建。其最大传输速率为 10 Mb/s，传输速率与传输距离成反比，距离越短速率越快，一般 100 m 长双绞线最大传输速率仅为 1 Mb/s。

3) RS-485 与 RS-422 的区别

RS-485 是在 RS-422 的基础上发展而来的，两者的电气特性相似，其主要区别在于：

(1) RS-422 有 4 根信号线：2 根发送(TXD+/TXD-)，2 根接收(RXD+/RXD-)。因此 RS-422 的收发是分开的，可同时进行，工作模式为全双工通信。

(2) RS-485 有 2 根信号线：发送和接收共用 2 根线(一对差分信号，一般标识为 A/B，Data+/Data-，485+/485- 或 T/R+、T/R-)，不能同时收发，工作模式为半双工通信。

(3) 由于工作模式为半双工通信，RS-485 中还有一使能端，该使能端用于控制发送驱动器与传输线的切断与连接，而在 RS-422 中这是可用可不用的。RS-422 四线接口采用单独的发送和接收通道，因此不必控制数据方向。

RS-422 串口、RS-485 串口的接线连接如图 4.4-13 所示。

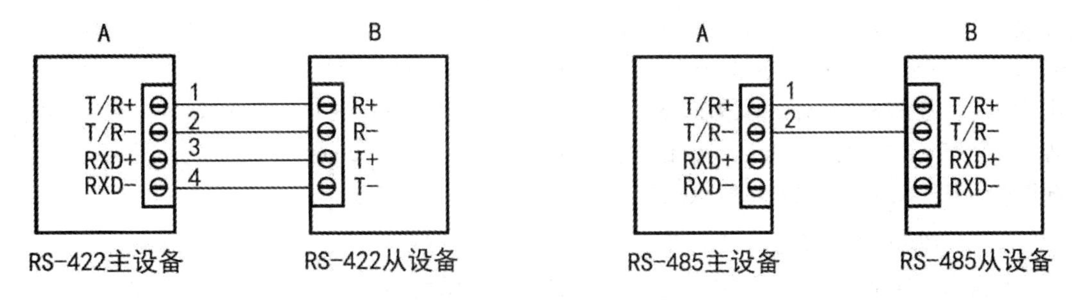

(a) RS-422 点到点/四线全双工通信 (b) RS-485 点到点/两线半双工通信

图 4.4-13 RS-422 串口、RS-485 串口的接线连接

RS-232、RS-422 与 RS-485 电气参数比较如表 4.4-5 所示。

表 4.4-5　RS-232、RS-422 与 RS-485 电气参数比较

电气参数	RS-232	RS-422	RS-485
工作方式	单端	差分	差分
节点数	1 收 1 发	1 发 10 收	1 发 128 收
最大传输电缆长度	约 15 m	约 1200 m	约 1200 m
最大传输速率	20 kb/s	10 Mb/s	10 Mb/s
驱动输出电压峰值	±25 V	-0.25～+6 V	-7 V～+12 V
驱动器输出信号电压(负载工况下)	±5 V～±15 V	±2.0 V	±1.5 V
驱动器输出信号电压(空载工况下)	±25 V	±6 V	±6 V
驱动器负载阻抗	3～7 kΩ	100 Ω	54 Ω
接收器输入电压范围	±15 V	-10 V～+10 V	-7 V～+12 V
接收器输入门限	±3 V	±200 mV	±200 mV
接收器输入电阻	3～7 kΩ	4 kΩ	12 kΩ
驱动器共模电压	—	-3V～+3 V	-1 V～+3 V
接收器共模电压	—	-7～+7 V	-7 V～+12 V

四、通信协议

RS-232、RS-422 与 RS-485 标准只对接口的电气特性，即物理层方面进行规定，而不涉及插件、电缆或协议。在此基础上用户采用现有行业通用的通信协议，也可以建立自己的高层通信协议。

通信协议是指通信双方的一种约定，通常会对数据格式、同步方式、传送速度、传送步骤、检/纠错方式以及控制字符定义等问题做出统一规定，通信双方必须共同遵守。通信协议也叫通信控制规程或传输控制规程。

工业控制系统的现场网络与控制网络之间的通信、现场网络各工控设备之间的通信、控制网络各组件的通信往往采用工业控制系统特有的通信协议，常用的通信协议有：Modbus、TCP/IP、PPI、Profibus 等。从行业角度来看，目前存在的工业控制网络通信协议主要有：传统控制网络(如 CCS、DSC 等)、现场总线(Profibus、CCL-Link、CAN、DeviceNet 等)、工业以太网(如 Modbus、Profinet、Ether、HSE、EPA、Wnet、PowerLink 等)、工业无线网(如 IEEE802.11、ZigBee、Rfieldbus 等)。

1. Modbus 通信协议

Modbus 是世界上第一个用于工业现场的总线协议，可以说它的出现标志着工业现场从模拟量时代向通信时代迈进。Modbus 协议最初由美国 Modicon(莫迪康)公司(在 1979 年末该公司成为施耐德自动化部门的一部分)开发出来。由于 Modbus 协议完全公开透明，其简单可靠的机制更适合工业应用，因此它成了一种通用的工业标准。许多工业设备，包括

PLC、DCS、智能仪表等都使用 Modbus 协议作为它们之间的通信标准，现在 Modbus 已经是工业领域全球最流行的协议。

Modbus 通信协议定义了一个控制器能认识和使用的信息帧结构。它只定义了协议层，而不管它们是经过何种网络进行通信的。因此该通信协议支持多种电气接口，比如 RS-232、RS-422、RS-485 和以太网，其中大多数 Modbus 设备通信通过接口 RS-485 物理层进行(它已经成为事实上的 RS-485 通信标准)。

Modbus 协议是一种主从串行异步通信协议，采用主从式通信结构，把通信设备规定为“主站”和“从站”，每个从站都有自己的地址编号，可以使用一个主站对多个从站进行双向通信。主站可单独与从站进行通信，也可以广播式和所有从站通信。如果单独通信，主站发出数据请求消息，从站接收到正确消息后响应主站请求并返回信息作为回答；如果是广播式查询，则从站不做任何回应。协议制定了主站的查询格式和从站回应消息的格式。理论上可以连接 1 个主站和多达 247 个从站，但实际受线路和设备的限制，一般最多支持 1 个主站和 32 个从站。

Modbus 协议目前存在用于串口、以太网以及其他支持互联网协议的网络的版本。对于串行连接，Modbus 协议存在两个变种：Modbus RTU 和 Modbus ASCII，它们在数值数据表示和协议细节上略有不同。Modbus RTU 是一种紧凑的、采用二进制表示数据的方式，Modbus ASCII 是一种人类可读的、冗长的表示方式。而对于通过 TCP/IP(以太网)的连接，则存在多个 Modbus TCP 变种。Modbus 协议的某些特性是固定的，如信息帧结构、帧顺序、通信错误、异常情况的处理及所执行的功能，这些都不能随便改动；其他特性是属于用户可选的，如传输介质、波特率、字符奇偶校验、停止位个数等。

1) 信息帧结构

Modbus 协议中，数据是以帧为单位发送和接收的，一个完整的信息帧至少包含地址、功能代码、数据段和校验码。以下主要介绍串行连接中 Modbus ASCII 和 Modbus RTU 两种传输模式的信息帧结构。

(1) ASCII 模式。

该模式下，控制器设为在 Modbus 网络上以 ASCII 码通信，在消息中的每个 8 位字节都作为 2 个 ASCII 字符发送。一般来说，数据信息帧结构即数据格式的内容都是以十六进制表示的，1 个字节为 2 个十六进制符号。这样，在数据发送前，必须先将每 4 个位的十六进制符号转换为 ASCII 码，这就给通信程序设计带来一定的不便，但也是这种模式保证了字符发送的时间间隔可达到 1 秒而不产生错误。

ASCII 模式的信息帧结构如表 4.4-6 所列。

表 4.4-6　信息帧结构(ASCII 模式)

<table>
<tr><td>STX</td><td>ADD</td><td>CMD</td><td colspan="3">DATA</td><td colspan="2">CHK</td><td colspan="2">ETX</td></tr>
<tr><td>起始符</td><td rowspan="2">地址码</td><td rowspan="2">功能
代码</td><td rowspan="2">数据 1</td><td rowspan="2">…</td><td rowspan="2">数据 n</td><td rowspan="2">LRC
高位</td><td rowspan="2">LRC
低位</td><td colspan="2">停止符</td></tr>
<tr><td>⋮</td><td>回车</td><td>换行</td></tr>
<tr><td>1 个字符</td><td>2 个字符</td><td>2 个字符</td><td colspan="3">n 个字符</td><td colspan="2">2 个字符</td><td colspan="2">2 个字符</td></tr>
</table>

起始符(STX)：信息帧的帧头。ASCII 模式统一以冒号(：)字符(ASCII 码 3AH)开始；无 RTU 模式。

地址码(ADD)：从站地址，范围为 01H～FFH。

功能代码(CMD)：主站命令从站的执行功能代码，范围为 01H～FFH。

数据区(DATA)：具体通信内容。

校验码(CHK)：信息帧校验码，检验范围由地址码开始，到数据区结束。

停止符(ETX)：信息帧的帧尾。ASCII 模式统一以回车/换行符(ASCII 码 0DH/0AH)结束；无 RTU 模式。

使用 ASCII 模式，每个通信设备都不断地侦测“：”字符。当有一个“：”字符被接收时，紧接着解码下个域(地址码)来判断信息是否发给自己。消息中字符间发送的时间间隔最长不能超过 1 秒，否则接收的设备将认为传输错误。

(2) RTU 模式。

该模式下，控制器设为在 Modbus 网络上以 RTU(远程终端单元)模式通信，在消息中的每个 8 位字节包含 2 个 4 位的十六进制字符。这种模式直接按十六进制符号发送，因此其主要优点是在同样的波特率下，可比 ASCII 模式传送更多的数据。

RTU 模式的信息帧结构如表 4.4-7 所列。

表 4.4-7　信息帧结构(RTU 模式)

STX	ADD	CMD	DATA			CHK		ETX
起始标识	地址码	功能代码	数据 1	…	数据 n	CRC 高位	CRC 低位	停止标识
＞3.5 字符停顿时间	8 位	8 位	8n 位			16 位		＞3.5 字符停顿时间

RTU 模式的信息帧实际没有帧头帧尾，而是规定：信息帧的发送至少以 3.5 个字符的时间间隔作为区分。也就是说，通信设备在不停地侦测总线的停顿时间间隔，当地址码被收到后，每个设备都要进行解码以判断信息是否发往自己，在最后一个校验码被传送后，需要至少 3.5 个字符的停顿才标志发送的结束。如果两个信息帧的时间间隔不到 3.5 个字符的停顿时间，接收设备会认为是上一个信息帧的延续。

2) 地址

信息帧的地址码包含 2 个字符(ASCII 模式)或 8 位(RTU 模式)。单个设备的地址范围是 1～255(地址 0 用作广播地址)。主设备通过将要联络的从设备的地址放入消息中的地址码来选通从设备。当从设备发送回应消息时，它把自己的地址放入回应的地址码中，以便主设备知道是哪一个设备做出的回应。

3) 功能代码

当信息帧从主设备发往从设备时，功能代码将告知从设备需要执行哪些行为，例如读取输入的开关状态，读一组寄存器的数据内容，读从设备的诊断状态，允许调入、记录、校验在从设备中的程序等。

信息帧中的功能代码包含 2 个字符(ASCII 模式)或 8 位(RTU 模式)，范围为 1～255。Modbus 通信协议定义功能号有 127 个(1～127，其中 20～127 为保留用，比较复杂)，这些代码部分是通用代码，适用于所有控制器，有些则是专用代码，只应用于某种控制器，还有些保留备用。作为从机响应，从机发送的功能代码与从主机发送来的功能代码一样，表明从机已响应主机进行操作。其中 128～255 用于异常应答，如果从机发送的功能代码的最高位为 1(>127)，则表明从机没有响应操作或发送出错，并同时将错误代码放入数据区发送给主机，告诉主机发生了什么错误。表 4.4-8 给出了适用于所有控制器的常用功能代码说明。

表 4.4-8　Modbus 协议常用功能代码说明

功能代码	名　称	作　　用	操作数
01	读取线圈状态	取得一组逻辑线圈的 ON/OFF 状态	位
02	读取输入状态	取得一组开关输入的 ON/OFF 状态	位
03	读取保持寄存器	在一个或多个保持寄存器中取得当前的二进制值	字
04	读取输入寄存器	在一个或多个输入寄存器中取得当前的二进制值	字
05	强置单线圈	强置一个逻辑线圈的通断状态	位
06	预置单寄存器	把具体二进制值装入一个保存寄存器	字
08	回送诊断校验	把诊断校验报文送从机	字
15	强置多线圈	强置一串连续逻辑线圈的通断	位
16	预置多寄存器	把具体二进制值装入一串连续的保存寄存器	字

4) 数据区

数据区为从设备必须执行的由功能代码所定义的行为内容，如正转、反转、停止，修改参数等。数据区是由 2 个十六进制数集合构成的，范围为 0～255。根据网络传输模式，数据区可以由一对 ASCII 字符组成或由一串 RTU 字符组成。Modbus 协议对数据区的具体格式与内容没有进行统一规定，而是留给设备生产商制定。凡是采用 Modbus 协议的设备，生产商均会在这方面给出具体说明。

5) 校验方法

根据标准 Modbus 协议，除了串行协议中每个字符或每个字节有奇偶校验，信息帧整体数据也需要进行校验。其中，ASCII 模式采用纵向冗余校验(Longitudinal Redundancy Check，LRC)的校验和：错误检测域包含 2 个 ASCII 字符，起始符和停止符之间的数据是使用 LRC 方法对消息内容计算得出的(不包括开始的冒号符及回车换行符)，LRC 字符附加在回车换行符前面；而 RTU 模式则采用循环冗余校验(Cyclic Redundancy Check，CRC)的校验和：错误检测域占 16 位，错误检测域的内容是通过对消息内容进行 CRC 得出的，CRC 域附加在消息的最后，添加时先是低字节然后是高字节。对于 Modbus TCP，不需要校验和计算，因为 TCP 协议是一个面向连接的可靠协议。

(1) LRC：一个逐字节奇偶校验计算，将数据区的所有字节一起异或，创建一个字节的结果，也称为 XOR 校验和。

(2) CRC：基于循环纠错码理论。

(3) 校验和：传输位数的“累加”(加法操作可能不是普通整数加法)。奇偶校验和 LRC 可以说是校验和的一种形式。将奇偶校验的思想扩展，将消息中的字节汇总成一个校验字节(不是奇偶校验的比特位)，这个字节就是校验和。

2. 三菱专用通信协议

目前，在工控领域，各个设备供应商基本上都推出了自己的专用协议。其中三菱 FX

系列 PLC 与其他如 PC 软件、三菱变频器等三菱品牌的工控设备之间交互数据可采用三菱专用通信协议，并且供应商为采用专用通信协议提供了许多方便的功能指令。三菱专用通信协议也是一种主从通信机构，它只定义了协议层，支持传统的串行接口：RS-232、RS-422 和 RS-485。

1) 信息帧结构

三菱专用通信协议中除了控制字符 ENQ、ACK 和 NAK 可以构成单字符帧，其他完整的信息帧都由控制字符 STX、命令码 CMD、数据段 DATA、控制字符 ETX 以及和校验码 CHK 五部分组成。其中，和校验码 CHK 是从命令码 CMD 到控制字符 ETX 的所有字符的 ASCII 码相加所得结果的最低两位数。信息帧具体可分为“读数据”帧、“写数据”帧、“强制 ON”帧、“强制 OFF”帧四种类型。

“读数据”帧由报文开始标志、命令码、软元件首地址、软元件数据长度、报文结束标志以及和校验码组成，如表 4.4-9 所列。

表 4.4-9　“读数据”帧

STX	CMD	ADD	LEN	ETX	CHK
起始符	命令码	地址	个数	停止符	和校验码

主机发送完上述信息帧，就可以直接读取 PLC 响应返回信息。返回信息帧由报文开始标志、读取的数据、报文结束标志以及和校验码组成，如表 4.4-10 所列。

表 4.4-10　返回信息帧

STX	DATA	ETX	CHK
起始符	数据	停止符	和校验码

“写数据”帧由报文开始标志、命令码、软元件首地址、软元件数据长度、待写入软元件的数据、报文结束标志以及和校验码组成，如表 4.4-11 所列。写入正常时，PLC 应答 ACK；写入出错时，PLC 应答 NAK。

表 4.4-11　“写数据”帧

STX	CMD	ADD	LEN	DATA	ETX	CHK
起始符	命令码	地址	个数	数据	停止符	和校验码

主机“强制 ON”帧与“强制 OFF”帧结构一致，都由报文开始标志、命令码、软元件地址、报文结束标志以及和校验码组成，如表 4.4-12 所列。接收命令正常时，PLC 应答 ACK；接收命令出错时，PLC 应答 NAK。

表 4.4-12　“强制 ON/OFF”帧

STX	CMD	ADD	ETX	CHK
起始符	命令码	地址	停止符	和校验码

2) 控制字符

三菱专用通信协议中除了三个单字符帧，其余的字符帧在发送或接收时都必须用控制字符 STX 和 ETX 分别作为该帧的起始标志和结束标志。这些控制字符必须以 ASCII 码的形式发送。各控制字符的意义如表 4.4-13 所列。

表 4.4-13　各控制字符的意义

控制字符	ASCII 码	意　义
ENQ	05H	PC 要求通信
ACK	06H	PLC 响应“了解”
NAK	15H	PLC 响应“不了解”
STX	02H	报文开始标志
ETX	03H	报文结束标志

3) 命令码

主机对 PLC 响应软元件的操作是通过 0、1、7、8 四个命令码来区分的，各命令码的功能如表 4.4-14 所列。

表 4.4-14　各命令码的功能

指令	可操作的对象	功　能
0(30H)	X、Y、M、S、T、C、D	读出位元件状态或 T、C、D 的值
1(31H)	X、Y、M、S、T、C、D	写入位元件状态或 T、C、D 的值
7(37H)	X、Y、M、S、T、C	强制节点为 ON
8(38H)	X、Y、M、S、T、C	强制节点为 OFF

五、PLC 与串口通信

在环境工程领域，自动控制系统除了通过模拟量的方式获取传感器信号，还常通过串口通信的方式获取检测信号。从理论上讲，串口通信方式的抗干扰能力更强，传输距离更远，获取环境检测数据的可靠性也更高，当前许多传感器和智能仪表均支持串口通信功能。因此掌握 PLC 通过串口通信方式获取传感器或智能仪表数据的技能十分重要。

三菱 FX 系列 PLC 支持 Modbus 通信协议，但 FX_2 系列 PLC 进行 Modbus 通信只能通过 RS 指令编程，且只有 1 个通道。而 FX_3 系列 PLC 既有 RS 指令也有 RS2 指令，其中 RS 指令只能用于通道 1，且 RS 指令可以设置为 8 位数据处理模式或 16 位数据处理模式；RS2 指令可用于通道 1，也可用于通道 2，但 RS2 指令只有 16 位数据处理模式。

同时 FX_3 系列 PLC 还提供 Modbus 通信的方便指令 ADPRW，支持 Modbus 的 ASCII 或 RTU 模式。但采用 ADPRW 指令进行 Modbus 通信时需要安装 FX_{3U}-485-BD、FX_{3U}-232-BD 通信板，或安装特殊适配器 FX_{3U}-485ADP-MB、FX_{3U}-232ADP-MB 模块。采用 RS-485 接口时通信距离最大为 500m，可使用 1 台 Modbus 主站控制 32 台从站。采用 RS-232 接口时通信距离最大为 15m。

由于使用 RS 指令编程较为复杂，因此本书只介绍 ADPRW 指令的用法。

1. 指令格式

ADPRW 指令的格式为 ADPRW S S1 S2 S3 S4 D，它是用于和 Modbus 主站所对应的从站进行数据读出/写入的指令。该指令的助记符、操作数具体如表 4.4-15 所列。

表 4.4-15　Modbus 通信指令 ADPRW 使用说明

助记符	操　作　数	
ADPRW 16 位，连续	参数：S、S1、S2、S3	K、H、E、D
	目标：S4/D	X、Y、M、S、D

ADPRW 指令为 16 位，连续执行方式，没有前后缀修饰。参数 S 为从站本站号；参数 S1 为功能代码，和 Modbus 标准协议里的功能代码一致；参数 S2 为从站 Modbus 寄存器地址；参数 S3 为访问点数(数据个数)，当功能代码为 H5(线圈写入)或 H6(寄存器写入)时固定为 0；参数 S4/D 为存储数据的起始软元件。

2. 通信参数设置

在采用 ADPRW 指令进行通信时，需要对 PLC 和从站设备的通信参数进行设置，包含通信格式的设定、协议的选择等。其中 PLC 一侧的通信参数设置需要通过特殊寄存器进行写入。FX_{3U}-485ADP-MB 或 FX_{3U}-232ADP-MB 模块均配备两个通道，各通道对应的特殊寄存器的功能参见表 4.4-16。

表 4.4-16　Modbus 通信参数设置特殊寄存器功能

通道 1	通道 2	功　　能
D8400	D8420	通信格式设定
D8401	D8421	协议选择
D8409	D8429	从站响应超时时间(0～32 767 ms)，该时间内从站未响应则出错
D8410	D8430	播放延迟时间(0～32 767 ms)
D8411	D8431	请求延迟时间(0～32 767 ms)
D8412	D8432	从站未响应时主站的重试次数(0～20 次)
D8414	D8434	从站本站号(1～247)
D8415	D8435	指定用于存储通信计数器、通信事件日志的软元件

D8400 或 D8420 通信格式设定详细内容如表 4.4-17 所列。例如数据长度是 8 位、采用奇校验、波特率为 9600、采用 RS-485 通信，则写入 D8400 或 D8420 的数值为 H1083。

表 4.4-17　特殊寄存器 D8400 或 D8420 通信格式设定详细内容

位	清 0(bit = OFF)	置 1(bit = ON)
b0	数据长度为 7 位	数据长度为 8 位
b2 b1	00：无奇偶校验；01：奇校验；11：偶校验	
b3	1 位停止位	2 位停止位
b7 b6 b5 b4	波特率，0011：300；0100：600；0101：1200；0110：2400；0111：4800；1100：9600；1001：19 200；1010：38 400；1011：57 600；1101：115 200	
b11 b10 b9 b8	不可使用	
b12	RS-232C	RS-485
b15 b14 b13	不可使用	

D8401或D8421通信协议选择的设定内容如表4.4-18所列。例如PLC作为主站，与采用Modbus RTU协议的智能仪表通信时，则设置D8401或D8421为H0001。

表4.4-18　特殊寄存器D8401或D8421通信协议选择的设定内容

位	清0(bit = OFF)	置1(bit = ON)
b0	其他通信协议	Modbus通信协议
b3 b2 b1	不可使用	不可使用
b4	Modbus主站	Modbus从站
b7 b6 b5	不可使用	不可使用
b8	不可使用	不可使用
b12	RTU	ASCII
b15～b9	不可使用	不可使用

使用ADPRW指令进行通信时，还经常用到其他一些特殊继电器，其功能如表4.4-19所列。

表4.4-19　特殊继电器功能

通道1	通道2	功　　能
M8411		专用于作为设置Modbus特殊寄存器的驱动条件(使用Modbus通信功能，必须用M8411的常开触点驱动Modbus特殊寄存器赋值的MOV指令)
M8029		ADPRW指令执行结束后置为ON
M8401	M8421	Modbus通信中置为ON
M8402	M8422	Modbus通信出错时置为ON
M8409	M8429	响应超时置为ON

【任务实施】

在某工程任务中，控柜中的FX_{3U}系列PLC需要经RS-485接口通过Modbus协议获取温控仪表的测温数据。现场使用的智能温控表具备RS-485通信接口，通过通信板FX_{3U}-485-BD与FX_{3U}系列PLC实现连接。该温控表支持Modbus协议(读参数的功能代码为H03)。已知仪表的通信格式为：8位数据位、无校验、1位停止位，设置的站号地址为1，波特率为9600，且存放温度测量值的Modbus寄存器地址是H0164。

试编程完成温度的采集。

1. 设计思路

程序首先通过特殊寄存器对通信参数进行设置，如表4.4-20所列。

表 4.4-20　通道 1 的 Modbus 通信特殊寄存器设置

通道 1	设定值	功　能
D8400	H1089	8 位数据位、无校验、1 位停止位、波特率为 9600、使用 RS-485 接口
D8401	H0001	PLC 作为主站，Modbus 协议为 RTU 模式
D8409	K2000	从站超过 2000 ms 未响应时则报错
D8410	K400	播放延迟时间为 400 ms
D8411	K10	请求延迟时间为 10 ms
D8412	K3	从站未响应时主站的重试次数为 3
D8414	—	PLC 为主站，无须设置
D8415	K0	指定用于存储通信计数器、通信事件日志的软元件

采用 M8013 特殊寄存器，每隔 1s 执行 1 次 ADPRW 指令，通过发送功能代码 H03 读取温控表的测量值，当通信完成时(M8029 为 ON)，停止执行。

下载程序前需要启用 PLC 的 FX$_{3U}$-485-BD 通道 CH1，并在 GX Works2 软件的“PLC 参数”中设置通信格式(数据格式与温控表保持一致)，具体如图 4.4-14 所示。

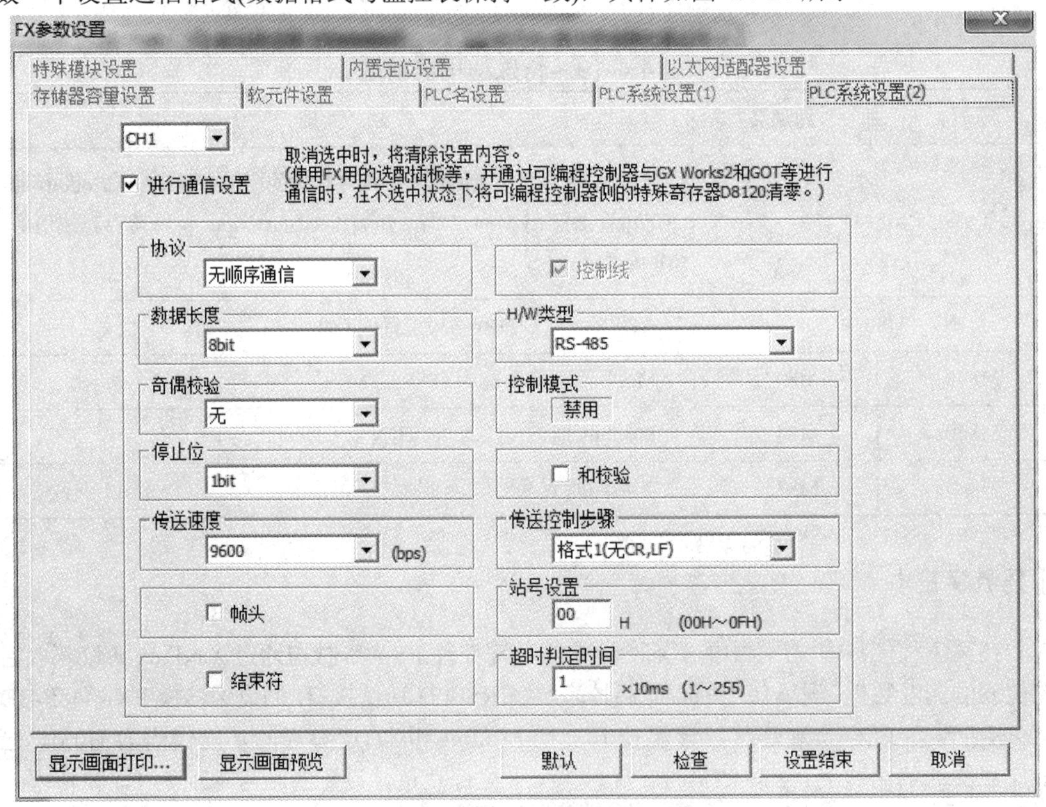

图 4.4-14　PLC 通信接口参数设置

2. 具体实施

温控表的 RS-485 通信接口经通信板 FX$_{3U}$-485-BD 与 FX$_{3U}$ 系列 PLC 实现连接，具体连线如图 4.4-15 所示。

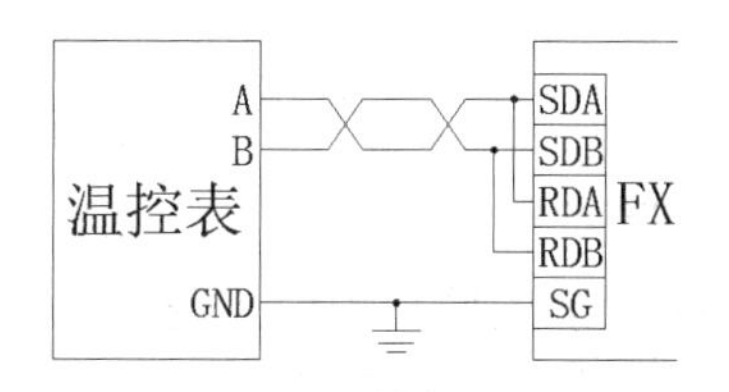

图 4.4-15　PLC 的 RS-485 通信线路连接

PLC 程序设计如图 4.4-16 所示。

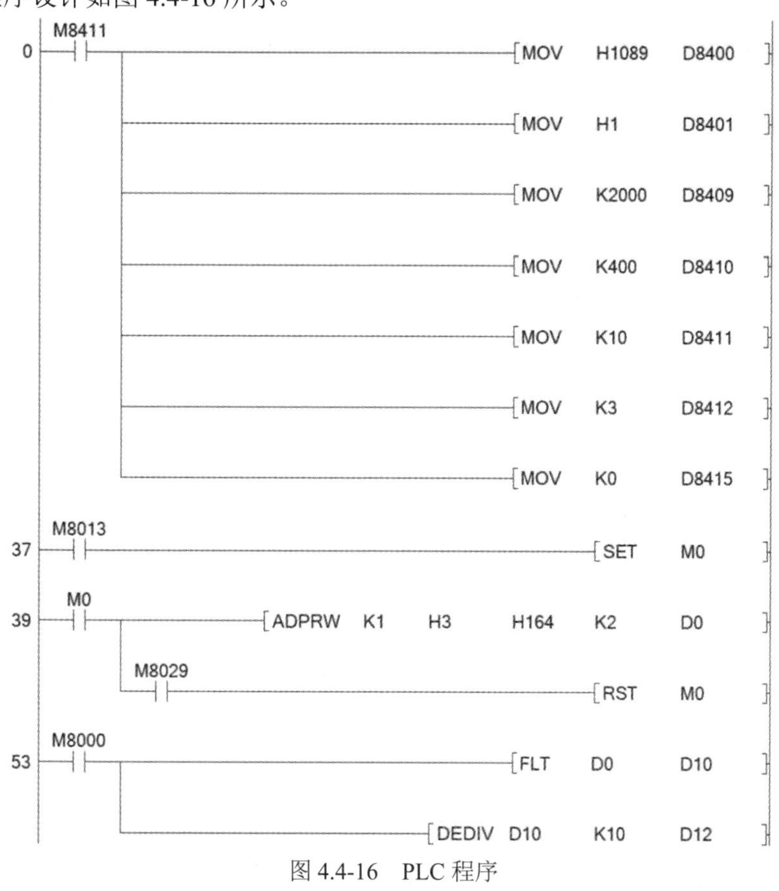

图 4.4-16　PLC 程序

☞注意　由于大部分仪表传送数据时，都会按检测的精度将数据放大为二进制整数，而不是直接传送实数格式数据，因此接收到数据后还需要对数据的格式和数位进行处理，如本任务实施中的温度值是放大 10 倍后传送的。

【小结】

本任务介绍了串行通信的工作模式、串口通信标准、常见的 Modbus 通信协议和三菱专用通信协议，以及三菱 PLC 与在线监测仪表的串口通信实操应用。串口通信作为除模拟量外，设备获取传感器和仪表等测量数据的重要途径，对于环境在线监测系统组建、工业数据网络组网和工厂工艺控制及管理有着重要意义，掌握串口通信的原理和应用是环保工程人员必备技能。

【理论习题】

判断题(对的打“√”，错的打“×”)

1. 在工业网络应用上，同步通信比异步通信应用更为广泛。(　　)
2. RS-232 和 RS-422 都能实现全双工通信模式。(　　)

【技能训练题】

对于任务实施中的串口，如采用 RS-232 接口，该如何设计？

附录 A　热电阻分度表

Pt100 热电阻分度表

温度/℃	0	1	2	3	4	5	6	7	8	9
	电阻值/Ω									
−200	18.52									
−190	22.83	22.40	21.97	21.54	21.11	20.68	20.25	19.82	19.38	18.95
−180	27.10	26.67	26.24	25.82	25.39	24.97	24.54	24.11	23.68	23.25
−170	31.34	30.91	30.49	30.07	29.64	29.22	28.80	28.37	27.95	27.52
−160	35.54	35.12	34.70	34.28	33.86	33.44	33.02	32.60	32.18	31.76
−150	39.72	39.31	38.89	38.47	38.05	37.64	37.22	36.80	36.38	35.96
−140	43.88	43.46	43.05	42.63	42.22	41.80	41.39	40.97	40.56	40.14
−130	48.00	47.59	47.18	46.77	46.36	45.94	45.53	45.12	44.70	44.29
−120	52.11	51.70	51.29	50.88	50.47	50.06	49.65	49.24	48.83	48.42
−110	56.19	55.79	55.38	54.97	54.56	54.15	53.75	53.34	52.93	52.52
−100	60.26	59.85	59.44	59.04	58.63	58.23	57.82	57.41	57.01	56.60
−90	64.30	63.90	63.49	63.09	62.68	62.28	61.88	61.47	61.07	60.66
−80	68.33	67.92	67.52	67.12	66.72	66.31	65.91	65.51	65.11	64.70
−70	72.33	71.93	71.53	71.13	70.73	70.33	69.93	69.53	69.13	68.73
−60	76.33	75.93	75.53	75.13	74.73	74.33	73.93	73.53	73.13	72.73
−50	80.31	79.91	79.51	79.11	78.72	78.32	77.92	77.52	77.12	76.73
−40	84.27	83.87	83.48	83.08	82.69	82.29	81.89	81.50	81.10	80.70
−30	88.22	87.83	87.43	87.04	86.64	86.25	85.85	85.46	85.06	84.67
−20	92.16	91.77	91.37	90.98	90.59	90.19	89.80	89.40	89.01	88.62
−10	96.09	95.69	95.30	94.91	94.52	94.12	93.73	93.34	92.95	92.55
0	100.00	99.61	99.22	98.83	98.44	98.04	97.65	97.26	96.87	96.48
0	100.00	100.39	100.78	101.17	101.56	101.95	102.34	102.73	103.12	103.51
10	103.90	104.29	104.68	105.07	105.46	105.85	106.24	106.63	107.02	107.40
20	107.79	108.18	108.57	108.96	109.35	109.73	110.12	110.51	110.90	111.29
30	111.67	112.06	112.45	112.83	113.22	113.61	114.00	114.38	114.77	115.15
40	115.54	115.93	116.31	116.70	117.08	117.47	117.86	118.24	118.63	119.01

续表一

温度/℃	0	1	2	3	4	5	6	7	8	9
	电阻值/Ω									
50	119.40	119.78	120.17	120.55	120.94	121.32	121.71	122.09	122.47	122.86
60	123.24	123.63	124.01	124.39	124.78	125.16	125.54	125.93	126.31	126.69
70	127.08	127.46	127.84	128.22	128.61	128.99	129.37	129.75	130.13	130.52
80	130.90	131.28	131.66	132.04	132.42	132.80	133.18	133.57	133.95	134.33
90	134.71	135.09	135.47	135.85	136.23	136.61	136.99	137.37	137.75	138.13
100	138.51	138.88	139.26	139.64	140.02	140.40	140.78	141.16	141.54	141.91
110	142.29	142.67	143.05	143.43	143.80	144.18	144.56	144.94	145.31	145.69
120	146.07	146.44	146.82	147.20	147.57	147.95	148.33	148.70	149.08	149.46
130	149.83	150.21	150.58	150.96	151.33	151.71	152.08	152.46	152.83	153.21
140	153.58	153.96	154.33	154.71	155.08	155.46	155.83	156.20	156.58	156.95
150	157.33	157.70	158.07	158.45	158.82	159.19	159.56	159.94	160.31	160.68
160	161.05	161.43	161.80	162.17	162.54	162.91	163.29	163.66	164.03	164.40
170	164.77	165.14	165.51	165.89	166.26	166.63	167.00	167.37	167.74	168.11
180	168.48	168.85	169.22	169.59	169.96	170.33	170.70	171.07	171.43	171.80
190	172.17	172.54	172.91	173.28	173.65	174.02	174.38	174.75	175.12	175.49
200	175.86	176.22	176.59	176.96	177.33	177.69	178.06	178.43	178.79	179.16
210	179.53	179.89	180.26	180.63	180.99	181.36	181.72	182.09	182.46	182.82
220	183.19	183.55	183.92	184.28	184.65	185.01	185.38	185.74	186.11	186.47
230	186.84	187.20	187.56	187.93	188.29	188.66	189.02	189.38	189.75	190.11
240	190.47	190.84	191.20	191.56	191.92	192.29	192.65	193.01	193.37	193.74
250	194.10	194.46	194.82	195.18	195.55	195.91	196.27	196.63	196.99	197.35
260	197.71	198.07	198.43	198.79	199.15	199.51	199.87	200.23	200.59	200.95
270	201.31	201.67	202.03	202.39	202.75	203.11	203.47	203.83	204.19	204.55
280	204.90	205.26	205.62	205.98	206.34	206.70	207.05	207.41	207.77	208.13
290	208.48	208.84	209.20	209.56	209.91	210.27	210.63	210.98	211.34	211.70
300	212.05	212.41	212.76	213.12	213.48	213.83	214.19	214.54	214.90	215.25
310	215.61	215.96	216.32	216.67	217.03	217.38	217.74	218.09	218.44	218.80
320	219.15	219.51	219.86	220.21	220.57	220.92	221.27	221.63	221.98	222.33
330	222.68	223.04	223.39	223.74	224.09	224.45	224.80	225.15	225.50	225.85
340	226.21	226.56	226.91	227.26	227.61	227.96	228.31	228.66	229.02	229.37
350	229.72	230.07	230.42	230.77	231.12	231.47	231.82	232.17	232.52	232.87
360	233.21	233.56	233.91	234.26	234.61	234.96	235.31	235.66	236.00	236.35
370	236.70	237.05	237.40	237.74	238.09	238.44	238.79	239.13	239.48	239.83
380	240.18	240.52	240.87	241.22	241.56	241.91	242.26	242.60	242.95	243.29
390	243.64	243.99	244.33	244.68	245.02	245.37	245.71	246.06	246.40	246.75

续表二

温度/℃	0	1	2	3	4	5	6	7	8	9
	电阻值/Ω									
400	247.09	247.44	247.78	248.13	248.47	248.81	249.16	249.50	245.85	250.19
410	250.53	250.88	251.22	251.56	251.91	252.25	252.59	252.93	253.28	253.62
420	253.96	254.30	254.65	254.99	255.33	255.67	256.01	256.35	256.70	257.04
430	257.38	257.72	258.06	258.40	258.74	259.08	259.42	259.76	260.10	260.44
440	260.78	261.12	261.46	261.80	262.14	262.48	262.82	263.16	263.50	263.84
450	264.18	264.52	264.86	265.20	265.53	265.87	266.21	266.55	266.89	267.22
460	267.56	267.90	268.24	268.57	268.91	269.25	269.59	269.92	270.26	270.60
470	270.93	271.27	271.61	271.94	272.28	272.61	272.95	273.29	273.62	273.96
480	274.29	274.63	274.96	275.30	275.63	275.97	276.30	276.64	276.97	277.31
490	277.64	277.98	278.31	278.64	278.98	279.31	279.64	279.98	280.31	280.64
500	280.98	281.31	281.64	281.98	282.31	282.64	282.97	283.31	283.64	283.97
510	284.30	284.63	284.97	285.30	285.63	285.96	286.29	286.62	286.85	287.29
520	287.62	287.95	288.28	288.61	288.94	289.27	289.60	289.93	290.26	290.59
530	290.92	291.25	291.58	291.91	292.24	292.56	292.89	293.22	293.55	293.88
540	294.21	294.54	294.86	295.19	295.52	295.85	296.18	296.50	296.83	297.16
550	297.49	297.81	298.14	298.47	298.80	299.12	299.45	299.78	300.10	300.43
560	300.75	301.08	301.41	301.73	302.06	302.38	302.71	303.03	303.36	303.69
570	304.01	304.34	304.66	304.98	305.31	305.63	305.96	306.28	306.61	306.93
580	307.25	307.58	307.90	308.23	308.55	308.87	309.20	309.52	309.84	310.16
590	310.49	310.81	311.13	311.45	311.78	312.10	312.42	312.74	313.06	313.39
600	313.71	314.03	314.35	314.67	314.99	315.31	315.64	315.96	316.28	316.60
610	316.92	317.24	317.56	317.88	318.20	318.52	318.84	319.16	319.48	319.80
620	320.12	320.43	320.75	321.07	321.39	321.71	322.03	322.35	322.67	322.98
630	323.30	323.62	323.94	324.26	324.57	324.89	325.21	325.53	325.84	326.16
640	326.48	326.79	327.11	327.43	327.74	328.06	328.38	328.69	329.01	329.32
650	329.64	329.96	330.27	330.59	330.90	331.22	331.53	331.85	332.16	332.48
660	332.79									

铂热电阻 Pt10 分度表(ITS-90)(R_0 = 10.000 Ω，t = 0℃)

℃	-200	-190	-180	-170	-160	-150	-140	-130	-120	-110	-100
Ω	1.852	2.283	2.710	3.134	3.5.54	3.972	4.388	4.800	5.211	5.619	6.026
℃	-90	-80	-70	-60	-50	-40	-30	-20	-10	0	
Ω	6.430	6.833	7.233	7.633	8.033	8.427	8.822	9.216	9.609	10.000	
℃	0	10	20	30	40	50	60	70	80	90	100
Ω	10.000	10.390	10.779	11.167	11.554	11.940	12.324	12.708	13.090	13.471	13.851
℃	110	120	130	140	150	160	170	180	190	200	210
Ω	14.229	14.607	14.983	15.358	15.733	16..105	16.477	16.848	17.217	17.586	17.953
℃	220	230	240	250	260	270	280	290	300	310	320
Ω	18.319	18.684	19.047	19.410	19.771	20.131	20.490	20.848	21.205	21.561	21.915
℃	330	340	350	360	370	380	390	400	410	420	430
Ω	22.268	22.621	22.972	23.321	23.670	24.018	24.364	24.709	25.053	25.396	25.738
℃	440	450	460	470	480	490	500	510	520	530	540
Ω	26.678	26.418	26.756	27.093	27.429	27.764	28.098	58.430	28.762	29.092	29.421
℃	550	560	570	580	590	600	610	620	630	640	650
Ω	29.749	30.075	30.401	30.725	31.049	31.371	31.692	32.012	32.330	32.648	32.964
℃	660	670	680	690	700	710	720	730	740	750	760
Ω	33.279	33.593	33.906	34.218	34.528	34.838	35.146	35.453	35.759	36.064	36.367
℃	770	780	790	800	810	820	830	840	850		
Ω	36.670	36.971	37.271	37.570	37.868	38.165	38.460	38.755	39.084		

铜热电阻 Cu50 分度表(ITS-90)(R_0 = 50.00 Ω，t = 0℃)

℃	-50	-40	-30	-20	-10	0		
Ω	39.242	41.400	43.555	45.706	47.854	50.000		
℃	0	10	20	30	40	50	60	70
Ω	50.000	52.144	54.285	56.426	58.565	60.704	62.842	64.981
℃	80	90	100	110	120	130	140	150
Ω	67.120	69.259	71.400	73.542	75.686	77.833	79.982	82.134

铜热电阻 Cu100 分度表(ITS-90)(R_0 = 100.00 Ω，t = 0℃)

℃	−50	−40	−30	−20	−10	0		
Ω	78.48	82.80	87.11	91.41	95.71	100.00		
℃	0	10	20	30	40	50	60	70
Ω	100.00	104.29	108.57	112.85	117.13	121.41	125.68	129.96
℃	80	90	100	110	120	130	140	150
Ω	134.24	138.52	142.80	147.08	151.37	155.67	156.96	164.27

附录B　缩略语一览表

缩写	全　称	含　义
AC	Alternating Current	交流电
ADC	Analog-to-Dgitial Converter	模/数转换器
A/D	Analog-to-Dgitial	模/数转换
A/O	Anaerobic-Oxic	厌氧-好氧
AA/O、A^2/O	Anaerobic-Anoxic-Oxic	厌氧-缺氧-好氧
BOD	Biochemical Oxygen Demand	生化需氧量
BOD5	Biochemical Oxygen Demand of 5 days	五日生化需氧量
CCD	Charge Coupled Device	电荷耦合元件
CMOS	Complementary Metal Oxide Semiconductor	互补金属氧化物半导体
COD	Chemical Oxygen Demand	化学需氧量
CPU	Central Processing Unit	中央处理器
DAC	Dgitial-to-Analog Converter	数/模转换器
DC	Direct Current	直流电
DEC	Digital Equipment Corporation	(美国)数字设备公司
DO	Dissolved Oxygen	溶解氧
D/A	Dgitial-to-Analog	数/模转换
EEPROM	Electrically Erasable Programmable Read Only Memory	电可擦除可编程只读存储器
EPROM	Erasable Programmable Read Only Memory	可擦除可编程只读存储器
FBD	Function Block Diagram	功能块图
FMCW	Frequency Modulated Continuous Wave	调频连续波
GND 或 Gnd	Ground	电线接地端或电源负极
HMI	Human Machine Interface	人机界面
HRT	Hydraulic Retention Time	水力停留时间
IEC	International Electrotechnical Commission	国际电工委员会
IL	Instruction List	指令表
I/O	Input/Output Interface	输入/输出接口
TKN	Total Kjeldahl Nitrogen	总凯氏氮

续表

缩写	全 称	含 义
LD	Ladder Diagram	梯形图
MLSS	Mixed Liquor Suspended Solids	混合液悬浮固体浓度
MSBR	Modified Sequencing Batch Reactor	改良式序列间歇反应器
ORP	Oxidation Reduction Potential	氧化还原电位
PC	Personal Computer	个人电脑(计算机)
PLC	Programmable Logic Controller	可编程控制器
pH	Hydrogen Exponent	氢离子浓度指数
PID	Proportion Integration Differentiation	比例积分微分
ROM	Read Only Memory	只读存储器
RAM	Random Access Memory	随机存储器
RFID	Radio Frequency Identification	射频识别
SBR	sequencing batch reactor activated sludge process	序批式活性污泥法
SFC	Sequential Function Chart	顺序功能图
ST	Structured Text	结构化文本
TN	Total Nitrogen	总氮
TOC	Total Organic Carbon	总有机碳
TP	Total Phosphorus	总磷
TSS	Total Suspended Solids	总悬浮固体
VOCs	Volatile Organic Compounds	挥发性有机物
VCC 或 Vcc	Volt Current Condenser	电路的供电电压(正极)

参 考 文 献

[1] 李倦生，陈湘筑．环境工程基础[M]．2 版．武汉：武汉理工大学出版社，2009.
[2] 崔福义，彭永臻，南军，等．给排水工程仪表与控制[M]． 3 版．北京：中国建筑工业出版社，2017.
[3] 张仁志．水污染治理技术[M]．武汉：武汉理工大学出版社，2015.
[4] 周敬宣，段金明．环保设备及应用[M]．2 版．北京：化学工业出版社，2014.
[5] 李留格，刘慧敏．环境工程仪表及自动化[M]．北京：化学工业出版社，2013.
[6] 李福天．螺杆泵[M]．北京：机械工业出版社，2010.
[7] 向再励．搅拌机设计和使用中主要参数的选取[D]．西安：长安大学，2008.
[8] 西门子(中国)有限公司工业业务领域工业自动化与驱动技术集团．深入浅出西门子 S7-200 PLC[M]．3 版．北京：北京航空航天大学出版社，2007.
[9] 西门子(中国)有限公司．SIEMENS SIMATIC S7-200 SMART 系统手册．2015.